农业非点源污染负荷估算方法与区域水环境容量定量计算

李强坤　胡亚伟　宋常吉　编著

中国环境出版集团 · 北京

图书在版编目（CIP）数据

农业非点源污染负荷估算方法与区域水环境容量定量
计算/李强坤，胡亚伟，宋常吉编著．—北京：中国环境
出版集团，2019.12

ISBN 978-7-5111-4260-3

Ⅰ．①农…　Ⅱ.①李…②胡…③宋…　Ⅲ．①农业
污染源—非点污染源—污染控制—研究　Ⅳ.①X501

中国版本图书馆 CIP 数据核字（2019）第 294911 号

出 版 人　武德凯
责任编辑　张　倩
责任校对　任　丽
封面设计　岳　帅

出版发行　中国环境出版集团
　　　　　（100062　北京市东城区广渠门内大街 16 号）
　　　　　网　　　址：http://www.cesp.com.cn
　　　　　电子邮箱：bjgl@cesp.com.cn
　　　　　联系电话：010-67112765（编辑管理部）
　　　　　发行热线：010-67125803，010-67113405（传真）
印　　刷　北京建宏印刷有限公司
经　　销　各地新华书店
版　　次　2019 年 12 月第 1 版
印　　次　2019 年 12 月第 1 次印刷
开　　本　787×960　1/16
印　　张　23.5
字　　数　520 千字
定　　价　115.00 元

编著委员会名单

主　　编：李强坤

副 主 编：胡亚伟　　宋常吉

编写人员：贾　倩　　靳晓辉　　李丽华　　姜正曦

　　　　　马　强　　彭　聪　　封慧娟　　郭宸耀

　　　　　夏瑞燕　　樊开哲　　韩胜男　　席艺株

　　　　　李志豪　　宋静茹

摘　要

近年来，随着水环境问题的突出以及点源污染治理水平的相对提高，非点源污染尤其是化肥、农药的大量使用引起的农业非点源污染问题日益引起人们的关注和重视。本书主要针对农业非点源污染物在农田排水沟渠内的迁移特征、运移规律、污染负荷、非点源污染阈值、控制措施等方面开展研究，并使用多种数学模型对计算结果加以验证。

本书分别选取黄河上游的青铜峡灌区、河套灌区，黄河下游的人民胜利渠灌区作为研究对象，以较为翔实的监测试验资料为基础，分析了排水沟渠系统水体中氮、磷污染物的迁移转化特征；研究了沟渠底泥对水体中农业非点源氮、磷污染物的截留、吸附作用，同时研究了水生植物对氮、磷的吸收和转化作用；在此基础上建立了沟渠除氮、除磷的生态动力学模型，对模型结构、计算公式、参数来源进行了详细阐述；最后采用野外试验与室内试验相结合的方法，研究农田排水沟渠系统对水体中氮、磷净化作用的主要影响因素。

一、农业非点源污染物在农田排水沟渠中的迁移特征研究

笔者以静态模拟试验为基础，以典型非点源溶质氮素为例，通过对不同运行期排水沟渠水体中氮素浓度的持续监测以及沟渠底泥的吸附和硝化试验，分析了农田排水沟渠中氮的迁移转化规律，探究了农田排水沟渠中氮素截留效应的影响机制。相关研究结果可归纳为：①不同运行期排水沟渠对水体中氨氮、硝酸盐氮具有较强的净化效应，净化过程表现出"快速下降，波动平衡"的特点，氨氮浓度的下降速度快于硝酸盐氮，氨氮浓度的波动平衡范围（$\leqslant 1.58$ mg/L）低于硝酸盐氮浓度的波动平衡范围（$\leqslant 2.92$ mg/L）；②不同运行期沟渠沉积物中氨氮的吸附和硝化均有显著性差异，且随着沟渠运行期的增长，吸附能力和硝化能力均有显著增加。在沟渠沉积物拦截农田排水沟渠氨氮的过程中，沟渠沉积物的硝化作用较吸附作用弱，与沟渠沉积物对氨氮"快速吸附，缓慢平衡"的特点相似，沉积物对氨氮也具有"快速硝化，缓慢平衡"的特点。通过模型试验和化学试验初步证明了增长沟渠运行期能够提高沟渠氮素净化能力，在此基础上，笔者还研究了运行期对沟渠截留机制的影响，对进一步探究排水沟渠的发育过程和生态沟渠的合理化设计与管理具有一定的借鉴意义。

二、农业非点源污染物运移规律研究

以黄河下游人民胜利渠灌区内的清水渠灌域作为研究对象，结合试验基地沟渠模拟试验及室内试验监测，进行了排水沟渠水体、底泥及水生植物中氮素的迁移转化特征分析、氮素去除主控因子分析、氮循环生态动力学模型研究、质量平衡及权重分析。主要得出以下结论：①该渠段的模型水文参数 D、A、As、α 等均随水文条件的改变而变化。②由于渠段营养盐的背景值较高，沟渠在对污染物进行拦截的过程中，有时也会起到"源"的释放作用。③水体两侧暂存区对水体中的氮元素的拦截吸附能力要远大于主河道区，且极易受到外界水文条件或物理条件的影响。④对生态动力学模型进行参数率定、模型的验证以及五种显著性水平检验（R^2、F、Pearson、Kendall、Spearman），认为曲线拟合度较高，模型模拟程度好。证明所建立的模型对沟渠湿地系统的模拟有效，结果预测较为合理、准确，适用于沟渠湿地的除氮研究。⑤对沟渠单元进行质量平衡分析得出：反硝化作用、植物截留作用夏季除氮率最高，分别为 61.00%、34.73%，冬季除氮率最低，分别为 53.07%、17.65%。底泥基质的作用冬季除氮率最高，为 29.28%，夏季最低，为 4.27%。综合四季的数据，反硝化作用（57.39%）>植物作用（24.41%）>底泥基质作用（18.20%）。

三、数学模型计算农业非点源污染负荷

以河套灌区与青铜峡灌区农田排水对该河段水环境的负荷贡献为研究对象，采用野外调查、试验与 SWAT 模型模拟相结合的方法，开展了农业非点源污染负荷估算与控制的研究。①基于"3S"技术，建立了灌区的 DEM、数字水系、土地利用等空间及属性数据库，并结合灌区种植及灌溉特征，对 SWAT 模型进行改进，构建适合灌区的非点源污染负荷估算模型。利用 2008—2016 年第一排水沟监测资料对模型进行校准和验证，采用模拟值跟实测值的效率系数与决定系数评价模型在本灌区的适用性，校准验证结果均满足：$Ens \geq 0.5$ 且 $R^2 \geq 0.7$，达到模型模拟评价的基本要求，这说明该模型可在研究区进行应用。②首先，应用所建模型估算得典型区 2018 年污染物负荷量，并结合典型区农田种植情况计算得到 $NO_3 - N$ 的单元产污负荷强度为 $11.76kg/hm^2$，$NO_3 - N$ 污染物入水体系数为 0.51；其次，根据永宁县水旱田种植面积计算得到不同生态单元产污强度，其中水田产污负荷强度为 $35.28kg/hm^2$，旱田为 $5.45kg/hm^2$；最后，应用研究成果结合灌区各市、县水旱田种植面积，计算得出青铜峡灌区 2018 年 5—8 月总产污和入水体负荷分别为 2 619.54 t 和 1 335.97 t。

四、水环境容量中的农业非点源污染阈值

河流水环境安全与国家社会稳定和经济安全息息相关，但在人口增长、城镇化建设和社会经济发展导致区域内需水量不断增加的同时，污水排放量与水体污染负荷也在持

续增加，然而这些水环境问题与水体水环境容量并没有做到相协调运行。因此，基于动态性水环境容量研究是实现流域生态良性循环的基础，也是为区域水污染控制提供决策的依据。本研究在选用氨氮和总磷作为污染指标对黄河干流宁夏段水质进行评价的基础上，结合非点源污染特征提出入水体污染物点源和非点源的分割方法，并使用平均浓度法原理估算河流出境断面污染物年负荷，分析农业源污染物对水体造成污染的程度，并结合河流水环境容量有针对性地提出水污染控制方案。

五、控制措施探讨

结合本研究与灌区污染情况，围绕灌区种植结构、灌水施肥制度与退水管理等方面，提出适合灌区农业有机发展的污染控制措施。根据不同区域实际种植情况，因地制宜地推行测土施肥技术和施用有机肥；结合水田污染强度大于旱田的研究成果，合理调整水旱田粮食种植和增加经济作物种植；根据灌区排水沟现状与特点，增加如溢流堰等进行控制退水或增加沟渠的生态多样性以削减污染物；最后在政府部门的监督与指导下，不断创新、发展现代化有机农业。

目 录

| 第一篇　绪　论 |

| 第二篇　农业非点源污染运移特征分析与现场试验方法 |

┃ 第三篇　农业非点源污染在农田排水沟渠中的 迁移机理与对照试验方法 ┃

┃ 第四篇　农业非点源污染数学模型计算方法 ┃

| 第五篇　农业非点源污染主要防控措施研究 |

第一篇 绪 论

第1章 研究缘由

1.1 研究背景

1.1.1 我国水资源现状

水是人类及一切生物赖以生存的必不可少的重要物质，维系了生命与健康的基本需求，是工农业生产、经济发展和环境改善不可替代的极为宝贵的自然资源。地球虽然有71%的面积为水所覆盖，但是淡水资源却极其有限。在全部水资源中，97.47%的水是无法饮用的咸水，余下的2.53%的淡水中，有87%是人类难以利用的两极冰盖、高山冰川和永冻地带的冰雪。人类真正能够利用的水资源只是江河湖泊以及地下水中的一部分，仅占地球总水量的0.26%，而且分布不均。

中国水资源总量虽然较多，但人均量并不丰富。我国水资源总量约为2.812 4万亿 m^3，占世界径流资源总量的6%。但我国是用水量最多的国家，1993年全国取水量（淡水）为5 255亿 m^3，占世界年取水量的12%，比美国1995年淡水取水量（4 700亿 m^3）还高。由于人口众多，当前我国人均水资源占有量为2 500 m^3，约为世界人均占有量的1/4，排名百位之后，被列为世界人均水资源贫乏的国家之一。中国目前有16个省（区、市）人均水资源量低于严重缺水线，有6个省（区、市）人均水资源量低于500 m^3。专家估计中国缺水的高峰将在2030年出现，因为那时人口将达到16亿人，人均水资源占有量将为1 760 m^3，中国将进入联合国有关组织确定的中度缺水型国家的行列。

另外，中国水资源的时空分布很不均匀。就空间分布来说，长江流域及其以南地区，水资源约占全国水资源总量的80%，但耕地面积仅为全国的36%左右；黄、淮、海流域，水资源仅占全国的8%，而耕地则占全国的40%。近年来，黄河流域多省市都出现了严重的大旱，导致农业生产受到严重的影响和损失。水利部2011年水资源公报显示，全国北方2011年水资源总量为4 918亿 m^3，占全国水资源总量的21.1%，但总用水量却占全国的45.3%。从时间分配来看，中国大部分地区冬春少雨，夏、秋雨量充沛，降水量大多集中在5—9月，占全年雨量的70%以上，且多暴雨。然而2014年7月，河南遭遇63年来最严重的"夏旱"，多地供水告急。河南省因此次干旱造成1 426.28万人受灾，因干旱需生活救助人口93.49万人，其中因干旱饮水困难需救助人口88.68万人，造成直接经济损失40.09亿元，其中农业损失33.77亿元。黄河和松花江等河流，近70年来还出现连续 11 ~ 13 年的枯水年和 7 ~ 9 年的丰水年。生产力布局和水土资源不相匹配,供需矛盾尖锐,缺口很大。改革开放初期重视经济发展速度,忽略环境保护的发展模式,使得水资源遭受严重污染。

鉴于我国水资源面临的这些先天不足的困境,可持续地利用我们现有水资源显得尤为重要。在水量不足的同时,水环境问题也引起了人们的高度关注,局部水质性缺水危机已经出现。我国每年未处理的污水排放量约 2 000 亿 t,这些污水造成了 90% 流经城市的河道受到污染,75% 的湖泊富营养化,并且日益严重。全国主要流域的 Ⅰ ~ Ⅲ 类水质断面占 64.2%,劣Ⅴ类占 17.2%,其中海河流域为重度污染,黄河、淮河、辽河流域为中度污染。湖泊(水库)富营养化问题仍然突出,56 个湖(库)的营养状态监测显示,中度富营养的 3 个,占 5.2%;轻度富营养的 10 个,占 17.2%。从黄河水资源保护部门获悉,2004 年以来,黄河水污染回潮,干流劣Ⅴ类水质河段已占监测评价河段的 38%。点源和非点源污染逐年加剧的趋势不仅降低了水体的使用功能,进一步加剧了水资源短缺的矛盾,给我国正在实施的可持续发展战略带来了严重影响,而且严重威胁城市居民的饮水安全和人民群众的健康。

1.1.2 农业非点源污染问题突出

按照污染物进入水体的方式,水环境污染可分为点源污染(Point Source Pollution,PSP)和非点源污染(Non-point Source Pollution,NSP)。根据欧美有关文件解释,点源污染最简单明确的定义是:污水在排放点通过排污管直接进入水体,即凡是通过污水管网直接进入外界水体的污染形式属于点源污染,除此之外的一切污染形式均属于非点源污染。"非点源污染"一词是从英文"Non-point Source Pollution"转译过来的,是相对于点源污染而言的。与点源污染不同,美国清洁水法修正案(1997)(The U. S. Clean Water Act Amendments of 1997)对非点源的定义为:污染物以广域的、分散的、微量的形式进入地表及地下水体。非点源污染形式包括大气干湿沉降、暴雨径流、底泥二次污染和生物污染等诸多方面引起的水体污染。农业非点源污染(Agriculture non-point Source Pollution)是指在农业生产活动中,农田中的土粒、氮素、磷、农药及其他有机、无机污染物质,在降水(融雪)或灌溉过程中,通过农田地表径流、农田排水和地下渗漏,进入水体形成的水环境污染。

随着农业投入的增加以及点源得到逐步控制,农业生产和农业活动引起的非点源污染对水环境的影响日益显著。中国农业科学院的研究结果表明,流域水体严重污染地区氮、磷污染的主要来源是农田大量使用的化肥、农村养殖业污染以及未建污水处理厂的城乡接合部。据 2010 年国家三部委联合发布的《第一次全国污染源普查公报》,我国农业污染源年排放化学需氧量 1 324.09 万 t、总氮 270.46 万 t、总磷 28.47 万 t,分别占全国污染物总排放量的 43.7%、57.2%、64.9%,农业源已成为主要污染源。农业污染中种植业总氮流失量 159.78 万 t,总磷流失量 10.87 万 t,分别占农业污染源的 59.1%、38.2%,其中农业源排放的氮、磷是造成水体富营养化的主要因素,也是中国水污染的核心问题。农业非点源污染从田间产出到向外界水体输出可细化为两个环节：一是田间氮、磷等污染物随地表径流、地下渗漏等各种方式进入田间末级排水沟渠（如农沟、毛沟）的产污环节；二是污染物由末级（农级）排水沟渠经支级、干级排水沟渠向外界水体的输出过程。目前，我国对农业非点源污染的产污环节进行了较多研究，也提出了诸如农田配方施肥、施用缓释肥、合理调配水肥过程等许多有效措施，而对农业非点源污染输污环节的研究还相对较少，难以形成科学系统的防控理论并用以指导实践。在我国河湖水系中，个别水体农业非点源污染负荷已占到总接纳负荷的 60%～70%。为逐步控制和减缓农业非点源污染对水体环境质量的影响，《水利科技发展"十二五"规划》在水利科技重点任务中明确提出："在农村水环境方面，农田排水技术实现由单一的水量、水位控制调节功能扩展到水质控制、溶质运移、污染防治和水环境保护等功能，减轻面源污染对环境水体的危害，促进灌区资源、环境、生态、经济协调可持续发展"；《"十二五"农业与农村科技发展规划》在重点领域与方向提出要"开展农业面源污染防控研究"等，都凸显了农业非点源污染对环境水体质量影响的重要性和开展农业非点源污染防控技术研究的紧迫性。由此，对农业非点源污染控制和管理等技术体系的相关研究已成为当前改善水体环境、提升农业生态水平的关键课题。

1.2　农业非点源污染与排水沟渠的特征

随着对点源污染的控制方法的不断完善，非点源污染的治理成为我国污染问题能否得到有效解决的关键，而农业非点源污染作为其中覆盖面最广、隐蔽性最强、治理难度最大的污染类别，自然受到更为广泛的关注。2014 年 11 月，中共中央办公厅、国务院办公厅印发了《关于引导农村土地经营权有序流转发展农业适度规模经营的意见》。这表明，随着我国工业化、信息化、城镇化和农业现代化进程的不断加快，农村劳动力大量转移，农业物质技术装备水平不断提高，农户承包土地的经营权流转明显加快，发展适度规模经营已成为必然趋势，土地流转和适度规模经营是发展现代农业的必由之路。而针对集约化的土地种植模式和大型农业灌区的规划设计，灌溉排水沟渠的功能及结构设计是其中非常重要的一个环节。

1.2.1　农业非点源污染特征

结合现阶段我国农业生产现状，农业非点源污染具有以下特征。

（1）灌溉（降水）是农业非点源污染形成的充分条件

农业非点源污染形成的物质基础是土壤中积存的养分或施入田间的肥料，其形成和迁移的动力与载体则是农田水分运动，通过控制其迁移的路径和过程，可有效减少污染物向水体中转移。在灌溉（降水）的冲洗和淋溶作用下，土壤中的养分会以溶质或颗粒态从土壤中析出，并以溶质或颗粒态随水分运动迁移至外界水体，形成农业非点源污染。如果没有降雨及灌溉的水动力作用，污染物就不会析出，也不会随水体迁移至外界水体，更不会形成农业非点源污染。因此，灌溉和降水的水动力作用只是形成农业非点源污染的充分条件，不是必要条件。

（2）明显的单元特征

受灌溉渠道和排水沟渠的影响，现阶段我国农业生产具有明显的小单元特征。各单元内由于作物种植结构不同，耕作方式、化肥、农药施用量等有所差异，导致农业非点源污染的产污强度、过程不同。

（3）典型的周期性变化特征

农业非点源污染是田间化肥、农药的流失造成的，化肥、农药的使用与作物的生长周期密切相关，这表明农业非点源污染的变化与农作物的生长周期具有一致性。我国主要粮食作物（如水稻、小麦、玉米等）从耕种到收割都存在明显的区域周期性。降水、农作物的灌溉、施肥过程随农作物生长周期的变化而变化，使得农业非点源污染也呈现周期性的变化特征。

（4）农业非点源污染物迁移路径复杂

农业非点源污染物从田间产出后，经农级、支级、干级等各级排水沟逐级输送、汇合后，到达外界水体，其间的迁移路径长，迁移过程中往往还会汇入其他污染物，如农村垃圾滤液、养殖污染废水、乡镇（村）办企业工业生活废水等。因此，农业非点源污染物的迁移路径和影响因素较为复杂。

（5）广泛而分散，研究和控制难度大

长期以来，我国化肥的生产和使用一直在增长，从新中国成立初期的 0.6 万 t 增加到现在的 4 124 万 t。目前，我国化肥施用量约为 400 kg/hm²，已成为世界上化肥施用量最多的国家之一，化肥利用率平均只有 30% ~ 35%，其余 65% ~ 70% 的化肥都进入了各种生物环境中污染水体和土壤。也就是说，每年有将近 3 000 万 t 化肥流入水体，其中氮肥损失率最高。施氮肥地区氮流失是不施地区的 3 ~ 10 倍。与点源污染相反，农业非点源污染具有分散性特征，其涉及多个污染者，时空分布广，涉及面积大，使管理者很难获得污染者的个体信息，从而增大了对污染源控制的难度。

（6）随机且高度不确定

非点源污染与区域降水过程密切相关，无论是田间地表径流还是土壤侵蚀，其规模和强度均与降水过程密切相关。非点源污染形成与其他许多因素（如土壤结构、农作物类型、气候及地质地貌等）也密切相关。由于降水随机性和其他影响因子的高度不确定性，使得非点源污染的形成有较大随机性，包括发生区域的随机性、排放途径及排放污染物的量的不确定性等。

（7）潜伏危害大

以农药、化肥施用为例，使用后，在无降水或灌溉时，所产生的非点源污染程度较低。而更多情况下，非点源污染直接起因于降水和灌溉时段，长期降雨或持续灌溉会引发田间积累或存留的各种有机物迅速汇集，从而导致爆发性的污染。

1.2.2 排水沟渠生态结构与特征

农田排水沟渠通常是指天然形成的裸露在地表或者以排水为目的而挖掘的水道，一般不包括埋设在农田地表以下的暗管排水管道。农田排水沟渠具有以下两个特点：规则的线性形状，与附近的土体之间有密切的有机物质和水的交换；大多数沟渠较浅，水位季节性变化较大，主要作用为农田排水。排水沟渠不仅是农田水利工程一个不可或缺的组成部分，可以用来保障灌区增产增收，在农业生态系统中也起到重要的维持灌区生态环境的作用。

（1）排水沟渠系统组成

排水沟渠是农田灌溉工程的重要组成部分。沟渠系统一般起始于田间毛沟或农沟，经支沟、干沟或总干沟排入外界大面积水体。毛沟或农沟密度大，断面较小，灌溉（降水）期间直接承接田间地表和地下渗漏排水，并逐级汇入支沟、干沟，在非灌溉（降水）期则基本呈干涸状态。相比而言，支沟、干沟间距、断面较大，下切较深，除接纳农（毛）沟排水外，还承担着区域泄洪排涝的功能，年内水位、流量呈周期性变化，灌溉（降水）期间水位较高，流量较大，非灌溉（降水）期间由于接纳田间深层排水，相对水位较低、流量较小，部分沟（床）底暴露。除此之外，排水沟渠系统还包括一些与支沟、干沟相串联的水塘和季节性区域河流。

（2）排水沟渠的生态结构

在水动力作用下，农田土壤中的盐分、氮、磷、有机质等农业非点源污染物随水流一起进入沟渠，并随着水动力条件的改变，在沟渠中不断沉积，为水生植物的生长和微生物的繁衍、滋生提供了充足的"营养源"，从而构成了农田排水沟渠独特的生态结构。农（毛）沟由于断面较小，生态结构简单，而支沟和干沟由于断面较大，生态结构相对较为复杂，水生植物一般为适于在排水沟渠环境中生长的芦苇、蒲草等挺水植物，夏季、秋季生长旺盛，冬季、春季枯萎。

排水沟渠的生态结构一般可分为三个层次（图1-1）。上层为水生植物凸出水面之外的茎、叶，并随排水沟渠中的水位高低而有所变化；中间层为排水沟渠中输送的农业退水、浮游生物以及水生植物淹没于水中的部分茎、叶，沟渠中水位高低随农田灌溉（降雨径流）而呈现周期性的变化；底层为水生植物的根系、排水沟渠中富含营养物的基质底泥（淤积物）以及滋生于其中的各类微生物。

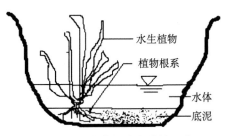

图1-1 排水沟渠生态结构示意

（3）排水沟渠的生态特征

农田排水沟渠是农田生态系统中的重要组成部分，又具有排水和湿地净化的双重功效，作为农田生态系统中的重要组成部分，具备排水和截留净化的双重功效，它同时具有以下几个特征：排水沟渠中生长着适应于此环境的水生植物，并在年内周期性地生长变化；渠底淤积物随水位升降周期性地暴露、淹没，这种干湿变化有利于沟渠沉积物对氮的去除；底泥淤积物中丰富的"营养源"保证了水生植物的生长需求和其中各类微生物的持续生存。当农田排水流经时，其中的有机质、氮、磷等营养成分将发生复杂的物理、化学和生物转化。这一独特的土壤-植物-微生物生态系统表明农田排水沟渠在输送农田排水的同时具有人工湿地的生态功效。一般来说，沟渠主要是通过截留沉淀、水生植物的吸收、沉积物吸附及微生物降解等多种机理综合作用来有效减少进入其他大的水体的污染量。

1.3 氮的来源、存在形态及迁移转化过程

农田氮、磷污染物主要来自农业耕作过程中过量施用的氮肥和磷肥，造成大量氮、磷和农业残留物随农田排水或降雨径流进入沟渠，从而造成农业面源污染。含氮物质可以分为无机氮和有机氮两大类，在沟渠湿地中无机氮最重要的存在形式是 NH_4^+，此外还有 NO_2^-、NO_3^-、N_2O 以及溶解的 N_2。有机氮包括尿素、氨基酸、胺类、嘌呤和嘧啶。

（1）无机氮化合物

氨氮的组成比较单一，是化学还原的氮（-3价），与3个或4个氢结合：$NH_3 + H_2O = NH_4^+ + OH^-$。在沟渠系统中氨的离子形式占优势，在此指氨氮。在沟渠或其他水域中，氨氮是非常重要的，原因是：①对大多数湿地植物和自养细菌，氨氮是优先利用的氮的形式；②氨氮是化学还原物质，在天然水中易于氧化，导致氧的消耗（每氧化1 g氨氮大约消耗4.3 g氧气）；③非离子氨在低浓度下对许多水生物都具有毒性（一般浓度大于0.2 mg/L）。氨氮是许多污水中氮存在的主要形式，其存在会对沟渠和其他受纳水体造成潜在的不利影响，所以在沟渠系统中要减少氨氮的浓度。

硝酸盐同样是植物生长必不可少的营养成分，但其一旦过量，就会导致水体的富营养化，甚至危害饮用水安全，因此硝酸盐和亚硝酸盐是水质控制的重要指标。

气态的氮主要以 N_2、N_2O、NO_2、N_2O_4 和 NH_3 形式存在。在正常的环境情况下，N_2 是大气中重要的气体成分，约占空气体积的78%。N_2O 是微生物反硝化过程的一个中间产物。NO_2 由于其结构的不稳定性，通常情况下与其二聚体形式——N_2O_4 混合存在，构成一种平衡态混合物。过量的 NO_2 会导致水体的酸化，富营养化以及增加水体中有害于鱼类和其他水生生物的毒素含量。

（2）有机氮化合物

有机氮化合物包括氨基酸、尿素、尿酸、嘌呤和嘧啶等。

氨基酸是蛋白质的主要成分，它对所有生命的形式来说都是很重要的复杂有机化合

物。氨基酸由氨基（—NH$_2$）和羧基（—COOH）组成，与芳香族有机化合物和直碳链末端碳原子相连。氨基对形成蛋白质的肽链非常重要。

尿素和尿酸是水生系统中有机氮的最简单形式。因为这些有机氮能迅速地进行化学或生物水解，并释放出氨，所以在沟渠处理中，这些氮的有机形式是非常重要的。

嘌呤和嘧啶是杂环有机化合物，是氮替代了芳香环中两个或是更多的碳原子。嘧啶由一个单一的杂环所组成，而嘌呤包含两个相互连接的环。这些化合物是从氨基酸到构成活体有机体 DNA 核苷酸的过程中合成的。

各种不同形式的氮构成沟渠湿地中的总氮。在水体中，总氮由有机氮、氨氮、硝酸盐氮和亚硝酸氮的浓度之和来计算。在沟渠湿地土壤和生物组织中，大多数氮以溶解性和不溶性的有机氮形式存在，因此湿地中的总氮量大约与有机氮和氨氮之和相等。

相关研究成果表明，沟渠系统中氮循环的重要方式有迁移和转化。影响氮的净化主要有沟渠沉积物的沉积机制、植物的吸收机制和脱氮机制等，它们之间不是孤立作用的，而是存在一定的协同作用。氮在沟渠系统中的迁移转化过程如图 1-2 所示。

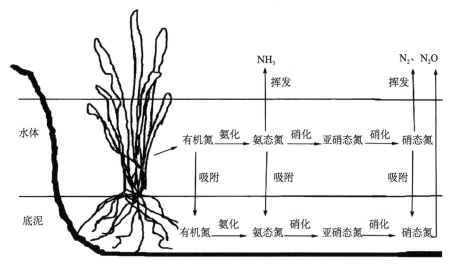

图 1-2 氮在沟渠中的迁移转化过程

1.4 磷的来源、存在形态及迁移转化过程

和氮素一样，农田磷污染也主要来自农业耕作中的化肥的不合理施用及过量施用的磷肥，造成大量的磷随农田排水或降雨径流进入沟渠。磷是生物的必需元素，也是地表水富营养化的限制因子。农田排水中的磷可分为溶解态磷和颗粒态磷两种，两者都可以划分为无机磷和有机磷。可溶的无机磷是植物可以吸收利用的，而有机磷和颗粒态磷必须经微生物转化成无机形式后才能被植物吸收。

（1）有机磷化合物

沟渠中的有机磷占总磷中的大部分，有机态磷主要有核酸类、植素类和酸酯类。磷与有机物以酯键（C—O—P）相连接，其中肌醇磷酸盐占 10%～50%，磷脂占 1%～5%，核苷酸占 0.2% ~2.5%，此外，土壤中也有一定量的磷蛋白。虽然多聚磷酸盐和具 P—C、P—N 或 P—S 键的含磷物质中有机磷也具有相当含量，但脂磷仍被认为是有机磷的主要形态。

（2）无机磷化合物

在底泥中，无机态的磷种类很多，根据其所结合主要阳离子的性质不同，可将底泥中通常存在的磷酸盐化合物分为磷酸钙（镁）类化合物、磷酸铁（铝）类化合物、必蓄态磷（由氧化铁等不溶性胶膜包裹，在土壤中有相当比例，但很难发挥其有效作用）以及磷酸铁铝与碱金属、碱土金属复合而成的磷酸盐类。基质中无机态的磷传统上可分为矿物态、代换态和水溶态几种。其中水溶性的磷数量很少，一般只有 $(0.1 \sim 1) \times 10^{-6}$，但它是最速效部分，是可供植物利用的主要形态。水溶态的磷和固相的磷酸盐及代换态的磷保持着一定的平衡关系，当溶液中的磷浓度不足以满足植物的需要时，土壤有效磷就依附于固体部分的不断补充，包括磷酸盐的溶解和固体磷的释放。

（3）微生物量磷

近几年，微生物量磷逐渐独立出来，它也是植物有效磷的一个来源。磷在微生物组织中的含量为 1.4% ~4.7%，其中在细菌中的含量为 1.5% ~2.5%，在真菌中的含量为 4.8%，这比植物体中的磷都要高。当微生物体完全分解后，固持其内的磷也以无机磷的形式释放出来。和土壤有机磷相比，微生物所含磷容易矿化为植物有效磷。

磷在沟渠湿地中的迁移转化是底泥吸附、植物吸收和微生物的分解和协同等作用共同降低水体中磷含量的过程。影响磷截留的主要机制有沟渠沉积物的沉积机制、植物吸收机制等。磷在沟渠系统中的迁移转化过程如图1-3所示。

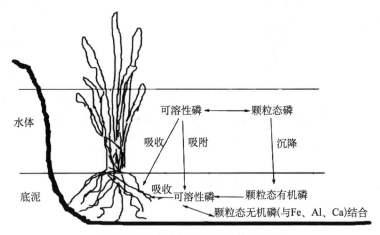

图1-3 磷在沟渠中的迁移转化过程

1.5 沟渠中各组分的生态功能

排水沟渠系统是农田灌溉（降雨径流）退水的主要输送廊道，同时也是农业非点源污染物迁移的通道。在水动力作用下，农田土壤中的盐分、氮、磷、有机质等农业非点源污染物随水流一起进入沟渠，并随着水动力条件的改变，在沟渠中不断沉积变化，为水生植物的生长和微生物的繁衍、滋生提供了充足的"营养源"。因此，研究排水沟渠水体中含氮量的变化规律是揭示氮素迁移转化规律的一个重要的方法。

沟渠中水体与沟渠底泥、生长在其中的植物等都随着时间在不停地进行着交换和迁移。沟渠作为面源污染源与水体之间的缓冲过渡区，降雨径流污染物输出量的有效减少，是整个沟渠各种机理的综合作用结果。沟渠水体在污染物的迁移转化环节中起到了很重要的作用。各组分的主要作用如下所述。

（1）水生植物

农田排水沟渠中生长的水生植物在沟渠生态系统中具有重要的生态功能。水生植物不仅可以直接从水体吸收农田排水中的 NH_4^+、NO_3^- 和 PO_4^-，并同化为自身所需要的物质（蛋白质和核酸等）；更重要的是水生植物的新陈代谢为底泥中微生物的正常生长提供了一个良好的微生态环境。因为被水体淹没的缺氧环境，对很多微生物来说都是一种严酷的逆境。水生植物茎和根的中心具有较大的通气组织，其根系又常形成一个网络状的结构，有利于植物将光合作用产生的 O_2 输送到根区，在根区还原态的介质中形成氧化态的微环境，不仅可满足植物在缺氧环境的呼吸需要，还可促进根区的氧化还原反应与好氧微生物的活动。另外，植物的根系分泌物还可以促进某些嗜磷、嗜氮细菌的生长，促进氮、磷释放与转化，从而间接提高污染物净化效率。

沟渠中的植物过滤带能增加地表水流的水力粗糙度，降低水流速度以及水流作用于土壤的剪切力，进而降低污染物的输移能力，促进其在沟渠中沉淀。

植物的光合作用与沟渠系统复杂的生物化学反应之间存在紧密的联系，进而影响着沟渠除氮效率。研究表明，植物净光合作用对溶解氧、植物根际硝化作用强度等有着重要影响。有学者对某污水处理厂所建造的潜流人工湿地进行了脱氮过程分析。通过对植物光合作用模块的研究，得出植物净光合速率受光强、气温、大气湿度以及自身蒸腾速率的影响，且净光合速率与光强关系密切，随着光强的增大，植物蒸腾速率和大气湿度相应增大，净光合速率呈线性增长；随着植物净光合速率的增长，水中溶解氧浓度有所增加，使得叶片光合作用对植物根部输出氧的能力相比于其他植物更强，这也与"湿地系统植物具有供氧作用"的说法相一致。随着有机物的降解，导致根部逐渐形成厌氧环境，反硝化作用加强，因此，植物的光合作用有利于改善湿地系统内部的氧环境，推动着硝化、反硝化过程的进行；植物光合作用产生的氧对根面土的硝化作用要强于根区土及非根区土，主要是因为植物产生的氧及微生物的分布通过根面向外延伸出现了不同程度的变化；同时，对水生植物的选择不仅要关注其光合产氧能力，还必须注重氧的利用率，并对植物在不同环境下的适应能力考察下，选择适宜的植物，从而达到理想的除氮效果。

（2）微生物

微生物在沟渠生态系统物质和能量循环中也起着非常重要的作用。水生植物的 O_2 输送为各类微生物提供了良好的生存条件，在植物根区附近同时发育着大量的好氧、厌氧及兼性微生物，形成好氧、厌氧和兼性的不同环境，使根系周围连续呈现出好氧、缺氧及厌氧状态，为硝化菌和反硝化菌提供了生存及作用的条件，使硝化和反硝化作用得以在沟渠湿地系统中同时进行，最终使污染物以气体形式逸出。另外，营养物质的转化和矿化作用主要是由微生物引起的，所以说，微生物在沟渠湿地系统营养物去除中起着主要作用。

（3）底泥层及土壤基质

排水沟渠中底层的基质底泥是水生植物和各类微生物赖以生存的基础。同时，底泥还可以其强大的吸附作用吸附水中的氮、磷等营养物。当农田排水进入沟渠以后，水体中的有机氮首先被沟渠沉积物吸附，并通过矿化作用转化为 NH_4^+，再转化为气态 NH_3；在淹没环境下，底泥中的 O_2 含量很低，形成厌氧环境，促使 NO_3^- 发生反硝化作用，形成 N_2 和 N_2O，挥发进入大气。由于这些沉积物具有相对较大的表面积，可以将吸附的氮、磷进行沉积、转化。这也可以说明为什么在 OTIS 示踪试验中，交换系数 α 较大的原因，从而解释了试验沟渠的吸附能力较强的原因。

氮在排水沟渠中的迁移转化是水生植物、微生物和基质底泥共同作用的结果，其中包括矿（氨）化作用、硝化与反硝化作用、植物吸收和底泥吸附作用等。氮在进入排水沟渠后，受底泥吸附作用，部分进入底泥淤积层，在水体和淤积层中同时进行氨化、硝化与反硝化作用。有氧条件下，首先通过氨化作用将有机氮转化为无机氮（主要表现为 $NH_4^+ - N$），并在硝化细菌作用下进一步发生硝化作用，将氨态氮氧化成硝态氮或亚硝态氮（$NO_2^- - N$）；厌氧条件下，受兼性菌脱氮作用，硝态氮（$NO_3 - N$）或亚硝态氮还原成 N_2 逸出沟渠进入大气。硝化与反硝化作用一般合称为脱氮过程，在这一环节氮最终以气体形式逸出，是氮永久从水体中去除的一个最好方式。水生植物也可从水体中直接吸收部分氮、磷等营养物，然后同化为自身的组成物质，最后被直接收割或被草食动物进一步同化，也可视为从水体中去除的一种方式。但受植物种类及本身干物质重量影响，这一作用十分有限，而且如果水生植物在生长末期不及时收割，还容易引发二次氮污染。

1.6 研究意义

水环境污染是造成全球水资源水质性紧缺非常重要的因素。农业非点源污染从农田形成到向农田外水体的输出过程可划分两个环节：一是田间氮、磷等污染物随地表径流、地下渗漏等各种方式进入田间末级排水沟渠（如农沟、毛沟）的产污环节；二是污染物由末级排水沟渠经支级、干级农田排水沟渠向外界水体的输出过程。农业非点源污染的主要控制措施可分为源头减量、过程拦截和末端治理三个阶段。近年来，应用生态工程技术进行非点源污染控制和管理已成为研究的前沿，植物缓冲带、人工湿地、生态沟渠等被广泛用于农业非点源污染控制。与其他控制措施相比，生态沟渠因其建设成本低、污染物去除率高，更适合在农村地区推广。目前，结合田间土壤中氮、磷元素的迁移转化，我国对农业非点源污染的产污环节进行了较多研究，也提出了诸如农田配方施肥、施用缓释肥、合理调配水肥过程等许多有效措施；而对农业非点源污染输污环节的研究还相对较少，难以形成科学系统的防控理论用以指导实践。

国外普遍利用河湖与陆地交错带的自然湿地、恢复湿地及人工湿地净化非点源污染物，已经对湿地去除氮、磷营养物的机理及去除效率做了大量研究工作，充分证明了湿地在减轻地表水富营养化方面所发挥的巨大作用。但与流域面积相比，通常河湖与农田交错带之间的湿地面积并不大，水在湿地停留的时间受季节和排水强度的影响大，如果停留时间短，净化效果就很差。沟渠是农业非点源污染物的最初汇集地，它可以被看作另一种湿地生态系统。据报道，美国和加拿大有 65% 的农业用地通过地表排水，即利用沟渠网排水，其余的 35% 是经地下暗管排入沟渠或直接排入河流。随着人工湿地水处理技术的日趋成熟和推广，人们开始进行应用农田排水沟渠拦截、处理农业非点源污染的研究。

近年来，沟渠湿地作为生态系统中组成部分的重要作用被更加广泛地认识，其合理利用不仅可以给人们带来巨大的经济效益，还能维护和改善区域的生态环境。作为特殊的水体单元，沟渠既利用自身的生物、化学、物理机制滞留了一定的化学元素，吸收和转化了周围环境输入的物质元素，同时又作为物质输出的源和通道，极大地影响着下游水体的水质以及周围环境的质量。

黄河流域的大部分地区位于我国干旱与半干旱区内，引黄河水灌溉极大地促进了农业的发展，但同时挟持大量氮、磷污染物的农田灌溉退水又排入黄河，使黄河水质不断恶化。由于大引大排，造成水资源利用效率低下，排水量大而分散，兼之部分排水沟渠接纳工业以及生活等废（污）水，同时受农村养殖污染以及垃圾滤液等影响，多数排水沟水质交叉，未经处理直接进入输水干渠，对引水干渠水质及下游饮水安全都造成了很大的影响。有效地减少农业非点源污染物的入黄负荷量，不仅具有很大的环境效益，还可避免下游水污染及其治理所带来的不可估量的后期经济损失。

为满足灌溉和排水的需要，农业区沟渠纵横交错，形成网状结构，在沟渠与周围许多生态系统之间，很多水文过程都会影响溶质迁移、滞留、转化和吸收过程。河流流动水体与暂态存储区之间的交互作用，延长了溶质在河水中的滞留时间，从而增加了溶质与沉积物之间的接触概率，提高溶质生物降解的可能性。吸收和去除过程主要发生在水底沉积物和附着的生物膜表层，由于具有较浅的水深和较大的面积体积比，因此具有比大河流更短的养分吸收长度，特别是输入的无机氮浓度较低时，沟渠可以在几分钟至几小时、几十米至数百米的时空尺度下将输入的无机氮去除和转化。在农业生产区，排水沟渠水体基本都源自田间地头和田间降水，直接承纳地表径流以及农田排水裹挟的氮、磷等营养物，通过对氮、磷在农田排水沟渠中的迁移转化规律和净化特征的研究，可以清楚地了解氮、磷在农田排水沟渠中被截留的效应，开发有效地截留流失氮、磷的生态沟渠强化截留技术，这对有效控制农业非点源污染具有重要的意义。因此，研究如何充分发挥沟渠水体的养分滞留功能，对调控和减轻非点源污染影响无疑具有重要意义，这已成为当前欧美发达国家环境科学、环境水文地质学等领域研究的热点。

第2章 国内外研究现状

近年来，越来越多的科研工作者们开始注意到由于大量氮、磷等营养物的输入所导致的水体大面积富营养化越来越严重。国内外的许多学者也开始关注排水沟渠在农业非点源污染物迁移过程中所发挥出的作用。

2.1 人工湿地技术研究进展

应用农田排水沟渠拦截、处理农业非点源污染的研究起始于人工湿地水处理技术的日趋成熟和推广。1903 年，英国约克郡修建的 Earby 湿地被认为是世界上第一块用于处理污水的人工湿地，一直运行到 1992 年。1953 年，德国的 Seidel 和 Kichuth 在其研究工作中发现水生植物能大量吸收、去除水体中的污染物，对湿地植物净化污水做了初步的研究，并开发出 "Max-planck Institute-process" 系统和 "根区法" （Root Zone-method），推动了湿地污水处理技术的试验研究。20 世纪 60 年代末，美国 NASA 国家空间技术试验室研究开发了 "采用厌氧微生物和芦苇处理污水的复合系统"，并于 1976 年出版了《充分利用水生植物》一书，对早期 NASA 系统进行了描述。20 世纪 90 年代末期，美国又研究开发出了一种农田排水系统和地下供水系统相结合的 "湿地—控制排水—供水池塘—地下灌溉"（WRSIS）系统，并取得了良好的生产及生态效益。

我国对人工湿地的研究相对较晚，1989 年，天津市环境保护科学研究所（以下简称天津市环科所）建成了试验室规模的人工湿地研究系统，并建成了我国第一个芦苇湿地工程，开始对人工湿地处理污水进行系统研究。1990 年，国家环保局华南环境科学研究所在深圳白泥坑建造了人工湿地示范工程。北京市环科所在北京昌平建成了处理规模为 500 m^3/d 的芦苇湿地处理工程。李科德等采用人工模拟芦苇床处理生活污水，并对其净化机理进行了研究。之后，人工湿地水处理技术日益发展成熟。

2.2 农田沟渠处理技术研究进展

应用农田排水沟渠处理农业非点源污染可以看作人工湿地水处理技术的推广和延伸。沟渠不仅是某些水生动植物定居繁衍的栖息地，而且对氮、磷等污染物具有明显的祛除效力，是一种特殊的人工湿地系统。农田排水沟渠周期性的排水特征及沟渠沉积物中生存的微生物、水生植物等构成了排水沟渠独特的生态系统。生态沟渠具有双重属性：一方面，农田排水中的非点源污染物被底泥吸附、植物吸收，以及微生物降解等途径有效地截留和转化；另一方面，植物、底泥等随着外界条件的改变会向水体中释放污染物，形成"二次污染"。1993 年，Meuleman 等的研究指出，天然沟渠能够吸收水体中氮、磷污染物，其中对磷素的去除率高达 90% ~ 95%，可以利用天然沟渠改善受污染河水的水质。Peterson 等研究发现，含有农药的农田排水经过一段 510 m 长的植被化沟渠后，输出浓度可减少到农药初始浓度的 0.1%。Bennett 等的研究也有相似结果，农药浓度为 666 μg/L 的水流在经过 400 m 长的试验沟渠净化后，水流中即无法检测到农药成分的存在。Kroger 等对自然长有植物的两条沟渠（沟渠长为 400 m 和 360 m，宽深比例为 7:15 和 6:63）对氮、磷的削减作用进行了长达两年的观察，发现沟渠对氮、磷有一定的削减作用。Moore 等研究有植草和无植草的农田沟渠（两条沟渠均长 320 m，上宽 6 m，底宽 3 m）对氮、磷的削减作用，两种沟渠对营养物质都有削减作用，其中植草沟渠对无机磷的削减作用比无植草沟渠高 35%。Nguyen 和 Sukias 对新西兰牧场中的 26 条沟渠中采集 0 ~ 5 cm 和 5 ~ 15 cm 深度的表层和亚表层沉积物磷素形态组成和持留特征进行了详细分析，结果表层底泥和亚表层底泥的磷素吸附能力分别为 2 467 ~ 4 197 mg/kg 和 2 225 ~ 3 891 111 g/kg。吸附能力和底泥的化学性质显著相关。Sheryl 等的研究进一步证实，农田排水沟渠对农药毒死蜱的消解率达到 38%。Strock 等的研究表明，农田排水沟渠与线性湿地具有相似的生态和物理功能。因为农田排水沟渠可有效拦截农田非点源污染物，Needleman 将沟渠系统概括为具有河流和湿地特征的独特工程生态系统。

我国对湿地污水处理方面的研究始于 20 世纪 80 年代。1989 年，天津市环科所建成了试验室规模的人工湿地研究系统，并建成了我国第一个芦苇湿地工程，开始对人工湿地处理污水进行系统研究。现在，针对湿地处理水方面的研究越来越多，此项技术也逐渐被完善、改进。虽然国内对人工湿地的研究较多，但是对农业排水沟渠作用的系统研究则相对较少，主要就沟渠湿地底泥和水体有机质的时空分布、氮、磷在灌溉和降雨时的转化机理等方面做了研究。1999 年，晏维金等通过对巢湖六岔河小流域的两条排水沟对比试验，结果表明沟渠系统具有双重属性：一方面，沟渠湿地系统能有效地截留非点源溶质氮磷，在中等水文条件下，沟渠湿地系统对总氮、总磷的截留率分别在 50%、90% 以上；另一方面，沟渠湿地也会造成内源污染，姜翠玲等在南京地区开展的沟渠湿地对农业非点源污染物净化能力的研究也得出相似结果：沟渠湿地可通过底泥截留吸附、植物吸收和微生物降解等作用净化农田排水中汇集的非点源污染物，其中水生植物吸收是沟渠湿地净化非点源污染物的主要机制，通过水生植物收割每年可带走 463 ~ 515 kg/hm² 的氮和 127 ~ 149 kg/hm² 的磷，如果不及时收割水生植物，将会造成严重的二次污染。2005 年，杨林章在研究太湖流域农田非点源污染问题时，结合当地实际情况提出了"生态拦截型沟渠系统"概念，"系统"由工程部分和植物部分组成，具有减缓水速、促进水流携带的颗粒物质沉淀、有利于构建植物对水体中氮、磷进行立体式吸收等优点，从而实现对农田排水中污染物的净化和控制。之后，关于沟渠湿地及其不同种类水生植物、不同形式生态沟渠构建的相关研究进入了一个新的高潮。徐红灯等研究沟渠沉积物对氨氮的吸附和硝化能力，并对比了两者的截留效应，结果表明，沟渠沉积物吸附作用在沟渠沉积物截留效应中起主导作用。翟丽华等对杭嘉湖流域某沟渠系统中沉积物的吸附特征进行了研究，结果表明，沉积物对氨、氮和磷酸盐的吸附是一个复合动力学过程，包括快速吸附和慢速吸附。殷小锋等研究了滇池北岸城郊农田生态沟渠构建及净化效果。陈海生等研究了以耐寒水生植物水芹为主要内容的生态沟渠降污效果。王岩等通过对三种不同类型农田排水沟渠氮、磷拦截效果进行比较，进而探讨了生态沟渠对农田排水中氮、磷的去除机理。李强坤等以黄河上游青铜峡灌区为例，开展了农业非点源污染物在排水沟渠中的模拟与应用研究。何明珠等研究了滇池柴河流域农田生态沟渠杂草的氮、磷富集效应。余红兵等研究了水生美人蕉、铜钱草、黑三棱、狐尾藻和灯芯草五种水生植物及其不同生物量对生态沟渠氮、磷的吸收效果。何元庆等研究了珠三角典型稻田生态沟渠人工湿地的非点源污染削减功能。于会彬等在单晚稻生长期间对农田排水沟渠径流量与氮、磷含量随降水变化过程进行监测，在降水初期，污染物含量随径流量的增大而升高；随着流量的增大，稀释开始起主导作用，污染物含量表现出随流量增大而递减的趋势。彭世章等将沟渠湿地对农业非点源污染的研究扩展到沟塘湿地，结果表明沟塘湿地可有效去除农田排水中的总氮和总磷。

在污染物迁移的过程中，沟渠内地表水与地下水之间的底泥层在滞留及吸附作用上起到很大的作用，通常可将其视为潜流带的一种。关于潜流带的准确定义，目前尚未提出。就河流而言，潜流带位于蓄水层之下并接近河流与河床的位置，与水体和河床均密切相连，是上覆水与地下水进行交换和混合的区域，是河流或者沟渠等连续体的重要组成部分，连接着河流的陆地、地表和地下。但是由于潜流带在时空尺度上都处于不断变化之中，再加上其自身结构复杂的特点，当前研究方法和技术还不能满足需要，因此人们便从暂态存储作用角度着手研究河水与潜流带的相互作用。有关小河流中氮、磷营养盐滞留特征的研究，国外学者主要集中在养分相对贫乏的冰川融雪溪流或山区、荒漠地小河流等，对体积较小的农田排水沟渠的应用则相对较少。为此，一些学者们开始着手开展相关研究，如 Peterson 等在对源头河流控制氮输出的研究中指出，在生物活性高的季节，源头河流传输到下游的无机氮达不到起初进入水体负荷的一半。Roberts 等研究经修复的源头小河流对 NH_4^+ 的吸收作用，发现研究河段的暂态存储区尺度大小和吸收速率与其他研究结果相比为最低。

2.3 模型研究进展

2.3.1 农业非点源污染模型研究现状

空间广泛、时间不确定以及较难获取准确信息等是非点源污染的主要特点，与点源污染的特征比较见表2-1。由农业生产活动所产生的盐分、农药、病菌等污染物，经农田排水和农田地表径流等形式从土壤圈进入水圈，或任意排放的畜禽养殖污水所导致的水体污染就是农业非点源污染。

表2-1 非点源与点源的污染特征比较

非点源	点源
①发生较随机、变化范围较广	①水流和水质较稳定
②洪水时期影响最严重	②枯水时期影响最严重
③较难追踪污染的源头	③可以直接评价污染程度
④发生时间较短，降雨量影响较大	④发生时间较长，基本没有直接影响因素
⑤与区域下垫面因素有关	⑤与区域下垫面因素无关
⑥非点源污染的影响范围较广	⑥点源污染的影响范围较局限
⑦污染物排放方式不定时、无规律性	⑦污染物的排放方式连续
⑧污染物的类型较多	⑧污染物的类型相对较少
⑨发生污染源于产生径流区域	⑨发生条件无限制，甚至是小单元区域
⑩污染物迁移转化较为复杂，与人类活动紧密相连	⑩污染物的迁移相对简单

　　世界上最早开始系统地研究农业非点源污染是在20世纪70年代，在研究中发现，农业非点源污染所涉及的广阔范围内，随着气候、地质地理、时间（年内不同季节和年际间）和空间等不同，污染物排放规律具有一定的周期性和随机性，而这种性质就导致了在区域或流域水平上，其污染负荷难以监测，所以通过建立数学模型定量化预测非点源负荷一直是研究的重点。在研究早期，因为缺乏有效的观测手段和定量评估方法，模型主要以"黑箱"模型为主。不考虑污染溶质的中间过程或内在机制，只依据输入和输出情况，依据因果分析和统计分析等方法建立污染负荷与流域土地利用或径流量等之间的统计关系，简便地计算相关出口处的污染负荷。这种模型简单实用，但由于农业非点源污染的突发性较强，其误差较大，比较适用于对结果要求不那么精确的年均污染负荷量的预测。代表性的模型主要有1971年Hydrocomp公司为USEPA（美国国家环保局）研制的农药输移和径流模型（Pesticide Transport and Runoff Model，PTR）、1965年美国农业部开发的通用土壤流失方程USLE、美国开发的径流曲线方程SCS和最初的城市暴雨水管理模型（Urban Storm Water Management Model，SWMM）。

　　20世纪70年代中后期之后，随着对农业非点源污染所包含的物理化学过程、中间运移过程的进一步研究，在早期"黑箱"模型的基础上包含一定污染物中间运移过程分析的解释型模型逐渐成为非点源污染模型开发的主要方向。根据模型所能应用的空间尺度，可分为农田尺度模型和流域尺度模型。农田尺度模型是为了模拟和评价不同农业管理措施对农业非点源溶质迁移转化过程的影响，其模拟和评价的准确性，主要依赖于农田土壤质地、降水空间分布是否均匀，土地利用和管理措施是否较为简单，因为受到这些客观条件的限制，在实际应用过程中，其结果往往只能作为一定的参考。模型主要有：CREAMS（Chemicals Run off and Erosion from Agricultural Management Systems）模型是美国农业部在1980年提出的一个连续模拟模型，它的特点是初次对非点源污染的水文、侵蚀和污染物运移过程进行了系统的综合，能够预测在单次降雨后，农业活动所产生的各种化学物质，如盐分、营养物、农药等，在降雨导致的土壤侵蚀和地表径流作用下的运移过程，或长时期内的各种化学物质运移的均值结果，奠定了非点源发展的里程碑；GLEAMS（Groundwater Loading Effects on Agricultural Management Systems）是 CREAMS 的改进，用于评价农业管理措施对农药及田间化学物质的可能淋洗，主要针对在不同的田间管理决策下，形成的不同的田间地表地下径流和土壤流失过程，对地下水质会产生不同的影响。流域尺度模型是基于计算机技术的发展和地理信息系统技术（GIS）在流域研究中的广泛应用，结合分布式水文模型的研究，用网格划分流域，模型应用性能和精度大大提高。常见的有：ANSWERS（Areal Nonpoint Source Watershed Environment Response Simulation）是美国普度大学 Beasley 等提出的，是基于降水事件的分布式模型，通过模拟土地利用方式，根据当地的气象降雨条件，计算在水文和侵蚀影响下的表面净流量、土壤侵蚀量中的污染物流失量；BASINS（Better Assessment Science Integrating Point and Nonpoint Sources）集合了流域负荷和传输模型、污染物负荷模型及稳态水质模型等，同时适用于点源或面源污染，并通过高速有效的计算，预测河流甚至整个流域的水质变化情况。

国内农业非点源污染研究相对于国外开始的较晚，最早可以归溯于 20 世纪 80 年代开展的河流、湖泊、水库的富营养化调查，而在模型研究上则开始的更晚，且主要是经验统计类分析模型和引进国外模型进行验证应用。刘枫等在天津于桥水库的农业非点源污染的研究中，通过对各类型非点源污染进行定量检测和分析，提出了针对流域的非点源污染的量化识别方法。在模型引进应用方面，陈欣等通过对比 AN-GPS（Agriculture Nonpoint Pollution Source）模型在浙江德清排溪冲小流域磷素流失的预测值和实际周年观测值，得出结果基本相符且相关程度高，说明 ANGPS 模型可以用于南方丘陵区小流域磷素流失。张建采用 CREAMS 模型计算了黄土坡面径流量及侵蚀量，通过分析结果，表明在应用这一模型时，参数的选择带有主观任意性，只有在模型参数的研究上积累了一定的经验后，才能得到较好的结果。万超等采用 SWAT 模型研究了潘家口水库上游地区面源污染负荷和产出特征，结果表明在参数确定后，SWAT 模型可以应用于该流域，并发现施肥量和施肥时间对年内非点源污染负荷量有重要影响。

2.3.2 OTIS 模型

由于沟渠断面水流速度分布的不均匀性，在近岸水域往往形成一定的缓流区域或死水区，并发生部分污染物的滞留和削减，从而对下游水质状况起到一定的调控和改善作用，包括潜流带、死水区以及由河流形态、河床地貌等因素造成的溶质暂时存储区域，是影响溶质滞留和吸收的重要因素。国外科学家对沟渠此项特征进行了研究，并提出了暂态存储区及暂态存储能力等概念。

关于暂态存储作用的研究始于 1983 年，Bencala 等在对山区溪流溶质迁移规律的研究中，根据溪流形态、汇水区地形地貌特征及水文地质条件，从水相和沉积相两方面构建了溶质迁移耦合数学模型，提出了模拟对流、扩散、侧向补给和暂态存储作用的 TSM 模型（Transient Storage Model）。1993 年，Runkel 和 Chapra 开发了 TSM 模型的数值计算方法。后来，Runkel 针对 TSM 模型仅适用于保守型溶质的不足，通过引入溶质衰减系数和吸附作用，提出了可用于非保守型溶质模拟的 OTIS（One-dimensional Transport with Inflow and Storage）模型，并在考虑溶质吸附、沉淀或氧化还原作用等化学过程的基础上，提出了模拟重金属迁移转化的 OTEQ（One-dimensional Transport with Equilibrium Chemistry）模式。1998 年，Runkel 开发了数值模拟计算软件 OTIS 和参数自动优化包（One-dimensional Transport with Inflow and Storage with Parameter Optimization）。OTIS 和 TSM 这两个模型都是将河流中的溶质的迁移转化过程概括为主流区和暂态存储区两个部分，而其他很多水环境模型如 S-P、WASP 等则主要是关注河道流动水体部分，对暂态存储区及其与主流区的相互作用关注较少。

除 OTIS 和 OTEQ 模型外，部分学者还通过引入河床对河水溶质吸附系数、潜流带沉积物吸附系数等，将若干反应项模块增加或耦合到 TSM 模型中，开发可用于反应性溶质的各种改进型 TSM 模型，并将其应用于河流氮磷营养盐、溶解氧等的模拟，甚至非保守型溶解态金属元素的传输模拟等。由于田间的排水沟具有水化学调节器的功能，可以视为一种线性湿地，可对条田汇水所产生的无机氮负荷的 50% 以上进行截留转化，进而减小对上一级排水沟的污染输入。因此目前，人们还是广泛利用 OTIS 模型，结合野外示踪试验来研究小河流溶质迁移转化规律。通过不断改变试验条件，如示踪试验的开展时间、示踪剂的投加方式、河流水文条件及河道形态等，探讨不同影响因素对溶质迁移的影响机制。

2.3.3 沟渠除氮模型

沟渠除氮模型的研究同样是在人工湿地系统模型的研究基础上发展而来。目前常用的有四种模型：衰减方程模型、一级动力学模型、Monod 模型和生态动力学模型。衰减方程模型运行数据采用湿地进出水浓度，该模型虽清晰明了，但精度不够，Kadlec 根据美国水平潜流人工湿地拟合出了 TP 衰减方程。一级动力学模型是目前描述湿地中污染物去除最合适的模型，Breen 研究发现稳态的一级动力学方程可以描述整个湿地系统。Kadlec 和 Knight 基于污染物在湿地中呈现指数衰减至恒定值但不为零的现象，引入了背景浓度。Kadlec 在后期总结了 20℃时人工湿地一级动力学模型的参数，为模型的改进做出了贡献。史云鹏等认为，与一级动力学模型相比，Monod 模型更适用于微生物起主导作用的污染物降解过程。目前，人工湿地生态动力学模型的研究在国外刚刚起步，国内研究较少，Mayo 等考虑悬浮生物量和生物膜的作用，建立了水平流湿地氮转化模型。Wynn 等建立了潜流湿地分箱模型，其中包括 6 个子模型。Wang Y H 等建立了一个动态系统来模拟芦苇人工湿地中氮的迁移转化过程。Liu 根据氮素的不同形态将模型分为 3 个箱体，开发了一个连续的氮迁移转化模型。贾海峰等运用生态动力学模型模拟了北京市水系中不同营养物的变化。刘玉生等在研究滇池氮、磷时空分布，藻类动力学，沉积与营养源释放等基础上，将生态动力学模型与箱型模型耦合，建立了生态动力学箱模型。闻岳运用箱式机理模型，建立并模拟了潜流人工湿地出水有机物和总氮的出水变化情况。刘晓娜等对某潜流人工湿地建立生态动力学模型，模拟了湿地中氮素的迁移转化过程，确定了主要除氮机制。

2.3.4 非点源污染的形成及负荷预测数学模型

非点源污染不同于点源污染，对其浓度、负荷等特征的检测研究具有很大的不确定性，处理方式十分复杂。非点源污染于 20 世纪 70 年代，在国外最开始被系统研究，40 多年来的研究主要围绕描述非点源污染形成及负荷预测数学模型这一重点。

根据模型原理和描述的手段、方法，这些模型大致可分为确定型（机理）模型和经验类模型。而根据适用范围，确定型模型又进一步划分为流域规模模型和农田尺度模型。在农业非点源污染研究初期，经验类模型被广泛使用，如 20 世纪 70 年代开发的 PTR-HSP-ARM-NPS 模型，被用来研究农药输移及径流，此外早期还有一些输出系数模型，ACTMO（农药化肥迁移模型）等，这些经验型模型，只考虑输入和输出情况，忽视了污染物的中间过程、内在机制，大致可归类为“黑箱”模型；到 70 年代末，农业非点源污染运移过程研究有了更广泛的检测手段，随着更深入的研究，模型开发主要方向变为了开发具有一定基础的确定机理模型，如农田尺度规模模型，其代表性模型有 CREAMS，EPIC（Erosion Productivity Impact Calculator）；用于模拟农业活动对地下水影响的 GLEAMS 模型等，这些模型一般均由径流、产沙和水质三部分子模型组成，其中径流计算多应用 SCS 径流曲线法（SCS Runoff Curve Number Method）和下渗模型，产沙计算采用 USLE（Universal Soil Loss Equation）或其修正模型。其他描述农田尺度水分和污染物运移的模型还包括 DRAINMOD-N、LEACHM（Leaching Estimation and Chemistry Model）、RZWQM（Root Zone Water Quality Model）等。

此后分布式水文模型进一步深入研究，以及适用于较大规模尺度流域的非点源污染分布模型被相继提出，其中代表性模型有 ANSWERS、AGNPS 及其改进版 Ann AGNPS、SWAT、BASINS 模型等。最近，基于 GIS 的空间决策支持系统（SDSS）技术将成为较大尺度农业非点源污染的管理与控制的新趋势，它以最优化方案为主要特征，集成了数据库、模型库、知识库。

随后溶质运移机理的不断深入研究，而现有的非点源负荷模型不足以满足实际的工作需要，因此必须寻找新方法研究溶质的随机运动规律，促使人们不断应用随机模型研究溶质的运移问题。最具代表性的随机模型是 Jury 等提出的传递函数模型理论，即溶质的土壤动力学过程用概率密度函数表达，而溶质的输出则用输入通量的函数表示。

目前常用的农业非点源污染估算模型见表2-2。

表2-2　目前常用的农业非点源污染负荷模型

模型	参数形式	水文学计算	时间尺度	模型模拟的过程和主要变量
WEPP	较集中	风蚀预报模型	长期连续	可模拟研究区域的气象、土壤和作物管理等，污染物取决于可获得的基础数据
ANSWERS	较分散	分布式水文模型	暴雨事件	地表水文过程、侵蚀和泥沙运动过程以及氮、磷营养元素的运移过程
AGNPS	较分散	SCS曲线	暴雨事件	水文、侵蚀、沉积和化学传输模块，污染物包括氮、磷、化学需氧量、细菌和金属
SWAT	较分散	SCS曲线	长期连续	水文、气象、侵蚀、营养物质和农药迁移模块，污染物包括氮、磷、化学需氧量、细菌和金属
AnnAGNPS	较分散	SCS曲线	长期连续	评估流域地表径流，泥沙侵蚀和氮磷营养盐流失，污染物包括氮、磷和杀虫剂

我国农业非点源污染研究起步较晚，直到20世纪80年代初，河流水质规划和湖库富营养化调查可以算是非点源污染研究的初始阶段。40多年的研究，归纳起来可以划分成三个阶段：首先是通过经验统计分析研究，其次是机理探讨的研究，最后是对国外模型的吸收、改进和应用。近年来，更多专家、学者对非点源污染给予了高度关注，研究方向上也呈现出多元化趋势，如余钟波开展了流域水文过程与农业非点源污染迁移转化间的耦合机制研究、沈珍瑶以三峡库区大宁河为例进行了非点源污染的不确定性研究、王晓燕进行了非点源污染过程与景观格局尺度的依赖性研究、李叙勇以滦河流域为例开展了流域非点源污染负荷的多模型化方法研究等。

目前对于河套灌区，耕地的盐碱化防治是研究重点，而对农田氮、磷流失的研究非常贫乏。河套灌区农业排水系统发达，排水量大，研究时需结合自身特点，不能盲目地生搬硬套其他地区的研究成果。目前河套灌区农田氮、磷排出量已有长期监测数据，但由于许多其他来水（如工业生活废水、洪水等）汇入了总排干，很难区分灌区排水中的污染物成分所占比例，另外，系统地对河套地区氮、磷流失计算需要许多长期的、精确的流量数据，而采样监测的频率和监测时间不能满足计算条件，所以，目前还没有直接的、令人信服的结果。

国内在入乌梁素海水体农业非点源污染方面也进行了一定的探索。大致可以分为两种研究方法：第一种是通过试验田间设置的不同监测断面，获得各种水质数据等，但这种方法消耗大量时间和物资，而且只能得到特定年、特定地区的实测值，局限性很大，推广使用价值不高；第二种方法较为科学可行，其借助数学模型模拟农田非点源溶质运移转化过程、作物生长，根据模拟结果，概化出整个计算区域的污染物负荷。主要研究成果包括：内蒙古师范大学李兴等的试验研究显示，乌梁素海地处半干旱区域，入湖水体中的大批污染物导致水体富营养化、有机化和盐化等污染，因而治理水污染的着重点在于提高入湖水质量。内蒙古自治区环境科学研究院的李晓霞等研究表明河套灌区农田排水排出污染物，包括氮磷及有机污染物，是导致乌梁素海水体富营养化的主要污染源之一，其中总氮占输入总量的 60% ~ 80%，总磷占 15% ~ 20%。中国科学院的赵永宏等研究发现在乌梁素海流域，从草原和耕地系统进入地表水、地下水的氮，每年平均有 80% 来自施肥。此外，通过巴彦淖尔市农业局提供的资料可以看出，乌梁素海流域化肥农药施用量大，但有效利用率低。大水浸泡和冲刷加剧了农田的污染物流失。南开大学刘振英等的试验研究指出，在所有排入乌梁素海的污染物负荷中，来自河套灌区的农业非点源氮、磷分别占 78%、27%，为 2 646 t/a、30 t/a。李强坤等基于初步所建的农业非点源污染田间模型，分析了田间灌水量和排水量、施肥量和施肥方式与产污强度间的关系，成功估算了河套地区的农业非点源污染负荷。

我国对农业非点源污染负荷的估算方法主要是学习借鉴美国的先进经验，进而构建了具有中国特色的立体化农业非点源污染削减体系，经验统计法和模型模拟法是国内农业非点源污染模型研究的两个方面。

（1）经验统计法

经验统计法构建的基础是研究区监测的水文、水质参数，但污染形成过程以及污染输移过程是不考虑的，基本方法是统计分析得到污染物输出的经验公式，即平均浓度法、径流分割法等。

①平均浓度法。河流流出某区域断面的年总负荷量为

$$W_{\mathrm{T}} = \int_{t_0}^{t_e} c(t) Q(t) \mathrm{d}t \tag{2-1}$$

式中：$c(t)$ ——污染物在研究期间浓度的变化过程；

$Q(t)$ ——研究期间河流的径流过程；

t_0、t_e ——研究初始时刻和研究终止时刻。

若流域缺乏长序列的水质水量同步监测资料，则年总负荷量可简化为

$$W_{\mathrm{T}} = \int_{t_0}^{t_e} [c_{\mathrm{S}}(t) Q_{\mathrm{S}}(t) + c_{\mathrm{B}}(t) Q_{\mathrm{B}}(t)] \mathrm{d}t \tag{2-2}$$

式中：$Q_{\mathrm{S}}(t)$、$Q_{\mathrm{B}}(t)$ ——表示研究区段的地表径流污染过程和地下径流污染过程；

$c_{\mathrm{S}}(t)$、$c_{\mathrm{B}}(t)$ ——表示研究区段的地表径流污染浓度和地下径流污染浓度。

若可获得地表和地下径流的污染物平均浓度，则污染年负荷量可理解为非点源污染年负荷量与枯季径流的年负荷量之和，即

$$W_{\mathrm{T}} = c_{\mathrm{SM}} \int_{t_0}^{t_e} Q_{\mathrm{S}}(t) \mathrm{d}t + c_{\mathrm{BM}} \int_{t_0}^{t_e} Q_{\mathrm{B}}(t) \mathrm{d}t = c_{\mathrm{SM}} W_{\mathrm{S}} + c_{\mathrm{BM}} W_{\mathrm{B}} \tag{2-3}$$

式中：c_{SM}、c_{BM} ——表示研究区段的地表径流和地下径流污染物的平均浓度；

W_{S}、W_{B} ——表示研究区段的地表和地下径流的总径流量。

该种非点源污染估算方法是由李怀恩首次提出的，且在黑河流域西安段的非点源污染年均负荷研究中取得了较好的估算结果；此外，刘洁等基于平均浓度法原理，研究出

滤波平滑最小值的新型径流分割法，模型模拟值与实测值较吻合。

②径流分割法。径流分割法的原理为：年径流过程包括汛期地表径流过程和河川基流（包含汛期河川基流）过程，降雨径流的冲刷作用是非点源污染形成的原动力和载体。因此可理解为汛期地表径流产生非点源污染，则流域污染物总负荷 W_T 表示为

$$W_T = W_n + W_p = W_n + W_{枯} \times 12 \tag{2-4}$$

式中：W_T—— 出口断面的年总负荷量；

$\quad\quad W_n$—— 非点源污染负荷；

$\quad\quad W_p$—— 点源污染负荷；

$\quad\quad W_{枯}$—— 枯季污染月平均负荷；

$\quad\quad 12$——一年 12 个月。

该方法被成功应用于渭河流域陕西段、漓江上游、东辽河下游流域非点源污染负荷量的估算，研究结果表明此方法的计算值与实测值相近。

（2）模型模拟法

相对于经验统计类分析模型而言，我国对机理类模型研究较少，主要是引用国外模型加以修改应用，针对不同流域尺度出现了不同的负荷模型，广泛应用于农业管理模式的优化、环境影响的评价以及流域的合理规划等方面。

目前常用的污染负荷模型如下所述。

①SWAT 模型。张上化等使用 SWAT 模型对西湖流域 2016 年和 2017 年的非点源污染负荷进行了模拟与验证；张招招等以甬江流域为例，研究 SWAT 模型是否可选用为土地利用方式对非点源污染影响的模型，结果表明此模型更加适用大中流域尺度的研究；陈兴伟等在估算晋江流域非点源污染负荷时，提出了将 SWAT 模型与"3S"技术有效结合的新研究方法，流域的产流模拟效果较为显著。

②Ann AGNPS 模型。涂宏志等利用 Ann AGNPS 模型，耦合 GIS 技术，对饮马河下游苇子沟流域 2009—2015 年非点源污染进行了定量模拟，结果表明该模型对径流、总氮模拟具有较好的效果；陈成龙基于 Ann AGNPS 模型对三峡库区王家沟小流域中氮、磷流失规律进行了研究，结果表明模型模拟径流量的效果要高于总氮的模拟效果。

③HSPF 模型。薛亦峰在利用 HSPF 模型估算潮河流域非点源污染负荷的基础上，探明了非点源污染发生的时空规律；白晓燕等以东江流域为例，利用 HSPF 模型模拟了氮、磷污染负荷的时空分布特征，结果表明模型模拟误差在允许误差范围内，模拟效果较好；张哲基于 HSPF 模型以太行山区为例，模拟了该地区的径流量、蒸发量和含沙量，结果表明该模型的普适性较好。

2.3.5 水环境容量计算模型的研究进展

计算水环境容量的方法主要包括以机理性水质模型为基础的确定性方法，如解析公式法、模拟优化法和模型试错法，以及水质模型的随机性等因素的不确定方法。

（1）水质模型

水质模型根据研究对象的不同可分为地表水质模型和地下水质模型；根据模拟组分的不同可分为单一组分、耦合组分等；根据研究空间维度的不同可分为零维、一维等。河流稳态和非稳态的问题是计算水环境容量的重要影响因素，后期随着计算机和大数据等高科技的广泛应用，GIS、RS、GPS 相结合的"3S"技术和人工神经网络等相继参与水质模型的研究中。常用的水质模型见表 2-3。

表 2-3　常用的水质模型

模型名称	水质方程	适用范围	开发者
QUAL-II	$$\frac{\partial c}{\partial t} = \frac{\partial\left(A_x D_L \frac{\partial c}{\partial x}\right)}{A_x \partial x} - \frac{\partial(A_x uc)}{A_x \partial x} + \frac{\partial c}{\partial t} + \frac{S}{V}$$	适用于混合较好的枝状水体，可用于研究非点源污染物对水体水质的污染程度	美国国家环保局
WASP	$$\frac{\partial(Ac)}{\partial t} = \frac{\partial}{\partial x}\left(-U_x Ac + E_x A \frac{\partial c}{\partial x}\right) + A(S_L + S_B) + A S_K$$	适用于河流、湖泊、水库、河口、海岸的水质模拟	美国国家环保局
OTIS	$$\frac{\partial c}{\partial t} = \frac{Q \partial c}{A \partial x} + \frac{\partial}{A \partial x}\left(AD \frac{\partial c}{\partial x}\right) + \frac{qLIN}{A}(c_L - c) + \alpha(c_S - c)$$ $$\frac{\partial c_S}{\partial t} = \alpha \frac{A}{A_S}(c - c_S)$$	可模拟河流中溶解物质输移过程，也可模拟河流的调蓄作用以及示踪剂试验	美国地质勘测局
MIKE	$$\frac{\partial c}{\partial t} = E_x \frac{\partial^2 c}{\partial x^2} - u \frac{\partial c}{\partial x} - K_1 L + K_2(c_S - c) - S_R$$ $$\frac{\partial L}{\partial t} = E_x \frac{\partial^2 L}{\partial x^2} - u \frac{\partial L}{\partial x} - (K_1 + K_3)L + L_A$$	用于模拟河口、河网、滩涂等地区	丹麦水动力研究所

水质数学模型是国外学者计算水环境容量的主要依据，通过开发应用水质模型可核算出水体实际的纳污量。一维水质模型的先驱者 Streeter 和 Phelos，构建了简单的 DO-BOD 水质模型，主要模拟河流、湖泊的水质，模拟效果较好。

随着人们对水体中污染物的生物化学耗氧过程的深入理解，需要开发新的模型来代替传统的水质模型，新开发的水质模型逐渐将 DO、BOD、氨氮等 15 种水质组分任意耦合于一体，如美国的 QUAL-II 河流综合水质模型，是典型的一维水质模型。针对原有模型对研究区域不太完善等缺点，后期在美国国家环保局的大力研究下，开发出模型研究区域和模型变量较为宽泛的新模型，如溶解氧垂模型（DOSAG-I）等应用模型，已被广泛用于水质监测的各领域。由丹麦水动力研究所研发的 MIKE 模型，研究空间维度可涉及一维、二维甚至是三维，是一款非常优秀的水质模型，也是目前经常使用的水质模型。此外，德国、芬兰等国家开发的水质模型也多次应用于水质模拟和水环境管理研究。

（2）公式法

在水质模型较多应用于水环境容量计算时，公式法应运而生。公式法的概念清晰、计算简便，可以计算不同工况的水环境容量。随着学者的深入研究，与水质、水动力模型的各种参数结合，公式法得到了科学的认证，可用于耦合水动力水质模型等，且广泛应用于全国的河道、湖泊计算。

公式法采用稳态水质模型直接计算，工作量小，应用最广，可结合水动力、水质模型进行计算，也可考虑多个排污口的情况。公式法可应用于河道、湖泊和水库，主要包括总体达标计算法和控制断面达标计算法。用总体达标计算法计算水环境容量时不需要考虑污染源的位置，计算过程较为简单，但是计算结果偏大，需要进行不均匀系数的修订（不均匀系数介于 0~1），选用零维模型进行水环境容量的计算；控制断面达标计算法是在满足各个功能区断面要求的条件下，水体所能容纳上游排污量的最大值，计算水环境容量时不仅要考虑污染源的位置和排污口的排污流量，还要根据实际情况选用一维、二维、三维模型使得计算结果较为合理（表2-4），且未来排污口的情况预测不确定较多，总体计算结果与实际结果有误差，根据控制断面位置的选择可分为段首控制、断尾控制和各功能区段的段末控制。对于河流污染口排放较多的情况，需要进行排污口的概化处理，排污口概化方式有均匀概化等。

表 2-4　水环境容量计算公式及适用范围

水环境容量计算公式维度	公式	适用范围
零维计算公式	$W = 86.4\,Q_0\,(c_S - c_0) + 0.001kVc_S + 86.4q\,c_S$	均匀混合、资料较少的水体
一维计算公式	$W = 86.4[\,(Q_0 + q) + c_S \exp(kx/86\,400u) - c_0\,Q_0\,]$	资料较丰富的中小河流
二维计算公式	$W = \dfrac{H\,(\pi Exu)^{1/2}\left[\,c_S \exp\left(\dfrac{Kx}{86\,400u}\right) - c_0\,\right]}{\exp\left(\dfrac{-u\,y^2}{4\,M_y x}\right) + \exp\left(\dfrac{-u\,(2B - y)^2}{4\,M_y x}\right)}$	适用于大型河流，且特征污染物非均匀分布在河流横断面

我国学者水环境容量核算的主要方法是借鉴国外水质模型，针对本国特殊区域做出了相应的创新。如以往水环境计算模型结果值偏多，于雷等为了解决此问题，以广西红水河为研究对象，基于系数不均性原则估算了水体的环境容量值；而对于特殊的敏感水域水环境容量的计算，陈兴伟等建立了潮汐河流环境容量的计算方法；此外，河海大学逄勇课题组以区域控制单元划分为前提，建立了控制断面水质与上游断面污染概化的排污污染源的响应关系，依此计算了该区域河流的水环境容量。

2.4　本章小结

综合上述国内外研究进展，可以得出以下结论：基于人工湿地水处理模式，农田排水沟渠具有排水和湿地的双重功效，由于其含有底泥、水生植物、微生物等，农田各种类型的氮、磷在水—沟渠沉积物—微生物—植物这一微观系统中进行迁移转化。氮在沟渠系统转化过程中通过氨化、硝化、矿化、脱氮和固氮作用被沟渠沉积物、微生物、水生植物等截留去除。通过观察氮素的进出口处各污染物物质的量浓度平均值，可知农田排水沟渠对含氮污染物具有很好的净化作用。在模型应用方面，总体来看主要是将所开发的模型用于自然条件下农业非点源污染预测，以及预测各种农业管理措施对径流水质及负荷的影响，进而为非点源污染治理提供依据。而应用于沟渠去除污染物的模型主要是以数学模型模拟为主，对污染物的迁移转化过程进行模拟。

当前研究主要集中于局部或单条沟渠的对比试验、水生植物备选及生态结构形式探讨等层面，关于农田排水沟渠水—土—植物系统内各介质间污染物的迁移转化机理尚不清楚，污染物去除模型的研究也是刚刚起步。因此，需要通过建立适合我国不同区域特征，以及能够精确反映农田养分的迁移变化、时空变化及后期预测的污染控制模型，来进一步分析农田排水沟渠水体中污染物的净化机理。

第3章　研究内容及技术路线

3.1　研究内容

本书主要研究农田流失氮、磷营养物质在农田排水沟渠中的迁移转化特征以及被截留去除的效应和截留机制，并在此基础上初步构建农业非点源污染物相关的模型。具体研究内容主要包括以下几个方面：

①农田排水沟渠中氮、磷的不同形态及其迁移转化规律；

②农田排水沟渠中氮、磷的净化效应研究；

③非点源污染物氮、磷迁移的主要影响因子及其影响作用分析；

④农业非点源污染对排入水体的输入负荷研究；

⑤水环境容量的定量计算与动态分析；

⑥初步建立区域农业非点源污染物在排水沟渠中的迁移模型，以及污染负荷计算模型、水环境容量计算模型。

3.2　技术路线

本书着眼于宏观，立足于微观，突出重点，兼顾一般，将理论探索与实际应用、典型剖析与区域调控相结合。根据本书研究内容，本研究采用监测试验、理论分析与模型构建、数值模拟集成相结合的方法。对应以上研究内容，各部分具体方法如下所述。

（1）农田排水沟渠水体中氮、磷污染物的净化研究

采用现场试验与室内试验相结合的方法。收集主要针对三个方面的基本资料：沟渠水文、水质特征、水生植物和渠底沉积物。在此基础上，对各级排水沟渠不同介质中氮、磷污染物衰减变化特征进行分析，以及对不同运行期沟渠在同一时期水体中氮素浓度的持续监测以及沟渠底泥的吸附和硝化试验，研究沟渠中底泥、水生植物对氮、磷的净化作用和迁移转化规律，并在此基础上初步建立排水沟渠中氮、磷污染物迁移转化的生态动力学模型，最后对沟渠中各主要影响因素的影响作用进行分析。

（2）农田排水沟渠氮迁移转化特征研究

对研究区域沟渠水体、底泥及河岸缓冲带、水生植物体内不同形式氮的浓度进行持续监测，并辅以必要的内业机理监测试验，结合外部环境中水深、流速、光照、温度以及水体本身酸碱度 pH、溶解氧 DO 等条件的变化，综合分析水体、底泥中不同深度处好

氧与厌氧条件及氧化—还原反应的形成、底泥与河岸缓冲带中微生物的生化分解、吸附与解析以及植物根系固定、茎叶传导等各类影响作用，研究水—土—植物单一介质内及各介质间不同形式氮的分解转化和迁移转化过程。在此基础上，再通过开展示踪剂试验，利用 OTIS 计算程序和 OTIS-P 参数优化程序进行渠段各项参数的模拟计算，进一步探讨在实际典型排水沟渠中暂态存储区的构成情况及排水沟渠的部分滞留能力。

此外，采用室内试验与基地沟渠静态模拟试验相结合的方法，通过室内和室外的采样，实时进行数据监测以及室内试验。进而对农田排水沟渠氮污染物转化特征进行分析，研究在没有外源氮干扰下沟渠中底泥、微生物、水生植物对氮的净化作用，以及干涸沟渠在不同条件下对水体中氮素转化的影响。

（3）农业非点源污染对排入水体的输入负荷研究

以河套灌区灌溉排水中非点源污染物入海过程及特征研究为核心，充分收集试验区作物类型、耕作方式、种植密度、土壤质地、降雨等相关资料，进行排水沟渠纵向检测，通过沟渠沉积物、水生植物及水体中污染物浓度试验，探究各机构去污染物衰减规律。进而确定模型参数，构建污染物迁移模型，计算污染物输出负荷，结合根据试验区引排水量所得的试验区产污负荷，从而得出排污系数以及非点源氮、磷污染评价预测。

以青铜峡灌区氮污染负荷研究为核心，在大田试验中监测田面水和渗漏水中的氨氮、硝酸盐氮浓度，通过动态数据分析氮素的迁移特征，对不同水肥模式的种植情况进行氮素迁移特征的分析，得出相关结论。计算时使用 Johnes 输出系数法，通过查阅相关资料并选取相关参数进行负荷计算，从而得出青铜峡灌区的年氮素损失量。

此外，采用野外试验与模型研究相结合的研究方法，通过对 SWAT 模型的改进，建立灌区污染负荷模型，并结合灌区水、旱作物的种植计算硝酸盐氮入水体系数与负荷。

（4）水环境容量的定量计算与动态分析

以我国西部地区农业非点源污染水系黄河干流宁夏段为研究对象，基于河流监测断面逐月的水质资料，选用单因子水质标识的综合水质法对水体水质进行评价；基于过流断面流量和水质监测数据，采用经验统计法，即用平均浓度原理估算不同频率年污染物入黄河干流宁夏段的年负荷量，评价农业非点源污染对水体水质的影响程度；基于一维水质模型计算河流水环境容量，并分析其动态变化特征。

第二篇 农业非点源污染运移特征分析与现场试验方法

第4章　沟渠对水体中氮、磷的净化作用研究

4.1　研究区选取

青铜峡灌区是我国古老的特大型灌区之一，自秦代开始引水灌溉，至今已有2 000多年历史，与都江堰、灵渠并称为我国最早的三大水利工程。灌区灌溉和排水系统齐全，由于引水和排水方便，历史上形成了大引大排的用水习惯，是黄河水的最大用户之一。近半个世纪以来，灌溉面积与灌溉用水量不断增加，化肥施用量也不断增加，灌区退水量通常占引水量的40%～60%，是黄河农业非点源污染的主要来源。我们在之前的项目中已掌握大量青铜峡灌区的试验资料，故选取青铜峡灌区资料作为本书的研究资料。

4.1.1　研究区概况

（1）地理位置

青铜峡灌区位于宁夏北部，黄河上游下段，是黄河河套平原前套的重要组成部分。灌区地处银川平原，南起青铜峡水利枢纽，北至石嘴山，西抵贺兰山，东至鄂尔多斯台地西缘，位于北纬37°74′～39°25′、东经105°85′～106°90′，为宁夏地势最低之处。灌区从南至北，涉及吴忠、灵武、青铜峡等8县、市（区），总土地面积7 013.67 km²，折合70.14×10⁴ hm²，现状灌溉面积33.45×10⁴ hm²，约占总土地面积的48%，其中自流灌溉面积30×10⁴ hm²，扬水灌溉面积约3×10⁴ hm²。由于黄河河道的自然分界，青铜峡灌区又划分为河东灌区和河西灌区。青铜峡灌区地理位置见图4-1。

（2）地形地貌

青铜峡灌区地处银川平原，主要包括黄河冲积平原和贺兰山山前洪积倾斜平原。黄河冲积平原基地构造为封闭式断陷盆地类型，第四纪覆盖物厚达1 600 m左右，主要以粉砂、细砂为主，间夹黏砂土、砂黏土透镜体，下伏沙层。冲积平原地形平坦，地势由西南向东北倾斜，坡降约为1/4 000，平原内沟渠纵横、沼泽繁多、土地肥沃，是鱼米之乡，素有"塞上江南"之美称。灌区外缘多系全新晚期洪积物（以砂、砾、碎石为主，厚度为10～40 m）组成的新洪积扇。

贺兰山山前洪积倾斜平原，呈南宽北窄的长条状，自山洪沟口向外可分为三个带：扇顶，地面坡度为5°～7°，砾石密布，坎坷不平，土层浅薄，草木罕见；中部，地面坡

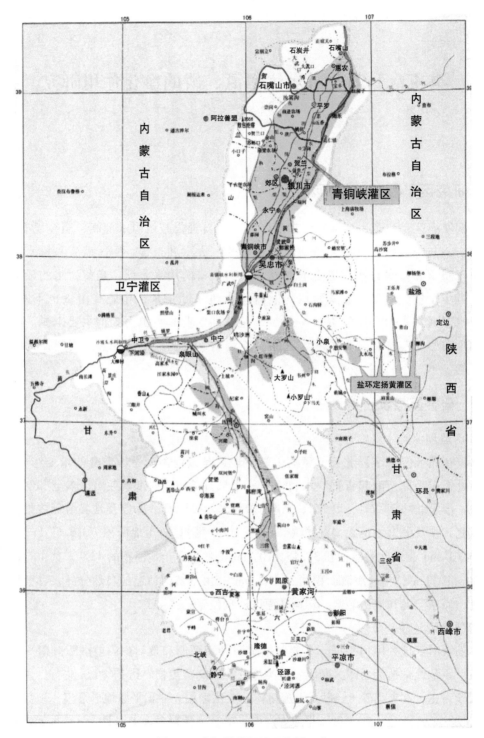

图 4-1 青铜峡灌区地理位置示意

度为 3° 左右，沟汊发育，砂砾混杂，现为荒漠草原；前缘，以砂砾质土为主，地形平坦，现大部分已开垦为林地和农田。

河东灌区地面高程 1 154 ~ 1 107 m，自东南向黄河倾斜，地面坡降 1/1 400 ~ 1/4 200，大部为自流灌区；河西灌区地面高程 1 137 ~ 1 080 m，自南而北，地面坡降由 1/1 300 ~ 1/3 000 缓至 1/6 000 ~ 1/8 000。西部贺兰山洪积扇前部坡降 1/500 ~ 1/1 500，向东逐渐低缓平坦。银北平罗、石嘴山在垂直黄河方向无明显坡降，西部扇前槽形洼地地面普遍低于黄河高水位 1 ~ 3 m，高庙湖、燕窝池洼地中心低于黄河高水位 3 ~ 5 m。

（3）气候条件

青铜峡灌区地处内陆干旱半干旱地区，位于我国季风气候区的西缘，冬季受蒙古高压控制，为寒冷气流南下之要冲，夏季处在东南季风西行的末梢，形成较典型的大陆性季风气候。基本特点是：春暖快、夏热短、秋凉早、冬寒长；干旱少雨，日照充足，蒸发强烈，风大沙多等。灌区多年平均降水量 180 ~ 220 mm，多年平均蒸发量 1 000 ~ 1 550 mm（E601）。灌区内光热资源丰富，多年平均气温 8.5℃，年大于 10℃ 平均积温 3 630 ~ 3 830℃，日照时数 2 870 ~ 3 080 h，无霜期 164 d。由于灌区内长期大规模的灌溉增加了空气中的水汽含量，土壤平均温度和近地气层的平均气温降低，昼夜温度变化趋于平缓，起到了缓解干旱气候的作用，形成了局部的类似于沙漠中绿洲的气候。多年气象资料见表 4-1 及图 4-2。

表 4-1　主要年份气象资料

年份	降水量/mm	无霜期/d	初霜日/（日/月）
1990	252.8	161	13/10
1995	203.7	142	24/9
2000	110.0	181	15/10
2001	202.1	165	4/10
2002	259.3	169	5/10
2003	203.0	197	14/10
2004	122.3	150	1/10
2005	83.4	207	8/10
2006	168.4	192	8/10
2007	207.9	193	14/10
2008	189.1	168	10/10
2009	181.5	196	17/10
2010	168.9	196	26/10
2011	188.7	236	14/10
2012	295.1	190	17/10
2013	148.3	189	16/10
2014	196.1	227	3/11
2015	195.5	200	29/10
2016	241.9	216	29/10

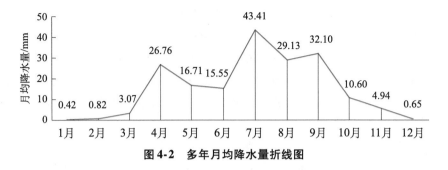

图 4-2　多年月均降水量折线图

（4）河流水系

青铜峡灌区内主要河流有黄河干流及其支流，黄河水资源是灌区灌溉用水的主要水源。黄河干流自宁夏中卫县南长滩进入宁夏境内，流经卫宁灌区至青铜峡水库，至石嘴山市头道坎以下麻黄沟出境，宁夏境内流程 397 km，其中青铜峡灌区内流程 275 km，占黄河宁夏段全长的 69.3%。青铜峡灌区黄河多年平均出入境水量见表4-2。可以看出，1919—2002 年多年平均长系列，黄河入境水量 302.1 亿 m³，出境水量 280.9 亿 m³，随着黄河上游刘家峡水库、龙羊峡水库相继投入使用以及枯水年份的影响，黄河进入宁夏境内的水量呈减少趋势。黄河在该区段接纳的主要支流为清水河、红柳沟、苦水河等。具体数据见表4-2。

表 4-2　黄河干流不同时段出入宁夏境内流量统计

年份	下河沿/亿 m³	石嘴山/亿 m³	水量差/亿 m³
2001	215.355	181	34.355
2002	—	—	—
2003	202.408	172.5	29.908
2004	220.05	178.7	41.35
2005	271.34	223.2	48.14
2006	278.135	233.6	44.535
2007	283.28	244.6	38.68
2008	263.55	224.6	38.95
2009	283.7	241.6	42.1
2010	296.047	262.5	33.547
2011	277.373	241.2	36.173
2012	373.831	356.9	16.931
2013	321.005	283.8	37.205
2014	286.6	252.8	33.8
2015	248.5	213	35.5

（5）地质条件

地质构造方面，灌区所在的银川平原与鄂尔多斯台地西缘褶皱带相接，是贺兰山断褶带的次级构造，是新生代形成的山前坳陷地堑式断陷盆地。盆地基地自周边向中部呈阶梯状递降，以叠瓦状构造与山地相接，地堑内第三系不整合于奥陶系之上，构成西翼陡、东翼缓不对称的宽缓向斜，倾角为 3°~10°，轴部位于银川新城西向北至平罗一线。

银川平原第四纪一直在持续沉降，并为区内的沉降中心，堆积了千余米的松散物质，除西侧系贺兰山山前洪积倾斜平原外，以河湖积平原为主体，其余三侧仅有小的洪积扇群断续分布。平原中巨厚的砾卵石和砂层，为地下水的储存提供了极其良好的场所。主要分为下更新系统（Q_1）、中更新系统（Q_2）、上更新系统（Q_3）和全新系统（Q_4）。

灌区土质以冲积物和洪积物为主，第四纪沉积物厚达 600 m，由于地下水位高和长期灌溉耕作，形成潮土、灌淤土、龟裂碱土（白僵土）、盐土、沼泽土（湖土）等，表层土质主要以壤土和轻壤土为主。自然植被有森林、灌丛、草甸、草原、沼泽等基本类型。

（6）社会经济

近几年，宁夏回族自治区经济增长平稳。2018 年第一季度，实现生产总值 670 多亿元。其中，第一产业增加值约 33 亿元，增长 3.5%（数据来源：中商产业研究院大数据库）。第一产业的持续增长与青铜峡灌区的种植效益及优化管理方式有密切的关系，灌区的健康发展支撑着宁夏第一产业的安全生产。青铜峡灌区始于秦、汉时期，经历代整治，沿用至今，已有 2 000 多年的历史。灌区包括青铜峡市、吴忠市、永宁县、银川市、惠农县等 9 个市（县），是宁夏最大的商品粮基地和瓜菜、甜菜、果品等主要产区，同时也是宁夏政治、经济、文化、工业和交通中心，在发展丰富的煤炭资源和原有工业的前提下，陆续建立了多个机械化程度高、能耗高的工业基地，在宁夏国民经济中占有举足轻重的地位。

2009 年，灌区总人口 256.8 万人，占自治区总人口的 45%，其中农业人口 120.8 万人，非农业人口 136 万人。灌区国内生产总值为 353.25 亿元，其中第一产业增加值 36.19 亿元，第二产业增加值 192.44 亿元，第三产业增加值 124.64 亿元。灌区人均国内生产总值 12 987 元，高于自治区 5 804 元的平均水平。农民人均纯收入 3 548 元。灌区粮食总产量 169.4 万 t，占全区粮食总产量的 60%，亩均粮食产量 362 kg；经济作物占种植面积的 31.4%。灌区社会经济概况见表 4-3。

表 4-3　青铜峡灌区社会经济概况

序号	指标	概况
1	GDP 总值	3 532 500 万元
2	第一产业	361 900 万元
3	第二产业	1 924 400 万元
4	第三产业	1 246 400 万元
5	灌区总人口	256.8 万人
6	农业人口	120.8 万人
7	农民人均纯收入	3 548 元
8	农业总产值	661 837 万元
9	粮食总产量	169.4 万 t
10	粮食作物播种面积	414 万亩
11	经济作物播种面积	189.9 万亩

注：1 亩 $\approx$ 666.67 m^2。

（7）引排水工程

①引水工程。青铜峡灌区历史悠久，新中国成立之前，灌区已初具规模，之后灌区面积不断扩大，灌溉系统不断完善。目前，自流灌溉系统已形成干、支、斗、农四级或干、支、农三级的渠系灌溉网，灌区从西向东主要有西干渠、唐徕渠、大清渠、汉延渠、惠农渠、泰民渠、秦渠、汉渠、马莲渠、东干渠 10 条干渠，干渠总长度 1 084.3 km，引水能力 603 m³/s。青铜峡灌区主要引水渠道基本情况见表 4-4，渠系分布见图 4-3。

表 4-4　青铜峡灌区主要引水渠道基本情况

序号	渠系	竣工年份	引水能力/（m³/s）	渠道长度/km	建筑物数/座	灌溉面积/（10⁴ hm²）
	合　计	—	603	1 084.3	3 220	29.87
1	河西灌区		450	846.1	2 602	23.93
1.1	总干渠系		450	126	306	1.53
（1）	总干渠	公元前 119	450	47.1	19	0.27
（2）	大清渠	1709	25	25	151	0.70
（3）	泰民渠	1966	16	47	136	0.57
1.2	唐徕渠系		150	301.3	1 116	8.07
（1）	干渠	公元前 102	150	154.6	541	5.26
（2）	良田渠	1952	13	25.7	200	0.47
（3）	大新渠	1974	11	19.7	116	0.35
（4）	二农场渠	1955	30	83.3	210	1.34
（5）	东一支干渠	1954	6	18	49	0.31
1.3	惠农渠系		94	229	684	7.67
（1）	干渠	1729	94	139	339	4.41
（2）	昌傍渠	1955	35	68	250	2.76
（3）	官四渠	清，1729	5	22	95	0.49
1.4	汉延渠	汉代	80	84	308	3.80
1.5	西干渠	1960	57	112.7	188	2.87
2	河东灌区	1971	153	231.3	618	5.93
2.1	总干渠	1971	115	5.0	17	0.03
2.2	秦渠	公元前 214	65.5	96.2	219	2.67
2.3	汉渠	公元前 119	28.5	44.3	190	1.33
2.4	马莲渠	1969	21	31.3	87	0.44
2.5	东干渠	1975	38	54.4	105	1.47

②排水工程。青铜峡灌区排水主要以明渠沟道排水为主，干沟、支沟、斗沟、农沟

组成排水系统。宁夏引黄灌区共有排水沟 223 条（其中直接入黄一级排水沟 177 条，二级排水沟 46 条），总排水能力约 700 m³/s。其中骨干排水沟道共有 20 余条，长 660.1 km，排水能力 600.6 m³/s，控制排水面积 46.81×10⁴ hm²。从 1950 年起，灌区修建了河西第一、第二、第三、第四、第五排水沟，河东东排水沟、河东西排水沟等；20 世纪 60 年代修建了四二干沟、大坝沟、中干沟、丰登沟、永干沟、团结渠、金南干沟、银南干沟等；20 世纪 70 年代修建了银新沟、反帝沟、中沟、永二干沟、丰庆沟。20 世纪 60 年代—80 年代初，由于灌区自流排水不畅，以及排水无出路造成的低洼地带，使得灌区盐碱化日趋严重。为此，在 20 世纪 80 年代初期，兴建了电力排水站，包括排灌结合的短沟小站共 433 座，装机 4.26 万马力（1 马力=735 W），排灌机井 6 443 眼；各项设施排水能力为 596 m³/s。排水对本灌区的效益，不亚于灌溉。

青铜峡灌区主要排水沟基本情况见表 4-5，其布置见图 4-3。

表 4-5 青铜峡灌区主要排水沟基本情况

序号	沟道名称	竣工年份	流经县（市）	长度/km	排水能力/(m³/s)	排水面积/10⁴ hm²
	合计	—	—	660.1	600.6	46.81
1	河西灌区	小计	—	515.6	438.8	41.47
(1)	大坝沟	1962	青铜峡	5	3	0.07
(2)	团结渠	1972	青铜峡	3.6	5	0.20
(3)	反帝沟	1971	青铜峡	17.2	15	0.67
(4)	中沟	1964	青铜峡	20.9	10	0.33
(5)	胜利沟	1974	青铜峡	7	5	0.27
(6)	丰登沟	1964	青铜峡、永宁	12	7	0.53
(7)	第一排水沟	1951	青铜峡、永宁	26.4	56	1.73
(8)	中干沟	1974	永宁	18.5	11	0.87
(9)	永清沟	1966	永宁	22.5	18.5	0.80
(10)	永二干沟	1971	永宁、银川	26	15.5	1.53
(11)	第二排水沟	1953	银川、贺兰	32.5	25	1.60
(12)	银东沟	1978	银川	16.5	7	0.80
(13)	银新干沟	1970	银川	33.8	45	4.20
(14)	第三排水沟	1954	贺兰、平罗	88.8	70	9.67
(15)	第四排水沟	1958	银川、贺兰	43.7	54.3	6.73
(16)	四二干沟	1964	银川、贺兰	54	35	4.67
(17)	第五排水沟	1958	贺兰、平罗、惠农	87.2	56.5	6.80
2	河东灌区	小计	—	144.5	161.8	5.34
(1)	山水沟	1949 年后扩	吴忠、灵武	33.8	50	1.09
(2)	灵南干沟	1966	灵武	9.0	7.0	0.23
(3)	南干沟	1965	吴忠、青铜峡	17.8	16	1.05
(4)	红卫沟	1973	青铜峡	3.6	40	0.01
(5)	清水沟	1952	灵武、吴忠	26.5	30	2.09
(6)	灵武东排水沟	1957	灵武	31.8	11.8	0.57
(7)	灵武西排水沟	1957	灵武	22	7	0.30

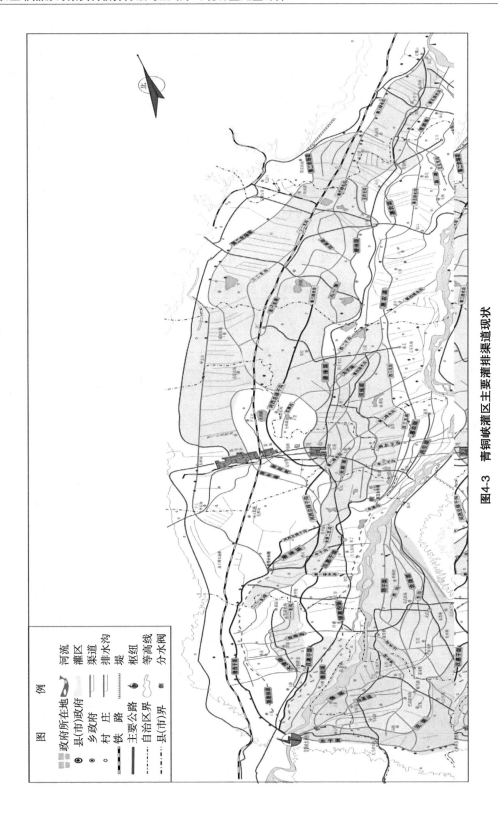

图4-3 青铜峡灌区主要灌排渠道现状

4.1.2　试验区概况

通过对排水时农田排水沟渠中氮、磷各形式浓度的测定和分析，研究灌溉条件下沟渠水体中氮、磷的迁移转化特征、时空分布以及沟渠对氮、磷的截留效应。

（1）试验区选取及概况

青铜峡灌区排水量很大，对黄河干流水质的影响突出；灌区引水集中，排水分散，排水沟密布，排水沟控制面积单元特征明显；灌区具有明显的区域周期性耕作过程，每年4—10月为作物生长期灌溉，并在作物不同的生长阶段伴随着氮肥、磷肥等追肥过程，每年的11月为以保墒洗盐为目的的冬灌期；灌区在农业非点源污染方面具有一定的研究基础，如国家水体污染控制与治理重大科技专项（水专项）河流主题（2009ZX07212 - 004）"黄河上游灌区农田退水污染控制与湿地生态修复关键技术研究与示范"等大型研究项目已开展多年。

基于以上原因，选择青铜峡灌区汉延渠灌域内的典型排水沟作为试验监测对象，监测区位于宁夏回族自治区永宁县望洪镇东玉村和西玉村境内。

试验区属典型大陆气候，具有冬寒长、夏热短、干旱少雨、日照充足、蒸发强烈等特点。多年平均降水量180～220 mm，年内分配很不均匀，降水量主要集中在7—9月，占全年降水量的70%左右；受引黄河水灌溉的影响，湿度增大，蒸发量1 000～1 550 mm，干旱指数4.8～8.5。试验区内土壤为粉质壤土，作物种植以水旱轮作为主，水田主要为水稻，旱田包括小麦、玉米等，水旱田隔年换茬，兼有部分油料作物和蔬菜。区内条田长度约600 m，田间排水以明沟为主，农沟基本呈等间距平行布设，间距100 m，沟深100 cm，每条农沟控制面积约6 hm²。

区内农业生产活动一般从每年3月上旬开始，根据农作物生长需要和农业活动规律，农业灌溉分为春夏灌期和冬灌期。春夏灌一般从4月下旬开始到9月中下旬结束，冬灌从10月下旬开始到11月中旬结束，全年灌水期约180 d。根据当地灌溉制度，旱田生长期一般灌溉6次，水田22～25次。据对试验区农户调查，农田施肥过程大致为、播种前基肥，氮肥约130 kg/hm²（折纯量，下同），磷肥约50 kg/hm²，除此水田一般在5月下旬水稻返青－分蘖期追施氮肥60 kg/hm²，磷肥20～30 kg/hm²，6月下旬再追施氮肥60 kg/hm²左右；旱田在小麦播种前除施用基肥外，4月下旬套种玉米时及6月下旬再两次追施化肥，施用量和水田基本相当。除基肥施用部分农家肥外，其余均以尿素、碳铵、磷铵等化肥为主。

遵循典型性、代表性原则，结合试验区灌排渠系布设现状，分别在试验区选取不受点源污染影响的相对独立的排水系统中的农级、支级、干级排水沟以及总排干排水沟。试验区布置情况见图4-4。

其中典型排水沟选择如下所述。

农级排水沟：分别选择6条农级排水沟作为典型，编号分别为1#～6#。其中1#、2#和3#排水沟排至东玉沟，4#、5#和6#排水沟排至西玉沟，每条农级排水沟控制条田面积平均为6 hm²。

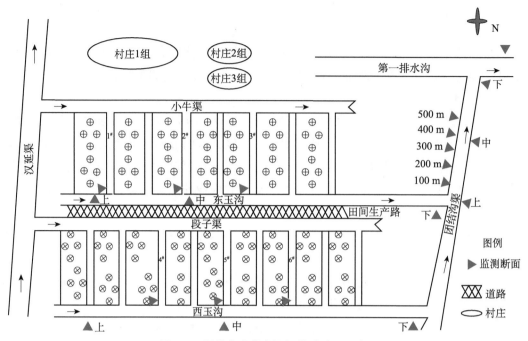

图 4-4   望洪农业非点源污染试验区示意

支级排水沟：分别选择东玉沟、西玉沟作为典型支级排水沟，其中东玉沟内无水生植物，西玉沟内有芦苇和菖蒲组成的水生植物，两条支级排水沟平行进入干级排水沟团结渠。

干级排水沟：以团结渠为典型。承纳支级排水沟排水，最终进入总排干第一排水沟。

总排干：以第一排水沟为典型。第一排水沟位于永宁县西南部，是青铜峡灌区最早开挖的排水干沟之一，1951 年开工，1952 年建成。该沟扩整疏浚后，旧西沟下段裁弯取直，与新开沟段连接而成。沟头起自李俊镇西，流经增岗乡史庄村南东转，在魏团村八队处穿汉延渠在望洪堡北侧穿惠农渠入黄河，在入黄口上游约 500 m 为第一排水沟入黄控制站望洪堡水文站。第一排水沟干沟全长 15.8 km，排入的支斗沟 32 条，总长 69.6 km，控制排水面积 2.06×10^4 hm²。

在以上各典型沟渠分别布设断面进行试验，各取样点附近沟渠断面特征及水文参数见表 4-6。

表 4-6   试验区各级排水沟断面特征描述

序号	排沟级别	排水沟	断面特征			
			水面宽/m	水深/m	渠道基质	水生植物
1	农沟	1# ~ 6#	1.0	0.3 ~ 0.6	土渠	无
2	支沟	东玉沟	3.0	0.3 ~ 0.5	土渠	无
3		西玉沟	3.0	0.3 ~ 0.5	土渠	芦苇、蒲草，植被覆盖率 70%

续表

序号	排沟级别	排水沟	断面特征			
			水面宽/m	水深/m	渠道基质	水生植物
4	干沟	团结渠	6.0	0.6~1.0	土渠	芦苇、蒲草，植被覆盖率40%
5	总排干	第一排水沟口	25.0	1.0~1.5	土渠	无

（2）试验观测资料

现场试验从4月中旬开始至10月中旬结束。试验检测对象包括典型排水沟渠的水量、水体污染物浓度、沟渠沉积物中污染物浓度和水中植物营养物含量。

水量监测：农级排水沟利用无喉量水槽测量，支级、干级排水沟流速、水量采用流速仪法测算；水深采用测尺测量。

排水沟水体污染物浓度监测：分别在支级、干级及总干排水沟渠上选择不受点源污染影响的相对独立排水的典型渠段，布设上、中、下3个断面，每个断面视沟渠宽度在左、中、右布设数条垂线设取样点。在团结渠上，以东玉沟排水口对应断面为起点，每隔100 m布设1个监测断面，共5个断面，每个断面视沟渠宽度也在左、中、右布设数条垂线设取样点。农田灌溉后对相应沟渠进行连续监测，每5 d取样一次，水样采用中泓一线法取样，在断面中间设置一条取样垂线，在水面以下1/3处取样，每个水样1 000 mL，原状水样送试验室分析；监测项目包括氨态氮、硝态氮、总氮、溶解性总磷和总磷浓度。

沟渠沉积物中污染物浓度监测：与水体监测试验方案相结合，每月取样一次，在典型断面左、中、右分别提取沉积物，泥样用高速离心机离心后，将上清液过微孔滤膜，然后检测其中污染物含量；监测项目包括氨态氮、硝态氮、总氮和总磷浓度。

水中植物营养物含量监测：典型断面与水体监测试验方案相结合，在不同生长期分别提取水中植物（芦苇和菖蒲）2~5株，典型植被根、茎、叶数段，将样本风干、磨碎、过筛，然后测定其中的营养物含量；监测项目包括总氮和总磷浓度。

4.1.3　试验分析方法

（1）水样参数分析方法

资料中的水样分析指标有8项，包括水温、pH、总磷（TP）、可溶性磷（DTP）、总氮（TN）、氨氮（NH_4^+-N）、硝酸盐氮（NO_3^--N）和溶解氧（DO）。按照《水和废水监测分析方法（第四版）》中相关方法所得，详见表4-7。水质分析质量保证实施全程序质量控制，水质监测技术要求参照《环境水质监测质量保证手册（第二版）》执行。为保证水质分析结果的准确可靠，分析过程加带20%的自控平行样品，分析项目均同时进行密码质控样分析，自控、密码样品分析结果全部合格。

表4-7　水样监测项目分析方法

序号	监测项目	分析方法	方法检出限	仪器型号
1	水温	即时测量	0.1℃	水温计

续表

序号	监测项目	分析方法	方法检出限	仪器型号
2	pH	即时测量	0.1	3210 便携式 pH 测试仪
	水深	即时测量	0.01 m	测尺
	流速	即时测量	0.01 m^3/s	流速仪
3	总磷	钼锑抗分光光度法	0.01 mg/L	7230G 分光光度计
4	可溶性磷	钼锑抗分光光度法	0.01 mg/L	7230G 分光光度计
5	总氮	过硫酸钾氧化－紫外分光光度法	0.05 mg/L	TV－1810
6	氨氮	纳氏试剂光度法	0.025 mg/L	7230G 分光光度计
7	硝酸盐氮	离子色谱法	0.025 mg/L	ICS2000
8	溶解氧	碘量法	0.01 mg/L	YSI550A 型便携式溶解氧测量仪

（2）植物样品分析方法

全氮测定：风干后磨碎过筛，用凯氏消煮法测定。植物中的氮大多数以有机态存在，样品经浓 H_2SO_4 和氧化剂 H_2O_2 消煮，有机物被氧化分解，有机氮转化成铵盐。消煮液经定容后，可用于氮的定量。

全磷测定：风干后磨碎过筛，用硫酸酸溶—铝锑抗比色法测定。植物样品经浓 H_2SO_4 消煮使各种形态的磷转变成磷酸盐。待测液中的正磷酸与偏钒酸和钼酸能生成黄色的三元杂多酸，其吸光度与磷浓度成正比，可用钼锑抗分光光度法在波长 400~490 nm 处测定。

4.1.4 小结

本节描述了研究区资料的选取情况，介绍了研究区自然地理、社会经济、引排水工程概况，现场试验的布置情况和采样点位置。对水体、底泥、植物样品的采集方法、时间和样品分析检测仪器及方法做了详细的阐述。

4.2 沟渠对水体中氮的净化作用研究

4.2.1 农田排水沟渠水体中氮的迁移转化特征

（1）沿程变化特征

根据前文监测断面布设，将团结渠上距东玉沟排水口不同距离所采水样的污染物浓度分析结果进行点绘，分析氨氮、硝酸盐氮、总氮浓度沿程变化，分析沟渠中氮的迁移转化特征以及对氮的截留效应。氨氮、硝酸盐氮和总氮沿沟渠的变化情况分别见图4-5~图4-7。

从图4-5~图4-7中可以看出，在统计长度范围内氨氮浓度在 0.4~1.4 mg/L，硝酸盐氮浓度在 0.13~0.35 mg/L，总氮浓度在 2.8~4.0 mg/L。氨氮沿程递减主要是由于沟渠沉积物的化学吸附作用和离子交换作用、水生植物的吸收作用、微生物的转化作用等

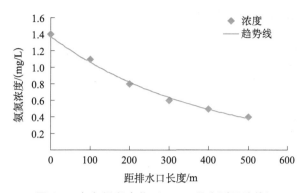

图 4-5　氨氮沿程变化（4—10 月实测平均值）

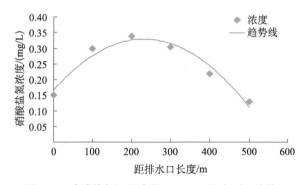

图 4-6　硝酸盐氮沿程变化（4—10 月实测平均值）

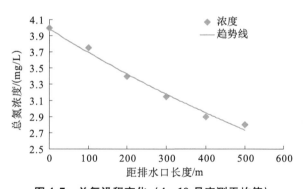

图 4-7　总氮沿程变化（4—10 月实测平均值）

共同作用使得氨氮被吸附或者转化成其他形态，如硝酸盐氮或亚硝酸盐氮、氮气、氨气等，从而被沟渠截留或去除。硝酸盐氮沿程是先增加后减小的，100 m 处硝酸盐氮的增加，一方面可能是由于沿途排入渠道的硝酸盐氮含量比较大，另一方面可能是由于氨氮的转化，而后由于沟渠的截留作用、沉积物的吸附、微生物等作用沿程呈递减变化。总氮和氨氮沿程变化比较相似，都呈递减变化，总氮沿程的减少说明排水沟渠在灌溉条件下对氮素具有很好的截留效应。

（2）随时间变化特征

研究区每年 4—10 月为作物生长期灌溉，并在作物不同的生长阶段伴随着氮肥、磷肥等追肥过程。团结渠作为干级排水沟接纳东玉沟、西玉沟等支级排水沟的农田排水。沟渠排水相比农田灌水具有延迟性，利用调整堰板使监测沟段内排水保持一定流量。农田灌溉后 25 d 内对团结渠相应断面每 5 d 监测一次，点绘不同时期氨氮、硝酸盐氮、总氮在距东玉沟排水口不同距离断面的浓度变化过程线，见图 4-8～图 4-10。

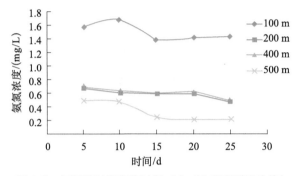

图 4-8　氨氮随时间变化过程（4—10 月实测平均值）

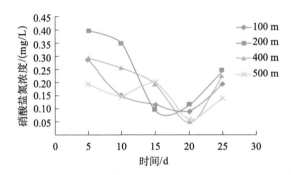

图 4-9　硝酸盐氮随时间变化过程（4—10 月实测平均值）

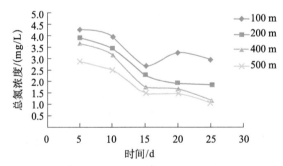

图 4-10　总氮随时间变化过程（4—10 月实测平均值）

从图 4-8～图 4-10 中可以看出：各断面处氨氮和总氮整体呈减少趋势变化，而且在第 15 d 之前减少比较明显，15～25 d 减少缓慢并基本保持稳定，说明在灌溉期间沟渠对氮的截留和去除效应在 15 d 前特别明显，而之后截留作用和去除率基本趋于稳定。硝酸盐氮变化相对复杂，灌溉期间在第 20 d 之前呈递减变化而后出现增加现象，可能是由于沟渠水—底泥—微生物系统内氮的二次污染所致。

沟渠系统具有不稳定性，加之灌溉径流在短时间内的汇入使氮各项转化受到影响，但这种影响随时间的增加而逐渐减小，表明沟渠系统具有一定的抗冲击修复作用，在一定时间内可逐渐恢复稳定，使氮的各种转化作用得以发挥。

（3）不同时期氮在逐级排水沟水体中的迁移转化特征

沟渠系统一般起始于田间毛沟或农沟，经支沟、干沟或总干沟排入外界水体。在水动力作用下，农田土壤中的氮、磷等农业非点源污染物逐级汇入排水沟渠并最终排向外界水体。试验区所在排水沟渠系统总共分为四级，分别为农沟、支沟、干沟和总排干。5—8月每月都在支沟口、干沟口和总排干沟口相应断面取水样一次，农沟口污染物浓度采用当月平均值参与分析。据此，对各级排水沟口不同季节水体的硝酸盐氮、氨氮和总氮浓度进行点绘，见图4-11～图4-13。其中排水干沟为团结渠，支沟为东玉沟。

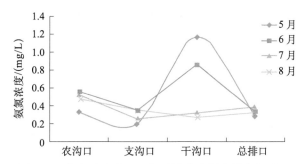

图 4-11　氨氮浓度在不同级别排水沟渠中的变化过程

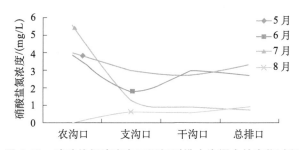

图 4-12　硝酸盐氮浓度在不同级别排水沟渠中的变化过程

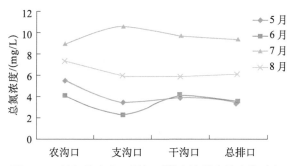

图 4-13　总氮浓度在不同级别排水沟渠中的变化过程

从支沟口到干沟口氨氮浓度是一个上升过程，而氨氮和硝酸盐氮浓度在排水沟渠系统中的变化是一个下降—上升—下降的过程。受田间追施化肥影响，7月农沟口硝酸盐氮、氨氮和总氮浓度最高，由于降解作用，从农沟口到支沟口硝酸盐氮、氨氮、总氮浓度是一个降低过程；从支沟口到干沟口，硝酸盐氮、氨氮浓度明显上升，这与各级排水沟渠接纳的废水有关，农沟、支沟一般为田间排水沟，主要接纳农田排水，而干沟、总排干因为控制面积大、渠线长，沿途傍渠分布有许多村庄以及近年发展的不少畜禽养殖基地，农村生活垃圾、畜禽养殖废水直接进入排水沟渠，个别总排干还接纳乡镇企业、城市近郊的工业、生活污水，这些污水含氮量较高，导致硝酸盐氮、氨氮、总氮浓度明显上升。

4.2.2 试验区干沟底泥总氮变化与净化作用分析

沟渠底层主要是底泥沉积物，由农田流失的土壤和自然形成的底泥两部分组成，随水位升降周期性的暴露、淹没，自身含有丰富的有机质，有较好的团粒结构，吸附能力强，作为沟渠湿地的基质与载体为微生物和水生植物提供了生长的载体和营养物质。

排水中的有机氮首先被土壤吸附，然后湿地系统中的微生物通过氨化作用将有机氮转化为无机氮（主要表现为 $NH_4^+ - N$），进而再进行硝化和反硝化反应。

根据试验区监测试验，取团结渠上东玉沟沟口实测数据，将在作物生长期内底泥中总氮浓度变化点绘于图 4-14 中。

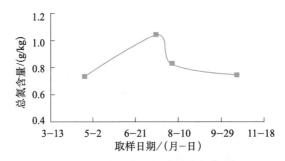

图 4-14 底泥中总氮浓度变化曲线

底泥对水体中氮的净化是氨化、吸附及微生物硝化和反硝化的共同作用结果。从图 4-14 中可以看出，4 月底至 7 月初，底泥中的氮含量随时间显著上升；7 月中旬，氮含量又明显下降，此后趋于平缓。这是由于作物生长过程中进行了三次施肥，分别是播种前所施基肥（4 月底）、返青—分蘖期追肥（5 月底）以及拔节—抽穗期追肥（6 月底）。施肥和灌溉过程将大量氮带入沟渠水体中，沟渠底泥吸附水体中的有机氮、氨态氮以及硝态氮，吸附量大于微生物分解转化量，所以氮含量明显上升；随着施肥结束，水体中的氮含量降低，底泥吸附量减少，同时，通过底泥中氨化作用和微生物一系列硝化和反硝化作用，将有机氮转化为无机氮（主要表现为 $NH_4^+ - N$），然后再进行硝化和反硝化反应，形成 N_2 和 N_2O，排出沟渠系统。所以底泥中的氮含量呈下降趋势，随着氮含量的减少，硝化速率逐渐减小，底泥中氮含量趋于稳定。

4.3　沟渠对水体中磷的净化作用研究

4.3.1　农田排水沟渠水体中磷的迁移转化特征

（1）沿程变化特征

根据监测断面布设，在团结渠上将距东玉沟排水口不同距离所采水样的污染物浓度分析结果进行点绘，分析总磷浓度和可溶性磷沿程变化，研究灌溉排水时沟渠中磷元素的迁移转化特征以及对磷的截留效应。见图 4-15 和图 4-16。

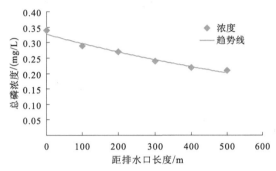

图 4-15　总磷沿程变化（4—10 月实测平均值）

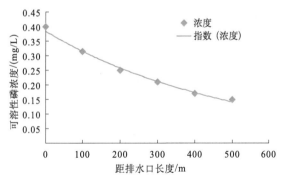

图 4-16　可溶性磷沿程变化（4—10 月实测平均值）

从图 4-15 和图 4-16 中可以看出，总磷浓度在 0.25 ~ 0.35 mg/L，可溶性磷浓度在 0.15 ~ 0.4 mg/L。总磷和可溶性磷整体沿程均呈递减变化，由于沟渠水体中的磷主要以可溶性磷为主，所以流失的总磷和可溶性磷沿程的变化趋势是一致的。

（2）随时间变化特征

与氮元素监测试验相同，利用调整堰板使监测沟段内排水保持一定流量，农田灌溉后 25 d 内对团结渠相应断面每 5 d 监测一次，点绘不同时期总磷、可溶性磷在距东玉沟排水口不同距离断面的浓度变化过程线，见图 4-17 和图 4-18。

从图 4-17 和图 4-18 中可以看出：各断面总磷与可溶性磷浓度都比较低，分别为 0.1 ~ 0.45 mg/L 和 0.1 ~ 0.4 mg/L，灌溉开始时总磷与可溶性磷浓度都较高，之后明显下降，在第 20 d 后浓度变化趋于稳定。与氮相比，磷的迁移转化主要是通过吸附作用进行的。

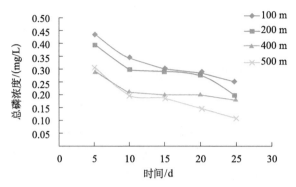

图 4-17 总磷随时间变化过程（4—10 月实测平均值）

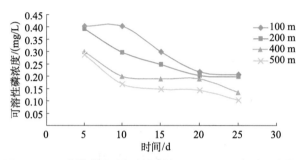

图 4-18 可溶性磷随时间变化过程（4—10 月实测平均值）

开始时由于灌溉径流比较大的汇入和沟渠系统的不稳定性，使磷的起始浓度很高，随后水中颗粒和底泥对磷的吸附量逐渐增加，沟渠水体中磷元素浓度开始减小，底泥吸附的饱和使得磷元素浓度变化在后期趋于平稳。

（3）不同时期磷在逐级排水沟水体中的迁移转化特征

与氮元素监测试验相同，5—8 月每月都在试验区支沟口、干沟口和总排干沟口相应断面取水样一次，农沟口污染物浓度采用当月平均值参与分析。据此，将各级排水沟口不同季节水体的总磷浓度进行点绘，见图 4-19。其中排水干沟为团结渠，支沟为东玉沟。

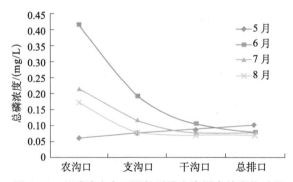

图 4-19 总磷浓度在不同级别排水沟渠中的变化过程

总磷浓度在各级排水沟渠中呈逐级下降的趋势。受田间施肥影响，6 月农级排水沟口总磷浓度最高，达到 0.45 mg/L 左右，其次为 7 月、8 月，分别为 0.22 mg/L、0.18 mg/L，农沟口排水中平均总磷浓度为 0.20 mg/L；总磷浓度在各级排水沟渠中的下降幅度是支沟 > 干沟 > 总排干，下降幅度最大的是 6 月，这与其本身排水中总磷浓度较大有关；排水系统总排干沟口总磷浓度平均为 0.11 mg/L，与农沟口排水中总磷浓度相比，降低了 0.09 mg/L；另外，在从支沟口向干沟口运移过程中，个别月份总磷浓度有上升现象。

4.3.2 试验区干沟底泥中总磷变化与净化作用分析

根据试验区监测试验，取团结渠上东玉沟沟口实测数据，将在作物生长期内底泥中总磷浓度变化点绘于图 4-20 中。

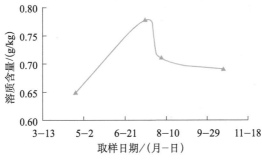

图 4-20 底泥中总磷浓度变化曲线

底泥对水体中磷的净化是吸附及微生物共同作用的结果。从图 4-20 中可以看出，4 月底至 7 月初，底泥中的总磷含量随时间显著上升；7 月中旬，磷含量又明显下降，此后下降趋于平缓。这是由于作物生长过程中进行了三次施肥，分别是播种前所施基肥（4 月底）、返青—分蘖期追肥（5 月底）以及拔节—抽穗期追肥（6 月底）。施肥和灌溉过程将大量磷带入沟渠水体中，沟渠底泥吸附水体中的不溶性磷，吸附量大于微生物分解转化量，所以磷含量明显上升；随着施肥结束，水体中的不溶性磷含量降低，底泥吸附量减少，同时，通过底泥中微生物对磷的同化和对磷的过量积累，分解非溶解态含磷化合物和有机磷为溶解态的无机磷，促进植物吸收，进而底泥中的磷含量呈下降趋势。

4.4 沟渠对水体中氮、磷净化作用的影响因素

本试验通过监测试验来确定沟渠水体—底泥—水生植物系统中影响氮、磷污染物净化的因素。由于排水沟渠中各因子变化幅度有限，首先在模拟沟渠中采用人工配制不同变化量级的因子进行试验，之后在天然沟渠中进行检验。两者相结合以期了解主要影响因子及其影响作用之间的关系。天然沟渠选择水体—底泥—水生植物系统完整、常年有水的团结渠。分析中采用对沟渠排水氮、磷污染物的截留率作为影响评价指标。

4.4.1 水深

农田排水沟渠的水深变化影响沟渠中氮、磷等污染物的转化和释放。水深的自然波动可导致氮周期性的释放。据已有的研究成果可知，夏季洪涝引起的沟渠水位上升可抑

制沉积物中氮的释放量，也能显著增加氮的淋溶；同时沟渠水排空后，底部沉积物暴露在空气中，好氧环境下氮发生硝化作用，将 NH_4^+ 转变为 NO_3^-。当湿地处于淹水状态时，NO_3^- 发生反硝化作用形成气态的 N_2 和 N_2O，从系统中逸失。所以，沟渠水深变化促进了沟渠中氮的转化。磷的释放比较复杂，水深不断变化的沟渠更容易释放磷，因为在沟渠水深较大时，有机磷不易分解；水深减小后，好氧环境促进了有机磷的降解，更易导致磷的淋溶释放。

模拟沟渠试验用不同初始浓度的硝酸盐或磷酸盐，在水深分别为 10 cm、20 cm、50 cm、100 cm、150 cm 和 200 cm 处观测沟渠排水的氮、磷浓度减少情况。模拟试验所得污染物截留率的算术平均值与团结渠实测污染物截留率绘成对比图，通过影响评价指标的变化，了解主要影响因子及其影响作用。

因为试验条件所限，所获取的试验数据受取样手段正确与否和化验方法精确程度的影响，本研究对水深与截留率关系的分布模式仅做初步探讨，待试验条件改进后再做进一步研究。

（1）对沟渠排水中氨氮的影响

模拟沟渠与团结渠水深变化对排水中氨氮截留率的影响见图 4-21。

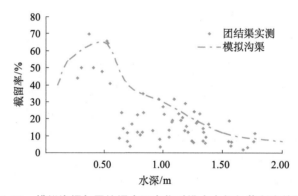

图 4-21　模拟沟渠与团结渠水深变化对排水中氨氮截留率的影响

从图 4-21 中可以看出，无论是模拟沟渠还是团结渠对氨氮的截留都是明显的，截留率最高可达 60% 以上，但当沟渠水深超过 50 cm 后，截留率呈下降趋势。同一渠道，在其他水文特征相同的条件下，水深增加初期，排水沟渠对氨氮的截留率明显提高，而到达一定的临界值后，氨氮的截留率随着水深的增加反而降低。图中可以看出氨氮截留率与水深之间并不是简单的线性关系，而是存在一个最佳值，同时较小的水深有利于提高排水沟渠对氨氮的截留率。

（2）对沟渠排水中硝酸盐氮的影响

模拟沟渠与团结渠水深变化对排水中硝酸盐氮截留率的影响见图 4-22。

从图 4-22 中可以看出，无论是模拟沟渠还是团结渠，对硝酸盐氮的截留水平都比较低，当沟渠水深超过 40 cm 后，截留率呈明显下降趋势。同一渠道，在其他水文特征相同的条件下，水深增加初期，排水沟渠对硝酸盐氮的截留率明显提高，而到达一定的临界

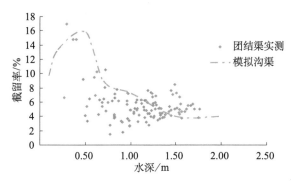

图 4-22　模拟沟渠与团结渠水深变化对排水中硝酸盐氮截留率的影响

值后，硝酸盐氮的截留率随着水深的增加反而降低，这说明硝酸盐氮截留率与水深之间也不是简单的一次线性关系，较小的水深有利于提高排水沟渠对硝酸盐氮的截留率。

（3）对沟渠排水中总氮的影响

模拟沟渠与团结渠水深变化对排水中总氮截留率的影响见图 4-23。

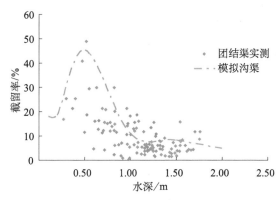

图 4-23　模拟沟渠与团结渠水深变化对排水中总氮截留率的影响

从图 4-23 中可以看出，无论是模拟沟渠还是团结渠，对总氮的截留效果都很明显，当沟渠水深超过 50 cm 后，截留率呈明显下降趋势。同一渠道，在其他水文特征相同的条件下，水深增加初期，排水沟渠对总氮的截留率明显提高，而到达一定的临界值后，总氮的截留率随着水深的增加反而降低，这说明总氮截留率与水深之间也不是简单的一次线性关系，较小的水深有利于提高排水沟渠对总氮的截留率。

（4）对沟渠排水中总磷的影响

模拟沟渠与团结渠水深变化对排水中总磷截留率的影响见图 4-24。

从图 4-24 中可以看出，无论是模拟沟渠还是团结渠，对总磷的截留都具有一定的效果，当沟渠水深超过 50 cm 后，截留率呈明显下降趋势。研究表明，同一渠道，在其他水文特征相同的条件下，水深增加初期，排水沟渠对总磷的截留率明显提高，而到达一定的临界值后，总磷的截留率随着水深的增加反而降低，这说明总磷截留率与水深之间也不是简单的一次线性关系，较小的水深有利于提高排水沟渠对总磷的截留率。

研究发现，农田排水沟渠中的水深变化对有效地去除排水中的污染物质具有一定的

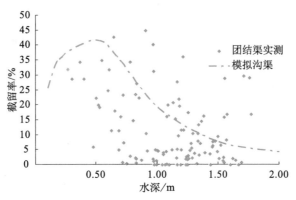

图 4-24　模拟沟渠与团结渠水深变化对排水中总磷截留率的影响

影响。模拟沟渠试验用不同初始浓度的硝酸盐或磷酸盐,在不同水深分别观测的结果发现,对于所有初始浓度,水流经过后硝酸盐或磷酸盐的浓度都呈曲线下降,但当沟渠水深超过 50 cm 后,浓度的下降趋于平缓。污染物截留率与水深之间并不是简单的线性关系,而是存在一个最佳值。同一渠道,在其他水文特征相同的条件下,为达到最佳截留氮、磷污染物的效果,沟渠排水水深的最佳范围在 38 ~ 47 cm,超过这个范围,污染物的截留率随着水深的增加而降低。其原因主要为:水深加大,则水中的水生植物的根系密度减少,污染物与植物根系接触的概率减少,机械节流、根系吸收和生物降解等作用都会减弱,较小的水深有利于提高氮、磷的截留率。

4.4.2　流速

一般研究认为,水在渠道滞留时间越长,越能有效地吸收水中的营养,即沟渠吸收和转化污染物的能力随流速的增加而减少。自然沟渠接受的是非稳定流,水在渠道滞留时间随流速发生变化。水流的可变性可能降低沟渠去除非点源污染物的能力,也可能在短期有快速水流的条件下掩盖了沟渠的净化能力。

流速对沟渠中非点源污染物的影响主要有两方面:一方面,农田排水和降雨径流在沟渠中有充足的时间进行吸收、吸附、降解和转化;另一方面,因停留时间长,水体与底泥中营养成分通过吸附和解吸附作用进行的交换成为影响非点源污染物输出的一个重要因素。尤其是在汛期,当降雨和农田排水频繁,地面受到侵蚀造成沟渠氮、磷负荷的增加,沟渠水流速度加快,污染物从底泥中释放出来,水体中污染物浓度升高。

在水深保持 0.6 m 时,采用模拟沟渠的监测值分析流速变化对排水中污染物截留率的影响见图 4-25。

从图 4-25 中可以看出,当水深一定时,流速的变化一方面影响非点源污染物在沟渠水体中的传播进程,另一方面污染负荷随流速增加呈近似线性递增。结合沟渠对污染物截留机理可知,流速的改变会同时影响沟渠的物理截留和生物化学作用。

污染物截留率与流速之间并不是简单的线性关系,而是存在一个最佳值,对于污染物截留率而言,当流速小于最佳值时,一方面非点源污染物在沟渠中的传播阻力较大,

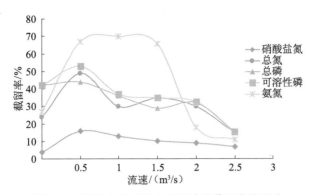

图 4-25　流速变化对排水中污染物截留率的影响

有利于物理截留和过滤作用；另一方面，污染负荷相应降低，微生物出现营养不足，生物活性受到抑制，进而影响水生植物和底泥中微生物的降解作用。随着流速增大，水体中有机负荷相应提高，促进了微生物生长和生物活性增强，对污染物的降解增加。可以说，在最佳流速值以下，随着流速的增大，污染物去除效果将同比增加。当流速大于最佳值时，水体停留时间较短，污染物还未被降解就被带出沟渠而导致污染物截留率明显降低。

从图 4-25 中可以看出，在排水沟渠中，氨氮最佳流速为 0.98 m^3/s，截留率为 77%；硝酸盐氮最佳流速为 0.60 m^3/s，截留率为 17%；总氮最佳流速为 0.49 m^3/s，截留率为 46%；可溶性磷最佳流速为 0.37 m^3/s，截留率为 53%；总磷最佳流速为 0.36 m^3/s，截留率为 47%。

4.4.3　pH

pH 影响沟渠中微生物的活性，从而影响对氮、磷等营养物质的去除。硝化细菌和反硝化细菌适宜在中碱性的条件下生长，同样，在碱性条件下，NH_4^+ 更易转化为气态的 NH_3 挥发进入大气，因此，沟渠在碱性状态下比在酸性状态下更有利于对氮的去除。磷在碱性条件下，易与 Ca^{2+} 发生吸附和沉淀反应，而在中性和酸性条件下，主要通过配位体交换被吸附到 Al^{3+}、Fe^{2+} 的表面，这是磷酸根离子去除的主要途径。

植物的光合作用和呼吸作用对水体的 pH 有很大影响，变化的程度取决于水体的缓冲能力。影响底泥 pH 变化的主要因素是有机质，有机质含量高的底泥，在缺氧分解转化过程中会产生有机酸，造成 pH 下降。

水中溶解态的钙能以磷酸钙的形式沉降水中大部分的磷，这种沉降作用受 pH 的影响，在碱性条件下，可溶性的磷易与 Ca^{2+} 发生吸附和沉淀反应。Diaz 指出当水中二氧化碳含量水平提高，pH 减少到小于 8 时，70%～90% 沉降的磷可转变为可溶性磷。当水中 Ca^{2+} 含量高及碱性条件下，磷被沉降截留在底泥中的现象非常明显。然而，Salinger 等发现，磷迁移的主要方式是呈亚稳定状态的磷酸钙。在湿地水体中，可溶性的铁和钙决定了与磷的溶解性相关的化学反应。

水体的 pH 范围在 7.34 ~ 8.37，位于硝化和反硝化的适宜范围内，团结渠水体中 pH 变化范围见图 4-26。

沟渠中水体的 pH 在 4—10 月经历从低到高再到低的过程，夏季要略高于春秋季。8 月 pH 最高。7 月渠道水位高，但 pH 较低，原因是沟渠在淹水条件下，由于沉积物还原反应产生有机酸，释放至水体中使 pH 下降。

4—10 月，试验区团结渠底泥的 pH 变化范围为 7.48 ~ 8.51，pH 对底泥氮的转化和分布影响较大。

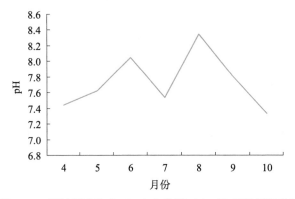

图 4-26　团结渠水体中 pH 变化范围（4—10 月的平均值）

图 4-27 是 4—10 月团结渠底泥中 pH 在不同土层变化的平均结果，渠道底泥的 pH 都随深度的增加而呈上升的趋势。

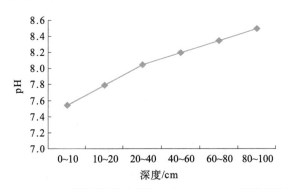

图 4-27　pH 在团结渠底泥中的纵向分布（4—10 月的平均值）

底泥的 pH 都随深度的增加呈上升趋势，这与有机质含量和物质分解转化作用有关。底泥的上层有机质含量高、微生物数量多，物质分解转化作用强烈，产生有机酸和无机酸，造成 pH 下降。越向下，有机质的量越低，微生物数量越少，分解转化作用弱，所以 pH 上升。

团结渠底泥的 pH 变化程度细微，无法排除测量误差，不易分析，所以本研究在分析 pH 因子时，采用模拟沟渠监测值。pH 变化对排水中污染物截留的影响见图 4-28。

图 4-28 显示 pH 范围在 7 ~ 9 时，对各污染物尤其是氮元素的截留效果最好，原因是底泥的 pH 常通过影响微生物的活动显著影响全氮的含量及其空间分布，微生物最适宜在

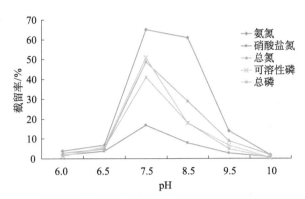

图 4-28　模拟沟渠底泥中 pH 变化对沟渠中污染物截留率的影响

中性环境下活动，在强酸或强碱条件下其活动受到抑制。硝化作用对 pH 较为敏感，土壤硝化细菌进行硝化作用的最适 pH 范围在 7~9，土壤 pH < 6.0 时硝化速率显著下降，pH > 10.0 时硝化作用受阻，这是由于高 pH 使土体中 OH⁻浓度增加而毒害了土壤硝化杆菌。

在缺氧条件下，反硝化细菌可将硝酸盐转化为 N_2 和 N_2O，许多环境因子会影响反硝化的速率和最终产物，其中 pH 是影响反硝化作用的重要因素。反硝化作用最适宜的 pH 范围是 7.0~8.0，pH 为 7.5 时反硝化速率最高。当 pH 低于 6.5 或高于 9.0 时，反硝化速率快速下降。

4.4.4　水温

沟渠对氮、磷等污染物的去除依靠沟渠沉积物的吸附、截留、水生植物的吸收、沉积物中微生物的降解和转化作用而完成，这些作用都受到水温和季节的影响。David 等通过 3 年的试验发现沟渠对氮、磷的净化在夏、秋水温高的季节更容易发生。夏、秋季节，由于水生植物生长，可通过直接吸收去除一部分氮和磷。另外，微生物的生长和代谢活动直接受水温的影响。微生物最适宜的生长水温是 20~40℃，在此范围内，水温每增加 10℃，微生物的代谢速率将提高 1~2 倍，因此，夏、秋季节适合微生物的生长和繁殖，其对农田排水中的氮、磷化合物的转化速度明显高于冬、春季节。在北方，冬季氨氮去除效果低于夏季的原因还在于，在冬季湿地的表面往往结上一层厚厚的冰盖，阻止大气中氧气的输入，造成厌氧条件，抑制了硝化作用的进行，导致冬季氨氮的去除效果下降。

水温是影响反硝化作用的重要因素之一。水升温加速了水及底泥中有机物生物降解和营养元素循环，随着水温的上升，反硝化速率升高，其适宜水温范围为 15~35℃，低于 10℃时，反硝化速率明显下降。水温对反硝化作用的影响，可以用 Arrhenius 方程来表达。

$$RD_t = RD_{20} \times 10^{K_t(t-20)} \tag{4-1}$$

式中：RD_t——t℃的反硝化速率；

　　　RD_{20}——20℃的反硝化速率；

K_t——水温常数。

虽然反硝化作用可以在较宽的水温范围（5～70℃）内进行，但水温过高或过低对反硝化作用都是不利的。

研究发现水温对磷的迁移影响很小，这是因为，磷最重要的迁移方法是化学沉淀和物理化学吸附，这一过程并不依赖水温。所以下面重点分析水温变化对沟渠水体中氨氮、硝酸盐氮和总氮的影响。

团结渠水体的水温值变化易受渠道边大型木本植物遮盖与否的影响，不同渠段的同时间水温值有所不同，不易定量分析，所以本书采用模拟沟渠的监测值。水温变化对排水中污染物截留率的影响见图4-29。

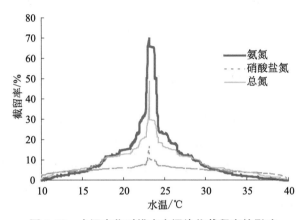

图4-29　水温变化对排水中污染物截留率的影响

根据图4-29，污染物—水温分布点呈近似抛物线状，水温在15～30℃时截留率效果明显。

分别计算各污染物截留率在15～30℃的范围内随水温变化而变化的标准差，截留率标准差为：氨氮0.35，硝酸盐氮0.22，总氮0.22，说明氨氮的变化程度最大，水温因子对其的影响敏感度要大于硝酸盐氮和总氮。在这个水温范围内，氨氮的截留率最高，硝酸盐氮的截留率最低。

4.4.5　溶解氧

溶解在水中的氧称为溶解氧（Dissolved Oxygen，DO），溶解氧以分子状态存在于水中，水中溶解氧量是水质的重要指标之一。

沟渠排水中的溶解氧含量受到两种作用的影响：一种是使DO下降的耗氧作用，包括好氧有机物降解的耗氧和生物呼吸耗氧；另一种是使DO增加的复氧作用，主要有空气中氧的溶解、水生植物的光合作用等。这两种作用的相互消长，使水中溶解氧含量呈现出时空变化。

如果水中有机物含量较多，其耗氧速度超过氧的补给速度，则水中DO量将不断减少，当水体受到较大污染时，水中溶解氧量甚至可接近于零，这时水生植物在缺氧条件下分解就出现腐败发酵现象，使水质严重恶化。

　　沟渠排水中微生物分解有机物的过程消耗水中溶解氧的量，称为生化需氧量，通常记为 BOD，常用单位为 mg/L。一般有机物在微生物作用下，其降解过程可分为两个阶段：第一阶段是有机物转化为二氧化碳、氨和水的过程；第二阶段是氨进一步在亚硝化细菌和硝化细菌的作用下，转化为亚硝酸盐和硝酸盐，即所谓的硝化过程。BOD 一般指的是第一阶段生化反应的耗氧量。微生物分解有机物的速度和程度同水温、时间有关，最适宜的水温是 15～30℃，从理论上讲，为了完成有机物的生物氧化需要无限长的时间，但是对于实际应用，可以认为反应可以在 20 d 内完成，称为 BOD_{20}，BOD 反映水体中可被微生物分解的有机物总量，用每升水中消耗溶解氧的毫克数来表示。

　　有关研究发现，溶解氧对磷的迁移影响很小，这是因为，溶解氧的浓度变化直接影响沟渠中的硝化作用与反硝化作用，这两个反应并不影响磷酸盐的迁移。所以下面重点分析溶解氧变化对沟渠水体中氨氮、硝酸盐氮和总氮的影响。

　　团结渠水体的溶解氧值同位变化程度不大，经常保持在一个很低的浓度范围内，不同渠段的水温值有所不同，不易定量分析，所以本书在分析溶解氧值因子时，采用模拟沟渠的监测资料。溶解氧变化对排水中污染物截留率的影响见图 4-30。

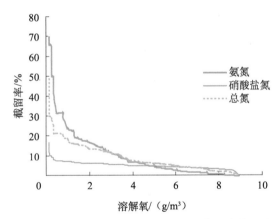

图 4-30　溶解氧变化对排水中污染物截留率的影响

　　从图 4-30 中可以看出，污染物截留率是随水体中溶解氧浓度增加而单调递减的对数函数。结果表明，将溶解氧控制在低水平对渠道中的氮元素的去除是有利的。

4.5　本章小结

　　农田排水沟渠系统具有排水和湿地的双重功效，农田流失的氮、磷在水体—底泥—水生植物这一微观系统中进行迁移转化。氮在沟渠系统迁移转化过程中通过氨化作用、硝化作用、矿化作用、脱氮和固氮作用被沟渠沉积物、水生植物等截留去除。磷在沟渠系统迁移转化过程中通过沉积物的吸附作用、水生植物的吸收作用、微生物的降解作用等被截留去除。同时，氮、磷被沟渠截留去除受多种因素影响，如有无水生植物、季节与水温、沟渠水深与流速、pH、沟渠底泥的类型等。

①水深是影响非点源污染物在沟渠排水中迁移转化的重要因素。同一渠道，在其他水文特征相同的条件下，为达到最佳截留氮、磷污染物的效果，根据试验资料分析，沟渠排水水深的最佳范围在38～47 cm，超过这个范围，污染物的截留率就会随着水深的增加而降低。

②当水深一定时，流速的变化一方面影响非点源污染物在沟渠水体中的传播进程，另一方面污染负荷随流速增加呈近似线性递增。污染物与流速之间并不是简单的线性关系，而是存在一个最佳值，在最佳流速值以下，随着流速的增大，污染物去除效果将同比增加。当流速大于最佳值时，水体停留时间较短，污染物还未被降解就被带出沟渠而导致污染物截留率明显降低。

③pH范围在7～9时，对各污染物的截留效果最好，沟渠在碱性状态下比在酸性状态下更有利于对氮的去除。沉积物pH<6.0时硝化速率显著下降，pH>10.0时硝化作用受阻。

④水温是影响对氮元素截留率的一个重要因子。最适宜的水温范围是15～30℃，在这一范围内，氨氮的截留率最高，硝酸盐氮的截留率最低。由于磷主要通过物理化学吸附和化学沉淀去除，因此受水温的影响很小。

⑤沟渠水体中污染物截留率随水体中溶解氧浓度增加而递减。溶解氧浓度控制在低水平对渠道中的氮元素的去除是有利的。溶解氧对磷的迁移影响很小。

第5章 沟渠中各组分对水体的净化作用

5.1 研究区资料选取及试验设置

5.1.1 研究区选取

人民胜利渠（建设时称"引黄灌溉济卫工程"）是"新中国引黄灌溉第一渠"，位于我国河南省北部，兴建于 1951 年 3 月，是新中国成立后在黄河下游兴建的第一个具有试验和示范性质的大型引黄自流灌区工程。它的建成结束了"黄河百害，唯富一套"的历史，标志着下游黄河治理由"防洪除涝"向"变害为利、综合利用"的转变，揭开了在洪涝灾害频发的黄河下游地区大规模开发、利用水沙资源的序幕，是人民治黄史上的一座丰碑。该工程于 1949 年提出，1950 年规划设计，同年 10 月经政务院批准兴建，1951年 3 月正式开工修建，1952 年 4 月第一期工程建成，同年 4 月开闸放水，渠首闸设计引水流量 60 m^3/s，加大流量 85 m^3/s；灌区控制总面积 1 486.84 km^2，其中自流灌溉面积 5.9 万hm^2，主要浇灌新乡、焦作、安阳 9 个县（市、区）47 个乡（镇）的 9.9 万 hm^2 土地，另外干渠还承担着新乡市城市供水的任务，同时也可向鹤壁、河北、天津等地送水。灌区工程于 1953 年 8 月全面竣工，自建成至今，通过不断整修扩建及一些改造工程，最终形成现有的规模。

据统计，近年来黄河流域年排放污水 47 亿~48 亿 t，这些污水绝大部分未经处理直接流入黄河，对黄河造成了严重污染。从潼关进入河南省的水质为 V 类，三门峡断面水质为Ⅳ类，流经小浪底的水质为Ⅲ类，花园口以下河段水质为Ⅳ类。人民胜利渠渠首位于小浪底与花园口之间，所引黄河水水质介于Ⅲ~Ⅳ类之间。1950—1998 年，灌区农药使用量增加了近 100 倍，农药的大量流失造成了严重的污染。肥料成为来源最广、污染量最大、最难控制和治理的污染物。目前，化肥使用氮肥较多，氮、磷、钾比例失调，利用率仅为 30% 左右。按灌区施氮肥 200 kg/hm^2 计，每年施用量为 2.43 万 t，其中农作物吸收30% ~40%，流失部分约占 20%，进入排水河道的约为 0.225 万 t。

本研究区是位于人民胜利渠总干渠与东一干引水支渠之间的清水渠，主要汇集附近灌区的田间排水并排向总干渠中，所以研究其中污染物的迁移规律对总干渠的水质以及下游新乡市区的供水和卫河的水质都具有重要意义。

5.1.2 研究区概况

（1）地理位置

人民胜利渠灌区北以卫河、南长虹渠为界；南为原阳的师寨、新乡的郎公庙、延津的榆林、滑县的齐庄一线；西以武嘉灌区和共产主义渠为界；东以红旗总干渠为邻。其主要包括新乡、焦作、安阳三市的新乡县、新乡市郊、原阳县、获嘉县、延津县、卫辉县、武险县、滑县共七县一市郊共计有 38 个乡，793 个村，总人口 106.9 万人，其中农业人口 94.4 万人，总土地面积 39 万 hm²。渠首位于京广铁路黄河铁路桥上游北岸 1.5 km 的秦厂大坝上，为无坝自流引水。人民胜利渠灌区工程现状见图 5-1。

（2）水资源量

灌区水资源主要由引黄河水、降水资源和地下水资源三部分组成，黄河水是灌区唯一的外来水源。灌区引水量除受工程本身引水能力限制外，主要受黄河水来水流量及含沙量的影响。地下水的补给主要有降雨入渗补给、灌区内河道侧渗补给、渠系渗漏补给和灌溉水回归补给。地下水排泄主要有人工开采和潜水蒸发。灌区范围内降雨特点为年内分配不均，年际变化大，多年平均雨量 618 mm，能供作物直接利用的有效雨量十分有限。灌区内地下水属于黄河冲积平原潜水及深层承压水。潜水埋深因降雨、灌溉的填补而上升，因蒸发排水、井灌的消耗而下降。其潜水矿化度很低，约 90% 的面积都小于 2 g/L，属钠钙质重碳酸盐水。承压水大多在 50～200 m，有 2～3 个含水层，单层厚 20～50 m，总厚度大于 100 m。

（3）地形地貌

人民胜利渠灌区是由黄河古河道冲积平原和太行山前冲积扇所组成的自西南向东北倾斜的一个条形地带，宽 5～25 km，长 100 km，渠首地面高程 96 m，滑县地面高程约 68.5 m，平均地面坡降 1/4 000。受历代黄河泛滥沉积等影响，人民胜利渠灌区以古黄河废墟（古阳堤）为界，在灌区内形成三个主要地貌单元：古阳堤以南为古黄河漫滩区，地势高，地下水埋深较大，地上地下径流条件较好，土质以轻壤土为主，粮棉产量水平高；古阳堤以北为古黄河背河洼地区，地势低、地面坡度小，排水条件差，土质以轻壤和中壤为主，并有相当大面积的老盐碱地和砂地，农业生产水平低；卫河两侧为卫河淤积区，黄河冲积平原与太行山前洪积冲积平原交界洼地，卫河贯穿此区，土质比较黏重，汛期除承受灌区涝水外，还受卫河洪水影响，农业生产水平也相对较低。灌区土壤以中壤和轻壤为主，分别占 50.7% 和 27.6%，其余为沙壤、重壤等。灌区内农业种植结构：夏作以小麦、油菜为代表，分别占耕地的 60%、25%；早秋以棉花为代表，占耕地面积的 15%；晚秋作物以水稻、玉米、花生为代表，分别占耕地面积的 12%、28%、45%。全灌区复种指数为 1.85。灌区水文地质状况因地貌单元不同而有所差异。古黄河漫滩区地势较高，地表、地下水径流条件较好，地下水埋深 6 m 左右，地下水矿化度一般为 1 g/L 左右，土体含盐量 0.1% 左右；古黄河背河洼地区，地势低平，地面比古黄河漫滩区低 3～4 m，地表、地下水径流条件差，地下水埋深 3 m 左右，地下水矿化度多为 2 g/L 左右，土体含盐量 0.1% 左

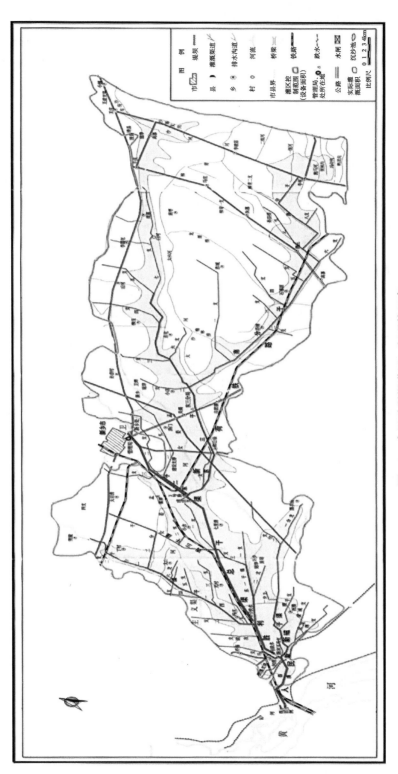

图5-1　人民胜利渠灌区工程现状示意

右。灌区地下水流向与地面坡向一致，都是西南至东北，坡降 1/4 000 左右。灌区地下水有两个含水层组：第一个含水层组为浅含水层（潜水）组，底板埋深 40~60 m；第二个含水层组为深含水层组，底板埋深为 90~110 m。浅含水层组以粉细沙、中沙和粗沙为主，层内无稳定连续的黏土、亚黏土隔水层。地处黄河、海河两大流域，地形主要以平原为主，局部地区为山区地貌，平原约占总面积的 78%，土地肥沃、光热充沛。

（4）水文气象条件

灌区地处暖温带大陆性季风气候区，四季分明，季节特征明显。春季干旱风沙多，夏季炎热雨量充沛，秋季天高气爽日照长，冬季寒冷雨雪少。年平均气温 14.3℃，平均温差 16.5℃，无霜期为 220 d。通常 7 月最热，平均 27.3℃；1 月最冷，平均 0.2℃；最高气温 42.7℃（1951 年 6 月 20 日），最低气温 -21.3℃（1951 年 1 月 13 日）。年均湿度为 68%，最大冻土深度 280 mm。年平均降水 656.3 mm，最大降水量 1 168.4 mm（1963 年），最小降水量 241.8 mm（1997 年），最大积雪厚度 395 mm（2009 年），年蒸发量 1 748.4 mm。通常 6—9 月降水量最大，为 409.7 mm，占全年降水的 72%，且多暴雨。季风特征明显，冬季盛行东北风，夏季盛行西南风。在地理环境、大气环流、地形、地势等因子的综合作用下，形成了暖温大陆性季风型气候。全年最多风向为东北风，频率为 17.49%，次多风向为东北风，频率为 12.3%，年平均风速为 2.45 m/s。

（5）引排水工程

灌区工程由沉沙、灌溉、排水、机井四套系统组成。沉沙系统由沉沙池、引水渠、退水渠及其建筑物组成，进行自流沉沙。灌溉系统由总干、干、支、斗、农五级固定渠道构成，其中总干渠 1 条，长 52.7 km，干渠 5 条，长 82.5 km。各种建筑物 4 676 座，毛渠和垄沟属临时工程。排水系统实行灌排分设的工程模式，由干排、支排、斗排、农排四级渠道构成，干排、支排具有除涝和排除地下水的作用，斗排、农排仅有排涝作用。古阳堤以上地区仅有支排、斗排、农排三级排渠，主要用以除涝。古阳堤以下地区则有干排、支排、斗排、农排、毛排五级渠道，兼有除涝和控制地下水位的作用，卫河是灌区排水的承泄河。机井系统由机井和相应的田间工程组成，实行渠井结合、井灌井排，以此来控制地下水位，保持水量平衡。灌区内部已建成小型提灌站 78 处，提水灌溉的面积约为 6 万亩，打成机井 1.3 万余多眼，实行井渠结合灌溉的面积约 40 万亩。总干渠一号跌水处建有何营水力发电站 1 座，装机容量为 625 kW，另设沉沙池 3 处，分散处理黄水泥沙。1987 年后，易于沉沙的土地大都变成高产良田，如再修沉沙池代价高昂，于是开始浑水灌溉，同时开始浑水灌溉的专题研究，提出了浑水灌溉的边界条件和管理措施，并开始进行适应浑水灌溉且节水的灌区技术改造。

（6）社会经济效益

人民胜利渠开灌前，灌区社会经济处于十分贫穷落后的状态，旱涝灾害不断，盐碱、沙荒随处可见，地广人稀，群众过着"半年糠菜半年粮"的苦难生活。开灌后，旱、涝、碱、淤综合治理，粮棉逐年增产，社会经济迅猛发展。目前，"吨粮田""小康村、镇（乡）"不断涌现，城市化进程已经启动，灌区一派繁荣景象。开灌前，粮食产量1 335 kg/hm²、棉花产量225 kg/hm²。目前，粮食产量14 250 kg/hm²、棉花产量1 125 kg/hm²，分别是开灌前的10.7倍、5倍。灌区具体灌溉制度见表5-1。

表5-1　人民胜利渠灌区灌溉制度（灌溉设计保证率为75%）

作物名称	种植比例/	生育期	灌水起止时间	灌水天数/ d	灌水定额/ （m³/亩）	灌溉定额/ （m³/亩）
小麦	60	越冬	11.21~11.30	10	45	180
		拔节	3.22~3.31	10	45	
		抽穗	4.11~4.20	10	45	
		灌浆	5.16~5.26	10	45	
玉米	28	抽穗	8.10~8.9	9	35	70
		灌浆	8.21~8.29	9	35	
棉花	15	蕾期	5.28~6.50	9	35	70
		花铃	7.20~7.28	9	3 535	
油菜	25	蕾苔	2.21~3.10	9	35	105
		花期	4.10~4.10	10	40	
		结荚	4.25~5.20	8	30	
花生	45	花针	7.50~7.13	9	30	65
		结荚	8.10~8.8	8	35	

注：灌区灌溉制度主要填入种植比例在5%以上的作物，5%以下的计入其他。

人民胜利渠开灌后，利用黄河泥沙沉沙改土，使昔日低洼荒凉的盐碱地变成高产稳产田，先后淤改土地6 000 hm²。开灌至今，灌区共引水303.22亿m³，其中农业用水174.4亿m³，新乡市城市用水9.5亿m³，济卫72.71亿m³（含向天津送水11亿m³），补源46.61亿m³。粗略估算，工农业创效益水利分摊值达115亿多元。

人民胜利渠灌区开灌60多年来，历经发展壮大、严重挫折、整顿恢复和稳定发展4个时期，发挥了巨大的经济效益、社会效益和生态效益，积累了引黄灌溉管理的宝贵经验：计划用水、科学用水、节约用水、优化配置水资源；井渠结合灌溉，地上水、地下水联合运用；沉沙改土、淤灌稻改、正确处理泥沙；灌排兼施、盐碱地治理和防止土壤次生盐碱化；开展科学研究，综合治理旱、涝、碱、淤；充分利用黄河水沙资源，促进农业可持续发展。

5.2　试验区概况

野外试验区位于清水渠支渠的下游渠段，地处河南省新乡市获嘉县。清水渠渠首位于河南省新乡市原阳县，渠段流经原阳县和获嘉县，最终汇入人民胜利渠总干渠。清水渠在早年由于渠中流水清澈，故命名为清水渠，主要作用是接纳渠道两侧的农田排水。近年来，农田化肥及农药不合理的施用，导致清水渠流入大量非点源污染物，并随水流汇入人民胜利渠总干渠，从而对外界水源造成了污染。为了对清水渠污染的成因进行透彻的分析并提出净化渠道水体的具体措施，保护清水渠以及人民胜利渠的水质环境，故在此设置试验区域，进行定期采样研究。野外试验区位置及采样情况示意如图5-2和图5-3所示。

图 5-2　野外试验区位置示意

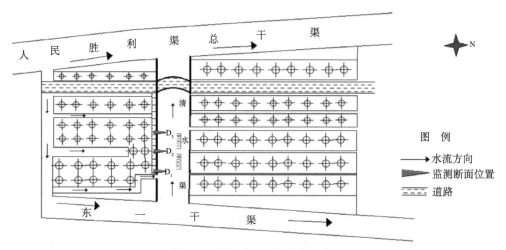

图 5-3　野外试验区取样点示意

野外试验监测所采用的是 2014 年 3 月至 2015 年 2 月的资料。试验监测对象包括典型排水沟渠的水量、水体污染物浓度、沟渠沉积物中污染物浓度和水中植物营养物含量。具体如下所述。

（1）水量监测

农级排水沟利用无喉量水槽量测，支级、干级排水沟流速、水量采用流速仪法测算，水深采用测尺测量。取样现场如图 5-4 所示。

（2）排水沟渠水体污染物浓度监测

选取时在排水沟渠上选择不受点源污染影响的相对独立排水的典型渠段，每隔 300 m 布设一个监测断面，共设 D_1、D_2、D_3 三个断面，每个断面视沟渠宽度平均分成 5 个点，分别布设数条测深、测速垂线。在作物全生长期内，对沟渠进行连续监测，野外试验区每 30 d 取样一次。

　　水样采用人工取样，在断面位置设置 5 条取样垂线，在水面以下 1/3 处取样，每个水样 500 mL，其中一部分于现场进行水质指标监测，监测项目包括温度、pH、溶解氧、氧化还原电位及电导率，然后剩余原状水样送试验室分析，监测项目包括氨态氮、硝态氮、总氮、化学需氧量、总磷等。

图 5-4　野外试验区现场取样示意

　　（3）沟渠沉积物中污染物浓度监测

　　与水体监测试验方案相结合，每月取样一次，在 3 个典型断面共 9 个监测点处，分别提取 5 cm、10 cm、15 cm 深处沉积物，取回的泥样经自然晾干后，用粉碎机粉碎，进行前处理，然后使用化学分析仪进行检验。化验项目包括氨态氮、硝态氮、总氮、总磷等。

　　（4）水中植物营养物含量监测

　　典型断面与水体监测试验方案相结合，与泥样同步进行采集，每 30 d 进行一次取样。在不同生长期分别提取水中植物（芦苇）2 ~ 5 株，典型植被根、茎、叶数段，将样本风干、磨碎、过筛，然后测定其中的营养物含量。其主要监测项目包括总氮、总磷等。

5.3　野外试验区各断面氮素变化特征

　　在分析试验区数据时主要以氨氮为分析对象，并将硝酸盐氮、总氮的浓度变化分析作为辅助。首先分析 D_1、D_2、D_3 断面各自的试验期内的各采样点氨氮、硝酸盐氮、总氮的平均浓度值随时间的变化情况，如图 5-5 所示。

　　由图 5-5 可知，在野外试验区三个断面内，总氮、氨氮、硝酸盐氮随时间的变化趋势总体来说是较为平缓的，这说明沟渠在长时间的变化过程中除氮能力还是比较明显的。从数据上看，D_1、D_2、D_3 断面总氮浓度分别在 1.45 ~ 6.58 mg/L、1.23 ~ 5.98 mg/L、1.13 ~ 4.88 mg/L；氨氮浓度分别在 0.22 ~ 4.20 mg/L、0.19 ~ 3.93 mg/L、0.18 ~ 3.54 mg/L；硝酸盐氮浓度分别在 0.20 ~ 1.94 mg/L、0.10 ~ 1.44 mg/L、0.10 ~ 0.80 mg/L。总体来说，各断面浓度水平基本沿程降低，即 $D_1 > D_2 > D_3$。这与示踪试验得出的结论也相吻合，

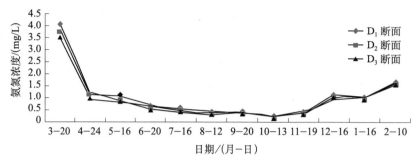

（a）各断面氨氮平均浓度变化

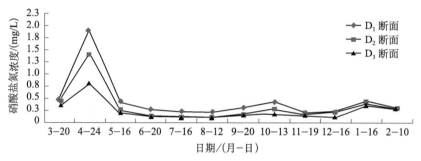

（b）各断面硝酸盐氮平均浓度变化

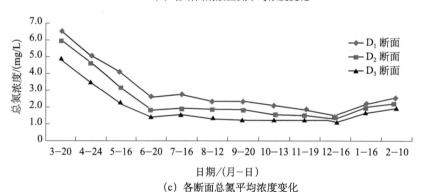

（c）各断面总氮平均浓度变化

图5-5　几种形态的氮的年内平均浓度变化

即农田排水在从上游向下游流动的过程中，其中所含营养盐不断被截留转化，这一过程在长期的作用下表现得更为明显。

　　氨氮沿程递减主要是沟渠沉积物的化学吸附作用和离子交换作用、水生植物的吸收作用、微生物的转化作用等，共同使得氨氮被吸附或者转化成其他形态，如硝酸盐氮或亚硝酸盐氮、氮气、氨气等，从而被沟渠截留或去除。硝酸盐氮变化沿程是先增加后减小，一方面可能是由于中间沟段存在较强的侧向补给，使得 q_L 比较大；另一方面可能是由于后期氨氮的浓度趋于稳定，使得硝酸盐氮的浓度呈递减变化。

　　如果把同一时刻不同断面所测得水样氨氮与硝酸盐氮浓度进行对比，则可以分析出水样在一年内不同季节以及各河段的去除能力的变化情况。按照式（5-1）计算。

$$消除率\ w = \left[\left(c_{上游} - c_{下游}\right)/c_{上游}\right] \times 100\% \tag{5-1}$$

式中：$c_{上游}$——同一时间上游水样中污染物浓度，mg/L；

$c_{下游}$——对应时刻下游水样中污染物浓度，mg/L。

将 D_1 断面同一时刻各采样点的氨氮、硝酸盐氮平均浓度减去同一时刻 D_2 断面各采样点的对应浓度，同理计算 D_2 断面减去 D_3 断面，可得出各沟段消除率的大小及其随时间的变化趋势，将结果用折线连接起来，如图5-6所示。

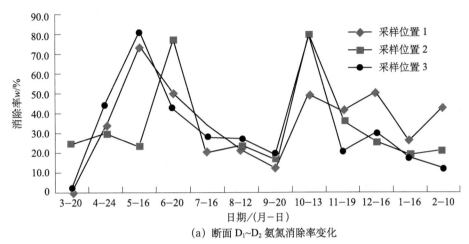

(a) 断面 D_1~D_2 氨氮消除率变化

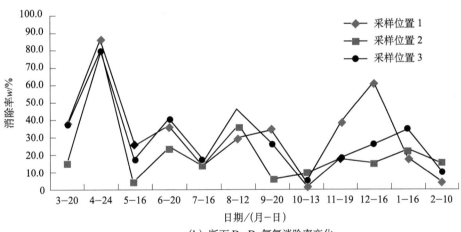

(b) 断面 D_2~D_3 氨氮消除率变化

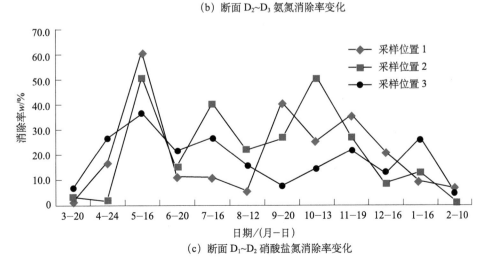

(c) 断面 D_1~D_2 硝酸盐氮消除率变化

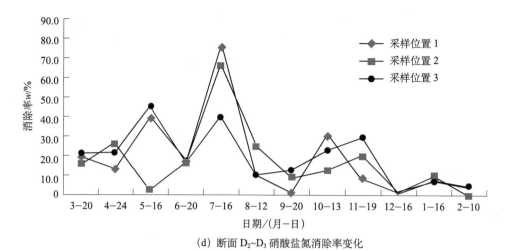

(d)断面$D_2 \sim D_3$硝酸盐氮消除率变化

图5-6 各断面之间沟段相同时刻水样氨氮、硝酸盐氮消除率变化规律

从图5-6中可以清楚地观察到,在农作物全生长期内,沟渠断面之间对硝酸盐氮、氨氮的吸收速率并不是稳定不变的。断面$D_1 \sim D_2$沟段对上游来水中所含氨氮的消除率处在12.11% ~74.66%范围内,整体较高,且集中在5—7月、10—11月,对硝酸盐氮的消除率在10.98% ~61.26%。断面$D_2 \sim D_3$沟段对氨氮的消除率在14.46% ~85.96%,对硝酸盐氮的消除率在10.12% ~66.12%。

出现这一结果可能与这一时期进行作物生长期的灌溉,使得沟渠中流量和流速增大,水文条件发生较大起伏有关。当沟渠内水文条件发生变化时,模型中各个参数都将发生很大的变化。夏季沟渠的消除率要明显高于冬、春季节,这说明温度的升高可以加快氮素的转化和反应,对于消除水体中的污染物浓度有很大的作用。

同时我们通过观察还可以发现,采样点1和采样点3,即沟渠两侧采样点在同一时刻上下游断面之间消除率明显比中间采样点2大,因沟渠两侧底部存在较多不规则土块,导致河道暂态存储区面积增大,所以两侧存储区内对水体中的氮元素的拦截吸附能力要远远大于主河道区。

在对沟段之间的氨氮和硝酸盐氮沿程吸收转化的规律研究之后,拟对断面所在区域其暂态存储能力的变化情况进行研究。于是将D_1、D_2、D_3断面的采样点1和采样点2合并,看作沟渠左侧暂存区,中间采样点视为主河道区,右侧采样点4和采样点5视为右侧暂存区。通过分析3个断面各自的3个不同区域的浓度变化,可以得出不同区域暂态存储能力的变化规律,这样可以更好地发现拦滞能力的强弱分布。对5个采样点的水样数据按照前面所述,将3条变化曲线绘制在一张图中,作为该断面的暂态存储能力的比较。这里只分析氨氮、硝酸盐氮浓度的变化,结果见图5-7 ~图5-9。

从图5-7中可以清晰地看到,D_1断面所在范围各分区对氨氮的吸附能力变化较大。左侧暂存区、主河道区和右侧暂存区内氨氮浓度在4月24日均达到了峰值,这说明在4月,该沟段对氨氮的吸附和滞留能力较弱,交换系数和扩散系数都较小,水体中大部分污染物并未与暂存区发生交换作用,便被排往下游。在9月,主河道区内的暂态存储作用

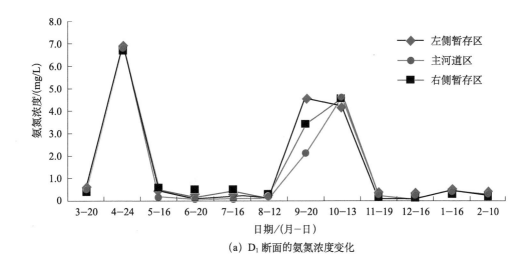

(a) D_1 断面的氨氮浓度变化

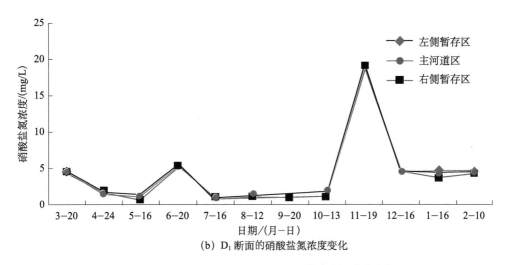

(b) D_1 断面的硝酸盐氮浓度变化

图 5-7　D_1 断面沟渠不同分区氨氮、硝酸盐氮浓度变化

较为明显，滞留能力明显增强。总体来说，D_1 断面所在沟段，对氨氮的吸附和转化功能较不稳定，各暂态存储指标变化较大。而对硝酸盐氮的拦截滞留能力则相对稳定，且 3 个分区变化趋势基本吻合，说明该沟段在对硝酸盐氮的吸附转化方面规律性较好。

由图 5-8 可知，D_2 断面基本表现出与 D_1 断面相同的变化规律。考虑到沟渠沿程的滞留吸附情况，D_2 断面的硝酸盐氮浓度水平较 D_1 断面的低。11 月的水样硝酸盐氮表现出非常高的浓度，这说明在 11 月前后，D_2 断面附近对硝酸盐氮的吸收转化作用十分微弱，可能是因为此时的渠道内温度较低，流量较小，进而导致主河道与暂存区之间交换作用较小。总体来说，D_2 断面左侧暂存区的吸收滞留能力变化幅度比较大，各个参数值相比 D_1 断面较不稳定。而主河道区整体来说较为稳定，主要是因为其形态稳定，且水力条件变化较小，因此使得各个参数都未发生太大变化。

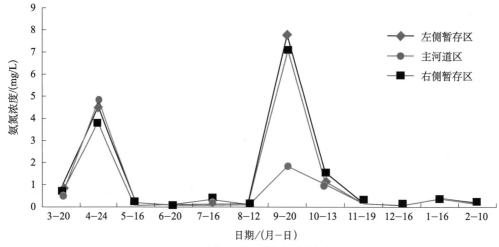

(a) D_2 断面的氨氮浓度变化

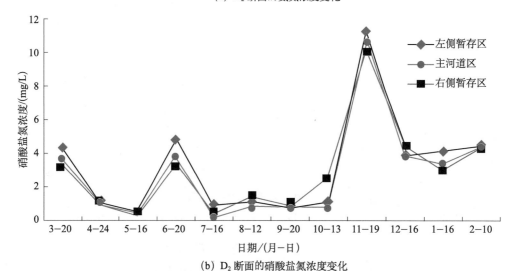

(b) D_2 断面的硝酸盐氮浓度变化

图 5-8 D_2 断面沟渠不同分区氨氮、硝酸盐氮浓度变化

从图 5-9 中可以发现，D_3 断面左侧暂存区对附近水体氨氮浓度影响依然波动较大，主要集中在 9 月和 10 月。主河道区和右侧暂存区也在 9 月出现明显的吸附能力的降低。至于硝酸盐氮，D_3 断面附近对硝酸盐氮的吸附和截留作用呈波浪形，说明各个分区的暂态存储能力都极易受到外界的水文条件或物理条件的影响，产生极不稳定的现象。

整体从时间上看，D_1、D_2、D_3 断面的 3 个分区的变化趋势基本一致。以氨氮为例，3 个断面的氨氮浓度的峰值都出现在左侧暂存区，说明在同一断面大致有这样的暂态存储能力的大小关系，即主河道区 > 右侧暂存区 > 左侧暂存区。在研究沟渠内，主河道对污染物迁移过程中的吸附和截留的贡献率较暂态存储区大，而且沟渠右侧暂存区暂存能力明显较左侧暂存区稳定。

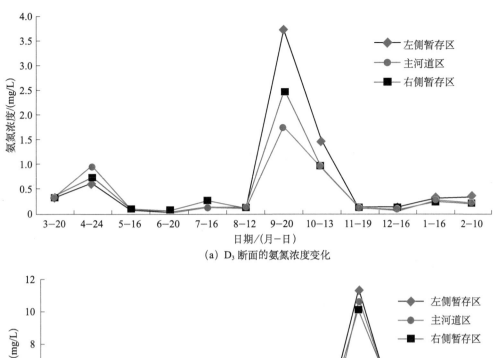

(a) D_3 断面的氨氮浓度变化

(b) D_3 断面的硝酸盐氮浓度变化

图 5-9 D_3 断面沟渠不同分区氨氮、硝酸盐氮浓度变化

由于各个断面的峰值基本都出现在秋季，即 8—11 月，可以推测，整个沟渠在秋季的滞留能力最弱。这可能是由于此时沟渠中水量开始逐渐减少，水体流速开始逐渐下降，而且这个季节温度开始逐渐降低，这些影响因素都会减少水体与其他组分之间的交换和扩散、吸附等作用，从而使得这个时期的水体中氨氮、硝酸盐氮的浓度都非常大。

5.4 试验区土样氮素迁移特征分析

首先，在野外 D_1、D_2、D_3 3 个断面取泥样，按照一个断面取 3 个采样点的同一深度土样中污染物浓度的平均值进行计算，分别计算出每次试验的从底泥表层开始向下深度分别为 5 cm、10 cm 和 15 cm 深处的 3 个采样点的土壤氨氮的平均值，进而分析 3 个断面在不同深处吸附能力的差异。

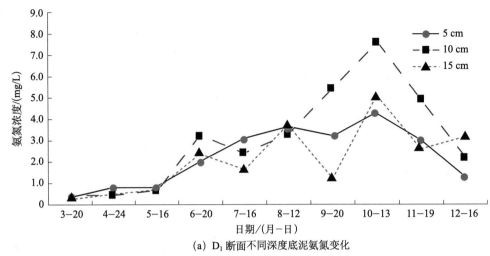

(a) D_1 断面不同深度底泥氨氮变化

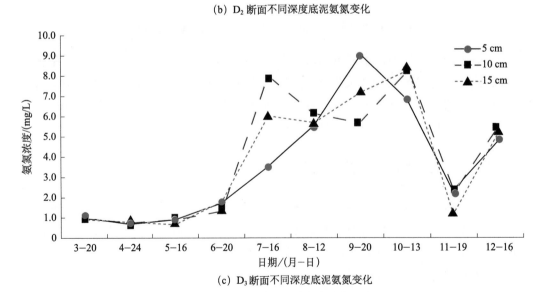

(b) D_2 断面不同深度底泥氨氮变化

(c) D_3 断面不同深度底泥氨氮变化

图 5-10 三断面不同深度氨氮浓度变化曲线

由图 5-10 可知，各断面各个深度底泥，在作物全生长期内，变化趋势基本呈波形，即先升高再降低。D_1 断面中，氨氮浓度峰值出现在 10 cm 处，且 10 cm 深处的土样基本都是在其他两个深度的浓度之上，这表明 D_1 断面所在沟段底泥表层吸附能力较弱，在 10 cm 深处，土壤对其中水体的交换作用较密切。通过表层的传递，潜流带中 10 cm 左右深度的土体对氨氮的截留转化能力最强。D_1 断面土体吸附能力波动较大的时间为 9—11 月。D_2 断面土体吸附能力变化较大的时间是在 7—10 月，表明即使在同一条沟渠内部，不同河段、不同的断面形状等，也可能对土体的交换和吸附能力产生很大的影响。不过，D_2 断面的吸附和转化作用在整个试验观察期内，总体呈上升趋势，且 3 个深度都有此趋势，这就意味着 D_2 断面附近的土体对水中污染物的吸附能力基本是随时间不断增大的。D_3 断面中，除 7 月 16 日所取土样 10 cm 深度氨氮浓度较大外，其他各次基本以 5 cm 深度氨氮浓度最大，且 D_3 断面吸附能力较强的时间也基本处在 7—10 月。这个结论也与 5.3 节水样中的浓度变化相一致。

得出每个断面不同深度的土样氨氮变化趋势后，考虑到尝试分析不同区域内的土体对氮素迁移的影响，于是将沟渠大致分为左侧暂存区、右侧暂存区和主河道区。分别计算每个采样点的所有深度的氨氮、硝酸盐氮平均值，作为该采样点处平均氨氮、硝酸盐氮浓度。按照每个断面一组的形式，分析每个断面左侧暂存区、主河道区以及右侧暂存区随时间的变化情况。计算结果绘于图 5-11 中。

通过对沟段进行分区分析，可以发现，同一断面不同位置的底泥，对氨氮的吸附能力有很大差别。D_1 断面中，右侧暂存区的整体滞留能力最强，其土壤氨氮浓度在各个时刻都比较大，由于右侧暂存区内较靠近旁边的农田，且水生植物都集中在右侧，由此可以推测 D_1 断面所在区域，农田排水中污染物浓度在排入侧较近的地方去除率较高，且水生植物和底泥的共同作用可以更好地将水中所含污染物截留下来。但是，D_2 断面的土壤氨氮数据显示，该区域有着明显与 D_1 断面截然不同的规律。该断面 3 个分区的吸附能力依次为左侧暂存区 > 右侧暂存区 > 主河道区。D_2 断面主河道水流对水体中污染物的拦截和滞留能力较差，而两侧的暂态存储区内，与水体发生交换和对流作用较强，使得大部分水中污染物都被吸收了下来。D_3 断面的数据表明，在该断面附近区域内，各分区的吸附作用大小依次是右侧暂存区 > 主河道区 > 左侧暂存区。3 个断面的不同规律说明，即使在同一条沟渠内部，不同断面、不同区域，对水体中污染物的吸附和拦截作用也是差异较大的。

从图 5-11 中还可以看到，沟渠底泥对氨氮的吸附效果是沿程增大的。水体氨氮浓度在沿程较少的过程中，有一部分被底泥所吸收，导致土壤中所含氨氮浓度沿程增大，D_3 断面底泥氨氮明显大于 D_2 和 D_1 断面。

对底泥中所含硝酸盐氮的浓度变化进行相关分析，将其随时间变化过程用折线图画出，结果见图 5-12。

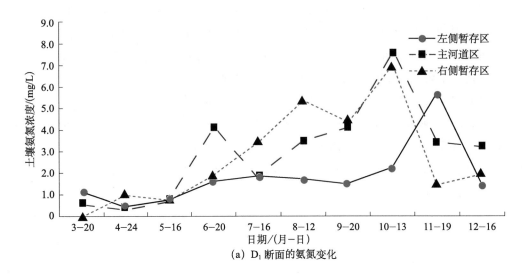

(a) D_1 断面的氨氮变化

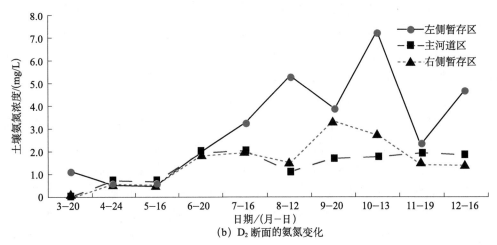

(b) D_2 断面的氨氮变化

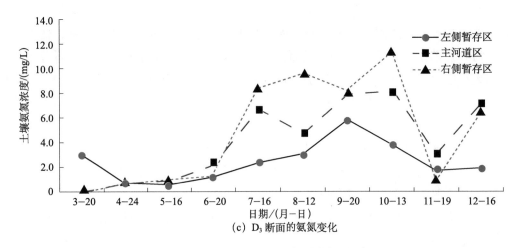

(c) D_3 断面的氨氮变化

图 5-11　三断面不同分区氨氮变化过程

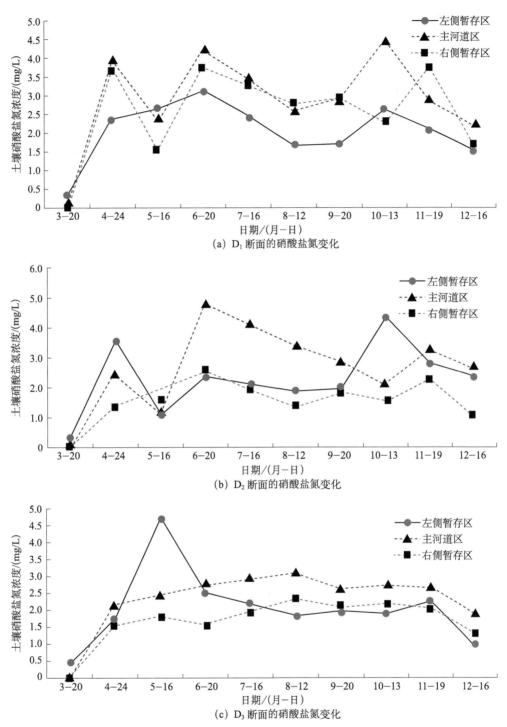

（a）D_1断面的硝酸盐氮变化

（b）D_2断面的硝酸盐氮变化

（c）D_3断面的硝酸盐氮变化

图5-12　三断面不同分区硝酸盐氮变化过程

由图5-12可知，3个断面对硝酸盐氮的吸附和转化作用与氨氮有许多相似之处。D_1断面，左侧暂存区对硝酸盐氮的拦截功能依然是3个分区中最弱的，不同之处在于，在硝酸盐氮的变化过程中，主河道对去除率的贡献是最大的，其土壤硝酸盐氮浓度达到2.5～

4.5 mg/L。同样，D_2 断面中，主河道的底泥硝酸盐氮的含量也是 3 个区域中最大的，这也与氨氮的迁移转化过程有些不同，对硝酸盐氮的拦截能力为：主河道区 > 左侧暂存区 > 右侧暂存区。而且在 D_3 断面中也有此规律。由此分析，基本可以得出 3 个断面对硝酸盐氮的吸附和转化显示出了同样的规律，即主河道的贡献率水平在 3 个分区中最大，在针对硝酸盐氮的去除过程中，可以通过改变主河道区相关参数的措施对主河道进行设置，使其发挥出最好的效果。

按照 5.3 节同样的方法，计算出 D_{1-2} 断面同一采样点、同一时刻、两断面之间沟渠底泥层对氨氮和硝酸盐氮的消除率，并分析其随时间变化的特征，结果见图 5-13 和图 5-14。

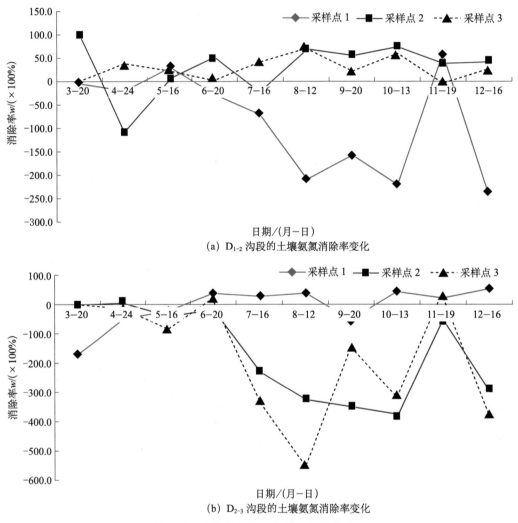

(a) D_{1-2} 沟段的土壤氨氮消除率变化

(b) D_{2-3} 沟段的土壤氨氮消除率变化

图 5-13 各沟段底泥氨氮消除率变化过程

不难看出，D_1、D_2 断面之间的沟渠，对氮的滞留能力要比 D_2、D_3 两断面之间的沟渠大得多。D_1、D_2 段主要是采样点 1 处的氨氮截留较多，其消除率峰值达到了 235.64%。采样点 2 和采样点 3 基本相似，从时间上看，吸附和消除效果较好的时间都集中在 7—11 月。D_2、D_3 渠段整体来说，氨氮的去除率都比较大，尤其是以靠近右侧暂存区的采样点

3 处的土壤氨氮含量出现峰值。且特征比较明显，峰值出现时间基本与 D_1、D_2 沟段同步。

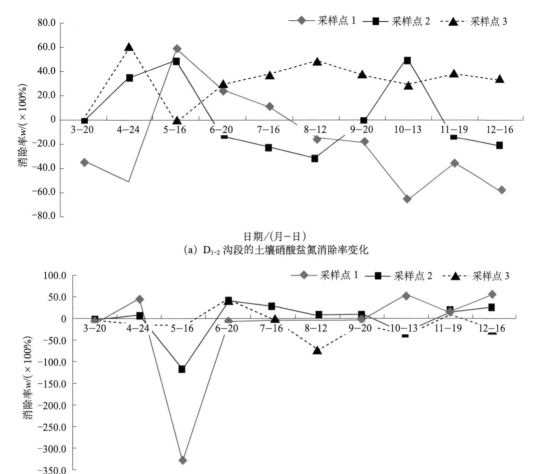

（a）D_{1-2} 沟段的土壤硝酸盐氮消除率变化

（b）D_{2-3} 沟段的土壤硝酸盐氮消除率变化

图 5-14 各沟段底泥硝酸盐氮消除率变化过程

由图 5-14 可知，D_1 断面的采样点 3 位置上，土壤对硝酸盐氮的吸附和转化作用较 D_2 断面同一位置大，这说明在硝态氮向下游迁移的过程中，两断面之间沟渠底泥对其吸收转化的作用较为微弱，其他采样点也有类似规律。在沟渠间发生拦截转化时，转化的能力和效果并不稳定，容易出现大的波动。D_2、D_3 段对硝酸盐氮的消除能力较氨氮差，两段面对应的 3 个采样点的硝酸盐氮浓度基本相同。整体来说，两个沟段对硝酸盐氮的吸附效果没有氨氮的好，这可能是由于沟段反硝化作用较弱，从而导致硝酸盐氮转化反应程度低，进而影响其浓度变化的原因。

5.5 植物对水体中氮的浓度影响分析

根据野外试验区现场情况，沟渠右侧水生植物较为集中，而左侧较少，所以拟采用将采样点 1、采样点 2、采样点 3 的水样氨氮、硝酸盐氮浓度的平均值作为左侧暂存区和主河道区的平均值，而将采样点 4、5 的水样氨氮、硝酸盐氮浓度的平均值作为右侧暂存区的值，将二者随时间的变化过程用折线图绘出，并加以比较分析，结果见图 5-15。

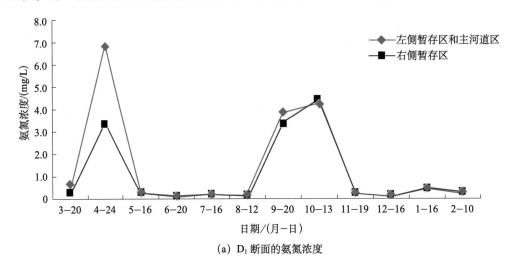

(a) D_1 断面的氨氮浓度

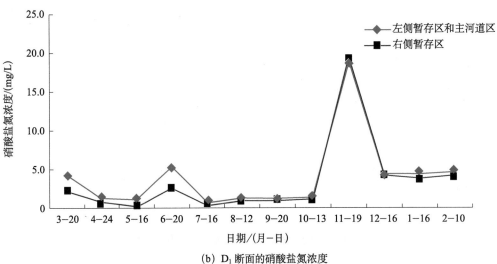

(b) D_1 断面的硝酸盐氮浓度

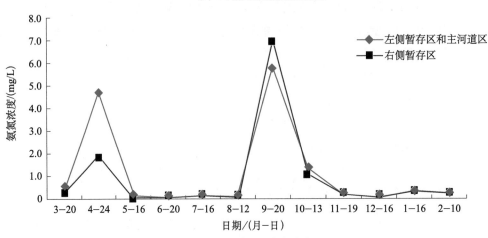

(c) D_2 断面的氨氮浓度

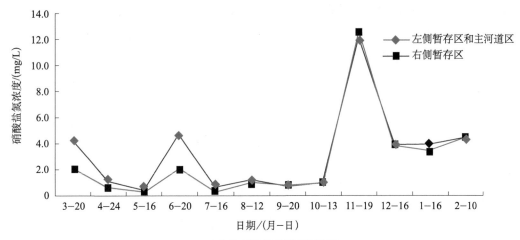

(d) D_2 断面的硝酸盐氮浓度

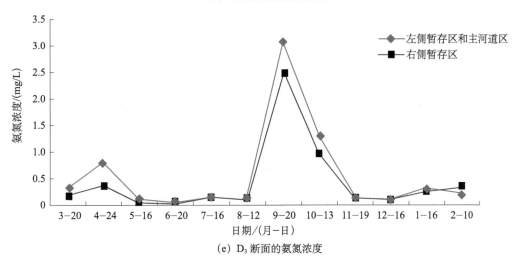

(e) D_3 断面的氨氮浓度

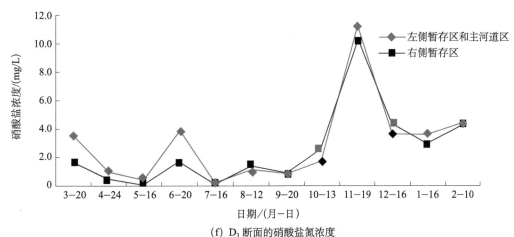

(f) D_3 断面的硝酸盐氮浓度

图 5-15　三断面植物对各分区水体浓度影响变化

从图 5-15 中可以看出，3 个断面基本表现出一致的规律，即左侧暂存区和主河道区所在区域水体中氨氮和硝酸盐氮的浓度，相比同一时刻右侧暂存区的氨氮和硝酸盐氮的浓度都较大，这说明有大量植物存在的右侧沟渠对水中氨氮和硝酸盐氮的浓度减少有着很大的作用。就植物对氨氮和硝酸盐氮的吸收程度来说，D_1 断面数据显示，该沟段植物对硝酸盐氮的吸附转化相对于氨氮较为稳定，使得硝酸盐氮的浓度变化幅度较小；D_2 断面也具有相同的规律，而 D_3 断面则不同，该沟段植物对氨氮的吸收较硝酸盐氮来说更为稳定一些。这可能与各断面所在范围内植物的数量和分布程度有关。

5.6　本章小结

通过对野外试验区的数据进行分析，得出了沟渠中各主要组分对沟渠水体的净化作用的情况，主要得出以下结论：

①在整个试验期内，水样中氨氮、硝酸盐氮和总氮的浓度整体呈减少趋势，且在春季出现大幅度的下降，后期下降速度逐渐变缓。沟渠长期的消除污染物的效果还是比较明显的。对于上下两断面之间沟段的消除率来说，整体上处于 10% ~ 70% 的范围内，沿程消除效果比较明显。夏季沟渠的消除率要明显高于冬春季节，这说明温度的升高可以加快氮素的转化和反应，对于消除水体中的污染物浓度有很大的作用。另外，两侧暂存区对水体中的氮元素的拦截吸附能力要远大于主河道区，且各个分区的暂态存储能力都极易受到外界水文条件或物理条件的影响。由于各个断面的峰值基本都出现在秋季，即8—11 月，可以推测，该沟渠在这个季节的滞留能力最弱。

②结合野外试验区，在植物存在的情况下，综合分析沟渠底泥的拦滞能力的大小。野外试验区数据显示 D_1 断面所在沟段底泥表层吸附能力较弱，通过表层向下传递，潜流带中 10 cm 左右深度的土体对氨氮的截留转化能力最强。不同分区的底泥氨氮、硝酸盐氮浓度变化显示同一断面不同位置的底泥，对氨氮的吸附能力有很大差别，这与示踪试验中所得到的结论一致。D_1 断面中，右侧暂存区的整体滞留能力最强，D_2 断面 3 个分区的吸附能力依次为左侧暂存区 > 右侧暂存区 > 主河道区，而 D_3 断面各分区的吸附作用大小是右侧暂存区 > 主河道区 > 左侧暂存区。D_1、D_2 断面之间的沟渠，对氮的滞留能力比 D_2、D_3 两断面之间的沟渠大，且从时间上看，吸附效果较好的时间都集中在 7—11 月。整体来说，两个沟段对硝酸盐氮的吸附效果均没有对氨氮的吸附效果好。

③由于沟渠两侧存在明显的植物生长区，所以将野外试验区沟渠分为两个区域，左侧暂存区和主河道区植物生长较少，作为与右侧生长植物的情景的对比。右侧暂存区为植物主要生长区，两者对比可以看出植物对各个分区的具体影响。结果显示，3 个断面基本表现出一致的规律，即左侧暂存区和主河道区所在区域水体中氨氮和硝酸盐氮的浓度，相比同时刻右侧暂存区的氨氮和硝酸盐氮的浓度都较大，这说明在实际的排水沟渠中，植物可以很好地改善其中的水质，降低污染物的浓度。

第6章 河套灌区非点源污染物在排水沟渠的迁移研究

6.1 乌梁素海及河套灌区概况

乌梁素海是全国八大淡水湖之一，总面积约 300 km²，位于内蒙古自治区巴彦淖尔市乌拉特前旗境内，包头、呼和浩特、鄂尔多斯三角地带的边缘，距西山嘴镇（乌拉特前旗政府所在地）13km。作为干旱草原及荒漠地区的大型多功能湖泊和湿地，乌梁素海不仅可以保持气候稳定性和生物多样性，还可以提供旅游景观资源。同时作为河套灌区灌排系统的重要组成部分，乌梁素海在黄河的防汛防凌和水资源调度中起到了重大作用。乌梁素海东靠乌拉山西麓，西临河套灌区，处于河套平原的末端，是内蒙古自治区第二大湖泊，同时也是黄河流域最大湖泊。灌区的总排干为主要补给源，其他水源为周围各个渠道和山沟之水。乌梁素海在河套灌区的位置见图6-1。

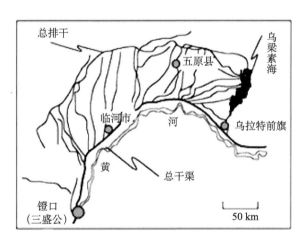

图6-1　乌梁素海位置

河套灌区位于内蒙古自治区的西部，地处河套平原，与其东、南、西、北四个方向相邻的分别为包头市、黄河、乌兰布和沙漠以及阴山山脉的狼山和乌拉山。总土地面积约 1 700 万亩，现灌溉面积约 860 万亩，约占总土地面积的 51%。

河套灌区是我国三个特大型灌区之一，主要由五个灌域组成，自西向东分别为乌兰布和、解放闸、永济、义长和乌拉特灌域。河套灌区位置见图6-2。

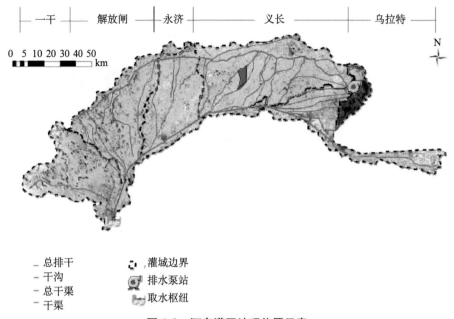

| 一干 | 解放闸 | 永济 | 义长 | 乌拉特 |

总排干
干沟
总干渠
干渠

灌域边界
排水泵站
取水枢纽

N

0 5 10 20 30 40 50 km

图6-2 河套灌区地理位置示意

温带大陆性干旱半干旱气候带的位置决定了河套灌区独特的气候特点。灌区降水稀少，年均降水量 200 mm 左右；蒸发强烈，年均蒸发量 2 000 mm 左右；日温差大，气温自东向西升高，年均 6~8℃；干燥多风，平均相对湿度 40%~50%。全年封冻期 5~6 个月，最大冻结深度 1.0~1.3 m。每年 11 月下旬至翌年 4 月为封冻期，全年日照期平均 3 200 h，无霜期 135~150 d。

6.2　试验区概况

试验区选在义长灌域，属于河套灌区，位于内蒙古自治区巴彦淖尔市五原县永利乡永联村境内，总面积约为 30 km²（合 44 973 亩），东西宽约 2.5 km，南北长约 12 km。具体位置见图 6-3。

义长灌域是内蒙古河套灌区的一部分，位于河套灌区中下游，西起五排干，东止八排干，南以黄河为界，北至阴山脚下。灌域总面积 470 万亩，现灌面积 280 万亩，占河套灌区的 1/3。灌户包括五原县所有乡镇、乌拉特中旗、乌拉特前旗部分乡镇、巴彦淖尔市农管局 4 个农牧场以及内蒙古军区农场。全灌域有公管干渠 5 条、分干渠 2 条，公管排干沟 4 条，多年年均引水量 13 亿 m³，年排水量 3 亿~5 亿 m³。

试验区土地利用状况为农田、村庄、道路、旱荒地、海子等，其中农田约占 65%，盐荒地约占 9%，村庄约占 5%，裸露地面（包括沟渠路面）约占 21%，其中 2% 左右的耕地受到盐渍影响。试验区地形较为平坦，地势自南向北逐渐降低，地势差平均约 3/10 000。试验区主要控制灌溉渠系为人民支渠，由人民支渠单独从皂火干渠取水，从南向北为各斗渠输水灌溉。以人民支渠为界，在支渠东侧西南稍高，东北稍低；在支渠西侧东南稍高，西北稍低。

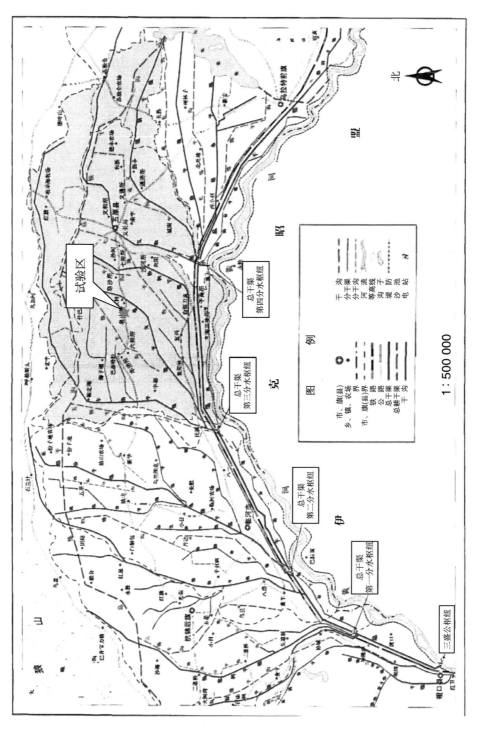

图6-3 实验区在河套灌区位置示意

试验区边界条件良好，南侧、东侧为永什分干排水沟，西侧为乃永分干排水沟，两条排水沟均汇入北侧的六排干。人民支渠从试验区中间穿过，沿支渠两侧布设有大小不等的斗农渠30条。人民支渠控制灌溉面积约2.18万亩，从近几年秋浇情况来看，灌区的秋浇定额一般在135 m³/亩左右，各斗农渠控制灌溉面积为121~1 703亩，斗农渠控制面积及原有和新打观测井具体情况详见表6-1。在各斗渠灌域的南侧均有斗沟与永什分干或乃永分干排水沟连接。具体布局见图6-4。

表6-1　人民支渠控制范围斗渠及试验区观测井布设情况

编号	渠道名称	岸别	灌溉面积/亩	观测井	编号	渠道名称	岸别	灌溉面积/亩	观测井
1	张三圪卜渠	右1	562	1#	17	红光四社渠	左1	1 013	—
2	瓦窑渠	右2	289	—	18	九社渡槽渠	左2	582	—
3	右二斗渠	右3	978	2#	19	一农渠	左3	155	—
4	右三斗渠	右4	1 703	3#	20	二农渠	左4	808	—
5	右四斗渠	右5	1 038	—	21	三农渠	左5	289	C#
6	右五斗渠	右6	1 338	4#、A_1、A_2、A_3	22	四农渠	左6	679	—
7	门圪卜渠	右7	446	—	23	五农渠	左7	1 205	5#
8	右六斗渠	右8	1 352	—	24	六农渠	左8	885	B_1
9	右七斗渠	右9	1 544	—	25	党正渠	左9	309	—
10	七社新渠	右10	448	6#	26	七农渠	左10	303	—
11	右八斗渠	右11	1 481	B_2、B_3	27	新林场渠	左11	121	—
12	右九斗渠	右12	1 814	7#	28	陈五渠	左12	176	—
13	半截渠	右13	153	—	29	西沙窝渠	左13	232	—
14	十斗渠	右14	847	8#、10#、C_2	30	庙渠	左14	246	9#
15	郑三埃渠	右15	270	C_1		合计		21 799	
16	后沙壕渠	右16	533	—					

经过调查，试验区主要的种植作物有葵花、小麦、玉米、甜菜，以上四种作物是最主要的需水作物，其种植面积约占总耕地面积的80%以上。

试验区引排水条件、气候情况、农业耕作水平等基本上处于灌区平均水平，灌排系统的配套基本上反映了灌区实际，具有一定的代表性。

6.2.1　试验区气象条件

试验区地处干旱半干旱气候带，降水稀少，多年平均年降水量176.4 mm；蒸发强烈，干燥多风，多年平均年蒸发量为2 065.9 mm。日温差大，多年平均气温5.6~7.8℃。日照时间长，全年日照3 100~3 300 h。年日照总时数约为3 230.9 h，日照百

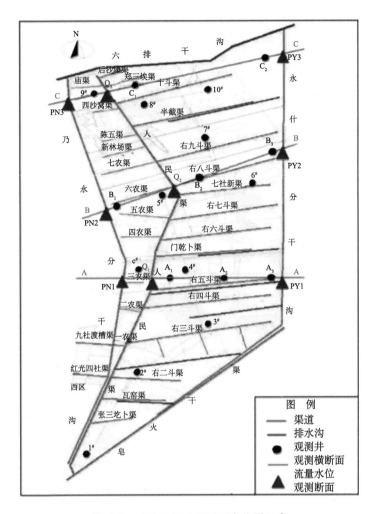

图6-4　试验区渠系及观测点位置示意

分率为73%。日照最多的是6月，约为328.2 h，最少的是12月，约为211.1 h。年平均气温为6.1℃，最热在7月，平均为22℃，年最冷在1月，平均为－13.2℃，气温年较差35.9℃，日较差14.2℃。年平均相对湿度为53.3%，年平均风速2.7 m/s，盛行东北风。

根据永联试验基地自动气象站2014年1月至2015年12月的气象资料，将重要气象要素归纳整理，分析如下。

（1）气温及土壤冻融

试验区2014年平均气温为8.3℃。最低气温出现在1月，平均降到－25.64℃，最高气温出现在7月，平均气温为27.17℃；2015年平均气温为7.46℃，土壤的冻融期接近6个月。试验区一般是11月15日前后，气温下降至－3～－2℃，土壤开始冻结。之后气温不断下降，到1月地表温度达－13～－11℃，冻深60～80 cm。2月中旬以后气温开始回升，冻结速度减慢，最大冻结深度一般达110 cm。3月中旬以后，土壤冻结层上部和下部相继开始解冻，进入消融期，冻层逐渐变薄，至 5 月上旬，约在地表下 80 cm 处最后融通。不同性质的土壤融通时间也不相同，沙壤土比黏土消融快。

（2）降水

试验区地处北温带干旱荒漠气候区，地理位置决定了试验区降水量少，而且时间变异性大。2014 年降水量为 194.4 mm，降水量季节之间相差悬殊，且多集中在 5—9 月，占全年降水量的 90% 以上；2015 年降水量为 178.5 mm，降水年内分布较 2014 年均匀，降水量较 2014 年大。

（3）水面蒸发

采用五原县气象资料，五原县多年平均水面蒸发量为 2 065.9 mm，是多年平均降水量的 12 倍。最大水面蒸发量在 5 月，为 352.4 mm；最小水面蒸发量在 1 月，只有27.8 mm。2014 年水面蒸发量为 2 157.6 mm。2015 年水面蒸发量为 2 154.4 mm，其中，最大月水面蒸发量为 393.8 mm（7 月），最小为 23.5 mm（1 月）。见表 6-2。

表 6-2 试验区 2014—2015 年逐月水面蒸发量　　　单位：mm

年份	1 月	2 月	3 月	4 月	5 月	6 月	7 月
2014	36.3	67.9	152.8	247.8	266.5	338.3	293.5
2015	23.5	55.8	111.9	216.6	308.5	359	393.8
年份	8 月	9 月	10 月	11 月	12 月	合计	
2014	301.6	215.7	163.4	51.9	21.9	2 157.6	
2015	289.1	174.4	118.2	65.2	38.4	2 154.4	

6.2.2 作物种植结构及灌溉制度

2014 年试验区总种植面积 29 690 亩，粮食作物主要为玉米和小麦，种植面积所占比例很小，不足总面积的 20%；经济作物主要包括向日葵、糖菜、蜜瓜、葫芦、番茄等，其中向日葵是试验区最主要的作物，年均种植面积占总面积的 78.1%。

2015 年总种植面积与 2014 年相同，但种植结构有所调整。与 2014 年相比，向日葵种植面积减少了 3 200 亩，减少了 12.9%；相应地，玉米、蜜瓜、葫芦种植面积增加较多，分别增加了 1 000 亩、800 亩、800 亩。试验区作物种植结构见表 6-3。

表 6-3 试验区作物种植结构　　　单位：亩

年份	小麦	番茄	蜜瓜	葫芦	糖菜	玉米	向日葵	合计
2014	200	100	200	200	200	4 000	24 790	29 690
2015	100	500	1 000	1 000	500	5 000	21 590	29 690

表 6-4 所示为义长灌域主要作物生育期内灌溉制度。可以看出，作物需水主要集中在5—8 月，基本上可划分为 5 月下旬至 6 月上旬、6 月中下旬、7 月中下旬及 8 月中旬四个时段。自 9 月底收割后，翌年 3 月才开始播种，其间多风少雨，蒸发强烈，为缓解表土积

盐，春播前储墒，灌区一般于10月中旬至11月中旬进行秋浇。

表6-4　主要作物生育期灌溉制度　　　　　　　单位：m³/亩

作物	次数	灌水时间	发育阶段	灌溉定额
向日葵	1	6月6日	出苗后	65
	2	6月21日	现蕾	55
	3	7月16日	开花	45
	4	7月27日	灌浆	35
玉米	1	6月22日	苗后期	65
	2	7月13日	孕穗	45
	3	7月23日	抽雄	55
	4	8月15日	灌浆	35
春小麦	1	5月8日	苗期	50~60
	2	5月22日	拔节	40~50
	3	6月7日	孕穗	50~60
	4	6月21日	灌浆初	45~50
甜菜	1	6月15日	叶簇旺盛期	45
	2	7月11日	块根增长期	55
	3	7月26日	块根增长盛期	55
	4	8月16日	糖分积累始期	50

6.3　灌区引排水概况

河套灌区全部由沟渠和排水沟组成，几乎所有的降雨产流都通过排水沟汇流，计算水量中已包含降雨污染，这与南方情况不同，所以必须准确了解灌区引排水情况。

6.3.1　引水工程

内蒙古引黄灌区共有1条总干渠，总长度180.85 km，设计引水能力565.0 m³/s；干渠13条，总长度779.74 km；分干渠48条，总长度1 069 km；支渠339条，总长度2 218.5 km。见表6-5。

表6-5　河套灌区骨干渠系数工程现状

渠道	数量/条	长度/km	引水能力/（m³/s）
总干渠	1	180.85	565.0
干渠	13	779.74	93.0~2.6
分干渠	48	1 069	25.0~1.0
支渠	339	2 218.5	15.0~0.5

6.3.2 排水工程

根据河套灌区排水工程统计资料可知,河套灌区总排干沟共计 1 条,全长 260 km;干沟共计 12 条,全长 503 km。其他分干、支沟等排水沟情况见表 6-6。

表 6-6　内蒙古引黄灌区骨干排水沟工程现状

灌区名称	沟道	数量/条	长度/km
河套灌区	总排干	1	260
	干沟	12	503
	分干沟	59	925
	支沟	297	1 777
	支沟以下	17 322	10 534

6.3.3 引排水监测

河套灌区位于黄河干流石嘴山—头道拐河段,经由沈乌干渠、总干渠从黄河干流引水,灌区退水主要通过二闸、三闸、四闸直泄,以及通过各级排水沟道进入总排干沟,以乌梁素海为承泄区,经西山嘴排水入黄。

内蒙古引黄灌区的引水监测较为完善,主要引水渠道一般由黄河水利委员会水文局、内蒙古水利厅灌溉管理局或县水电局设立水文站或监测站。本次研究以表 6-7 所示的监测站为引退水量分析的主要控制站。

表 6-7　内蒙古引黄灌区引退水量监测站

名称		所属灌区	监测站
引水工程	总干渠	河套灌区	总干渠巴彦高勒(总)站
	沈乌干渠		沈乌干渠巴彦高勒(沈)站
	南干渠	黄河南岸灌区	南干渠巴彦高勒(南)站
	镫口泵站	镫口灌区	镫口渠首泵站
退水工程	二闸	河套灌区	二闸
	三闸		三闸
	四闸		四闸
	西山嘴		乌梁素海西山嘴(退三、四)站

总排干沟、八排干沟、九排干沟作为河套灌区退水的重要通道,是乌梁素海的主要补水来源,也是非点源污染物的主要来源。河套灌区渠系分布如图 6-5 所示。

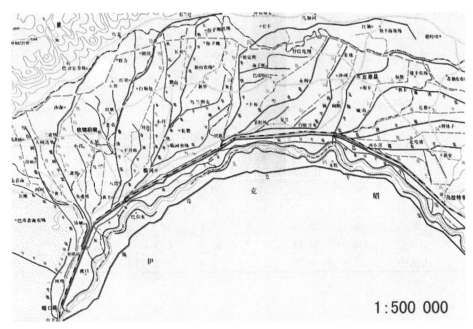

图 6-5　河套灌区渠系分布

6.4　试验区污染负荷估算

6.4.1　试验观测方案

根据当前的土地政策，农田大部分已承包到户，从近几年灌溉情况来看，农田实际灌水量由农户控制，各块农田的灌水定额在 90～160 m³/亩，试验区的试验从 2014 年秋浇开始，到 2015 年秋浇结束。主要测量沟渠水量、污染物浓度（水体、底泥、植物），根据结果估算整个河套灌区的农田排出的氮、磷量。

水量监测：无喉量水槽用来监测农级排水沟水量；流速仪用来监测农级以上排水沟水量；测尺用来测量水深。

污染物浓度监测：选择相对独立、不受点源污染影响的典型排水渠段，布设上、中、下三个断面，根据每个断面宽度，在左、中、右布设数条垂线设取样点。

6.4.2　总引水量

试验区灌溉水量均引自皂火干渠人民支渠，2014—2015 年年均引水量为 1 416.80 万 m³（表 6-8），其中 2014 年总引水量为 1 309.73 万 m³，引水期为 5—7 月、10 月和 11 月，引水量最大月份为 11 月（445.39 万 m³），占年引水量的 34.0%；最小月份为 6 月（102.90 万 m³），占年引水量的 7.9%。

2015 年总引水量为 1 523.84 万 m³，引水期为 5 月、8 月、10 月和 11 月，引水量最大月份为 10 月（399.77 万 m³），占年引水量的 26.2%；最小月份为 6 月（86.72 万 m³），占年引水量的 5.7%。

与 2014 年相比，2015 年总引水量增加了 214.11 万 m³，除 8 月和 10 月引水量分别增加了 113.18 万 m³ 和 180.49 万 m³，其余各月引水量相差不大。8 月引水量增大主要是由于试验区增加了一轮次灌水；10 月引水量增长则是由于 2015 年秋浇较 2014 年早开始了 7 d 左右，不过两年秋浇引水量占年总引水量的比例相差不大，分别为 50.7% 和 51.2%。

表 6-8 2014 年、2015 年人民支渠月引水量统计 单位：万 m³

年份	引水	5 月	6 月	7 月	8 月	9 月	10 月	11 月	合计
2014	引水量	312.25	102.90	229.91	0.00	0.00	219.28	445.39	1 309.73
	比例/%	23.8	7.9	17.6	0.0	0.0	16.7	34.0	100.0
2015	引水量	306.76	86.72	236.95	113.18	0.00	399.77	380.46	1 523.84
	比例/%	20.1	5.7	15.5	7.4	0.0	26.2	25.0	100.0
平均	引水量	309.51	94.81	233.43	56.59	0.00	309.53	412.93	1 416.80
	比例/%	21.8	6.7	16.5	4.0	0.0	21.8	29.1	100.0

6.4.3 引水过程

与作物需水过程相对应，试验区年引水轮次为 4~5 次，每年引水时间基本一致，引水量亦相差不大。引水时段主要集中在 5 月中下旬、6 月下旬、7 月中下旬及 10 月中旬至 11 月中旬。

2014 年共引水 4 次，年引水天数为 51 d，其中作物生育期（以下简称为灌溉期）引水 3 次，引水天数 28 d，分别为 5 月 15—26 日（第一水）、6 月 26 日—7 月 1 日（第二水）、7 月 11—20 日（第三水），其中第一水日平均引水量、引水天数及引水量均为灌溉期内最大，其日平均引水量 26.01 万 m³，引水天数 12 d，引水量 312.08 万 m³。秋浇时间为 10 月 23 日—11 月 14 日，其日平均引水量为全年最大，为 28.86 万 m³，引水天数最长，为 23 d，秋浇总引水量为 663.72 万 m³。

2015 年共引水 5 次，较 2014 年多一轮次，年引水天数为 69 d，其中灌溉期引水 4 次，引水天数 38 d，分别为 5 月 15—30 日（第一水）、6 月 25—30 日（第二水）、7 月 8—17 日（第三水）、8 月 9—14 日（第四水），其中第一水引水量为灌溉期内最大，为 306.76 万 m³；引水天数最长，为 16 d；日平均引水量较第三水小，为 19.17 万 m³。秋浇时间为 10 月 17 日—11 月 16 日，其日平均引水量为全年最大，为 25.17 万 m³，引水天数最长，为 31 d，秋浇总引水量为 780.24 万 m³。

6.4.4 灌区农田排水污染负荷产出估算

根据试验田内作物种植情况、化肥施用状况、地下水位，结合 2015 年当地的气象资料、灌溉和排水状况，对试验田作出的分析与结果如下。

（1）春、夏农田排水输出氮、磷量

2015 年实地观测计算出试验田春灌农田排出的水量为 6.75 万 m³、夏灌农田排出的水量约为 7.75 万 m³，试验田春、夏农田排水排出的氮、磷量见表 6-9。

表 6-9　春、夏农田输出氮、磷量

灌水期	项目	总氮	氨氮	硝酸盐氮	总磷
试验田春灌期	排水浓度/（mg/L）	5.29	1.75	0.37	0.28
	排水量/万 m³	6.75	6.75	6.75	6.75
	污染物排出量/kg	357.22	118.17	25.26	18.64
试验田夏灌期	排水浓度/（mg/L）	2.31	0.52	0.42	0.05
	排水量/万 m³	7.75	7.75	7.75	7.75
	污染物排出量/kg	178.96	40.24	32.41	4.11
春夏灌水期合计	污染物排出量/kg	536.18	158.41	57.67	22.75

（2）秋浇排水输出的氮、磷量

从秋浇开始起，到结冰封冻，试验田测量历时近 1 个月。根据日测的数据，计算求得排水总量约为 75.43 万 m³。

试验田秋浇农田排水排出的氮、磷量见表 6-10。

表 6-10　秋浇农田排水输出氮、磷量

灌水期	项目	总氮	氨氮	硝酸盐氮	总磷
试验田秋浇	排水浓度/（mg/L）	3.48	0.18	0.44	0.03
	排水量/万 m³	75.43	75.43	75.43	75.43
	污染物排出量/kg	2 623.62	135.03	330.40	25.65

（3）全年农田排水输出氮、磷量

全年农田排水输出氮、磷量见表 6-11。

表 6-11　全年农田排水输出氮、磷量

	项目	总氮	氨氮	硝酸盐氮	总磷
试验站全年	排水量/万 m³	89.94	89.94	89.94	89.94
	污染物排出量/kg	3 159.80	293.44	388.07	48.39

（4）整个河套灌区的农田输出氮、磷量的估算

试验田春、夏灌水总量为 743.21 万 m³，排水量合计为 14.51 万 m³，灌排比例约为 51:1；试验田秋浇的总水量为 780.24 万 m³，排水量为 75.43 万 m³，灌排比例为 10:1。

根据上面的排灌比例，推求整个河套灌区的排水总量。灌区多年平均春、夏灌溉水量为 39.90 亿 m³，按灌排比 51:1 计算，排水量为 0.78 亿 m³；多年平均秋浇总水量为 15.96 亿 m³，按灌排比 10:1 计算，排水量为 1.60 亿 m³。

将试验田所测排水中的氮、磷浓度应用于整个河套灌区，与上述推求灌区排水量结合计算，求得农田排出氮、磷总量，即向乌梁素海排入的负荷。见表 6-12。

表 6-12 河套灌区的农田排水输出氮、磷量估算结果

灌水期	项目	总氮	氨氮	硝酸盐氮	总磷
河套灌区春、夏灌期	排水浓度/（mg/L）	3.80	1.14	0.40	0.17
	排水量/亿 m^3	0.78	0.78	0.78	0.78
	污染物排出量/t	296.40	88.53	30.89	12.87
河套灌区秋浇期	排水浓度/（mg/L）	3.48	0.18	0.44	0.03
	排水量/亿 m^3	1.60	1.60	1.60	1.60
	污染物排出量/t	556.80	28.64	70.08	5.44
河套灌区全年合计	污染物排出量/t	853.20	117.17	100.97	18.31

6.5 适于河套灌区的主要控制措施

6.5.1 工程措施

（1）大力发展节水工程

河套灌区渠系分布不合理的现象普遍存在，包括分级不明显、渠系布设存在交叉情况等，由于灌区主干渠平行布设，引水线长，导致空流现象、输水渗漏损失非常严重。根据灌区之前节水工程建设的经验教训，结合已有的研究成果，同时借鉴其他地区的成功经验，可以在当前情况下对河套灌区采用以下三种渠道防渗结构：

①渠道设计流量大于 10 m^3/s 的采用梯形全断面聚乙烯薄膜防渗，边坡混凝土板护坡，渠底膜上素土夯实。

②渠道设计流量为 3~10 m^3/s 的采用梯形或弧形坡脚梯形断面，全断面采用聚乙烯薄膜防渗，把混凝土板作为保护层。

③渠道设计流量小于 3 m^3/s 的（斗、农渠道）。采用现浇或者预制"U"形槽与土工膜相结合的结构形式。

河套灌区由于地理位置优势，引水便利，长期引用黄河水灌溉，很少开采地下水，灌区排水系统不发达，很容易导致地下水位升高，土壤盐碱化加重，导致 800 余万亩的土地因盐碱化减产。大面积的中低产田是影响灌区社会、经济、生态全面发展的主要障碍。所以，合理的灌排系统规划，将决定产粮效率和土地盐碱化的防治。通过合理开采地下水，井渠结合，采用合适的措施控制地下水位，保持其低于临界水位，使灌区水盐达到动态平衡。

（2）实行控制排水措施

河套灌区具有得天独厚的引排条件，受历史沿袭等诸多因素影响，至今仍以大水漫灌作为主要的地面灌水方式。河套灌区水田排水量占总灌水量的 60% 左右，旱田占 50% 左右，排水过量问题很明显。水分是污染物运移和输送的主要动力，控制排水就是控制污染扩散。

建议结合河套灌区内各区具体情况，在稻田耕作区适当推广控制排水措施，在农级排水沟适合部位设置挡水堰等控制设施，减少稻田排水量，这样既可节约水资源，又可减少农业非点源污染物向外界的迁移。

6.5.2　非工程措施

（1）合理施肥

根据原巴彦淖尔环境保护局发布的 2000—2004 年的环境公报统计数据，5 年间，全区化肥施用量一直居高不下且逐年持续明显上升，见图 6-6。

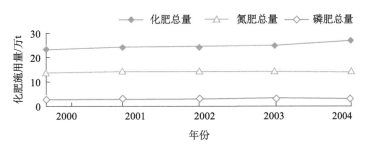

6-6　巴彦淖尔全区 2000—2004 年氮肥、磷肥及化肥施用总量统计

根据河套灌区目前的施肥现状，可以利用科技手段进行因地制宜的合理性施肥，如推广使用测土施肥技术、增加农家肥的使用量、进行施肥时间的控制等。

（2）改进耕作方式

多年以来，河套灌区一直采用的是春秋季深耕翻晒，造成大量的硝酸盐淋失，土壤矿化强烈。而采用保护性耕作（如免耕、少耕）可以使土壤入渗性能得以改善，土壤物理结构得以优化，土地生产潜力得以提高。

（3）畜禽粪便管理

当地农业主要环境问题还包括畜禽养殖业。畜禽粪便和用于养殖的秸秆的废弃物，以及灌区农村散养户污水一般直接外排于排水沟，粪便用于自家农田，耕地的不断减少和养殖规模扩大使土壤中矿物质的总负荷远超过植物的吸收能力，并影响地表水和地下水水质。

同时，由于青贮饲料废液较高的酸性会溶解土层中的锰和铁，从而进入地下水，因此其也会造成地下水污染。该地区大多数养殖场没有污水处理设施，养殖产生的废水和废物随意堆置排放。调查表明，2003 年巴彦淖尔市禽养殖业固体废物、氨氮排污量和化学需氧量甚至已经超过工业、城镇生活排污量。

政府应对禽畜粪便的管理提出具体可行的技术规范，明确污染废弃物处理排放标准，合理规划养殖场布局。

6.5.3　小结

控制农业非点源污染既需政府的领导，也需农户的积极参与，具体建议如下：

农业部门和环保部门制订措施的管理目标和实施准则，政府根据不同地区气候条件等特点制订长期管理目标和实施细则、计划，用简单有效的操作方式和低廉的费用，促使农户主动接受。当地许多农业技术推广体系已经建立完善，政府要充分利用好这些优势，对这些农村基层农技站提供到位的指导和有效的监督。

运用最佳管理措施，采用合理的工程和非工程措施，利用好生态沟渠、合理施肥、控制污染物排放，缓解乌梁素海流域农业非点源污染，实现生态环境的可持续发展。

6.6 本章小结

非点源污染一直是一个热门话题，野外研究主要围绕河套灌区灌溉排水中非点源污染物入乌梁素海过程及特征这一核心，以农业非点源污染物从土壤圈向水圈的运移过程为目标，估算河套灌区农业非点源污染物入乌梁素海的负荷，分析乌梁素海非点源污染过程中农业灌溉排水的影响特征和影响强度；揭示污染物入乌梁素海过程及特征，提出污染控制措施。为乌梁素海水污染估算，为黄河流域农业非点源污染的控制和管理以及黄河干流水体环境质量改善提供科学依据。

第7章 农田排水沟渠水体中氮素转化的室外静态模拟试验

7.1 试验方案设计

7.1.1 试验区概况

为了模拟沟渠在自然状态下水体中氨氮、硝酸盐氮的转化规律，静态模拟试验布置于河南省新乡市引黄灌溉技术研究中心节水灌溉基地，地处北纬34°55′~35°55′，东经112°03′~114°50′。年平均气温14℃，年平均最高气温20℃；降水量年际变化大，多年平均降水量656.3 mm，年内分配不均，主要集中于6—9月，占年降水量的70%以上；年蒸发量在1 700~2 000 mm，无霜期220 d，全年日照时间约2 400 h，平均风速2.0 m/s，平均相对湿度为67.6%。

7.1.2 室外静态模拟试验方案设计

随着人工湿地技术的日渐成熟，人们在研究中发现农田排水沟渠独特的生态结构"水—底泥—微生物—植物"系统所表现出来的湿地特性，对农业非点源污染溶质有着明显的净化作用，而在研究过程中，主要采用两种方法：①野外寻取一段自然沟渠作为试验对象，进行相关检测和研究；②设置静态试验，因为涉及沟渠中的水生植物，其在生长过程中必须接受日照以进行光合作用等来满足正常生长的需求，所以也往往放置于室外。放置于室外，则不可避免地会受到降水、外来动植物、人为活动等造成的影响，而这些影响往往是无法估量的。所以本试验基于这一现象，在采用的装置能有效防止外来氮源的干扰下，研究农田排水沟渠水体中氮素的转化过程。

试验采用三个专门定制的有机玻璃柱，内径为60 cm，高度为100 cm，装填同样的节水灌溉基地的底泥，沉降稳定后高度40 cm，水直接采用灌溉基地井水，因为经过检测，井水中硝酸盐氮浓度高达17 mg/L左右，氨氮浓度在0.22 mg/L左右，加水稳定后，水面高度90 cm。

1#底泥在装填前，采用医用高温高压灭菌锅进行灭菌处理，构成"水—底泥"系统；2#由水和底泥组成"水—底泥—微生物"系统；3#栽种农田排水沟渠常见植物——芦苇，构成"水—底泥—植物—微生物"系统。

三个玻璃柱放置在一起，外围放置定制的通气金属网眼护罩，防止外来动植物携带氮素进入，并且采用基地移动式遮雨棚，防止雨水中氮素的影响。试验每周取两次水样，每月取一次底泥样。取样时现场测量水温、pH 和电导率。

基地静态模拟试验，2016 年 4 月 1 日正式开始，具体布置情况见表 7-1。

表 7-1　试验布置情况

编号	上覆水深度/cm	底泥/cm	植物（芦苇）
1#	50	40（灭菌）	无
2#	50	40	无
3#	50	40	1 株

2#、3# 底泥提前装填，1# 底泥分批采用医用高温高压灭菌锅灭菌后密封保存，最终统一装填，并同时加水。加水前期底泥有轻微扰动，且底泥吸水，导致水位下降，于 4 月 19 日统一加水到水位高度 90 cm。

7.2　农田排水沟渠水体中氮素的转化过程

7.2.1　农田排水沟渠水体中氨氮转化过程

图 7-1 中分别为农田排水沟渠模拟试验 2# 水柱（水—底泥—微生物）和 3# 水柱（水—底泥—植物—微生物）水体中氨氮的浓度变化过程。从图 7-1 中可以看出，氨氮的浓度变化可以分为以下三个区间：第一区间为 4 月 19 日—7 月 19 日：4 月 19 日—6 月 28 日，水中氨氮浓度是逐渐上升的，而 2# 柱 6 月 7 日浓度突变是因为 6 月 3 日取土样时对 2# 柱扰动过大导致的；6 月 28 日，水中氨氮浓度分别达到该周期峰值，分别为 0.988 mg/L 和 1.933 mg/L；7 月 1—18 日，氨氮浓度均出现快速降低。第二区间为 7 月 18 日—9 月 8 日，水中氨氮浓度较低，但是变化比较剧烈；第三区间为 9 月 8 日—11 月 30 日，总体上氨氮浓度是波动上升的。

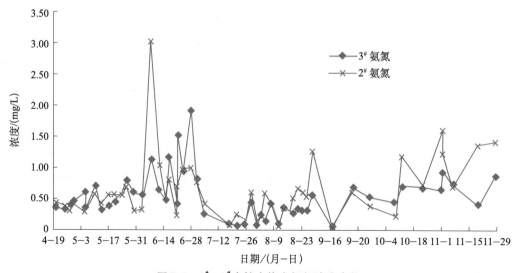

图 7-1　2#、3# 水柱水体中氨氮浓度变化

7.2.2 农田排水沟渠水体中硝酸盐氮转化过程

图 7-2 中分别为农田排水沟渠模拟试验 2# 水柱（水—底泥—微生物）和 3# 水柱（水—底泥—植物—微生物）水体中硝酸盐氮的浓度变化过程。试验期间在 5 月 5 日、26 日，6 月 12 日、21 日和 11 月 3 日，向水柱中添加了井水，所以导致硝酸盐氮浓度突然上升。从图 7-2 中可以看出，硝酸盐氮的变化过程可以分为四个区间：第一区间为 4 月 19 日—7 月 1 日，硝酸盐氮浓度一直呈下降趋势，在 7 月 1 日分别达到最低值 0.13 mg/L 和 0.1 mg/L；第二区间为 7 月 1—19 日，硝酸盐氮浓度维持在低浓度水平下波动，如图 7-3 所示；第三区间从 7 月 19 日开始硝酸盐氮浓度波动上升，在 9 月 27 日分别达到峰值 1.879 mg/L 和 2.057 mg/L，随后浓度逐渐下降，10 月 25 日出现低点，10 月 25 日后，硝酸盐氮浓度均是上升的。

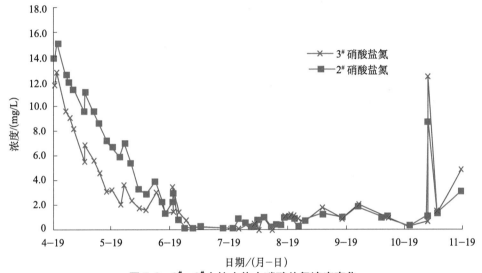

图 7-2　2#、3# 水柱水体中硝酸盐氮浓度变化

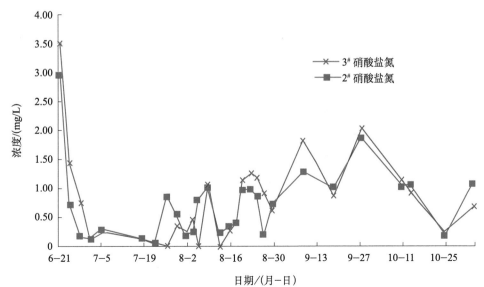

图 7-3　2#、3# 水柱 6 月 21 日—11 月 3 日硝酸盐氮浓度变化

沟渠中的各种生物化学反应是随着时间一直在发生的，如吸附－解吸、氨化作用、硝化作用、反硝化作用等，而随着外界环境气温、pH 等的变化以及加水、取水样、取土样时造成的扰动，就造成了水体中氨氮、硝酸盐氮浓度一直处于波动状态，但是在一定的区间内，外界环境持续保持某一变化，就会导致水体中氨氮、硝酸盐氮浓度在一定的区间内呈现出一定的趋势。根据对水样的检测，其变化原因主要有以下两个。

（1）气温的变化

在整个试验期间，在样品试验的同时也检测了水中的温度变化，4 至 6 月底，气温逐渐升高，由 20℃升高到 30℃，随着温度的升高，微生物活性得到增强，其新陈代谢速率变快，促进有机物的分解，即氨化作用，其通过一系列复杂的能量释放过程，经多步生物转化后产生。

而 NH_3 溶于水中，导致水体中氨氮浓度升高。6 月底—8 月中旬，温度基本维持在 29℃左右，微生物活性应该很强，但是在这期间，水体中不同程度地产生了藻类，才导致在这期间，水体中氨氮、硝酸盐氮浓度快速降低并维持在低浓度水平。从 8 月下旬开始温度下降，在 11 月达到 13℃左右，随着温度的降低，藻类逐渐死亡，水体中溶解氧开始回升的同时有机物增加，微生物活性逐渐增强，有机物的分解加快，同时在水体中溶解氧升高的条件下，硝化作用增强，水体中的氨氮（$NH_4^+ - N$）在硝化细菌的作用下，转化成硝酸盐氮（$NO_3^- - N$）。

（2）pH 的变化

水体酸碱度的变化主要对水体中氨氮的浓度有直接影响，水体中氨氮在碱性条件下，会与水中氢氧根离子发生反应而转化成氨气，从水体中逸出。4—6 月下旬，水体中 pH 虽然受中间加水的影响有些波动，但是其总体上是逐渐下降的，亦即水体中 OH^- 逐渐减少，导致水体中 NH_4^+ 逸出的少而在水中累加，从 6 月底开始水体中 pH 突然快速升高，最高达到 9.6，在整个区间内 pH 维持在 9.1 以上，而在碱性环境下，$NH_4^+ - N$ 转化成 NH_3 从水体中逸出，从 8 月底开始 pH 又逐渐降低。

7.3 底泥作用下水体中氮素的转化过程

沟渠底层主要是底泥沉积物，由农田流失的土壤和自然形成的底泥两部分组成，随水位升降周期性的暴露、淹没，是沟渠植物和微生物赖以生存的基础，为沟渠中的各种物理化学和生物转化作用提供了良好的场所。水生植物通过其膨大的根系固定于底泥的同时，其所需的大部分营养物质都需要通过根系从底泥中汲取。同时，底泥中的营养物质、水分、空气和温度等条件构成了微生物生活的良好环境。除此之外，沟渠底泥土壤颗粒本身的物理性质，巨大的表面积、较好的团粒结构对水体中的氮、磷有吸附作用。

1# 水柱是底泥经过高温高压灭菌后的"水—底泥"系统，其水中的氨氮、硝酸盐氮变化主要以底泥自身所具有的吸附解吸作用为主，所以以 1# 水柱为对象进行研究，分析研究底泥对水中氮素的影响。

图 7-4 是 1# 水柱水体中氨氮、硝酸盐氮浓度变化情况。从图 7-4 中可以看出，氨氮、

硝酸盐氮在 4 月 19 日初次测量中其浓度均高于水中原始含量。且除 8 月初几个点外，其氨氮浓度完全都是高于初始含量的，且与 2#、3# 水柱中氨氮浓度变化过程基本一致，这说明农田排水沟渠在低浓度水平下，不管是否有植物或微生物，底泥和水中氨氮浓度会在浓度梯度作用下，保持一种相对的平衡状态。

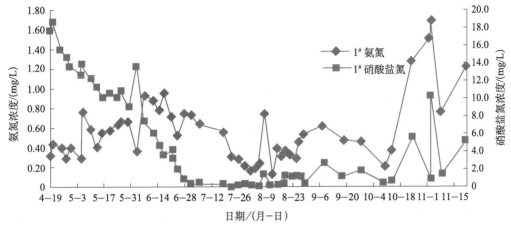

图 7-4　1# 水柱水中氮素浓度变化

硝酸盐氮浓度从初始到 6 月底，其浓度是在底泥的吸附作用下持续降低的，而 7 月初至 9 月初，因为生长了藻类，其浓度维持在非常低的水平。从 9 月初开始，硝酸盐氮浓度开始上升，这是因为随着气温的变化，藻类自然枯萎死亡，且随着时间的延长，底泥中又慢慢发展了菌类，导致有机物的分解而向沟渠中提供了氨氮和硝酸盐氮，导致氨氮、硝酸盐氮浓度均有所上升。

7.4　微生物对水体中氮素的净化效应

农田排水沟渠中存在大量的好氧、厌氧及兼性微生物，除在上文提到的在好氧条件下，微生物在农田排水沟渠中对氮的氨化作用、硝化作用以外，还有反硝化作用。反硝化作用是底泥中存在的厌氧微生物在厌氧条件下，对硝酸盐氮进行的反硝化作用，是沟渠中氮素永久去除的方式之一。通过对比 2# 水柱（水—底泥—微生物）和 1# 水柱（水—底泥）中硝酸盐氮浓度变化及其净化率，分析微生物对沟渠氮素的作用。

因为两水柱中硝酸盐氮浓度在 7 月底即出现同步且出现负值，所以图 7-5 中只到 7 月 19 日。从图 7-5 中可以看出，2# 水柱、1# 水柱中硝酸盐氮浓度是随时间逐渐下降的，除因为加水导致出现波动外，2# 水柱中硝酸盐氮浓度的降低主要是因为底泥吸附、微生物降解，而 1# 水柱则主要是底泥吸附。微生物对硝酸盐氮的净化率是先增大后减小的，这是因为随着气温的逐渐升高，微生物活性逐步增强，但是温度过高以后，又会抑制微生物的活性，且随着时间的延长，1# 水柱底泥中无可避免地又会开始发育出微生物，所以水体中硝酸盐氮浓度出现同步现象，最终于 8 月 1 日达到同步，硝酸盐氮的整个净化期间内，其微生物净化率均值为 36.8%。

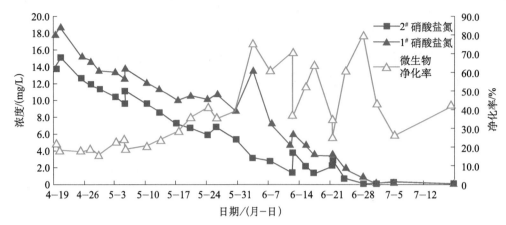

图 7-5 2#、1#水柱中硝酸盐氮浓度及微生物净化率

7.5 植物对水体中氮素的净化效应

农田排水沟渠中一般都生长着大量的水生植物，如芦苇、菖蒲、水草等，在年内周期性地生长变化，春夏季生长旺盛，秋冬季枯萎。水生植物在农田排水沟渠中对农业非点源污染过程起着十分重要的作用：一方面在农田排水时，水生植物在水体中的根茎会阻滞水的流速，延长水流在沟渠中的滞留时间，使排水中所携带的悬浮颗粒物逐渐在沟渠沉积下来，起到拦截沉淀作用；另一方面，植物吸收营养元素、光合呼吸作用又会对水体中氮素的迁移转化产生影响。

因为 2#水柱（水—底泥—微生物）和 3#水柱（水—底泥—植物—微生物）主要区别在于是否有植物，所以通过对比水体中氮素的浓度变化，分析植物对水体中氮素转化的影响。

芦苇在生长期间，能够吸收水体中的氨氮、硝酸盐氮，但在富含硝酸盐氮的水体中，其吸收主要以硝酸盐氮为主，所以通过对比 2#、3#水柱中硝酸盐氮浓度在达到同步前的浓度变化以及植物净化率（以 2#水柱中硝酸盐氮浓度为基准），分析植物对水体中氮素的净化作用。

从图 7-6 中可以看出，从 4 月 19 日开始，2#、3#水柱中硝酸盐氮浓度变化趋势是一致的，虽然因为加水取样等干扰出现波动，但硝酸盐氮浓度都是下降的，且 3#水柱在有植物的作用下，其水体中硝酸盐氮浓度始终是低于 2#水柱中无植物的。在 6 月 17 日，虽然因为加水造成一定的扰动，但是 2#、3#水柱中硝酸盐氮浓度最终达到一致，从图 7-3 中可以看出，6 月 21 日以后，3#水柱水体中硝酸盐氮浓度总体上均低于 2#水柱（个别被扰动的除外）。分析其原因，主要是植物在生长期间会大量吸收水体中的硝酸盐氮，在硝酸盐氮的整个净化期间内，植物净化率均值为 36.5%，植物吸收率先增大后减小，植物因为营养不良，生长出现停滞，对水体中硝酸盐氮的吸收减小。所以出现 3#水柱有芦苇的水体中硝酸盐氮浓度 6 月 21 日均低于无植物的。从图 7-1 中可以看出，2#水柱中氨氮浓度在 6 月 21 日前，其浓度始终是低于 3#水柱的，而 6 月 21 日以后，2#水柱中氨氮浓度始终高于 3#水柱（个别受干扰过大的点除外）。这主要是因为芦苇的生长期主要在 4—7

月，在吸收大量营养元素的同时，通过光合作用将其转化为自身的干物质。而植物的光合作用产生的氧气，通过其茎和根中的通气组织，将氧气带入水体和植物根系底泥中，提高水体和根系周围的氧含量，促进有机物的分解，而导致有植物沟渠水体中氨氮浓度在前期高于没植物的沟渠。而在 6 月 21 日后，3#水柱中氨氮浓度出现低于 2#水柱的情况，则是因为 3#水柱中芦苇可能因为缺少营养，其生长状况不良，没有野外沟渠中的芦苇生长茂盛，其生长基本停滞，而前期根区提升的氧含量，会促进硝化反应的进行，从而减少水体中氨氮含量，出现有植物沟渠氨氮浓度低于无植物的沟渠，而 6 月 21 日后，3#水柱有植物的沟渠中硝酸盐氮浓度反而高于无植物的沟渠。

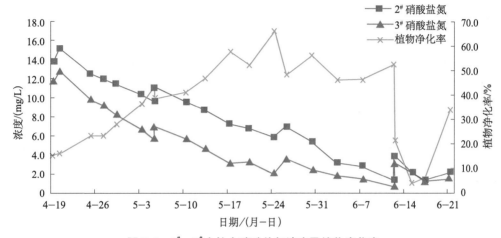

图 7-6　2#、3#水柱中硝酸盐氮浓度及植物净化率

7.6　本章小结

本章主要分析了农田排水沟渠中氮素的迁移转化规律，并通过对比分析了农田排水沟渠中水生植物及微生物对沟渠水体中氮素的作用，并得到如下结论：

①农田排水沟渠在没有外来氮素（降雨及生物）等的影响下，水体中氨氮浓度在植物的生长期间（4—6 月底）是逐渐升高的，从 7 月初开始逐渐降低，9 月又开始逐渐升高；硝酸盐氮浓度从 4—7 月下旬逐渐降低，随后其浓度逐渐升高。

②植物在生长期内会大量吸收水体中的硝酸盐氮，导致硝酸盐氮浓度降低，植物对硝酸盐氮的净化率最高达到 66%，均值为 36.5%。而在植物停止吸收氮素后，因为其光合作用向水体及底泥中输送的氧气，会促进硝化反应的进行，使水体中氨氮浓度出现下降而硝酸盐氮浓度上升。

③微生物的氨化作用、硝化作用会导致沟渠中氮素之间的转化，其反硝化作用则导致沟渠中的氮素被永久去除，在硝酸盐氮的净化阶段内即 4—7 月，最大净化率达到80.4%，均值为 36.8%。

④在底泥、微生物及植物作用下，硝酸盐氮的净化虽然受到加水的干扰，但是其净化速率明显是植物大于微生物。

第8章　不同水肥耦合下氮素的运移研究

8.1　试验区概况

本研究以青铜峡灌区的国有灵武农场农田为研究对象，是宁夏引黄灌区典型的农业生产区。田间试验小区位于北纬 38°07′15″，东经 106°17′42″，属于温带大陆性半干旱气候。年降水量在 180~220 mm，主要集中在 7—9 月，年均蒸发量在 1 100~1 600 mm。研究区土壤为黄河长年灌溉形成的灌淤土，土壤基本理化性质见表 8-1。

表 8-1　供试土壤理化性质

土层/ cm	土壤粒径分布与质地				容重/ (g/kg)	有机质/ (g/kg)	孔隙度/ %
	黏粒	粉粒	砂粒	质地			
0~45	18.25	53.76	27.99	粉壤土	1.532	12.7	44.25
45~60	28.04	67.71	4.26	粉黏土	1.591	8.30	42.07
60~90	12.11	31.96	55.93	壤土	1.503	5.56	44.82

8.2　试验设计

此次试验灌溉量设置 1 500 mm、1 275 mm、1 050 mm 三个不同水平，分别代表常规灌溉（W_1）、节水 15% 灌溉量（W_2）、节水 30% 灌溉量（W_3）。同时设置四个施氮量（N）水平：0 kg/hm²、300 kg/hm²、240 kg/hm²、180 kg/hm²，分别代表不施氮（N_0）、常规施氮（N_1）、节氮 20% 施肥量（N_2）、节氮 40% 施肥量（N_3）。氮肥使用尿素施肥，不施氮肥处理只设置 30% 节水，其余氮肥处理均设置三个灌溉量作为对照，因此共设置10 个试验处理。此外，为了避免试验的偶然性，每个试验均重复三次，共设置 30 个试验小区，小区为矩形，边长分别为 6 m 和 10 m。为了防止各个小区的灌水和施肥互相渗漏影响，在小区周围挖 1 m 深的水沟，并用塑料膜铺设隔离。同时在田间设置灌水和排水系统，在每个进水口均安装水表和水管，以便控制灌溉量，提高试验精度。在水稻返青期不进行控水以保证秧苗可以成活，第一次施肥后开始控制灌水。

试验水稻于 2018 年 5 月 11 日开始移栽，行距×株距为 30 cm×12 cm，并在 2018 年 9 月 11 日收获结束。施肥过程以 4:3:2:1 的比例分别在移栽前 2 d、移栽后 21 d、移栽后 43 d、移栽后 73 d 分四次施入。

田面水的取样通过注射器进行抽取，每个田间小区选取 10～15 个点进行采样。选择 30 cm、60 cm、90 cm 三个不同深度的土壤，通过提前铺设的土壤溶液取样器进行采集。土壤溶液要在两次灌水之间至少采集一次，田面水在施氮肥后多次取样。整个试验期田面水采样共计 40 次，土壤渗漏水采样共计 20 次。采集到的水样最好在 24 h 内进行测定，否则需要置于 $-20℃$ 环境保存并尽快测定。本试验需要检测铵态氮（$NH_4^+ - N$）、硝态氮（$NO_3^+ - N$）浓度。

8.3 观测项目与方法

8.3.1 土壤样品

土壤容重：环刀法；
土壤质地：BT—9300H 型激光粒度分布仪；
土壤孔隙度：比重法；
氨氮：靛酚蓝比色法；
硝酸盐氮：紫外分光光度法；
有机质：高温外热重铬酸钾氧化—容量法。

8.3.2 水样样品

硝酸盐氮：紫外分光光度法；
氨氮：靛酚蓝比色法。

8.4 数据处理

在灌区设置不同灌水量、施肥量水平的试验小区，将监测到的氨氮、硝酸盐氮数据使用 Excel 统计整理并作图；使用 SPSS 进行线性回归分析，得出硝酸盐氮、氨氮浓度与施肥和灌溉的关系。

8.5 水肥耦合下氮素浓度变化与迁移特征

8.5.1 不同水氮条件下田面水的浓度变化特征

（1）$NH_4^+ - N$ 浓度变化

通过数据采集和试验分析，不同水氮条件下（不施氮处理除外），水稻全生育期田面水中的氨氮浓度变化如图 8-1 所示。分析结果显示，施肥后氨氮浓度迅速升高。这是因为尿素施入稻田中后会迅速水解，然而水稻的吸收氮素速度缓慢，因此田面水中氨氮浓度随着氮肥的施入，浓度大致呈现出先升高到达峰值，随后持续降低的规律。峰值大致出现在移栽后第 24 d、45～47 d、74 d，与氮肥的施入时间正好对应。在移栽后第 24 d，氨氮浓度出现第一次峰值，此时 N_1W_3 处理浓度为 16.844 mg/L，N_1W_2 处理浓度为 16.893 mg/L，N_1W_1 处理浓度为 16.305 mg/L，N_2W_3 处理浓度为 16.713 mg/L，N_2W_2 处理浓度为 17.881 mg/L，N_2W_1 处理浓度为 11.325 mg/L，N_3W_3 处理浓度为 12.873 mg/L，N_3W_2 处理浓度为 8.791 mg/L，N_3W_1 处理浓度为 8.448 mg/L。在移栽后第 45~47 d，氨氮浓度出现第二次峰值，此时 N_1W_3 处理浓度为 16.590 mg/L，N_1W_2 处理浓度为 16.692 mg/L，N_1W_1 处理浓度为 13.481 mg/L，N_2W_3 处理浓度为 11.626 mg/L，N_2W_2 处理浓度为 11.512 mg/L，N_2W_1 处理浓度为 8.832 mg/L，N_3W_3 处理浓度为 7.061 mg/L，N_3W_2 处理浓度为 8.035 mg/L，N_3W_1 处理浓度为 4.332 mg/L。在移栽后第 74 d，氨氮浓度出现第三次峰值，此时 N_1W_3 处理浓度为 6.305 mg/L，N_1W_2 处理浓度为 4.441 mg/L，N_1W_1 处理浓度为 6.125 mg/L，N_2W_3 处理浓度为 4.432 mg/L，N_2W_2 处理浓度为 4.271 mg/L，N_2W_1 处理浓度为 2.777 mg/L，N_3W_3 处理浓度为 3.200 mg/L，N_3W_2 处理浓度为 1.400 mg/L，N_3W_1 处理浓度为 1.444 mg/L。在峰值期间，田面水中含有大量氮素，如果此时出现田间径流，则会造成氮素的大量流失，流失的氮素会对周围水体造成严重污染。宁夏位于西北地区，年降水量较少，因此径流产生的主要因素是灌溉，而不是降雨，所以在氨氮浓度达到峰值期间应该控制排水，减少排水量，进而减少稻田田面水中氮素对周围水体的危害。

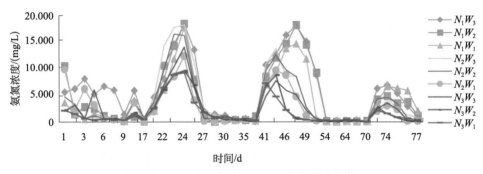

图 8-1 不同水氮条件下田面水氨氮浓度变化

①不同灌溉量水平下田面水氨氮浓度的变化。从氨氮动态数据分析来看，相同施肥水平下，不同的灌溉量产生的氨氮浓度大小也不相同，但表现出来的变化规律大致相同：随着氮肥的施入，田面水中的氨氮浓度逐渐升高，到达峰值后持续降低，直至下一次氮肥的输入，然后浓度再次升高达到峰值。常规施氮情况下三种灌溉量产生的氨氮浓度变化如图 8-2 所示。在常规施氮情况下，节水 30% 灌溉量产生的田面水氨氮浓度在 0.043~16.844 mg/L，平均浓度为 5.458 mg/L；节水 15% 灌溉量产生的田面水氨氮浓度在 0.010~16.893 mg/L，平均浓度为 4.376 mg/L，较节水 30% 灌溉量产生的浓度减少 19.82%；常规灌溉量产生的田面水氨氮浓度在 0.020~16.305 mg/L，平均浓度为 3.751 mg/L，较节水 30% 灌溉量产生的浓度减少 31.28%。

在节氮 20% 施肥量情况下，三种灌溉量产生的氨氮浓度变化如图 8-3 所示。此时节水 30% 灌溉量产生的田面水氨氮浓度在 0.015~16.713 mg/L，平均浓度为 3.579 mg/L；

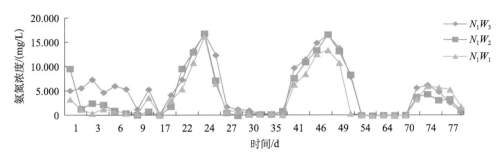

图 8-2　常规施氮情况下三种灌溉量产生的氨氮浓度变化

节水 15% 灌溉量产生的田面水氨氮浓度在 0.060 ~ 15.142 mg/L，平均浓度为 3.366 mg/L，较节水 30% 灌溉量产生的浓度减少 5.95%；常规灌溉量产生的田面水氨氮浓度在 0.030 ~ 11.325 mg/L，平均浓度为 2.558 mg/L，较节水 30% 灌溉量产生的浓度减少 28.53%。

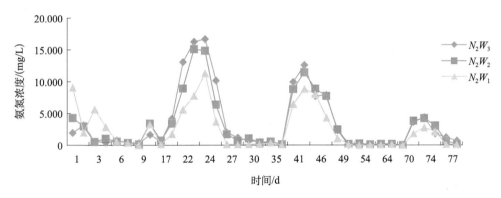

图 8-3　节氮 20% 施肥量情况下三种灌溉量产生的氨氮浓度变化

在节氮 40% 施肥量情况下，三种灌溉量产生的氨氮浓度变化如图 8-4 所示。此时节水 30% 灌溉量产生的田面水氨氮浓度在 0.035 ~ 12.873 mg/L，平均浓度为 2.393 mg/L；节水 15% 灌溉量产生的田面水氨氮浓度在 0.030 ~ 8.791 mg/L，平均浓度为 1.802 mg/L，较节水 30% 灌溉量产生的浓度减少 24.70%；常规灌溉量产生的田面水氨氮浓度在 0.020 ~ 8.448 mg/L，平均浓度为 1.673 mg/L，较节水 30% 灌溉量产生的浓度减少 30.19%。

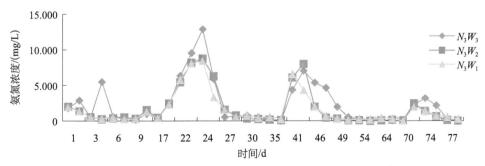

图 8-4　节氮 40% 施肥量情况下三种灌溉量产生的氨氮浓度变化

从以上三组数据中可以看出，相同施肥情况下，灌溉量越少，田面水中的氨氮浓度越大，反之浓度越小。

②不同施氮量水平下田面水氨氮浓度的变化。常规灌溉情况下三种施肥量产生的氨氮浓度变化如图 8-5 所示。在常规灌溉情况下，节氮 40% 施肥量产生的田面水氨氮浓度在 0.020 ~ 8.448 mg/L，平均浓度为 1.673 mg/L；节氮 20% 施肥量产生的田面水氨氮浓度在 0.030 ~ 11.325 mg/L，平均浓度为 2.558 mg/L，较节氮 40% 施肥量产生的浓度增加 52.90%；常规施氮方式产生的田面水氨氮浓度在 0.020 ~ 16.305 mg/L，平均浓度为 3.751 mg/L，较节氮 40% 施肥量产生的浓度增加 124.21%。

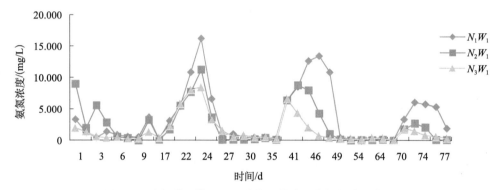

图 8-5 常规灌溉情况下三种施肥量产生的氨氮浓度变化

节水 15% 灌溉量情况下三种施肥量产生的氨氮浓度变化如图 8-6 所示。此时，节氮 40% 施肥量产生的田面水氨氮浓度在 0.030 ~ 8.791 mg/L，平均浓度为 1.802 mg/L；节氮 20% 施肥量产生的田面水氨氮浓度在 0.060 ~ 15.142 mg/L，平均浓度为 3.366 mg/L，较节氮 40% 施肥量产生的浓度增加 86.80%；常规施氮方式产生的田面水氨氮浓度在 0.010 ~ 16.893 mg/L，平均浓度为 4.376 mg/L，较节氮 40% 施肥量产生的浓度增加 142.84%。

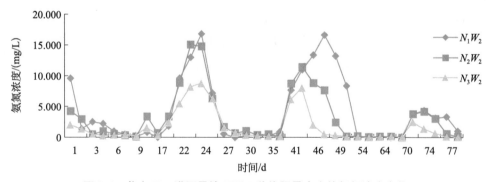

图 8-6 节水 15% 灌溉量情况下三种施肥量产生的氨氮浓度变化

节水 30% 灌溉量情况下三种施肥量产生的氨氮浓度变化如图 8-7 所示。此时，节氮 40% 施肥量产生的田面水氨氮浓度在 0.035 ~ 12.873 mg/L，平均浓度为 2.393 mg/L；节氮 20% 施肥量产生的田面水氨氮浓度在 0.015 ~ 16.713 mg/L，平均浓度为 3.579 mg/L，较节氮 40% 施肥量产生的浓度增加 49.56%；常规施氮方式产生的田面水氨氮浓度在 0.043 ~ 16.844 mg/L，平均浓度为 5.458 mg/L，较节氮 40% 施肥量产生的浓度增加 128.08%。

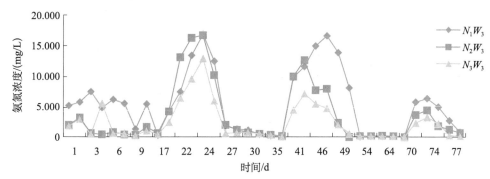

图 8-7　节水 30% 灌溉量情况下三种施肥量产生的氨氮浓度变化

从以上三组数据中可以看出，施肥对氨氮浓度的影响比灌水大很多，相同灌水情况下，施肥量越大，田面水中的氨氮浓度越大，反之浓度越小。

将不同水肥模式下的田面水氨氮平均浓度与施氮量和灌水量进行回归分析，结果如表 8-2 所示。

表 8-2　不同水肥模式下田面水氨氮平均浓度与施氮量和灌水量回归分析结果

模型	非标准化系数		T	标准系数	显著性
	B	标准误差		Beta	
常数	1.160	0.711	1.631	—	0.004
灌水	−0.027	0.005	−5.451	−0.401	0.002
施肥	0.021	0.002	12.216	0.898	0.000

建模的最直接结果由表 8-2 可以看出，读取未标准化系数，写出模型表达式 $Y = 0.021a - 0.027b + 1.160$。其中 a 代表施肥量，b 代表灌水量。T 检验原假设回归系数没有意义，由最后一列回归系数显著性值 = 0.000 < 0.01 < 0.05，表明有统计学意义，而且极其显著。

通过 SPSS 对田面水氨氮浓度和施氮量与灌水量进行回归分析可知，灌水量与氨氮浓度呈显著负相关，而施氮量与氨氮水平呈显著正相关。

（2）$NO_3^- - N$ 浓度变化

通过对田面水采集并进行数据分析，不同水氮条件下（不施氮处理除外），水稻全生育期硝酸盐氮浓度变化如图 8-8 所示。氮素施入田间后，田面水中的氨氮浓度比硝酸盐氮浓度高很多，这是因为尿素施入稻田后，首先转化为氨氮，氨氮是田面水氮素的主要组成部分。之后田面蓄水加上温度升高使得环境有利于硝化作用，因此硝酸盐氮浓度升高。水稻移栽后不久硝酸盐氮浓度一直维持在较高水平，主要原因是此时稻田的吸氮能力较弱，从而对硝酸盐氮的吸收率较低，同时反硝化作用也比较缓慢，因此硝酸盐氮浓度较高。之后，随着温度的升高和水稻吸氮能力的提高，氨的气态损失增加，导致大量氨氮挥发，没有足够数量的氨氮转化为硝酸盐氮，田面水中的硝酸盐氮浓度也就随之降低。在之后的水稻生育期内，随着氮肥的施入，硝酸盐氮浓度也随之出现峰值。在移栽后第24 d，硝酸盐氮出现第一次峰值，此时 N_1W_3 处理浓度为 2.413 mg/L，N_1W_2 处理浓度为 2.957 mg/L，N_1W_1 处理浓度为 2.217 mg/L，N_2W_3 处理浓度为 2.391 mg/L，N_2W_2 处理浓度为 2.254 mg/L，N_2W_1 处理浓度为 2.944 mg/L，N_3W_3 处理浓度为 2.761 mg/L，N_3W_2 处理浓度为 2.630 mg/L，N_3W_1 处理浓度为 2.508 mg/L。之后浓度逐渐降低，在移栽后第 35 d 达到低点，此时 N_1W_3 处理浓度为 1.174 mg/L，N_1W_2 处理浓度为 1.043 mg/L，N_1W_1 处理浓度为 1.261 mg/L，N_2W_3 处理浓度为 1.391 mg/L，N_2W_2 处理浓度为 1.365 mg/L，N_2W_1 处理浓度为 1.003 mg/L，N_3W_3 处理浓度为 1.130 mg/L，N_3W_2 处理浓度为 1.413 mg/L，N_3W_1 处理浓度为 1.228 mg/L。在移栽后第 46 d，硝酸盐氮浓度再次到达峰值，此时 N_1W_3 处理浓度为 3.370 mg/L，N_1W_2 处理浓度为 3.087 mg/L，N_1W_1 处理浓度为 2.522 mg/L，N_2W_3 处理浓度为 3.022 mg/L，N_2W_2 处理浓度为 3.381 mg/L，N_2W_1 处理浓度为 3.075 mg/L，N_3W_3 处理浓度为 3.674 mg/L，N_3W_2 处理浓度为 2.152 mg/L，N_3W_1 处理浓度为 3.295 mg/L。

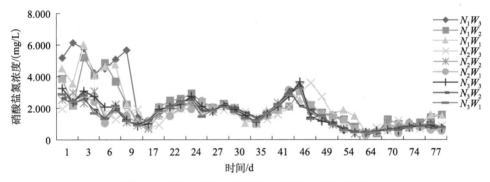

图 8-8　不同水氮条件下田面水硝酸盐氮浓度变化

①不同灌溉量水平下田面水硝酸盐氮浓度的变化。从硝酸盐氮的动态数据分析来看，相同施肥水平下，不同的灌溉量产生的硝酸盐氮浓度大小也不同，但硝酸盐氮浓度的动态变化规律是大致相同的：在移栽后的 9 d 左右，不同方式处理的硝酸盐氮浓度处于较高水平，随后迅速降低。接着硝酸盐氮浓度受施肥影响，随着氮肥的施入而浓度升高，达到峰值后降低，直至下一次氮肥的输入，浓度再次升高。常规施氮情况下三种灌溉量产生的硝酸盐氮浓度变化如图 8-9 所示。在常规施氮情况下，节水 30% 灌溉量产生的田面

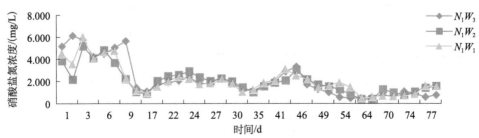

图 8-9　常规施氮情况下三种灌溉量产生的硝酸盐氮浓度变化

水硝酸盐氮浓度在 0.522～6.174 mg/L，平均浓度为 2.197 mg/L；节水 15% 灌溉量产生的田面水硝酸盐氮浓度在 0.435～5.239 mg/L，平均浓度为 2.068 mg/L，较节水 30% 灌溉量产生的浓度减少 5.87%；常规灌溉量产生的田面水硝酸盐氮浓度在 0.522～6.043 mg/L，平均浓度为 2.019 mg/L，较节水 30% 灌溉量产生的浓度减少 8.10%。

在节氮 20% 施肥量情况下，三种灌溉量产生的硝酸盐氮浓度变化如图 8-10 所示。此时节水 30% 灌溉量产生的田面水硝酸盐氮浓度在 0.500～3.630 mg/L，平均浓度为 1.688 mg/L；节水 15% 灌溉量产生的田面水硝酸盐氮浓度在 0.412～3.381 mg/L，平均浓度为 1.661 mg/L，较节水 30% 灌溉量产生的浓度减少 1.60%；常规灌溉量产生的田面水硝酸盐氮浓度在 0.305～3.882 mg/L，平均浓度为 1.645 mg/L，较节水 30% 灌溉量产生的浓度减少 2.55%。

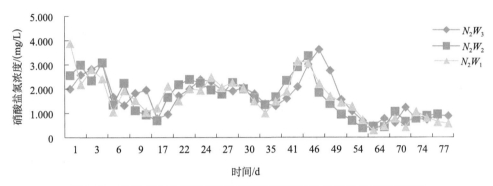

图 8-10　节氮 20% 施肥量情况下三种灌溉量产生的硝酸盐氮浓度变化

在节氮 40% 施肥量情况下，三种灌溉量产生的硝酸盐氮浓度变化如图 8-11 所示。此时节水 30% 灌溉量产生的田面水硝酸盐氮浓度在 0.457～3.674 mg/L，平均浓度为 1.652 mg/L；节水 15% 灌溉量产生的田面水硝酸盐氮浓度在 0.391～3.196 mg/L，平均浓度为 1.577 mg/L，较节水 30% 灌溉量产生的浓度减少 4.54%；常规灌溉量产生的田面水硝酸盐氮浓度在 0.472～3.295 mg/L，平均浓度为 1.555 mg/L，较节水 30% 灌溉量产生的浓度减少 5.87%。

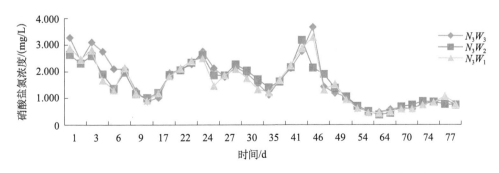

图 8-11　节氮 40% 施肥量情况下三种灌溉量产生的硝酸盐氮浓度变化

从以上三组数据中可以看出，灌水对硝酸盐氮的影响比对氨氮的影响要小，不是很明显，但是趋势相同。在相同施肥情况下，灌溉量越少，田面水中硝酸盐氮浓度越大，反之越小。

②不同施氮量水平下田面水硝酸盐氮浓度的变化。常规灌溉情况下三种施肥量产生的硝酸盐氮浓度变化如图8-12所示。此时，节氮40%施肥量产生的田面水硝酸盐氮浓度在0.472~3.295 mg/L，平均浓度为1.555 mg/L；节氮20%施肥量产生的田面水硝酸盐氮浓度在0.305~3.882 mg/L，平均浓度为1.645 mg/L，较节氮40%施肥量产生的浓度增加5.79%；常规施氮方式产生的田面水硝酸盐氮浓度在0.522~6.043 mg/L，平均浓度为2.109 mg/L，较节氮40%施肥量产生的浓度增加29.84%。

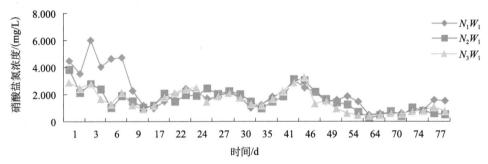

图8-12　常规灌溉情况下三种施肥量产生的硝酸盐氮浓度变化

节水15%灌溉量情况下三种施肥量产生的硝酸盐氮浓度变化如图8-13所示。此时，节氮40%施肥量产生的田面水硝酸盐氮浓度在0.391~3.196 mg/L，平均浓度为1.577 mg/L；节氮20%施肥量产生的田面水硝酸盐氮浓度在0.412~3.381 mg/L，平均浓度为1.661 mg/L，较节氮40%施肥量产生的浓度增加5.33%；常规施氮方式产生的田面水硝酸盐氮浓度在0.435~5.239 mg/L，平均浓度为2.068 mg/L，较节氮40%施肥量产生的浓度增加31.14%。

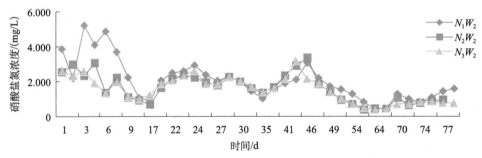

图8-13　节水15%灌溉量情况下三种施肥量产生的硝酸盐氮浓度变化

节水30%灌溉量情况下三种施肥量产生的氨氮浓度变化如图8-14所示。此时，节氮40%施肥量产生的田面水硝酸盐氮浓度在0.457~3.674 mg/L，平均浓度为1.652 mg/L；节氮20%施肥量产生的田面水硝酸盐氮浓度在0.500~3.630 mg/L，平均浓度为1.688 mg/L，较节氮40%施肥量产生的浓度增加30.81%；常规施氮方式产生的田面水硝酸盐氮浓度在0.522~6.174 mg/L，平均浓度为2.197 mg/L，较节氮40%施肥量产生的浓度增加33.00%。

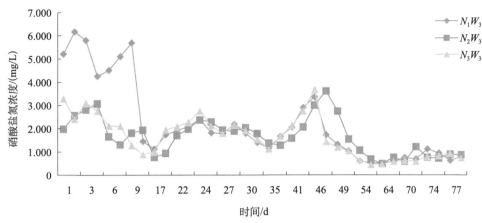

图 8-14 节水 30%灌溉情况下三种施肥量产生的硝酸盐氮浓度变化

从以上三组数据中可以看出，施肥对硝酸盐氮的影响比灌水对硝酸盐氮的影响大，趋势与氨氮相同。在相同灌水情况下，施肥量越少，田面水中硝酸盐氮浓度越小，反之越大。

将不同水肥模式下的田面水硝酸盐氮平均浓度与施氮量和灌水量进行回归分析，结果如表 8-3 所示。

表 8-3 不同水肥模式下田面水硝酸盐氮平均浓度与施氮量和灌水量回归分析结果

模型	非标准化系数		T	标准系数	显著性
	B	标准误差		Beta	
常数	1.069	0.300	3.562	—	0.012
灌水	−0.003	0.002	−1.191	−0.190	0.009
施肥	0.004	0.001	5.632	0.900	0.001

建模的最直接结果由表 8-3 可知，读取未标准化系数，写出模型表达式 $Y = 0.004a - 0.003b + 1.069$。$T$ 检验原假设回归系数没有意义，由最后一列回归系数显著性值 = 0.001 < 0.01 < 0.05，表明有统计学意义，而且极其显著。

通过 SPSS 对田面水硝酸盐氮浓度和施氮量与灌水量进行回归分析可知，灌水量与硝酸盐氮浓度呈显著负相关，而施氮量与硝酸盐氮水呈显著正相关。

8.5.2 不同水氮条件下渗漏水浓度变化特征

（1）$NH_4^+ - N$ 浓度变化

结果表明，同一深度的各处理状态下的氨氮浓度变化规律基本相同。其中 30 cm 处的氨氮浓度与田面水氨氮浓度变化相同，且受氮肥影响最大。主要因为上层土壤大孔隙较多，氨氮随水分向下运动。60 cm 处的氨氮峰值不太一样，主要因为节水处理使水分向下运动能力减弱。90 cm 处的峰值较为滞后，主要由土壤的吸附作用导致，且氨氮运移到深层需要一定的时间。

在 30 cm 处的变化特征如图 8-15 所示，移栽后的第 1 d，N_1W_3 处理浓度为 1.384 mg/L，N_1W_2 处理浓度为 1.299 mg/L，N_1W_1 处理浓度为 1.532 mg/L，N_2W_3 处理浓度为

1.209 mg/L，N_2W_2 处理浓度为 1.303 mg/L，N_2W_1 处理浓度为 0.95 mg/L，N_3W_3 处理浓度为 1.154 mg/L，N_3W_2 处理浓度为 1.036 mg/L，N_3W_1 处理浓度为 1.107 mg/L。移栽后的第 3 d，浓度达到第一次峰值，此时 N_1W_3 处理浓度为 4.554 mg/L，N_1W_2 处理浓度为 3.344 mg/L，N_1W_1 处理浓度为 3.636 mg/L，N_2W_3 处理浓度为 3.399 mg/L，N_2W_2 处理浓度为 3.033 mg/L，N_2W_1 处理浓度为 3.029 mg/L，N_3W_3 处理浓度为 2.421 mg/L，N_3W_2 处理浓度为 2.501 mg/L，N_3W_1 处理浓度为 2.347 mg/L。在第二次施肥前，随着作物的生长吸收，各个处理的氮浓度逐渐降低，在移栽后第 18 d 达到最低值，当天 N_1W_3 处理浓度为 1.365 mg/L，N_1W_2 处理浓度为 1.038 mg/L，N_1W_1 处理浓度为 0.831 mg/L，N_2W_3 处理浓度为 0.883 mg/L，N_2W_2 处理浓度为 0.626 mg/L，N_2W_1 处理浓度为 0.744 mg/L，N_3W_3 处理浓度为 0.648 mg/L，N_3W_2 处理浓度为 0.543 mg/L，N_3W_1 处理浓度为 0.587 mg/L。之后氮肥第二次施入，浓度开始剧烈增加，在移栽后第 23 d 各个处理的浓度达到第二次峰值，N_1W_3 处理浓度为 5.1 mg/L，N_1W_2 处理浓度为 4.993 mg/L，N_1W_1 处理浓度为 4.007 mg/L，N_2W_3 处理浓度为 4.488 mg/L，N_2W_2 处理浓度为 3.977 mg/L，N_2W_1 处理浓度为 3.469 mg/L，N_3W_3 处理浓度为 3.52 mg/L，N_3W_2 处理浓度为 3.213 mg/L，N_3W_1 处理浓度为 2.277 mg/L。之后浓度再次持续降低，在移栽后的第 42 d 达到最低，N_1W_3 处理浓度为 1.159 mg/L，N_1W_2 处理浓度为 0.770 mg/L，N_1W_1 处理浓度为 0.684 mg/L，N_2W_3 处理浓度为 1.034 mg/L，N_2W_2 处理浓度为 0.684 mg/L，N_2W_1 处理浓度为 0.537 mg/L，N_3W_3 处理浓度为 0.684 mg/L，N_3W_2 处理浓度为 0.506 mg/L，N_3W_1 处理浓度为 0.428 mg/L。之后氮肥第三次施入，使浓度再次升高，在移栽后第 45 d，浓度达到第三次峰值，N_1W_3 处理浓度为 3.018 mg/L，N_1W_2 处理浓度为 2.590 mg/L，N_1W_1 处理浓度为 2.240 mg/L，N_2W_3 处理浓度为 2.557 mg/L，N_2W_2 处理浓度为 2.332 mg/L，N_2W_1 处理浓度为 2.009 mg/L，N_3W_3 处理浓度为 2.234 mg/L，N_3W_2 处理浓度为 1.954 mg/L，N_3W_1 处理浓度为 1.790 mg/L。随后浓度持续降低直至水稻收割。虽然移栽后第 73 d 进行最后一次施肥，但由于数量较少，对浓度影响不大，没有出现峰值。

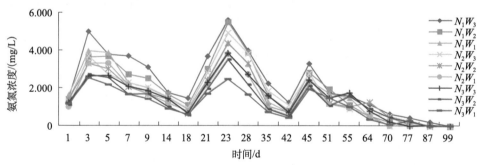

图 8-15　不同水氮条件下 30 cm 处渗漏水氨氮浓度变化

在 60 cm 处的变化特征如图 8-16 所示，氨氮浓度伴随着施肥也出现了峰值，但和 30 cm 处的峰值出现时间不完全一致。第一次峰值出现在移栽后第 9 d，N_1W_3 处理浓度为 2.723 mg/L，N_1W_2 处理浓度为 1.713 mg/L，N_1W_1 处理浓度为 1.952 mg/L，N_2W_3 处理浓度为1.706 mg/L，N_2W_2 处理浓度为1.742 mg/L，N_2W_1 处理浓度为1.949 mg/L，N_3W_3 处理浓度为1.689 mg/L，N_3W_2 处理浓度为1.730 mg/L，N_3W_1 处理浓度为1.978 mg/L。峰值之后浓度开始持续降低，经过9 d，在移栽后第18 d，浓度降到最低，N_1W_3 处理浓度为1.715 mg/L，N_1W_2 处理浓度为1.477 mg/L，N_1W_1 处理浓度为0.533 mg/L，N_2W_3 处理浓度为1.152 mg/L，N_2W_2 处理浓度为0.800 mg/L，N_2W_1 处理浓度为2.137 mg/L，N_3W_3 处理浓度为1.859 mg/L，N_3W_2 处理浓度为1.611 mg/L，N_3W_1 处理浓度为2.022 mg/L。第二次施肥后，浓度继续上升，在移栽后的第28 d达到峰值，N_1W_3 处理浓度为4.098 mg/L，N_1W_2 处理浓度为2.634 mg/L，N_1W_1 处理浓度为3.178 mg/L，N_2W_3 处理浓度为2.887 mg/L，N_2W_2 处理浓度为3.267 mg/L，N_2W_1 处理浓度为3.831 mg/L，N_3W_3 处理浓度为3.513 mg/L，N_3W_2 处理浓度为3.670 mg/L，N_3W_1 处理浓度为2.031 mg/L。随后浓度降低，在移栽后第42 d降到最低，N_1W_3 处理浓度为1.750 mg/L，N_1W_2 处理浓度为1.696 mg/L，N_1W_1 处理浓度为1.183 mg/L，N_2W_3 处理浓度为1.461 mg/L，N_2W_2 处理浓度为1.208 mg/L，N_2W_1 处理浓度为0.871 mg/L，N_3W_3 处理浓度为1.128 mg/L，N_3W_2 处理浓度为1.027 mg/L，N_3W_1 处理浓度为0.692 mg/L。随着氮肥的施入，浓度再次上升，在移栽后第45 d达到另一个峰值，N_1W_3 处理浓度为3.570 mg/L，N_1W_2 处理浓度为3.290 mg/L，N_1W_1 处理浓度为3.147 mg/L，N_2W_3 处理浓度为2.641 mg/L，N_2W_2 处理浓度为2.845 mg/L，N_2W_1 处理浓度为2.629 mg/L，N_3W_3 处理浓度为2.839 mg/L，N_3W_2 处理浓度为1.888 mg/L，N_3W_1 处理浓度为2.544 mg/L。随后浓度持续降低，直至收获。

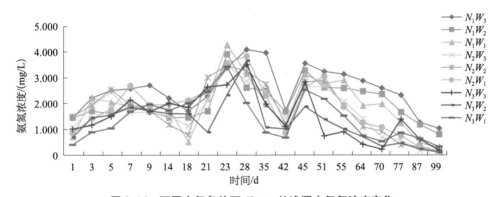

图8-16　不同水氮条件下60 cm处渗漏水氨氮浓度变化

在90 cm处的变化特征如图8-17所示，由于位置较深，田面水需要一段时间才能渗漏到，因此出现峰值的时间滞后。同时，由于土壤具有吸附作用，氨氮浓度会有所降低，从而导致90 cm处的氨氮浓度变化没有30 cm处和60 cm处规律。从图8-17中可以看出，在移栽后第18 d，浓度达到一个低点，N_1W_3 处理浓度为0.943 mg/L，N_1W_2 处理浓度为0.613 mg/L，N_1W_1 处理浓度为0.362 mg/L，N_2W_3 处理浓度为0.552 mg/L，N_2W_2 处理浓度为0.611 mg/L，N_2W_1 处理浓度为0.563 mg/L，N_3W_3 处理浓度为0.581 mg/L，N_3W_2 处理浓度为0.434 mg/L，N_3W_1 处理浓度为0.470 mg/L。在移栽后第28 d，氨氮浓度达到一个峰值，N_1W_3 处理浓度为1.752 mg/L，N_1W_2 处理浓度为1.624 mg/L，N_1W_1 处理浓度为1.622 mg/L，N_2W_3 处理浓度为1.477 mg/L，N_2W_2 处理浓度为1.496 mg/L，N_2W_1 处理浓度为 1. 287 mg/L, N_3W_3 处理浓度为 1. 206 mg/L, N_3W_2 处理浓度为 1. 377 mg/L, N_3W_1 处理浓度为 1. 299 mg/L。在移栽后第 42 d 浓度降到低点, N_1W_3 处理浓度为 1. 165 mg/L, N_1W_2 处理浓度为 0. 949 mg/L, N_1W_1 处理浓度为 1. 556 mg/L, N_2W_3 处理浓度为 1. 049 mg/L, N_2W_2 处理浓度为 0. 762 mg/L, N_2W_1 处理浓度为 0. 684 mg/L, N_3W_3 处理浓度为 0. 801 mg/L, N_3W_2 处理浓度为 0. 583 mg/L, N_3W_1 处理浓度为 0. 669 mg/L。

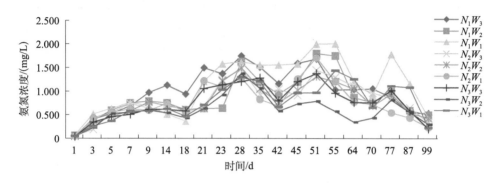

图 8-17 不同水氮条件下 90 cm 处渗漏水氨氮浓度变化

①不同灌溉量水平下渗漏水氨氮浓度变化。从氨氮动态数据变化来看，相同施氮水平下，不同的灌溉量产生的氨氮浓度大小也不相同，具体表现为节水 30% 灌溉量 > 节水 15% 灌溉量 > 常规灌溉。但不同的灌溉量表现出来的变化规律大致相同：随着基肥的施入氨氮浓度逐渐升高，到达峰值后降低，直至下一次氮肥的输入，然后浓度再次升高。

在 30 cm 处，常规施氮情况下三种灌溉量产生的氨氮浓度如图 8-18 所示。在常规施氮情况下，节水 30% 灌溉量产生的渗漏水氨氮浓度在 0. 031 ~ 5. 100 mg/L，平均浓度为 2. 121 mg/L；节水 15% 灌溉量产生的渗漏水氨氮浓度在 0. 023 ~ 4. 993 mg/L，平均浓度为 1. 764 mg/L，较节水 30% 灌溉量产生的浓度减少 16. 83%；常规灌溉量产生的渗漏水氨氮浓度在 0. 002 ~ 4. 007 mg/L，平均浓度为 1. 596 mg/L，较节水 30% 灌溉量产生的浓度减少 24. 75%。

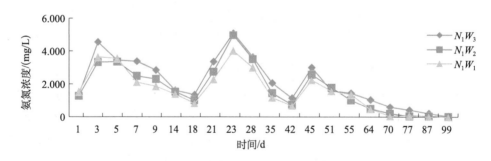

图 8-18 30 cm 处常规施氮情况下三种灌溉量产生的氨氮浓度变化

在节氮 20% 施肥量情况下三种灌溉量产生的氨氮浓度如图 8-19 所示。此时节水 30% 灌溉量产生的渗漏水氨氮浓度在 0. 006 ~ 4. 488 mg/L，平均浓度为 1. 634 mg/L；节水 15% 灌溉量产生的渗漏水氨氮浓度在 0. 016 ~ 3. 977 mg/L，平均浓度为 1. 480 mg/L，较节水 30% 灌溉量产生的浓度减少 9. 42%；常规灌溉量产生的渗漏水氨氮浓度在 0. 023 ~

3.469 mg/L，平均浓度为 1.322 mg/L，较节水 30% 灌溉量产生的浓度减少 19.09%。

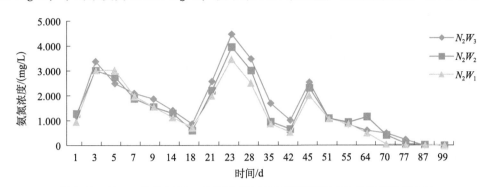

图 8-19　30 cm 处节氮 20% 施肥量情况下三种灌溉量产生的氨氮浓度变化

在节氮 40% 施肥量情况下三种灌溉量产生的氨氮浓度如图 8-20 所示。此时节水 30% 灌溉量产生的渗漏水氨氮浓度在 0.016 ~ 3.520 mg/L，平均浓度为 1.412 mg/L；节水 15% 灌溉量产生的渗漏水氨氮浓度在 0.031 ~ 3.213 mg/L，平均浓度为 1.244 mg/L，较节水 30% 灌溉量产生的浓度减少 11.90%；常规灌溉量产生的渗漏水氨氮浓度在 0.022 ~ 2.347 mg/L，平均浓度为 1.062 mg/L，较节水 30% 灌溉量产生的浓度减少 24.79%。

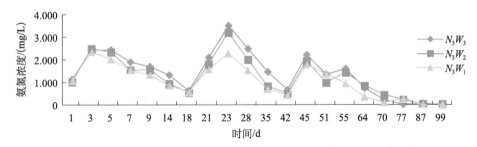

图 8-20　30 cm 处节氮 40% 施肥量情况下三种灌溉量产生的氨氮浓度变化

在 60 cm 处，常规施氮情况下三种灌溉量产生的氨氮浓度如图 8-21 所示。在常规施氮情况下，节水 30% 灌溉量产生的渗漏水氨氮浓度在 1.051 ~ 4.098 mg/L，平均浓度为 2.558 mg/L；节水 15% 灌溉量产生的渗漏水氨氮浓度在 0.824 ~ 3.925 mg/L，平均浓度为 2.050 mg/L，较节水 30% 灌溉量产生的浓度减少 19.86%；常规灌溉量产生的渗漏水氨氮浓度在 0.339 ~ 4.287 mg/L，平均浓度为 1.947 mg/L，较节水 30% 灌溉量产生的浓度减少 23.89%。

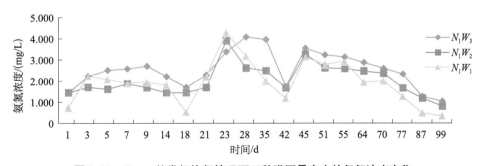

图 8-21　60 cm 处常规施氮情况下三种灌溉量产生的氨氮浓度变化

在节氮 20% 施肥量情况下三种灌溉量产生的氨氮浓度如图 8-22 所示。此时节水 30% 灌溉量产生的渗漏水氨氮浓度在 0.189~3.516 mg/L，平均浓度为 1.850 mg/L；节水 15% 灌溉量产生的渗漏水氨氮浓度在 0.179~3.487 mg/L，平均浓度为 1.824 mg/L，较节水 30% 灌溉量产生的浓度减少 1.41%；常规灌溉量产生的渗漏水氨氮浓度在 0.096~3.831 mg/L，平均浓度为 1.812 mg/L，较节水 30% 灌溉量产生的浓度减少 2.05%。

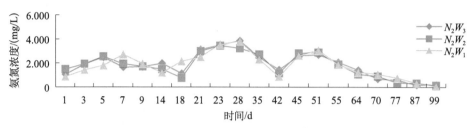

图 8-22　60 cm 处节氮 20% 施肥量情况下三种灌溉量产生的氨氮浓度变化

在节氮 40% 施肥量情况下三种灌溉量产生的氨氮浓度如图 8-23 所示。此时节水 30% 灌溉量产生的渗漏水氨氮浓度在 0.204~3.513 mg/L，平均浓度为 1.543 mg/L；节水 15% 灌溉量产生的渗漏水氨氮浓度在 0.123~3.670 mg/L，平均浓度为 1.291 mg/L，较节水 30% 灌溉量产生的浓度减少 16.33%；常规灌溉量产生的渗漏水氨氮浓度在 0.342~3.438 mg/L，平均浓度为 1.441 mg/L，较节水 30% 灌溉量产生的浓度减少 6.61%。

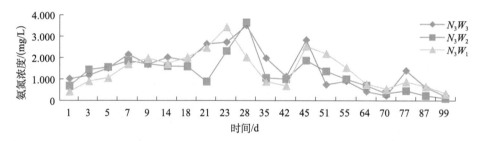

图 8-23　60 cm 处节氮 40% 施肥量情况下三种灌溉量产生的氨氮浓度变化

在 90 cm 处，常规施氮情况下三种灌溉量产生的氨氮浓度如图 8-24 所示。在常规施氮情况下，节水 30% 灌溉量产生的渗漏水氨氮浓度在 0.041~1.988 mg/L，平均浓度为 1.086 mg/L；节水 15% 灌溉量产生的渗漏水氨氮浓度在 0.068~1.949 mg/L，平均浓度为 0.979 mg/L，较节水 30% 灌溉量产生的浓度减少 9.85%；常规灌溉量产生的渗漏水氨氮浓度在 0.075~1.995 mg/L，平均浓度为 0.926 mg/L，较节水 30% 灌溉量产生的浓度减少 14.73%。

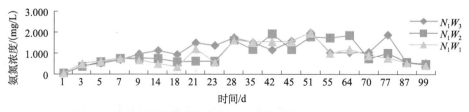

图 8-24　90 cm 处常规施氮情况下三种灌溉量产生的氨氮浓度变化

在节氮20%施肥量情况下三种灌溉量产生的氨氮浓度如图8-25所示。此时节水30%灌溉量产生的渗漏水氨氮浓度在0.060~1.477 mg/L，平均浓度为0.821 mg/L；节水15%灌溉量产生的渗漏水氨氮浓度在0.050~1.496 mg/L，平均浓度为0.793 mg/L，较节水30%灌溉量产生的浓度减少3.41%；常规灌溉量产生的渗漏水氨氮浓度在0.051~1.711 mg/L，平均浓度为0.777 mg/L，较节水30%灌溉量产生的浓度减少5.40%。

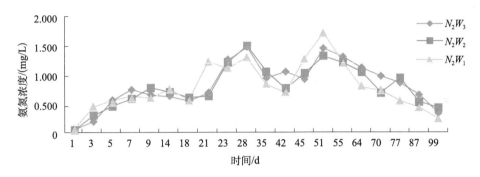

图8-25　90 cm处节氮20%施肥量情况下三种灌溉量产生的氨氮浓度变化

在节氮40%施肥量情况下三种灌溉量产生的氨氮浓度如图8-26所示。此时节水30%灌溉量产生的渗漏水氨氮浓度在0.042~1.377 mg/L，平均浓度为0.778 mg/L；节水15%灌溉量产生的渗漏水氨氮浓度在0.048~1.377 mg/L，平均浓度为0.606 mg/L，较节水30%灌溉量产生的浓度减少21.85%；常规灌溉量产生的渗漏水氨氮浓度在0.051~1.439 mg/L，平均浓度为0.778 mg/L，和节水30%灌溉量产生的浓度持平。

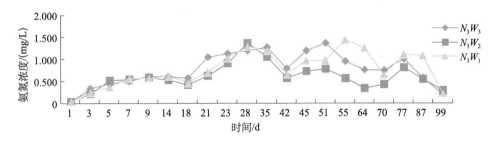

图8-26　90 cm处节氮40%施肥量情况下三种灌溉量产生的氨氮浓度变化

从以上几组数据中可以看出，不同深度处灌溉对氨氮浓度的影响相同。在相同施肥情况下，灌溉越少，渗漏水中氨氮浓度越大，反之越小。

②不同施氮量水平下渗漏水氨氮浓度的变化。在30 cm处常规灌溉情况下三种施肥量产生的氨氮浓度变化如图8-27所示。在常规灌溉情况下，节氮40%施肥量产生的渗漏水氨氮浓度在0.022~2.347 mg/L，平均浓度为1.062 mg/L；节氮20%施肥量产生的渗漏水氨氮浓度在0.023~3.469 mg/L，平均浓度为1.322 mg/L，较节氮40%施肥量产生的浓度增加24.82%；常规施肥量产生的渗漏水氨氮浓度在0.002~4.007 mg/L，平均浓度为1.596 mg/L，较节氮40%施肥量产生的浓度增加50.28%。

在节水15%灌溉量情况下三种施肥量产生的氨氮浓度变化如图8-28所示，此时节氮

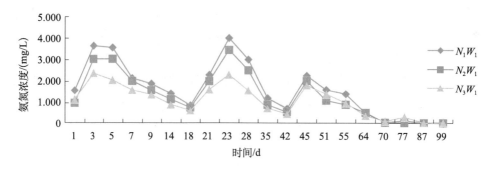

图8-27　30 cm处常规灌溉情况下三种施肥量产生的氨氮浓度变化

40%施肥量产生的渗漏水氨氮浓度在0.031～3.213 mg/L，平均浓度为1.244 mg/L；节氮20%施肥量产生的渗漏水氨氮浓度在0.016～3.977 mg/L，平均浓度为1.480 mg/L，较节氮40%施肥量产生的浓度增加22.83%；常规施肥量产生的渗漏水氨氮浓度在0.023～4.993 mg/L，平均浓度为1.764 mg/L，较节氮40%施肥量产生的浓度增加41.80%。

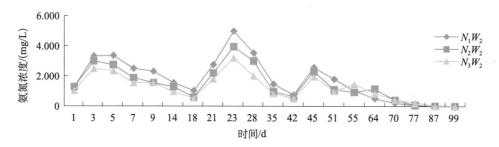

图8-28　30 cm处节水15%灌溉量情况下三种施肥量产生的氨氮浓度变化

在节水30%灌溉量情况下三种施肥量产生的氨氮浓度变化如图8-29所示，节氮40%施肥量产生的渗漏水氨氮浓度在0.016～3.520 mg/L，平均浓度为1.412 mg/L；节氮20%施肥量产生的渗漏水氨氮浓度在0.006～4.488 mg/L，平均浓度为1.634 mg/L，较节氮40%施肥量产生的浓度增加15.72%；常规施肥量产生的渗漏水氨氮浓度在0.031～5.100 mg/L，平均浓度为2.121 mg/L，较节氮40%施肥量产生的浓度增加50.21%。

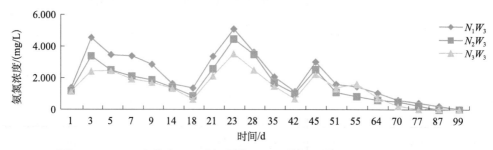

图8-29　30 cm处节水30%灌溉量情况下三种施肥量产生的氨氮浓度变化

在60 cm处常规灌溉情况下三种施肥量产生的氨氮浓度变化如图8-30所示。在常规灌溉情况下，节氮40%施肥量产生的渗漏水氨氮浓度在0.342～3.438 mg/L，平均浓度为

1.441 mg/L；节氮 20% 施肥量产生的渗漏水氨氮浓度在 0.096~3.831 mg/L，平均浓度为1.812 mg/L，较节氮 40% 施肥量产生的浓度增加 25.75%；常规施肥量产生的渗漏水氨氮浓度在 0.339~4.287 mg/L，平均浓度为 1.947 mg/L，较节氮 40% 施肥量产生的浓度增加35.11%。

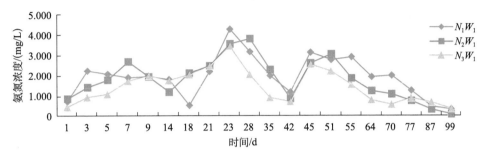

图 8-30　60 cm 处常规灌溉情况下三种施肥量产生的氨氮浓度变化

在节水 15% 灌溉量情况下三种施肥量产生的氨氮浓度变化如图 8-31 所示，节氮 40%施肥量产生的渗漏水氨氮浓度在 0.123~3.670 mg/L，平均浓度为 1.291 mg/L；节氮 20%施肥量产生的渗漏水氨氮浓度在 0.179~3.487 mg/L，平均浓度为 1.824 mg/L，较节氮 40%施肥量产生的浓度增加 41.29%；常规施肥量产生的渗漏水氨氮浓度在 0.824~3.925 mg/L，平均浓度为 2.050 mg/L，较节氮 40% 施肥量产生的浓度增加 58.79%。

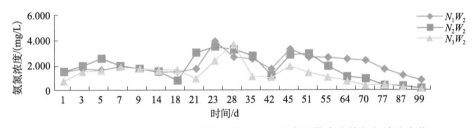

图 8-31　60 cm 处节水 15% 灌溉量情况下三种施肥量产生的氨氮浓度变化

在节水 30% 灌溉量情况下三种施肥量产生的氨氮浓度变化如图 8-32 所示，节氮 40%施肥量产生的渗漏水氨氮浓度在 0.204~3.513 mg/L，平均浓度为 1.543 mg/L；节氮 20%施肥量产生的渗漏水氨氮浓度在 0.189~3.887 mg/L，平均浓度为 1.850 mg/L，较节氮 40%施肥量产生的浓度增加 45.88%；常规施肥量产生的渗漏水氨氮浓度在 1.051~4.098 mg/L，平均浓度为 2.558 mg/L，较节氮 40% 施肥量产生的浓度增加 65.78%。

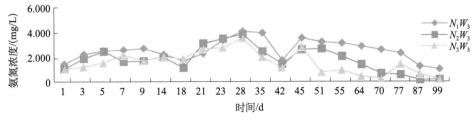

图 8-32　60 cm 处节水 30% 灌溉量情况下三种施肥量产生的氨氮浓度变化

在 90 cm 处常规灌溉情况下三种施肥量产生的氨氮浓度变化如图 8-33 所示。在常规灌溉情况下，节氮 40% 施肥量产生的渗漏水氨氮浓度在 0.051~1.439 mg/L，平均浓度为 0.778 mg/L；节氮 20% 施肥量产生的渗漏水氨氮浓度在 0.051~1.711 mg/L，平均浓度为 0.777 mg/L，与节氮 40% 施肥量产生的浓度持平；常规施肥量产生的渗漏水氨氮浓度在 0.075~1.995 mg/L，平均浓度为 0.926 mg/L，较节氮 40% 施肥量产生的浓度增加 19.02%。

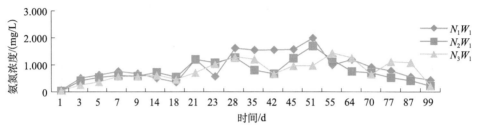

图 8-33 90 cm 处常规灌溉情况下三种施肥量产生的氨氮浓度变化

在节水 15% 灌溉量情况下三种施肥量产生的氨氮浓度变化如图 8-34 所示，节氮 40% 施肥量产生的渗漏水氨氮浓度在 0.048~1.377 mg/L，平均浓度为 0.606 mg/L；节氮 20% 施肥量产生的渗漏水氨氮浓度在 0.050~1.496 mg/L，平均浓度为 0.793 mg/L，较节氮 40% 施肥量产生的浓度增加 30.69%；常规施肥量产生的渗漏水氨氮浓度在 0.068~1.949 mg/L，平均浓度为 0.979 mg/L，较节氮 40% 施肥量产生的浓度增加 61.55%。

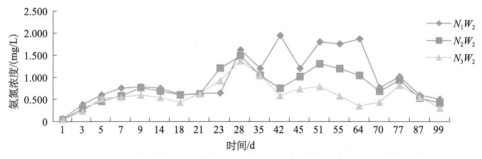

图 8-34 90 cm 处节水 15% 灌溉量情况下三种施肥量产生的氨氮浓度变化

在节水 30% 灌溉量情况下三种施肥量产生的氨氮浓度变化如图 8-35 所示，节氮 40% 施肥量产生的渗漏水氨氮浓度在 0.042~1.377 mg/L，平均浓度为 0.778 mg/L；节氮 20% 施肥量产生的渗漏水氨氮浓度在 0.060~1.477 mg/L，平均浓度为 0.821 mg/L，较节氮 40% 施肥量产生的浓度增加 5.53%；常规施肥量产生的渗漏水氨氮浓度在 0.041~1.988 mg/L，平均浓度为 1.086 mg/L，较节氮 40% 施肥量产生的浓度增加 39.59%。

从以上几组数据中可以看出，不同深度处施肥对氨氮浓度的影响远大于灌溉的影响。在相同灌溉情况下，施肥越少，渗漏水中氨氮浓度越小，反之越大。

将 30 cm、60 cm、90 cm 处的渗漏水氨氮平均浓度与施氮量和灌水量进行回归分析，结果如表 8-4 所示。

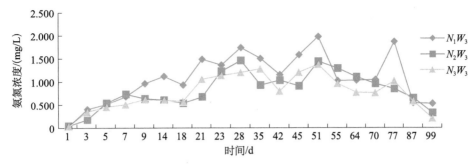

图 8-35　90 cm 处节水 30% 灌溉量情况下三种施肥量产生的氨氮浓度变化

表 8-4　不同深度渗漏水氨氮平均浓度（Y）与施氮量（a）和灌水量（b）的相关性分析

深度/cm	回归方程	R^2
30	$Y = 0.005a - 0.009b + 1.403$	0.968
60	$Y = 0.006a - 0.005b + 0.805$	0.824
90	$Y = 0.002a + 0.000b + 0.235$	0.685

由表 8-4 可知，不同深度渗漏水氨氮的平均浓度均与施氮量呈正相关，在 30 cm 处和 60 cm 处氨氮平均浓度与灌水量呈负相关，90 cm 处氨氮平均浓度与灌水量相关性不大。

（2）$NO_3^- - N$ 浓度变化

不同水肥条件耦合下田间渗漏水的硝酸盐氮浓度变化规律与氨氮有显著性差异，但不同深度渗漏水中的硝酸盐氮变化趋势大致相同，总体变化规律为移栽后一段时间浓度迅速降低，然后趋于平缓，维持在较低水平，并且浓度不随施肥出现显著峰值。主要是因为稻田长期有积水，处于厌氧状态，导致硝化作用较弱，氨氮转化为硝酸盐氮的速率大大降低。

在 30 cm 处，硝酸盐氮浓度变化如图 8-36 所示。移栽第 1 d 各处理硝酸盐氮浓度最高，N_1W_3 处理浓度为 7.729 mg/L，N_1W_2 处理浓度为 10.367 mg/L，N_1W_1 处理浓度为 10.145 mg/L，N_2W_3 处理浓度为 8.216 mg/L，N_2W_2 处理浓度为 9.500 mg/L，N_2W_1 处理浓度为 10.189 mg/L，N_3W_3 处理浓度为 4.861 mg/L，N_3W_2 处理浓度为 8.284 mg/L，N_3W_1 处理浓度为 5.225 mg/L。一周内，硝酸盐氮浓度迅速下降，然后趋于稳定，在移栽后第 7 d N_1W_3 处理浓度为 1.86 mg/L，N_1W_2 处理浓度为 2.396 mg/L，N_1W_1 处理浓度为 1.198 mg/L，N_2W_3 处理浓度为 1.585 mg/L，N_2W_2 处理浓度为 0.866 mg/L，N_2W_1 处理浓度为 2.101 mg/L，N_3W_3 处理浓度为 1.018 mg/L，N_3W_2 处理浓度为 1.332 mg/L，N_3W_1 处理浓度为 0.525 mg/L。水稻收割前硝酸盐氮浓度达到最低，此时 N_1W_3 处理浓度为 0.718 mg/L，N_1W_2 处理浓度为 0.463 mg/L，N_1W_1 处理浓度为 0.212 mg/L，N_2W_3 处理浓度为 0.235 mg/L，N_2W_2 处理浓度为 0.476 mg/L，N_2W_1 处理浓度为 0.488 mg/L，N_3W_3 处理浓度为 0.648 mg/L，N_3W_2 处理浓度为 0.350 mg/L，N_3W_1 处理浓度为 0.050 mg/L。

在 60 cm 处硝酸盐氮浓度变化如图 8-37 所示，移栽第 1 d 各处理硝酸盐氮浓度最高，N_1W_3 处理浓度为 6.406 mg/L，N_1W_2 处理浓度为 11.830 mg/L，N_1W_1 处理浓度为 7.669 mg/L，N_2W_3 处理浓度为 4.255 mg/L，N_2W_2 处理浓度为 4.778 mg/L，N_2W_1 处理浓度为 7.765 mg/L，N_3W_3 处理浓度为 4.770 mg/L，N_3W_2 处理浓度为 10.328 mg/L，N_3W_1 处

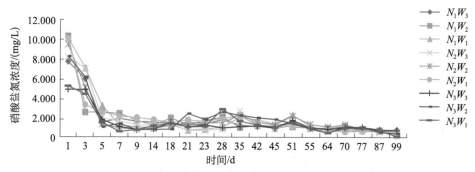

图 8-36 不同水氮条件下 30 cm 处渗漏水硝酸盐氮浓度变化

理浓度为 3.138 mg/L。移栽后的第 18 d，硝酸盐氮浓度迅速下降，然后趋于稳定，在第 18 d N_1W_3 处理浓度为 1.226 mg/L，N_1W_2 处理浓度为 2.352 mg/L，N_1W_1 处理浓度为 1.265 mg/L，N_2W_3 处理浓度为 0.542 mg/L，N_2W_2 处理浓度为 0.745 mg/L，N_2W_1 处理浓度为 1.630 mg/L，N_3W_3 处理浓度为 2.014 mg/L，N_3W_2 处理浓度为 1.152 mg/L，N_3W_1 处理浓度为 2.068 mg/L。水稻收割前硝酸盐氮浓度达到最低，此时 N_1W_3 处理浓度为 0.303 mg/L，N_1W_2 处理浓度为 0.673 mg/L，N_1W_1 处理浓度为 0.736 mg/L，N_2W_3 处理浓度为 0.470 mg/L，N_2W_2 处理浓度为 0.086 mg/L，N_2W_1 处理浓度为 0.653 mg/L，N_3W_3 处理浓度为 0.294 mg/L，N_3W_2 处理浓度为 0.140 mg/L，N_3W_1 处理浓度为 0.533 mg/L。

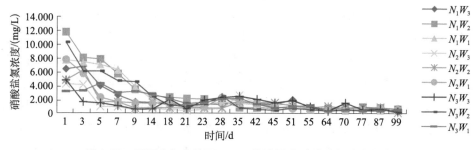

图 8-37 不同水氮条件下 60 cm 处渗漏水硝酸盐氮浓度变化

在 90 cm 处硝酸盐氮浓度变化如图 8-38 所示，移栽第 1 d 各处理硝酸盐氮浓度较高，N_1W_3 处理浓度为 6.370 mg/L，N_1W_2 处理浓度为 10.292 mg/L，N_1W_1 处理浓度为 11.053 mg/L，N_2W_3 处理浓度为 6.992 mg/L，N_2W_2 处理浓度为 4.583 mg/L，N_2W_1 处理浓度为 7.673 mg/L，N_3W_3 处理浓度为 8.212 mg/L，N_3W_2 处理浓度为 4.675 mg/L，N_3W_1 处理浓度为 8.513 mg/L。之后硝酸盐氮浓度先降低再升高，在移栽后第 35 d 硝酸盐氮浓度趋于稳定，此时 N_1W_3 处理浓度为 1.529 mg/L，N_1W_2 处理浓度为 2.011 mg/L，N_1W_1 处理浓度为 2.538 mg/L，N_2W_3 处理浓度为 0.379 mg/L，N_2W_2 处理浓度为 0.867 mg/L，N_2W_1 处理浓度为 2.981 mg/L，N_3W_3 处理浓度为 1.414 mg/L，N_3W_2 处理浓度为 2.091 mg/L，N_3W_1 处理浓度为 2.249 mg/L。水稻收割前硝酸盐氮浓度达到最低，此时 N_1W_3 处理浓度为 0.370 mg/L，N_1W_2 处理浓度为 0.723 mg/L，N_1W_1 处理浓度为 0.646 mg/L，N_2W_3 处理浓度为 0.271 mg/L，N_2W_2 处理浓度为 0.181 mg/L，N_2W_1 处理浓度为 0.596 mg/L，N_3W_3 处理浓度为 0.601 mg/L，N_3W_2 处理浓度为 0.307 mg/L，N_3W_1 处理浓度为 0.235 mg/L。

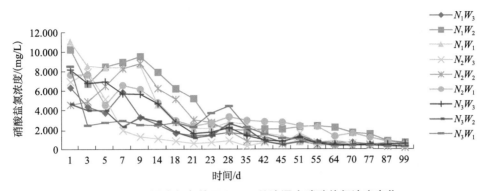

图 8-38 不同水氮条件下 90 cm 处渗漏水硝酸盐氮浓度变化

①不同灌溉量水平下渗漏水硝酸盐氮浓度变化。从硝酸盐氮的动态数据变化来看，不同的灌溉量表现出来的变化规律大致相同。在 30 cm 处，常规施氮情况下三种灌溉量产生的硝酸盐氮浓度如图 8-39 所示。在常规施氮情况下，节水 30% 灌溉量产生的渗漏水硝酸盐氮浓度在 0.668 ~ 7.729 mg/L，平均浓度为 1.759 mg/L；节水 15% 灌溉量产生的渗漏水硝酸盐氮浓度在 0.463 ~ 10.367 mg/L，平均浓度为 1.828 mg/L，较节水 30% 灌溉量产生的浓度增加 3.92%；常规灌溉量产生的渗漏水硝酸盐氮浓度在 0.212 ~ 10.145 mg/L，平均浓度为 1.921 mg/L，较节水 30% 灌溉量产生的浓度增加 9.21%。

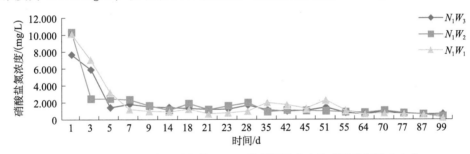

图 8-39 30 cm 处常规施氮情况下三种灌溉量产生的硝酸盐氮浓度变化

在节氮 20% 施肥量情况下三种灌溉量产生的硝酸盐氮浓度如图 8-40 所示。此时节水 30% 灌溉量产生的渗漏水硝酸盐氮浓度在 0.235 ~ 8.216 mg/L，平均浓度为 1.702 mg/L；节水 15% 灌溉量产生的渗漏水硝酸盐氮浓度在 0.476 ~ 9.500 mg/L，平均浓度为 1.809 mg/L，较节水 30% 灌溉量产生的浓度增加 6.29%；常规灌溉量产生的渗漏水硝酸盐氮浓度在 0.488 ~ 10.189 mg/L，平均浓度为 1.870 mg/L，较节水 30% 灌溉量产生的浓度增加 9.87%。

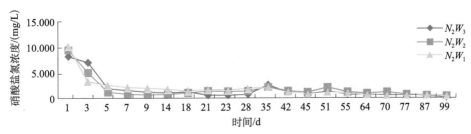

图 8-40 30 cm 处节氮 20% 施肥量情况下三种灌溉量产生的硝酸盐氮浓度变化

在节氮40%施肥量情况下三种灌溉量产生的硝酸盐氮浓度如图8-41所示。此时节水30%灌溉量产生的渗漏水硝酸盐氮浓度在0.648~4.861 mg/L，平均浓度为1.408 mg/L；节水15%灌溉量产生的渗漏水硝酸盐氮浓度在0.350~8.284 mg/L，平均浓度为1.851 mg/L，较节水30%灌溉量产生的浓度增加31.5%；常规灌溉量产生的渗漏水硝酸盐氮浓度在0.050~5.225 mg/L，平均浓度为1.431 mg/L，较节水30%灌溉量产生的浓度增加1.63%。

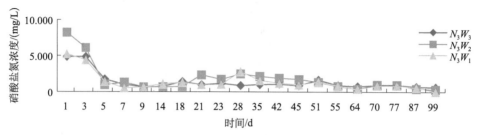

图8-41　30 cm处节氮40%施肥量情况下三种灌溉量产生的硝酸盐氮浓度变化

在60 cm处，常规施氮情况下三种灌溉量产生的硝酸盐氮浓度如图8-42所示。在常规施氮情况下，节水30%灌溉量产生的渗漏水硝酸盐氮浓度在0.303~6.774 mg/L，平均浓度为1.911 mg/L；节水15%灌溉量产生的渗漏水硝酸盐氮浓度在0.673~11.830 mg/L，平均浓度为2.813 mg/L，较节水30%灌溉量产生的浓度增加47.20%；常规灌溉量产生的渗漏水硝酸盐氮浓度在0.352~7.669 mg/L，平均浓度为2.361 mg/L，较节水30%灌溉量产生的浓度增加23.55%。

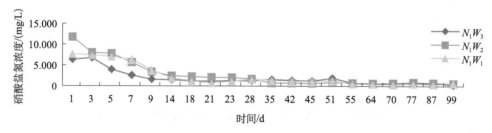

图8-42　60 cm处常规施氮情况下三种灌溉量产生的硝酸盐氮浓度变化

在节氮20%施肥量情况下三种灌溉量产生的硝酸盐氮浓度如图8-43所示。此时节水30%灌溉量产生的渗漏水硝酸盐氮浓度在0.411~4.255 mg/L，平均浓度为1.172 mg/L；节水15%灌溉量产生的渗漏水硝酸盐氮浓度在0.086~6.252 mg/L，平均浓度为1.445 mg/L，较节水30%灌溉量产生的浓度增加23.29%；常规灌溉量产生的渗漏水硝酸盐氮浓度在

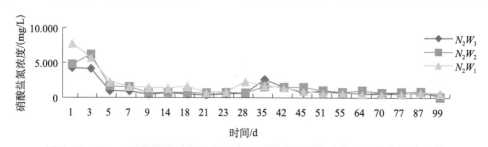

图8-43　60 cm处节氮20%施肥量情况下三种灌溉量产生的硝酸盐氮浓度变化

0.470 ~ 7.765 mg/L，平均浓度为 1.702 mg/L，较节水 30% 灌溉量产生的浓度增加 45.22%。

在节氮 40% 施肥量情况下三种灌溉量产生的硝酸盐氮浓度如图 8-44 所示。此时节水 30% 灌溉量产生的渗漏水硝酸盐氮浓度在 0.294 ~ 4.770 mg/L，平均浓度为 1.450 mg/L；节水 15% 灌溉量产生的渗漏水硝酸盐氮浓度在 0.140 ~ 10.328 mg/L，平均浓度为 2.270 mg/L，较节水 30% 灌溉量产生的浓度增加 56.55%；常规灌溉量产生的渗漏水硝酸盐氮浓度在 0.303 ~ 4.267 mg/L，平均浓度为 1.728 mg/L，较节水 30% 灌溉量产生的浓度增加 19.17%。

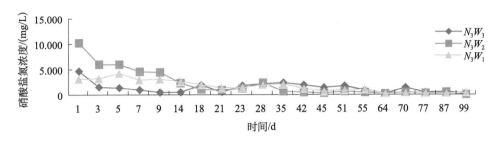

图 8-44　60 cm 处节氮 40% 施肥量情况下三种灌溉量产生的硝酸盐氮浓度变化

在 90 cm 处，常规施氮情况下三种灌溉量产生的硝酸盐氮浓度如图 8-45 所示。在常规施氮情况下，节水 30% 灌溉量产生的渗漏水硝酸盐氮浓度在 0.370 ~ 6.370 mg/L，平均浓度为 2.074 mg/L；节水 15% 灌溉量产生的渗漏水硝酸盐氮浓度在 0.723 ~ 10.292 mg/L，平均浓度为 4.325 mg/L，较节水 30% 灌溉量产生的浓度增加 108.53%；常规灌溉量产生的渗漏水硝酸盐氮浓度在 0.352 ~ 11.053 mg/L，平均浓度为 3.413 mg/L，较节水 30% 灌溉量产生的浓度增加 64.56%。

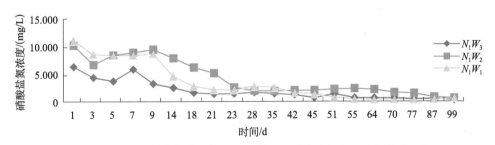

图 8-45　90 cm 处常规施氮情况下三种灌溉量产生的硝酸盐氮浓度变化

在节氮 20% 施肥量情况下三种灌溉量产生的硝酸盐氮浓度如图 8-46 所示。此时节水 30% 灌溉量产生的渗漏水硝酸盐氮浓度在 0.271 ~ 8.001 mg/L，平均浓度为 1.750 mg/L；节水 15% 灌溉量产生的渗漏水硝酸盐氮浓度在 0.181 ~ 8.853 mg/L，平均浓度为 2.884 mg/L，较节水 30% 灌溉量产生的浓度增加 64.80%；常规灌溉量产生的渗漏水硝酸盐氮浓度在 0.596 ~ 7.695 mg/L，平均浓度为 3.395 mg/L，较节水 30% 灌溉量产生的浓度增加 94.00%。

在节氮 40% 施肥量情况下三种灌溉量产生的硝酸盐氮浓度如图 8-47 所示。此时节水 30% 灌溉量产生的渗漏水硝酸盐氮浓度在 0.461 ~ 8.212 mg/L，平均浓度为 2.719 mg/L；节水 15% 灌溉量产生的渗漏水硝酸盐氮浓度在 0.307 ~ 4.675 mg/L，平均浓度为 1.770 mg/L，较节水 30% 灌溉量产生的浓度减少 34.90%；常规灌溉量产生的渗漏水硝酸盐

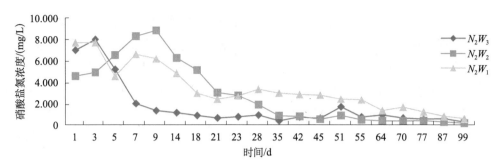

图 8-46 90 cm 处节氮 20%施氮情况下三种灌溉量产生的硝酸盐氮浓度变化

氮浓度在 0. 235 ~ 8. 513 mg/L，平均浓度为 2. 139 mg/L，较节水 30% 灌溉量产生的浓度减少 21. 33% 。

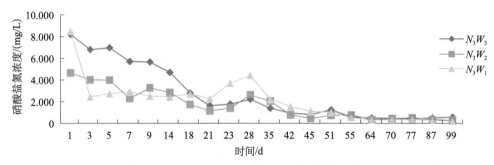

图 8-47 90 cm 处节氮 40%施肥量情况下三种灌溉量产生的硝酸盐氮浓度变化

从以上几组数据中可以看出，30 cm 处和 60 cm 处灌水与硝酸盐氮呈正相关，90 cm 处呈负相关。主要是因为灌水的增多加剧了水分的垂向运动，所以硝酸盐氮随着向下移动。随着水分不断向下积聚，导致 90 cm 处的浓度降低。

②不同施氮量水平下渗漏水硝酸盐氮浓度变化。在 30 cm 处常规灌溉情况下三种施肥量产生的硝酸盐氮浓度变化如图 8-48 所示。在常规灌溉情况下，节氮 40% 施肥量产生的渗漏水硝酸盐氮浓度在 0. 050 ~ 5. 225 mg/L，平均浓度为 1. 431 mg/L；节氮 20% 施肥量产生的渗漏水硝酸盐氮浓度在 0. 488 ~ 10. 189 mg/L，平均浓度为 1. 870 mg/L，较节氮 40% 施肥量产生的浓度增加 30. 68% ；常规施肥量产生的渗漏水硝酸盐氮浓度在 0. 212 ~ 10. 145 mg/L，平均浓度为 1. 921 mg/L，较节氮 40% 施肥量产生的浓度增加 34. 24% 。

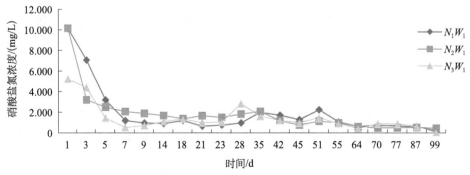

图 8-48 30 cm 处常规灌溉情况下三种施肥量的硝酸盐氮浓度变化

在节水 15% 灌溉量情况下三种施肥量产生的硝酸盐氮浓度变化如图 8-49 所示。此时节氮 40% 施肥量产生的渗漏水硝酸盐氮浓度在 0.350 ~ 8.284 mg/L，平均浓度为 1.851 mg/L；节氮 20% 施肥量产生的渗漏水硝酸盐氮浓度在 0.476 ~ 9.500 mg/L，平均浓度为 1.809 mg/L，较节氮 40% 施肥量产生的浓度减少 2.27%；常规施肥量产生的渗漏水硝酸盐氮浓度在 0.463 ~ 10.367 mg/L，平均浓度为 1.828 mg/L，较节氮 40% 施肥量产生的浓度减少 1.24%。

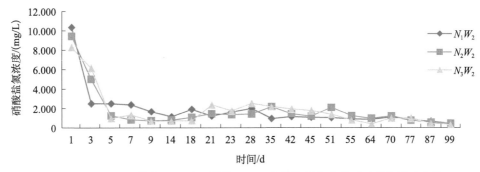

图 8-49　30 cm 处节水 15% 灌溉量情况下三种施肥量产生的硝酸盐氮浓度变化

在节水 30% 灌溉量情况下三种施肥量产生的硝酸盐氮浓度变化如图 8-50 所示。此时节氮 40% 施肥量产生的渗漏水硝酸盐氮浓度在 0.648 ~ 4.861 mg/L，平均浓度为 1.408 mg/L；节氮 20% 施肥量产生的渗漏水硝酸盐氮浓度在 0.235 ~ 8.216 mg/L，平均浓度为 1.702 mg/L，较节氮 40% 施肥量产生的浓度增加 20.88%；常规施肥量产生的渗漏水硝酸盐氮浓度在 0.668 ~ 7.729 mg/L，平均浓度为 1.759 mg/L，较节氮 40% 施肥量产生的浓度增加 24.93%。

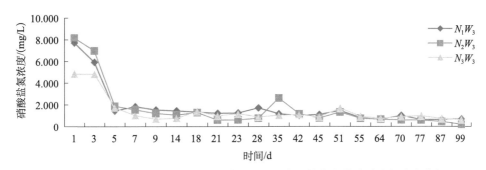

图 8-50　30 cm 处节水 30% 灌溉量情况下三种施肥量产生的硝酸盐氮浓度变化

在 60 cm 处常规灌溉情况下三种施肥量产生的硝酸盐氮浓度变化如图 8-51 所示。在常规灌溉情况下，节氮 40% 施肥量产生的渗漏水硝酸盐氮浓度在 0.303 ~ 4.267 mg/L，平均浓度为 1.728 mg/L；节氮 20% 施肥量产生的渗漏水硝酸盐氮浓度在 0.470 ~ 7.765 mg/L，平均浓度为 1.702 mg/L，较节氮 40% 施肥量产生的浓度减少 1.50%；常规施肥量产生的渗漏水硝酸盐氮浓度在 0.352 ~ 7.669 mg/L，平均浓度为 2.361 mg/L，较节氮 40% 施肥量产生的浓度增加 36.63%。

在节水 15% 灌溉量情况下三种施肥量产生的硝酸盐氮浓度变化如图 8-52 所示。此时节氮 40% 施肥量产生的渗漏水硝酸盐氮浓度在 0.140 ~ 10.328 mg/L，平均浓度为

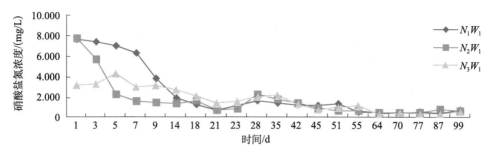

图 8-51　60 cm 处常规灌溉情况下三种施肥量产生的硝酸盐氮浓度变化

2.270 mg/L；节氮 20% 施肥量产生的渗漏水硝酸盐氮浓度在 0.086 ~ 6.252 mg/L，平均浓度为 1.445 mg/L，较节氮 40% 施肥量产生的浓度减少 36.34%；常规施肥量产生的渗漏水硝酸盐氮浓度在 0.673 ~ 11.830 mg/L，平均浓度为 2.813 mg/L，较节氮 40% 施肥量产生的浓度增加 23.92%。

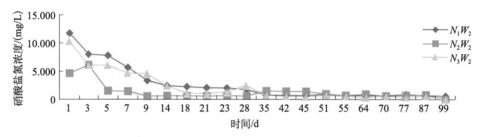

图 8-52　60 cm 处节水 15% 灌溉量情况下三种施肥量产生的硝酸盐氮浓度变化

在节水 30% 灌溉量情况下三种施肥量产生的硝酸盐氮浓度变化如图 8-53 所示。此时节氮 40% 施肥量产生的渗漏水硝酸盐氮浓度在 0.294 ~ 4.770 mg/L，平均浓度为 1.450 mg/L；节氮 20% 施肥量产生的渗漏水硝酸盐氮浓度在 0.411 ~ 4.255 mg/L，平均浓度为 1.172 mg/L，较节氮 40% 施肥量产生的浓度减少 19.17%；常规施肥量产生的渗漏水硝酸盐氮浓度在 0.303 ~ 6.774 mg/L，平均浓度为 1.911 mg/L，较节氮 40% 施肥量产生的浓度增加 31.79%。

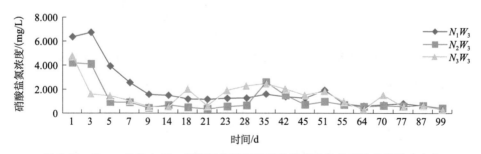

图 8-53　60 cm 处节水 30% 灌溉量情况下三种施肥量产生的硝酸盐氮浓度变化

在 90 cm 处常规灌溉情况下三种施肥量产生的硝酸盐氮浓度变化如图 8-54 所示。在常规灌溉情况下，节氮 40% 施肥量产生的渗漏水硝酸盐氮浓度在 0.235 ~ 8.513 mg/L，平均浓度为 2.139 mg/L；节氮 20% 施肥量产生的渗漏水硝酸盐氮浓度在 0.596 ~ 7.695 mg/L，平均浓度为 3.395 mg/L，较节氮 40% 施肥量产生的浓度增加 58.72%；常规施肥量产生的渗漏水硝酸盐氮浓度在 0.352 ~ 11.053 mg/L，平均浓度为 3.413 mg/L，较节氮 40% 施肥量产生的浓度增加 59.56%。

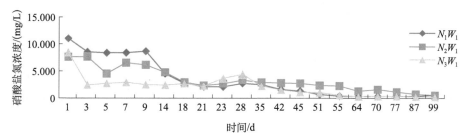

图 8-54　90 cm 处常规灌溉情况下三种施肥量产生的硝酸盐氮浓度变化

在节水 15% 灌溉情况下三种施肥量产生的硝酸盐氮浓度变化如图 8-55 所示。此时节氮 40% 施肥量产生的渗漏水硝酸盐氮浓度在 0.307 ~ 4.675 mg/L，平均浓度为 1.770 mg/L；节氮 20% 施肥量产生的渗漏水硝酸盐氮浓度在 0.181 ~ 8.853 mg/L，平均浓度为 2.884 mg/L，较节氮 40% 施肥量产生的浓度增加 62.94%；常规施肥量产生的渗漏水硝酸盐氮浓度在 0.723 ~ 10.292 mg/L，平均浓度为 4.325 mg/L，较节氮 40% 施肥量产生的浓度增加 144.35%。

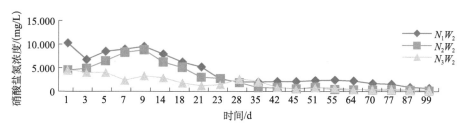

图 8-55　90 cm 处节水 15% 灌溉量情况下三种施肥量产生的硝酸盐氮浓度变化

在节水 30% 灌溉量情况下三种施肥量产生的硝酸盐氮浓度变化如图 8-56 所示。此时节氮 40% 施肥量产生的渗漏水硝酸盐氮浓度在 0.461 ~ 8.212 mg/L，平均浓度为 2.719 mg/L；节氮 20% 施肥量产生的渗漏水硝酸盐氮浓度在 0.271 ~ 8.001 mg/L，平均浓度为 1.750 mg/L，较节氮 40% 施肥量产生的浓度减少 35.64%；常规施肥量产生的渗漏水硝酸盐氮浓度在 0.370 ~ 6.370 mg/L，平均浓度为 2.074 mg/L，较节氮 40% 施肥量产生的浓度减少 23.72%。

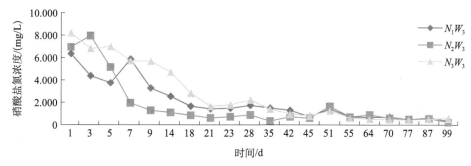

图 8-56　90 cm 处节水 30% 灌溉量情况下三种施肥量产生的硝酸盐氮浓度变化

从以上几组数据中可以看出，施肥对硝酸盐氮浓度的影响大于灌溉的影响，且多数灌水施肥模式下，硝酸盐氮浓度与施肥量呈正相关。

8.6 本章小结

本章针对农田的氮污染问题，通过设置三个施肥水平和三个灌溉水平的大田试验，对不同水肥耦合下宁夏青铜峡灌区的氮素运移进行研究，主要结论如下：通过水稻田间试验数据，分析了施肥和灌溉对田面水与渗漏水中氨氮和硝酸盐氮迁移转化的影响。田面水中氨氮浓度与施氮量呈正相关，与灌溉水呈负相关，且施肥的影响要远大于灌溉的影响；硝酸盐氮浓度低于氨氮浓度，在生育期前期维持较高水平，之后随着氮肥的施入浓度升高。30 cm、60 cm、90 cm 三个深度的渗漏水中氨氮浓度与施氮量也呈正相关，且变化规律与田面水中的氨氮浓度类似；不同深度的渗漏水中硝酸盐氮浓度变化大致相同，但与氨氮变化有显著差异，总体为移栽后一段时间迅速降低，然后趋于平缓。

第三篇　农业非点源污染在农田排水沟渠中的迁移机理与对照试验方法

第9章　水生植物对农田排水沟渠水体中氮、磷的净化作用

9.1　试验区概况

结合青铜峡灌区汉延渠灌域内的天然沟渠中基本情况在试验室采用人工配制不同变化量级的因子进行试验，可以克服天然沟渠各因子变化幅度有限的缺陷。室内试验资料包括动态模拟沟渠监测试验资料和静态盆栽监测试验资料。

9.1.1　动态模拟沟渠监测试验

试验选取典型排水沟渠中的底泥作为试验室模拟沟渠中的底泥，试验设计两条模拟沟渠：渠长 6 m，渠宽 0.6 m；底泥深度约 0.2 m，水深在 0.2 ~ 1.0 m 随试验要求变动。一条沿水流方向依次种植当地常见挺水植物芦苇和菖蒲，1 m² 约 10 株，芦苇和菖蒲各 5 株，为生态沟渠；另一条无任何水生植物，保持其自然状态，为自然沟渠。如图 9-1 所示，用配水箱通过微量泵分别向两条沟渠中通入等浓度的营养液（一定量氯化铵和磷酸盐溶液），pH 在 7 ~ 8，偏中性，由于 NH_4^+ 在碱性条件下易转化为 N_2，挥发进入大气，因此氮的挥发在试验中忽略。

进水处设一个取样断面，同时分别在两条沟渠出口处设一取样断面，试验期间，每 5 d 取水样一次，25 d 为一轮试验，共做 6 轮试验，结果取平均值。样品测定项目包括氨氮、硝酸盐氮、总氮、总磷、可溶解性磷。

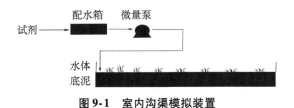

图 9-1　室内沟渠模拟装置

9.1.2　静态盆栽监测试验

水生植物不仅对沟渠中的氮、磷具有吸收作用，而且增强了沟渠对污染物的截留能力。沟渠系统截留氮、磷通过水－沉积物界面进入底泥，并在其中进一步进行较为复杂的迁移转化，主要过程包括底泥吸附、微生物转化和植物吸收等。为揭示水生植物对氮、

磷截留的影响机制，本研究采用室内盆栽监测试验的资料，研究在水生植物存在的条件下氮、磷的变化规律，确定水生植物在非点源污染物迁移中的影响比重。

采用静态盆栽监测试验，试验装置如图 9-2 所示，选用 30 L 塑料桶 9 个，用现场沟渠所取底泥样铺底，泥深约 20 cm，用虹吸法注入人工配水（含一定量的氯化氨和磷酸盐），水深约 20 cm，设空白、芦苇、菖蒲三种盆栽样品，每种两个平行样，结果取平均值。芦苇与菖蒲均取幼苗进行一段时间培养后移植入桶。

在植物不同生长期分别取样，包括植物样品与沉积物样品，植物样品测定项目包括总氮和总磷，沉积物样品测定包括氨氮与可溶性磷。

水体 20 cm

底泥 20 cm

菖蒲　　　　　　芦苇　　　　　　空白

图 9-2　静态模拟试验装置

9.2　试验分析方法

9.2.1　水样参数分析方法

资料中的水样分析指标有 8 个包括水温、pH、总磷（TP）、可溶性磷（DTP）、总氮（TN）、氨氮（$NH_4^+ - N$）、硝酸盐氮（$NO_3^- - N$）和溶解氧（DO）。按照《水和废水监测分析方法（第四版）》中相关方法所得，详见表 9-1。水质分析质量保证实施全程序质量控制，水质监测技术要求参照《环境水质监测质量保证手册（第二版）》执行。为保证水质分析结果的准确可靠，分析过程加带 20% 的自控平行样品，分析项目均同时进行密码质控样分析，自控、密码样品分析结果全部合格。

表 9-1　水样监测项目分析方法

序号	监测项目	分析方法	方法检出限	仪器型号
1	水温	即时测量	0.1℃	水温计
2	pH	即时测量	0.1	3210 便携式 pH 测试仪
	水深	即时测量	0.01 m	测尺
	流速	即时测量	0.01 m³/s	流速仪
3	总磷	钼锑抗分光光度法	0.01 mg/L	7230G 分光光度计

续表

序号	监测项目	分析方法	方法检出限	仪器型号
4	可溶性磷	钼锑抗分光光度法	0.01 mg/L	7230G 分光光度计
5	总氮	过硫酸钾氧化-紫外分光光度法	0.05 mg/L	TV-1810
6	氨氮	纳氏试剂光度法	0.025 mg/L	7230G 分光光度计
7	硝酸盐氮	离子色谱法	0.025 mg/L	ICS2000
8	溶解氧	碘量法	0.01 mg/L	YSI550A 型便携式溶解氧测量仪

9.2.2　植物样品分析方法

全氮测定：风干后磨碎过筛，用凯氏消煮法测定。植物中的氮大多数以有机态存在，样品经浓 H_2SO_4 和氧化剂 H_2O_2 消煮，有机物被氧化分解，有机氮转化成铵盐。消煮液经定容后，可用于氮的定量。

全磷测定：风干后磨碎过筛，用硫酸酸溶-铝锑抗比色法测定。植物样品经浓 H_2SO_4 消煮使各种形态的磷转变成磷酸盐。待测液中的正磷酸与偏钒酸和钼酸能生成黄色的三元杂多酸，其吸光度与磷浓度成正比，可使用钼锑抗分光光度法在波长 $400 \sim 490$ nm 处测定。

9.2.3　沟渠沉积物的分析方法

沟渠沉积物分析指标有 6 个包括总磷、总氮、氨氮、硝酸盐氮、pH、土壤含水率，土壤 pH 使用无 CO_2 蒸馏水提取，玻璃电极法（LY/T 1239—1999）进行速测。分析方法详见表 9-2。

表 9-2　泥样监测项目分析方法

监测项目	分析方法
土壤含水率	105℃烘干，称重（NY/T 52—1987）
pH	无 CO_2 蒸馏水提取，玻璃电极法（LY/T 1239—1999）
总氮	半微量开氏法（NY/T 53—1987）
总磷	铝锑抗比色法（NY/T 88—1988）
氨氮	氯化钠提取，纳氏试剂比色法
硝酸盐氮	硫酸铜提取，酚二磺酸比色法

沟渠沉积物截留去除分为吸附效应和硝化效应，选取典型农田排水沟渠中的沉积物作为试验材料，农田沟渠沉积物是农田排水中的悬浮物和流失土壤在沟渠内长期沉积作用的结果，主要包括农田流失土壤和自然形成底泥两部分。

（1）吸附效应试验

分别在一系列 300 mL 三角瓶中加入 15 g 沉积物和 200 mL 不同浓度（c_0）的培养液，主要成分为 NH_4Cl 和 KH_2PO_3。加封口膜后放入高压灭菌锅内进行灭菌 30 min，然后取出灭菌样置于（30℃ ±0.5℃）摇床内，以 $150 \sim 160$ r/min 振荡，每隔一定时间取一瓶，将上清液过 0.45 mm 微孔滤膜，采用标准方法测定氨氮和可溶性磷的浓度。

（2）硝化效应试验

取一系列 300 mL 的锥形瓶分为两组，分别加入 15 g 底泥和 50 mL 蒸馏水，然后一组直接加入氯化铵为主要成分的培养液，另一组则放入高压灭菌锅内进行灭菌 30 min 后再加入以氯化铵为主要成分的培养液，全部锥形瓶置于 30℃ ±0.5℃摇床内，以 150～160 r/min 振荡，待反应液温度稳定后，每隔一定时间取一瓶，将上清液过 0.45 mm 微孔滤膜，采用标准方法测定氨氮浓度。

9.3 沟渠对水体中氮、磷的净化作用

9.3.1 底泥对水体中氮的净化作用

沟渠底层主要是底泥沉积物，由农田流失的土壤和自然形成的底泥两部分组成，随水位升降周期性的暴露、淹没，沟渠底泥含有丰富的有机质，有较好的团粒结构，吸附能力强，作为沟渠湿地的基质与载体为微生物和水生植物提供了生长的载体和营养物质。

排水中的有机氮首先被土壤吸附，然后湿地系统中的微生物通过氨化作用将有机氮转化为无机氮（主要表现为 $NH_4^+ - N$），进而再进行硝化和反硝化反应。

9.3.2 氨化作用

氨化过程是有机氮向氨氮转化的生物转化过程，同时也是有机氮向无机氮转化的第一步。这一过程是通过微生物分解含尿酸的有机组织产生的。其反应式为

$$RCHNH_2COOH + O_2 \xrightarrow{\text{氨化菌}} RCOOH + CO_2 + NH_3 \tag{9-1}$$

氨从有机氮通过一系列复杂的能量释放过程，经多步生物转化后产生。在多种情况下，这种能量可用于微生物的生长，并且氨可以合成微生物。污水中大量有机氮容易转化成氨，因此氨氮浓度有沿着沟渠水流流向增加的趋势。在厌氧环境中异养菌的分解能力降低，因此在厌氧环境中的氨化过程比好氧环境中的慢。由于厌氧条件下氨氮的硝化速率低，可能引起氨氮的积累，所以氨氮在氧缺乏沟渠中浓度较高。

9.3.3 吸附作用

底泥对水体中的有机氮、氨态氮以及硝态氮都具有吸附作用。对还原态氨氮的吸附能力最强，天然沟渠湿地的底泥可以通过阳离子交换吸附去除溶液中的铵离子。沟渠底泥对氨氮的吸附作用在初期是明显的，在一定的氨氮浓度下，会有一定量的氨氮吸附到提供的吸附位上，达到平衡吸附状态，当水中氨氮浓度减少后，沟渠底泥同时也会向系统释放吸附的氨氮，在新浓度下重新获得平衡；当 pH 为 9.3，氨和铵离子的比例是 1∶1 时，通过挥发造成的氨氮损失开始变得显著，通常在农田排水沟渠中，pH 变化不是很剧烈，一般不会超过 8。因此，介质对氨氮的吸附和氨的挥发是沟渠湿地除氮的重要方

面，但不是沟渠除氮的主要途径。

根据动态试验的观测资料绘制图 9-3 和图 9-4，分别是 30℃、氨氮起始浓度为 25 mg/L 时溶液中氨氮浓度随时间变化曲线和沉积物吸附量随时间变化曲线。

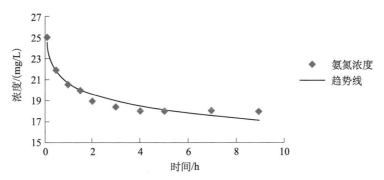

图 9-3　溶液中氨氮浓度随时间变化曲线

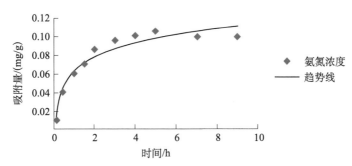

图 9-4　沉积物对氨氮吸附量随时间变化曲线

从图 9-3 和图 9-4 中可以看出，在沟渠底泥对氨氮吸附的初始阶段（0～4 h），氨氮浓度随时间的增加而显著减小，沉积物吸附量随时间的增加而显著上升，此后趋于平缓，4～9 h 内氨氮减少量和沉积物吸附增加量都不大，显示了底泥"快速吸附，缓慢平衡"的特点。

9.3.4　微生物作用

微生物对营养物质的分解和转化是沟渠降解污染物的主要机制，通常占到总氮去除率的 80% 以上。沟渠底泥基质中发育着大量的好氧、厌氧及兼性的微生物。沟渠中的各种水生植物都具有表面积很大的根（茎）网络，可以把植物光合作用产生的氧一部分传送到根部，扩散到周围底质中，形成根区局部的好氧环境，为好氧细菌的生长及硝化作用的发生创造了条件。硝化是氨通过亚硝化菌和硝化菌氧化成硝酸盐的过程。在好氧条件下，氨氮（$NH_4^+ - N$）首先被亚硝化菌氧化为亚硝酸根（NO_2^-），进而被硝化菌氧化为硝酸根（NO_3^-）。硝酸根是主要通过植物吸收的另一种无机氮。化学方程式如下：

$$NH_4^+ + 1.5O_2 = NO_2^- + 2H^+ + 2H_2O \tag{9-2}$$

$$NO_2^- + 0.5O_2 = NO_3^- \tag{9-3}$$

$$NH_4^+ + 2.0O_2 = NO_3^- + 2H^+ + H_2O \tag{9-4}$$

与根区局部好氧环境相反,根部周围形成了厌氧环境,发育着大量厌氧微生物,如硝酸盐还原细菌和发酵细菌,这些细菌可进行反硝化作用。反硝化作用是氮去除的主要方式,在硝酸盐存在的厌氧条件下,反硝化细菌首先将硝酸盐还原成 N_2O,随后还原成 N_2,具体流程为:$NO_3^- \rightarrow NO_2^- \rightarrow NO \rightarrow N_2O \rightarrow N_2$。

总反应式:
$$2NO_3^- + 5H_2 + 2H^+ = N_2 + 6H_2O \qquad (9\text{-}5)$$

硝酸盐最终被还原成大气中浓度为 78% 的 N_2,因此反硝化作用意味着硝酸盐真正地从湿地系统中去除。反硝化作用是沟渠系统能永久去除氮污染的唯一自然过程,也是 $NH_4^+ - N$ 去除的主要途径。沟渠生态系统这种好氧和厌氧交替的环境条件使硝化和反硝化作用可以交替进行,为沟渠中有机氮转化成气态氮脱离沟渠系统创造了条件。

图 9-5 是 30℃、溶液中氨氮起始浓度为 25 mg/L 时,沉积物硝化量随时间变化曲线。

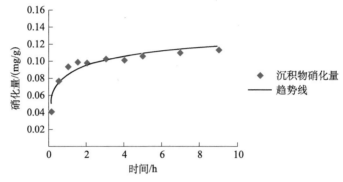

图 9-5 沟渠沉积物的硝化量随时间变化曲线

在沟渠沉积物对氨氮硝化的初始阶段 (0~2.5 h),沉积物硝化量随时间的增加而显著上升,此后趋于平缓,表明沟渠沉积物硝化达到最大值,约在 0.15 mg/L。对比图 9-3,可以看出氨氮浓度的下降除了依靠底泥的吸附作用,也有微生物硝化和反硝化作用的影响。

9.4 水生植物对水体中氮的净化作用

沟渠是以排水和灌溉为主要目的的人工水道,其中生长着适应于此环境的水生植物,一般有芦苇、蒲草等挺水植物,在年内周期性地生长变化,夏秋季生长旺盛,冬春季枯萎。水生植物在湿地去除农业非点源污染过程中起着十分重要的作用。植物影响脱氮效果的主要原因有:第一,植物生长对湿地水体流态的改变。植物根系的生长有利于均匀布水,延长系统实际水力停留时间;第二,植物根系巨大表面积会附着大量微生物,可以创造利于各种微生物生长的微环境;第三,植物可通过茎、叶向下输送氧气,在根系附近形成有利硝化作用的好氧微区,同时远离根系周围的厌氧区里,富含枯枝碎屑,其中含有大量可利用的碳源,这又提供了反硝化条件;第四,植物对氨氮和硝态氮的直接吸收作用。

9.4.1 植物吸收作用

植物是农田排水沟渠中必不可少的一部分,它通过自身的生长及协助沟渠内的物理、化学、生物等作用去除沟渠中的营养物质。被污染水中的无机氮作为植物生长过程中不可或缺的物质，可以通过植物网络状的根系直接被摄取，合成植物蛋白质等有机氮，通过植物收割从污水和湿地系统中去除。我们把无机氮转变为构成细胞和组织的有机氮的多种生物过程称为氮的同化。

一般用于同化的两种形式的氮是氨氮和硝酸盐氮，氨氮比硝酸盐氮更容易同化，是植物吸收的一种主要的氮形式，植物吸收氨氮后可以直接合成氨基酸，而硝态盐必须通过代谢还原才能利用。硝态氮的还原过程可表示为

$$NO_3^- \xrightarrow{\text{硝酸还原酶}} NO_2^- \xrightarrow{\text{亚硝酸还原酶}} NH_4^+$$

氨氮的同化过程为

$$NH_4^+ \xrightarrow{\text{谷氨酰胺合成酶}} 谷氨酰胺 \xrightarrow{\text{谷氨酸合成酶}} 谷氨酸 \xrightarrow{\text{转氨酶}} 其他氨基酸$$

曹向东等在试验中发现，湿地内密集的芦苇对氨氮的摄取量十分巨大，其吸收作用是系统净化氮元素的主要过程。而在富硝酸盐氮的水中，硝酸盐氮也会成为营养氮素的重要氮源。挺水植物利用酶（硝酸盐还原酶和亚硝酸盐还原酶）将氧化态的氮转变为可利用的形式。研究表明，在外来碳源缺乏和进水中没有氨氮的条件下，砾石床湿地处理系统硝酸盐氮70%～80%的减少是植物吸收所致。

植物只能吸收一部分氮，一般占投配氮量的8%～16%。因此植物吸收不是农田排水沟主要脱氮途径。植物吸收氮的重要程度取决于沟渠系统的氮负荷。氮负荷较低时，植物生长对氮的去除很有意义。例如，在氮负荷25～40 g/(m² · a) 条件下，有65%的氮储存在植物体内。

不仅湿地植物可以吸收氮，微生物和藻类的生长也需要利用该营养元素，在其体内可以将氮转换成氨基酸，氨基酸再转换成蛋白质、嘌呤和嘧啶。

根据室内静态试验绘制图9-6，表示排水周期前后两种水生植物风干后全氮含量变化情况。

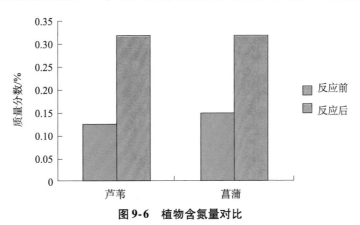

图9-6　植物含氮量对比

图9-6中两种植物的含氮量均增加了1倍左右，表明芦苇与菖蒲对氮具有一定的吸收作用，且吸收能力大致相近。

研究表明，不同植物对氮的吸收能力不同，这与植物根系的发达程度、植物生长期、

植物生物量和特性等有关。芦苇和菖蒲属大型高等挺水植物，根系发达，根区范围大，根与底泥的接触面积大，容易吸收污染物。菖蒲的主要根系分布在 $35 \sim 45\,cm$，芦苇的根可深达 $1\,m$ 以上，须根主要分布在 $27 \sim 62\,cm$。另外，芦苇和菖蒲的根际效应高，植物光合作用产生的 O_2 通过茎、叶输送到根区更大的范围内，促进根区氮的硝化、反硝化作用，使沟渠的脱氮作用容易发生。此外，微生物易在根系的表面聚集，发达的根系周围有大盘的微生物群体，对污染物的分解转化能力较强。虽然菖蒲对氮的吸收能力高于芦苇，根系也很发达，但由于菖蒲株高低于芦苇，生长密度小，地上部分总生物量仅为芦苇的 14%。因此，总的净化效果低于芦苇。

9.4.2 截留沉淀作用

污染物以地表径流、潜层渗流的方式通过农田排水沟渠进入水体，沟渠中的水生植物形成密集的过滤带。沟渠中的植物过滤带能增加地表水流的水力粗糙度，降低水流速度以及水流作用于土壤的剪切力，增加了水流停留时间，进而降低污染物的输移能力，促进其在沟渠中沉淀，有利于悬浮物的沉降。沟渠中植物的地下茎和根形成纵横交错的地下茎网，水流缓慢时重金属和悬浮颗粒被其阻隔而沉降，防止其随水流失，同时又在其表面进行离子交换、吸附、沉淀等，不溶性胶体为根系吸附，凝集的菌胶团把悬浮性的有机物和新陈代谢产物沉降下来。

图 9-7 表示无水生植物、芦苇及菖蒲三种情况下水体中氨氮浓度的变化，三种情况下氨氮初始浓度相等。

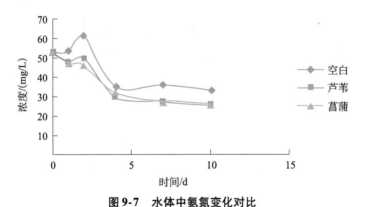

图 9-7　水体中氨氮变化对比

从图 9-7 中可以看出，三种情况下，氨氮均为从水体向底泥沉积物迁移，氨氮的截留主要发生在前 4 d，从第 4 d 开始上覆水中浓度变化缓慢，说明不论有无水生植物，污染物均会由水体进入底泥沉积物，且氨氮的交换速率开始较快，第 4 d 后趋于平稳。种植芦苇和菖蒲的情况下水体中氨氮交换的速率比无水生植物的要快，从而最终减少量增加，说明水生植物的存在加速了氨氮的界面交换，其他条件相同时，可以截留更多氨氮。氮在沟渠中的迁移转化与其在水—底泥界面的交换作用密切相关，因为这一过程是其在底泥中进行迁移转化的前提。试验表明，农田排水沟渠对氨氮具有一定的截留作用。

9.4.3　固氮作用

生物固氮过程是空气中的氮扩散进入溶液，并且经过自养和异养菌，蓝绿藻和高等植物转化为氨氮的过程。分子氮被固定为氨的总反应式如下：

$$N_2 + 8H^+ + (18 \sim 24)ATP = 2NH_3 + (18 \sim 24)ADP + H_2 + (18 \sim 24)Pi \qquad (9-6)$$

所有进行光合作用的细菌都能够固氮，一些好氧异养菌（如固氮菌）、一些厌氧菌（如梭状芽孢杆菌）和许多兼性菌都具有固氮功能。另外，一些湿地脉管植物也具有固氮功能。生物固氮是一个适应性的过程，在其他可提供的氮缺乏的情况下为生物的生长提供氮源。虽然固氮过程并不受可提供的高浓度氮抑制，但在富氮生态系统中一般观察不到固氮过程。因为固氮需要消耗来自自养或异养过程所储存的能量，当存在其他氮源时，固氮一般不会发生。研究表明，在厌氧条件下，在植物根系附近聚集的微生物可以固定大量空气中的氮，大部分活动与植物关系密切，而非土壤。在20℃时，香蒲的固氮率为每天每千克根系 33.6 mg。估计固定的氮能为香蒲提供 10% ~ 20% 的生长需求。在好氧条件下，固氮率要降低一个数量级，同时温度对固氮也有很大影响。

9.5　底泥对水体中磷的净化作用

9.5.1　吸附作用

底泥吸附被看作沟渠去除磷的主要方式。底泥中磷的存在形式有无机和有机两种形态，通常沟渠底泥中的矿物质低，而有机质含量高，磷在底泥中主要以有机态的形式存在，但在沟渠淹水缺氧条件下，有机磷的矿化速度很慢，所以研究者对沟渠中磷的迁移转化机理的研究主要集中在无机磷上。在酸性和中性条件下，可溶性的无机磷化物很容易与 Fe^{3+} 和 Al^{3+} 发生吸附和沉淀反应，生成溶解度很低的磷酸铁和磷酸铝等；在碱性条件下，磷的吸附主要与 Ca^{2+} 形成磷酸钙被截留在底泥中。反应方程式如下：

$$Al^{3+} + PO_4^{3-} \longrightarrow AlPO_4 \downarrow \qquad (9-7)$$

$$Fe^{3+} + PO_4^{3-} \longrightarrow FePO_4 \downarrow \qquad (9-8)$$

$$5Ca^{2+} + 3PO_4^{3-} + OH^- \longrightarrow Ca_5(PO_4)_3OH \downarrow \qquad (9-9)$$

土壤和底泥对磷的吸附主要发生在表层，随深度增加，吸附能力下降，这是由于表层土壤和底泥处于好氧状态，铁、铝呈无定形的氧化态形式，吸附能力强，能与磷形成难溶的复合物。这种沉淀反应是一个可逆过程，当湿地排水中磷的浓度较低时，底泥吸附的一部分磷有可能重新释放到水中，造成磷的二次污染。因此，底泥在某种程度上起到了"磷缓冲器"的作用。

根据动态试验的观测资料绘制图 9-8 和图 9-9，分别是 30℃、氨氮起始浓度为 10 mg/L 时溶液中可溶性磷浓度随时间变化曲线和底泥吸附量随时间变化曲线。

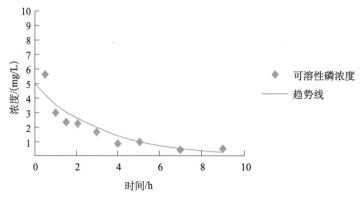

图9-8 可溶性磷浓度随时间变化

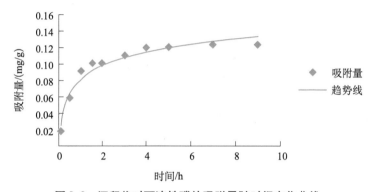

图9-9 沉积物对可溶性磷的吸附量随时间变化曲线

在沟渠沉积物对可溶性磷吸附的初始阶段（0~4 h），可溶性磷浓度随时间的增加而显著减小，沉积物吸附量随时间的增加而显著上升，此后趋于平缓，4~9 h内可溶性磷减少量和沉积物吸附增加量都不大，显示了沉积物对可溶性磷"快速吸附，缓慢平衡"的特点。

经研究表明，沟渠底泥（沉积物）有巨大的表面积，当农田排水进入沟渠以后，大量的可溶性磷被底泥吸附，磷的吸附率最大可达99%。底泥中含有较多的无定形（非晶体形）铁、铝氧化物，能与磷形成溶解度较低的磷酸铁或磷酸铝，沉积在底泥中。底泥对磷的吸附能力与基质中的铁和铝的氧化物的量有正相关关系。但这种吸附是可逆的，如果沟渠水体中的磷浓度较低，底泥吸附的一部分磷有可能重新释放到水中。

9.5.2 微生物作用

沟渠中微生物对磷的去除包括对磷的同化和对磷的过量积累。由于沟渠湿地中植物光合作用光反应、暗反应交替进行以及内部不同区域对氧消耗量存在差异，从而导致系统中好氧和厌氧情况交替出现。在厌氧环境，底泥中的聚磷菌将体内积聚的聚磷分解，释放无机磷到水体中；进入好氧状态后，聚磷菌吸收水体中溶解性磷酸盐，以聚磷的形式积聚于体内，即将磷从水体中沉淀分离出来积聚到底泥中。微生物作用过程如图9-10所示。

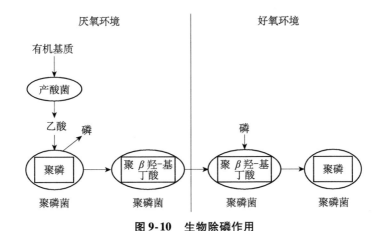

图 9-10　生物除磷作用

具有除磷作用的好氧微生物在有氧条件下先将有机磷及溶解性差的无机磷酸盐吸附，并通过自身酶系统分解非溶解态含磷化合物和有机磷为溶解态的无机磷，促进植物吸收、底泥吸附、沉淀等，进而把磷从水中去除；如果磷浓度大于微生物的营养需求，则超过部分以无机的磷酸盐出现。厌氧微生物在厌氧条件下利用铁结合态的铁磷等，促进磷从底泥中转化为溶解态被释放出来。

9.6　水生植物对水体中磷的净化作用

9.6.1　植物吸收作用

磷是植物生长不可缺少的重要元素，但只有可溶性无机磷才可以被植物吸收利用，而有机磷必须经微生物转化成无机形式后才能被植物吸收。植物吸收磷主要是通过根部首先吸收底泥空隙水中的磷，使水体与底泥之间产生浓度梯度，打破了底泥-水界面的平衡，促进磷在界面的交换作用，进而加速磷进入底泥的速度，提高磷在整个沟渠系统中的净化水平。生物吸收（包括细菌、藻类、大型水生生物）是系统初始阶段去除磷的主要机制，但生物吸收只是一个短暂的储存磷的过程，当藻类死亡以后，35%～75%的磷将最终被释放出来。

很多研究者认为，磷含量的下降实际上主要依靠土壤的吸附和沉淀作用，植物对磷的吸收能力很弱，对磷的去除所起的作用有限。而有的研究者发现不同植物对磷的吸收能力是不同的，漂浮植物及沉水植物对磷的吸收效果差，而挺水植物庞大的根系植于底泥中，可从底泥中直接吸收沉积的磷。虽然研究者对植物吸收磷的能力有不同的观点，但植物生长对磷的去除是有益的，因为不论是漂浮、浮叶、沉水植物还是挺水植物，其根区系统能有效吸附截留水中的悬浮物和颗粒状磷，促进磷的沉降。虽然大型挺水植物能有效储存磷，但所需的磷很少是从水体中直接吸收的，而是通过根部首先吸收底泥空隙水中的磷，使水体与底泥之间产生浓度梯度，这一浓度梯度促进磷向下迁移，提高了磷在整个湿地系统中的截留水平。

根据室内静态试验绘制图9-11，表示排水周期前后两种水生植物风干后总磷含量变化情况。

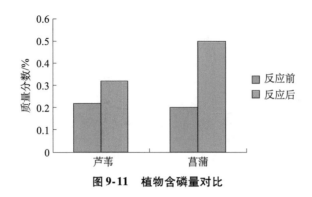

图9-11　植物含磷量对比

研究表明，与植物吸收氮元素相似，不同植物对磷的吸收能力也不同。由图9-11可知，芦苇与菖蒲对磷酸盐均有一定的吸收作用，其中，菖蒲的含磷量变化较大，因此在本试验条件下菖蒲对磷的吸收能力要强于芦苇。

9.6.2　截留沉淀作用

同水生植物对氮元素的作用相同，污染物磷以地表径流、潜层渗流的方式由农田通过排水沟渠进入水体，沟渠中的水生植物形成密集的过滤带。沟渠中的植物过滤带能增加地表水流的水力粗糙度，降低水流速度以及水流作用于土壤的剪切力，增加了水流停留时间，使营养物质发生反应的时间更充分，进而降低污染物的输移能力，促进磷在沟渠中沉淀，有利于悬浮物的沉降，提高去除磷污染物的潜力。沟渠中植物的地下茎和根形成纵横交错的地下茎网，水流缓慢时颗粒态磷被其阻隔而沉降，防止其随水流失。

以可溶性磷为例，由图9-12可知，水生植物通过促进可溶性磷的界面交换，从而增强沟渠的截留能力。

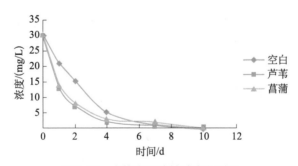

图9-12　水体中可溶性磷变化对比

图9-12中，三种情况下磷酸盐均为从水体向底泥沉积物迁移，截留也是主要发生在前4d，且到第4d后，水体中的磷酸盐已基本被底泥截留，说明不论有无水生植物，磷酸盐均会由水体进入底泥，而在种植芦苇和菖蒲的情况下，可以更快地使水体中磷酸盐进入底泥，但最终减少量没有太大变化，说明水生植物的存在加速了磷酸盐的界面交换，

但随时间的增加，对磷酸盐的截留量是一定的。试验表明，农田排水沟渠对磷酸盐具有一定的截留作用，水生植物可通过加快磷酸盐的界面交换速率，从而在短时间内增强沟渠的截留能力。

9.7　本章小结

本章通过动态模拟和静态模拟试验两部分，分析水生植物对农田排水沟渠水体中氮的净化作用。动态模拟试验表明，农田排水沟渠对氮有一定程度的净化效应，水生植物的存在可增强净化效应。试验运行结束后芦苇与菖蒲风干的全氮含量均有所增加，说明水生植物通过自身吸收作用截留一部分氮污染物。静态模拟试验中，水生植物通过打破界面平衡，促进氮在界面的交换作用，从而加速污染物进入底泥速度，增强对氮的截留能力。

沟渠底泥系统对氮元素的净化过程是通过氨化作用、吸附作用、微生物作用进行的。氮元素的截留是吸附和硝化共同作用的结果。底泥吸附具有"快速吸附，缓慢平衡"的特点。开始时吸附作用占主导，水体中氮浓度有较大降低，底泥中氮浓度显著上升；当达到一定程度时，微生物（硝化细菌）的硝化作用逐渐明显，底泥中的氮通过硝化和反硝化交替作用彻底从沟渠系统中去除。

第10章 沟渠中各主要组分对沟渠 水体的净化作用

10.1 基地静态试验区设置

基地试验区位于河南省新乡市区境内，设置于黄河水利科学研究院引黄灌溉工程技术研究中心所建设的节水试验基地内。

试验选取三个相同规格的 PVC 箱（2 m×0.65 m×0.65 m），第一个作为空白进行对比，只加入 60 cm 深的水样；第二个在箱底放入 20 cm 培养的底泥，其他试验环境与第一个箱子相同；第三个在箱底放入 20 cm 培养的底泥和已经培育好的芦苇，初始种植密度为 10 株/m² （约 13 株）。三个水箱初始水深均设置为 60 cm，试验开始时向三个箱中注入等浓度的营养液（一定量 NH_4Cl 和 KH_2PO_4 溶液），相当于总氮约 15 mg/L，总磷约 0.5 mg/L（参照野外实际排水沟渠中氮、磷浓度），然后再用 NaOH 和 HCL 调节 pH 在 7~8，使箱中水体大致偏中性。由于 NH_4^+ 在碱性条件下易转化为 N_2，挥发进入大气，因此氮的挥发在试验中忽略不计。结合野外试验进度，确定进水的时间和次数。试验在最初开始时，已测出配好营养液的总氮、总磷、氨氮、硝酸盐氮、pH、磷酸盐，测出底泥中的总氮、总磷、氨氮、硝酸盐氮、pH、磷酸盐；推算出有机氮、有机磷（有机氮＝总氮－氨氮；有机磷＝总磷－磷酸盐）含量，同时选取三株芦苇的根、茎、叶，测出所含总氮、总磷等含量。

水体样品的采集：当营养液进入三个水箱后，不同时间在每个水箱的前、中、后三个断面分别设置水样采集点（水样在水体深度 1/2 处采集），分别分析总氮、总磷、氨氮、硝酸盐氮、溶解氧、氧化还原电位、水温、COD 及 pH 等，结果取平均值，进水后前 5 d 每天在同一时间取样，5 d 以后每隔 10 d 取样一次。采样点位置示意见图 10-1。

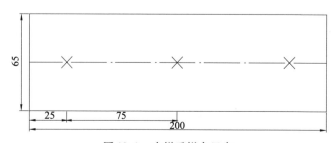

图 10-1 水样采样点示意

底泥样品的采集：在模拟灌溉排水期和在模拟非灌溉排水期（芦苇枯萎期）时每隔一个月分别取底泥表层、中层、底层（0 cm、5 cm、5～10 cm、10～15 cm 深）的湿地底泥样品，分析总氮、总磷、氨氮、硝酸盐氮及 pH、有机氮、有机磷、氧化还原电位等。在每个水箱中选 3 个取样点取平均值，进水前再测一次作为初始值。底泥样取出后放入风干袋中风干待测。底泥取样采用 PSC-600A 型活塞式柱状沉积物采样器。底泥样品采集位置见图 10-2。

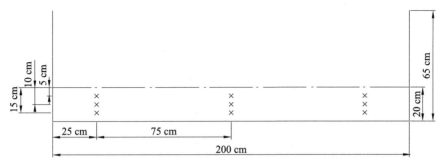

图 10-2　水箱底泥样采样点示意

植物样品的采集：每隔一个月选取 3 株芦苇测出其总氮、总磷、氨氮、硝酸盐氮浓度，取平均值，进水前选取 3 株芦苇测根、茎、叶的总氮、总磷，作为下一组样品的初始值。选取时，尽量选择根、茎、叶均较为完整的植株，且在池中分布较为均匀。箱中植物分布及变化示意见图 10-3。

图 10-3　水箱植物样采样及变化示意

10.2　试验分析方法及仪器

从节水试验基地所采取的水样、植物样及沟渠底泥样，当日即带回位于中心的节水生态试验室进行分析化验，测定有关成分的浓度含量。

10.2.1　水样样品分析方法

水样分析指标包括总氮、氨氮、硝酸盐氮、pH、COD、溶解氧、氧化还原电位等。分析方法见表 10-1。

表10-1 水样监测项目分析方法

序号	监测项目	仪器型号
1	pH	MPS-Checker 便携式水质测量仪
2	总氮	Smartchem 140 全自动化学分析仪
3	氨氮	Smartchem 140 全自动化学分析仪
4	硝酸盐氮	Smartchem 140 全自动化学分析仪
5	溶解氧	MPS-Checker 便携式水质测量仪
6	COD	COD 快速测定仪

（1）氨氮、硝酸盐氮测定的前处理

氨氮试验前，将所采集的水样经过过滤后，倒入仪器杯中。利用氨与碱性酚反应，再与次氯酸盐生成靛酚蓝，颜色的深浅与氨的浓度成正比，再通过加入硝普钠增加显色程度，然后上机进行分析。

同时将所采集的水样经过滤后，也倒入 Smartchem 仪器皿中。利用在一定的条件下，硝酸盐通过硫酸肼还原成亚硝酸盐的原理，在酸性条件下，亚硝酸盐首先与磺胺重氮化，再与 $N-1-$ 盐酸萘乙二胺耦合，生成紫红色的偶氮染料，在 520 nm 或 550 nm 波长处比色测量，进而得出其浓度。

（2）水样总氮的测定

上机前吸取 10 mL 过滤后的试样于比色管中，加入 5 mL 碱性过硫酸钾（40 g 过硫酸钾与 15 g 氢氧化钠溶于蒸馏水中，稀释到 1 000 mL），塞紧磨口塞子，固定，以防弹出；将比色管放入医用蒸汽灭菌锅中，加热，使压力表指针到 1.2~1.4 kg/cm²，此时，温度达 120~124℃，计时，保持 30 min；到时间后冷却，开阀放气，移去外盖，取出比色管冷却至常温；加 0.2 mL 盐酸中和样品，把中和后的样品用蒸馏水定容到 25 mL。若试样消煮后有悬浮物，取上清液测定。

（3）水样 COD 的含量测定

上机前分别吸取 3 mL 蒸馏水（空白）或待测水样置于清洗干净的消解管中（如样品氯离子含量过高，需加入 1 mL 硫酸汞溶液），加入 1 mL 相应浓度的氧化剂及 5 mL 催化剂，具塞摇匀。然后将消解管依次插入消解炉孔内，盖上防护罩，待温度降至低于设定值 165℃后按"消解"键，仪器自动定时消解 10 min，消解完毕后取出消解管至试管架，自然冷却 2 min 后，再水冷至室温。根据水样浓度向每支消解管内加入相应的蒸馏水（如测无氯水样，则 5~100 mg/L 量程加蒸馏水 1 mL，100~1 200 mg/L 量程加蒸馏水 3 mL，1 000~2 000 mg/L 量程加蒸馏水 8 mL；如测含氯水样，因此前已加入 1 mL 硫酸汞溶液，则 5~100 mg/L 量程不需加蒸馏水，100~1 200 mg/L 量程加蒸馏水 2 mL，1 000~2 000 mg/L 量程加蒸馏水 7 mL），具塞摇匀，待测。然后设置仪器参数，先用空白样品进行仪器的校正，然后开始依次将待测水样导入比色皿中，仪器自动测定其吸光度值并根据曲线计算出样品的 COD 值。

（4）水样 Cl⁻ 浓度的测定

①试验原理。以氯离子选择性电极为指示电极，甘汞电极为参比电极，插入试液中组成工作电池。当 Cl⁻ 浓度在 $10^{-1}~10^{-5}$ mol/L 范围内时，在一定的条件下，电池电位值

与 Cl^- 浓度的对数呈线性关系。

$$E = E^{\ominus} - \frac{RT}{F}\ln a_{Cl^-} = E^{\ominus} - \frac{RT}{F}\ln\gamma c_{Cl^-} = E^{\ominus} - \frac{RT}{F}\ln\gamma_{\pm}\, c_{Cl^-}$$

在测定中，只要固定离子强度，则 r_{+-} 可视为定值。只要测出不同 c（Cl^-）值时的电位置 E，做 E-$\ln c_{Cl^-}$ 图（标准曲线），就可了解电极的性能。并可从图中求出待测样品的 Cl^- 浓度。

②试验仪器和药品。PXS-216F 型离子活度计、JB-10 型电磁搅拌器、232-01 型甘汞电极、PCl-1-01 氯离子选择性电极、100 mL 容量瓶若干、100 mL 烧杯、量筒等、氯化钾（KCl）。

③试验步骤。

a. 标准溶液配制。配 100 mL 0.1 mol/L 的 KCl 标准液，用超纯水逐级稀释，配得 0.05 mol/L、0.005 mol/L、0.001 mol/L 和 0.000 1 mol/L 的 KCl 标准溶液各 100 mL。

b. 安装仪器。

c. 标准曲线测量。校正仪器后，用蒸馏水洗净电极，用滤纸吸干，将电极依次从稀到浓插入标准溶液中，充分搅拌后测出各种浓度标准溶液的稳定电位值。

d. 样品 Cl^- 含量的测定。将待测样品倒入烧杯中，测定其电位值，从标准曲线上求得相应的 Cl^- 浓度。

10.2.2　植物样样品分析方法

植物样分析指标包括总磷、总氮，分析方法见表 10-2。

表 10-2　植物样监测项目分析方法

序号	监测项目	仪器型号
1	总磷	Smartchem 140 全自动化学分析仪
2	总氮	Smartchem 140 全自动化学分析仪

植物总氮、总磷测量前处理方法：称取研磨后的植物样品 0.300 0 ~ 0.500 0 g 于 100 mL 刻度消煮管中，先用水湿润样品，再加浓硫酸 5 mL，摇匀，在电炉或消煮炉上先小火加热，待 H_2SO_4 发白烟后再升高温度，当溶液呈均匀的棕黑色时取下。稍冷后加入 10 滴 H_2O_2，再加热至微沸，消煮 7 ~ 10 min，稍冷后重复加 H_2O_2，再消煮。如此重复数次，每次添加的 H_2O_2 应逐次减少，消煮至溶液呈无色或清亮后，再加热约 10 min，除去剩余的 H_2O_2（注意：添加 H_2O_2 时必须把消煮管取出冷却）。消解后冷却，定容至 500 mL，澄清或过滤后溶液待测。澄清或过滤后溶液可供全氮、全磷分析。

10.2.3　沟渠底泥样样品分析方法

底泥样分析指标包括总氮、总磷、氨氮、硝酸盐氮及 pH、有机氮、有机磷和氧化还原电位，总氮、总磷同样也要先用消解仪消解。分析方法见表 10-3。

表 10-3　底泥样监测项目分析方法

序号	监测项目	仪器型号
1	总氮	Smartchem 140 全自动化学分析仪
2	氨氮	Smartchem 140 全自动化学分析仪
3	硝酸盐氮	Smartchem 140 全自动化学分析仪
4	总磷	Smartchem 140 全自动化学分析仪

（1）土壤总氮的前处理

准确称取通过 100 目筛的风干土样 0.3~0.4 g，小心地将样品放入干燥的消解管底部，加入几滴蒸馏水使其湿润，然后加入 1.85 g 混合催化剂，再加入 5 mL 浓硫酸，轻轻摇匀，用小漏斗盖住消解管口，设置消解仪温度为 370℃，设置消解时间为 4 h，点击确定开始加热，直至溶液呈清澈的淡蓝绿色停止，共约 4 h。消煮结束后，取下消解管冷却，将全部消解液加 20 mL 蒸馏水溶解，转入 100 mL 容量瓶，以少量蒸馏水冲洗消解管多次，都倒入 100 mL 容量瓶中，最后定容并充分混匀。同步消解空白。使用滤纸过滤，分析待测。

（2）氨氮、硝酸盐氮测定前处理方法

称取相当于 50.00 g 干土的新鲜土样（若是风干土，过 100 目筛）准确到 0.01 g，置于 200 mL 三角瓶中，加入 2 mol/L 的氯化钾溶液 100 mL，塞紧塞子，在振荡机上振荡 1 h。取出静置，待底泥—氯化钾悬浊液澄清后，吸取一定量的上层清液进行分析。如果不能在 24 h 内进行，用滤纸过滤悬浊液，将滤液储存在冰箱中备用。

10.3　结果分析

10.3.1　水体中氮元素变化规律

选取 2015 年 4 月 3 日—12 月 25 日试验资料，分析底泥吸附和植物吸收以及根系活动对水体中氮元素的影响。3 个试验箱中水体氨氮、硝酸盐氮浓度分布如图 10-4 和图 10-5 所示。

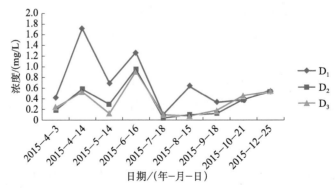

图 10-4　试验箱水体氨氮浓度变化

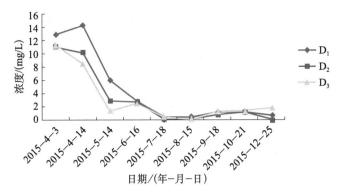

图 10-5　试验箱水体中硝酸盐氮浓度变化

从图 10-4 和图 10-5 中可以看出：

①在 4 月 1 日向 1#、2#、3#箱调节浓度后，3 个箱中水体硝酸盐浓度显著升高，而氨氮浓度提升则相对滞后，在第二个取样节点才达到峰值，同时浓度远低于硝酸盐；

②1#、2#、3#箱水体中氨氮和硝酸盐氮浓度变化具有几乎相同的趋势，6 月 13 日、7 月 29 日、10 月 9 日再次加入混合液调节浓度，同样出现先升高再降低的过程，氨氮浓度变化比硝酸盐氮更加明显；

③9 月之前大多数时间，氨氮和硝酸盐氮浓度均表现为 1#箱 > 2#箱 > 3#箱，9 月之后 2#、3#箱中浓度开始高于 1#箱，进一步分析 3#箱又高于 2#箱。

分析以上现象的原因，1#箱只有水，2#箱还有底泥，因底泥的吸附作用引起氮素浓度差异；2#箱与 3#箱相比，3#箱栽植的芦苇对氮素的净化作用使得二者出现浓度差异。9 月后植物生长能力减弱，茎、叶枯败，同时底泥解吸，释放氮素，对氮素净化效率出现负值，形成内源污染，除此之外，还有温度降低、微生物作用减弱等原因。

10.3.2　底泥中氮元素变化规律

1#箱不含底泥，2#、3#箱体中底泥变化如图 10-6 所示。

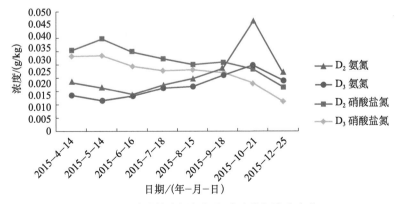

图 10-6　试验箱底泥氨氮和硝酸盐氮浓度变化

不同形式的氮素之间在底泥中的转化较为复杂。底泥对水体中氮素的吸附，水体中氨氮浓度较高时，底泥通过阳离子交换吸附去除水中的铵离子，可以看出，每次向箱体加入尿素磷酸二氢铵混合液时，2#、3#箱中底泥氨氮含量都会增加。此外，不同时期植物的生长情况会导致底泥中的氮素变化，由于芦苇生长需要吸收氮素同化为自身物质，底泥中存在的大量好氧、厌氧和兼性微生物的硝化和反硝化作用交替进行使氮素形态不断发生变化，分析图10-6，两个箱体底泥中的反应主要以反硝化为主。

10.3.3 植物中氮元素浓度变化

氮元素变化反映了水—底泥—植物生态复合体情况，3#箱不同根茎叶总氮变化如图10-7所示。

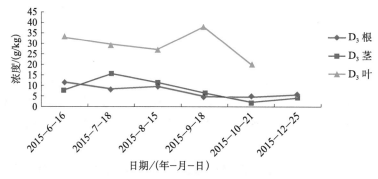

图 10-7 芦苇中氮元素浓度变化

3#箱为新栽植的芦苇，4月植入后6月开始取样，可以看出，叶子含氮量最高，3#箱芦苇叶子在9月达到峰值，之后下降直到11月脱落。6月芦苇生长期，根系总氮含量略高于茎，7—9月生长旺盛期相反。

可以看出，定期收割芦苇，不仅可以带走氮素，同时第二年的"生长拉力"作用还能刺激新生芦苇对氮素的吸收和同化能力，提高净化水平。

10.3.4 水体—底泥—芦苇综合生态环境氮元素含量分析

作为一个生态复合体，农田排水沟渠中任一单一介质内部氮元素的迁移转化都会引起整个系统的改变，对3#模拟箱试验结果进行分析（图10-8）。

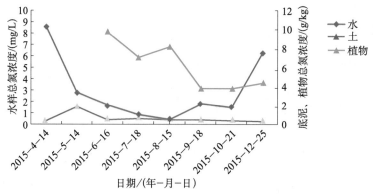

图 10-8 3#箱中水体—底泥—芦苇总氮含量变化

总体来说，2 个模拟箱在试验期内水体中总氮含量变化趋势类似，水体总氮浓度的变化必然伴随着底泥总氮含量的波动。由于 3# 池定期加入混合液调节氮素浓度，但由于底泥的吸附作用和芦苇的生长吸收，水体中总氮在加药初期略微上升后仍会下降；10 月之后，水体总氮浓度升高，而芦苇和底泥下降，反映出沟渠中水体—底泥—植物介质间氮素迁移转化机制。

10.3.5　试验区土样氮素迁移特征分析

在试验设置中笔者曾提到，在节水试验基地处，我们设置了 3 个相同规格的水箱，其中 1# 水箱只加入 60 cm 深的水，2# 水箱在箱底加入从野外试验区采挖回来的底泥 20 cm，上覆 40 cm 水体，且其他条件均与 1# 水箱一样。这样设置的目的就是用来观察分析单纯的底泥层对水体中氮的迁移转化过程影响的大小。通过分析 1# 水箱和 2# 水箱的水体中氨氮和硝酸盐氮的浓度变化过程，来直观地揭示土—水之间相互转换、发生作用的过程。

采用与前文 10.2 中相同的计算方法，将 1# 水箱同一时刻的水样硝酸盐氮和氨氮平均浓度值减去 2# 水箱的同一时刻的值，并将后一次与前一次样进行相对值比较，计算消除率，得出不同季节消除率的变化过程，计算结果见图 10-9。

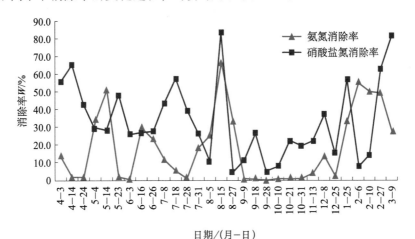

图 10-9　1# 水箱与 2# 水箱氨氮和硝酸盐氮消除率变化

从图 10-9 中可以直观地发现，消除率均为正值，这说明 2# 水箱中的底泥对于同样水体中的氨氮和硝酸盐氮具有十分明显的吸附作用。同时还可以发现，氨氮与硝酸盐氮的消除率整体趋势相同，且都在 8 月 15 日前后出现峰值。总体来说，基地试验区所得到的结果显示，底泥对水体中的硝酸盐氮消除能力要高于对氨氮的消除能力。这表明在 2# 水箱中反硝化作用相对较为强烈一些。

10.3.6　植物对水体中氮的浓度影响分析

如前文所述，在位于节水试验基地的试验区内，设置 3# 水箱。从 2014 年 3 月作为初始时刻，在箱底放入 20 cm 培养的底泥和已经培育好的芦苇，初始种植密度为 10 株/m²（约

13 株），经过几个月的培养，目前芦苇的数量已非常多。在植物生长的过程中，也采集了3#水箱的水样，作为与 2#水箱的对比，来更直观地揭示植物对水—土系统中的氮素迁移转化的影响大小。

将 2#水箱和 3#水箱的同一时刻所取水样、土样的氨氮、硝酸盐氮浓度进行对比，并计算其消除率，画出其随时间的过程变化图，结果见图 10-10。

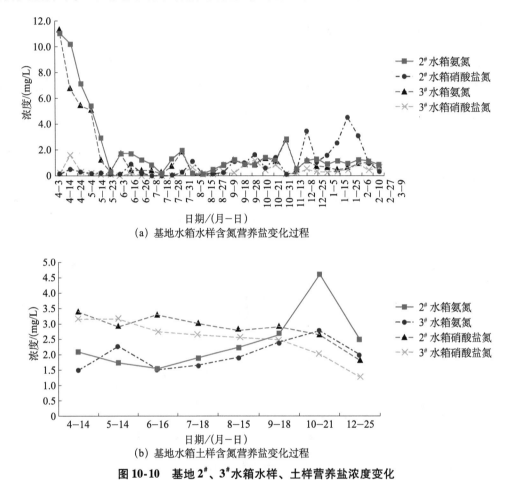

（a）基地水箱水样含氮营养盐变化过程

（b）基地水箱土样含氮营养盐变化过程

图 10-10　基地 2#、3#水箱水样、土样营养盐浓度变化

从图 10-10 中可以发现，3#水箱同一时刻的水样和土样中氨氮、硝酸盐氮浓度均比 2#水箱要小，这也说明在 3#水箱中所种植的植物，对水中氨氮和硝酸盐氮具有很强的吸附作用。在试验初期，两个水箱中水样氨氮浓度都出现了极大的降低，这可能是由于植物会大量吸收介质中无机氮等营养物质，在中期和后期，两水箱中氨氮浓度变化都较为平缓，这说明植物在这一过程中，对水中氨氮的浓度变化影响较弱。

通过对比两个水箱土样中含氮营养盐的浓度变化，可以更清晰地看到植物对底泥中氨氮、硝酸盐氮的浓度影响比水样要大得多。总体来说，2#水箱的土壤氨氮和硝酸盐氮在全观察期内均比 3#水箱的大，植物从土壤中吸收大量的无机氮用来供其生长，且吸收过程持续、稳定，这更好地阐释了植物从水中吸收和从土壤中吸收哪个作用更强。按照前面的计算方法，以 $2^{\#}$ 水箱作为对比，计算 $3^{\#}$ 水箱相对 $2^{\#}$ 水箱的同一时刻的氨氮和硝酸盐氮的消除率，可以更好地发现其变化规律。计算结果见图 10-11。

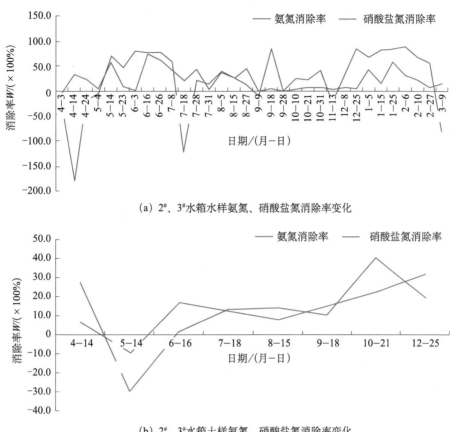

（a）$2^{\#}$、$3^{\#}$ 水箱水样氨氮、硝酸盐氮消除率变化

（b）$2^{\#}$、$3^{\#}$ 水箱土样氨氮、硝酸盐氮消除率变化

图 10-11　$2^{\#}$、$3^{\#}$ 水箱水样、土样消除率变化

从消除率变化图中可以更好地看出 $3^{\#}$ 水箱中植物对水体和土壤底泥中氨氮、硝酸盐氮的浓度影响。因为 $2^{\#}$、$3^{\#}$ 两水箱其他试验条件均相同，区别就在于 $3^{\#}$ 水箱中种植了大量的芦苇。图 10-11 中，消除率为正说明植物对其具有吸收转化作用；消除率为负，则说明植物吸收作用较弱，从图 10-11（a）中可以看到，水样中除了 5 个点发生消除率为负值，其他各点消除率均为正值，这说明植物在生长的过程中，持续具有从水体中吸收氨氮和硝酸盐氮的作用，相对来说，对硝酸盐氮的消除作用更为强烈一点。在土样中也出现类似的规律，土壤底泥的氨氮和硝酸盐氮消除率也都基本为正值，除极个别点外，整体呈增大的趋势，这表示植物不仅从水体中吸收大量的氨氮和硝酸盐氮，同样也在底泥中进行吸收转化。

10.4　本章小结

通过对基地试验区的数据进行分析，得出了沟渠中各主要组分对沟渠水体的净化作用的情况，主要得出以下结论：

①底泥的吸附作用、植物的根系活动和吸收作用在 10 月之前表现为对水体氮素的净化作用，11 月之后则会促使水体中氮素浓度升高，形成内源污染。

②芦苇对底泥总氮影响明显，在 4—7 月生长期净化效率较大，8—11 月大致平衡，11 月之后反而可能引起底泥总氮含量上升。

③芦苇中叶系总氮含量最高，通过定期收割芦苇，不但可以带走氮素营养源，还可以刺激新生芦苇对氮素的吸收同化能力，提高净化水平。

④沟渠水体—底泥—植物生态系统各介质之间联系紧密，任一介质内的氮素迁移转化都会相对应水体的氮素浓度调整。

⑤在基地试验区 1#、2# 水箱均无植物存在的情况下，分析底泥自身对水体中氨氮、硝酸盐氮浓度变化的影响。基地试验区所得到的结果表明，底泥对水体中的硝酸盐氮消除能力要高于对氨氮的消除能力。

⑥植物对沟渠中水体的污染物浓度的变化也分为两部分。通过基地试验区 2# 水箱与 3# 水箱的对比分析，可以得出 3# 水箱同一时刻的水样和土样中氨氮、硝酸盐氮浓度均比 2# 水箱要小，通过对比两个水箱土样中含氮营养盐的浓度变化，可以清晰地看到植物对底泥中氨氮、硝酸盐氮的浓度影响比水样要大得多。水样中除了 5 个点消除率为负值，其他各点消除率均为正值，这说明植物在生长过程中持续具有从水体中吸收氨氮和硝酸盐氮的作用，相比氨氮，对硝酸盐氮的消除作用更为强烈。在土样中也出现类似的规律，土壤底泥的氨氮和硝酸盐氮消除率也都基本为正值，除极个别点外，整体呈增大的趋势，这表示植物不仅从水体中吸收大量的氨氮和硝酸盐氮，同样也在底泥中进行吸收转化。

第 11 章 沟渠运行期对排水沟渠中氮素的截留效应

11.1 试验概况

本模拟沟渠试验布置在黄河水利科学研究院节水与农业生态试验基地（35°18′N，113°53′E），为静态试验，桶式试验不同运行期排水沟渠对水中氮素的净化效应试验，试验监测频率为 1 d。同时，为了深入探究沟渠运行期在沉积物截留沟渠水体中氮素的影响作用，以运行期分别为 1 月龄、7 月龄和多年的沟渠沉积物为研究对象，设置沟渠沉积物吸附效应试验。

11.1.1 试验区概况

基地模拟试验区位于河南省新乡市区黄河水利科学研究院引黄灌溉中心节水灌溉试验基地。试验基地地处北纬 34°55′ ~ 35°55′，东经 112°03′ ~ 114°50′。多年平均气温 14.6℃，极端最高气温 40.8℃，极端最低气温 –18.4℃；降水量年际变化大，年内分配极为不均，多年平均降水量 540.0 mm，年内主要集中于 6—9 月，占年降水量的 70% 以上；年蒸发量在 1 700 ~ 2 000 mm，无霜期 220 d，全年日照时间约 2 400 h，平均风速 2.0 m/s，平均相对湿度为 67.6%。基地试验区现场图见图 11-1。

图 11-1 基地试验区现场

11.1.2 试验仪器及分析方法

（1）水样分析方法

水样分析指标分为现场监测指标（温度、pH、电导率）和试验指标（总氮、氨氮、硝酸盐氮），共计6个指标，均按照《水和废水监测分析方法（第四版）》中相关方法所得，详见表11-1。

表 11-1 水样监测项目分析方法

序号	监测项目	仪器型号
1	水温	SX-620 型笔式 pH 计
2	pH	SX-620 型笔式 pH 计
3	电导率	HI98308（PWT）笔式电导率测定仪
4	总氮	Smartchem 140 全自动化学分析仪
5	氨氮	Smartchem 140 全自动化学分析仪
6	硝酸盐氮	Smartchem 140 全自动化学分析仪

水样中氮含量测量原理及前处理方法如下。

①总氮（TN）。

方法原理：样品中所有形式的氮通过消解转化为硝酸盐，一定条件下，硝酸盐通过硫酸肼还原成亚硝酸盐。在酸性条件下，亚硝酸盐与磺胺重氮化，再与$N-1-$盐酸萘乙二胺耦合，生成紫红色的偶氮染料，在 550 nm 或 520 nm 的波长下比色测量。

试验前处理：将水样于取样瓶中摇匀，并通过无磷滤纸全部过滤在锥形瓶中，每次取 10 mL 试样于比色管中，加入 5 mL 碱性过硫酸钾（40 g 过硫酸钾与 15 g 氢氧化钠溶于蒸馏水中，稀释到 1 000 mL），塞紧磨口塞子，固定，以防弹出。将比色管放入医用蒸汽灭菌锅中，加热，使压力表指针到 1.2 ~ 1.4 kg/cm²，此时，温度达 120 ~ 124℃，计时，保持 30 min。到时间后冷却，开阀放气，移去外盖，取出比色管，待冷却至常温后，加入 0.21 mL 盐酸中和样品。最后，把中和后的样品用蒸馏水定容到 25 mL。若试样消煮后有悬浮物，取上清液测定。期间标样和空白均同步处理。

②氨氮（$NH_4^+ - N$）。

方法原理：氨与碱性酚反应，再与次氯酸盐生成靛酚蓝，颜色的深浅与氨的浓度成正比，再通过加入硝普钠增加显色程度。

试验前处理：将水样于取样瓶中摇匀，通过无磷滤纸全部过滤在锥形瓶后，取适量水样于试杯中，按照分析方法配置各种化学试剂，苯酚钠溶液、次氯酸钠溶液、乙二胺四乙酸二钠和硝普钠等，按仪器操作说明放置样品和药品。试验开始后，仪器进行全自动检测。

③硝酸盐氮（$NO_3^- - N$）。

方法原理：一定条件下，硝酸盐通过硫酸肼还原成亚硝酸盐。在酸性条件下，亚硝酸盐与磺胺重氮化，再与 $N-1-$ 盐酸萘乙二胺耦合，生成紫红色的偶氮染料，在 520 nm 或 550 nm 波长处比色测量。

试验前处理：将水样于取样瓶中摇匀，通过无磷滤纸全部过滤在锥形瓶后，取适量水样于试杯中，按照分析方法配置氢氧化钠、硫酸肼、磺胺显色试剂等，按仪器操作规程放置样品和试剂，开始分析检测。

（2）底泥样分析方法

本试验将对底泥样的氨氮、硝酸盐氮、总氮指标进行测量。详见表11-2。

表 11-2　底泥样监测项目分析方法

序号	监测项目	仪器型号
1	氨氮	Smartchem 140 全自动化学分析仪
2	硝酸盐氮	Smartchem 140 全自动化学分析仪
3	总氮	Smartchem 140 全自动化学分析仪

农田排水沟渠底泥的各项指标的测量原理与前处理方法如下。

①氨氮。

方法原理：氨的检查基于碱性环境下，在硝普钠的催化作用下，氨离子、水杨酸钠和二氯异腈氰尿酸钠中的活性氯会合成靛酚蓝络合物。然后通过在 660 nm 波长下比色测定。

试验前处理：土样研磨过筛，称取 3 g 土样，置于 100 mL 锥形瓶中，加入氯化钾溶液 60 mL，用封口膜封住，在恒温振荡器上振荡 1 h。取出过滤，取滤液进行测量。

②硝酸盐氮。

方法原理：一定条件下，硝酸盐通过硫酸肼还原成亚硝酸盐。在酸性条件下，亚硝酸与磺胺重氮化，再与 $N-1-$ 盐酸萘乙二胺耦合，生成紫红色的偶氮染料，在 520 nm 或 550 nm 的波长下比色测量。

试验前处理：土样研磨、过筛，称取 3 g 土样，置于 100 mL 三角瓶中，加入氯化钾溶液 60 mL，用封口膜封住，在振荡机上振荡 1 h。取出过滤，取滤液进行测量。

③总氮。

方法原理：土样经过强酸高温消煮后，其所含有的各种形态的氮都会转化成硫酸铵 $[(NH_4)_2SO_4]$。而铵离子在水杨酸钠和次氯酸钠的作用下，会生成一种蓝色的物质，它的颜色会随着铵离子浓度的增加而加深。再通过加入硝普钠增加其显色程度，蓝色络合物在 660 nm 的波长下比色测量。

试验前处理：风干土壤样品进行研磨、过筛，称取 0.3 g 于 100 mL 消煮管中，加浓硫酸 5 mL 摇匀，再加高氯酸 10 滴，摇匀，瓶口上加一个小漏斗，在消煮炉上 370℃ 加热消解，至溶液颜色转白并显透明，再继续消煮 20 min。将冷却后的消煮液用纯水少量多次冲洗到 500 mL 容量瓶中，待冷却后用水定容至 500 mL，过滤后待测。

试验常用仪器如图 11-2 所示，试验操作如图 11-3 所示。

图 11-2　试验常用仪器——Smartchem 140 全自动化学分析仪

图 11-3　试验操作

11.1.3　小结

本节论述了试验方案的设计过程（包括野外试验监测以及基地动态模拟），并通过对监测对象（水样、植物、底泥氮素以及 pH、电导率等指标）和试验仪器的归纳，具体阐述了水样、植物、底泥中氮素的试验分析原理以及分析方法。

11.2　排水沟渠沉积物对氮的净化特征分析

11.2.1　材料与方法

（1）试验布置

为了探究不同运行期排水沟渠对非点源溶质氮素的净化规律，研究者于 2016 年 9 月 1—18 日在黄河水利科学研究院新乡引黄灌溉中心试验基地（以下简称试验基地）开展了水桶试验。试验选用 6 L 塑料桶 6 个，设计两组模拟沟渠（桶高 26.5 cm，桶口和桶底直径分别为 20.3 cm、17 cm，底泥深度约为 15 cm，水深 10 cm）：一组用运行期分别为 1 月、7 月和多年且生长有 1 株芦苇的原状沟渠底泥装填，约 30 株/m²，芦苇长势较一致，为生态沟渠；另一组仅用原状沟渠底泥装填，为非生态沟渠（图 11-4），试验装置布置在遮雨棚下，沟渠底泥初始理化性质见表 11-3。

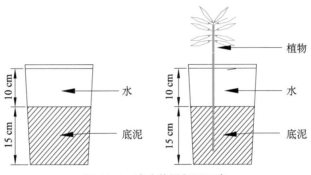

图 11-4　试验装置断面示意

表 11-3　沟渠沉积物理化性质

运行期	pH	氨氮/（mg/kg）	硝酸盐氮/（mg/kg）	颗粒组成/%		
				< 2.000 μm	2.00 ~ 50.00 μm	> 50.00 μm
1 月#	7.52	0.689	0.541	17.247	73.826	8.927
1 月	8.01	0.546	0.762	15.468	74.355	10.177
7 月#	8.04	0.792	0.526	16.613	70.426	12.961
7 月	8.16	0.597	0.345	15.280	75.796	8.924
多年#	8.29	0.778	0.506	9.582	60.482	29.936
多年	8.38	0.921	0.425	7.744	60.591	31.665

注：#代表生态沟渠，否则代表非生态沟渠，下同。

（2）试剂配制与添加

本项试验历时 18 d。试验开始时，参照李强坤作物生长期旱田农沟污染物浓度统计特征值，总氮浓度范围为 3.896 ~ 13.063 mg/L，模拟农田排水高浓度情况，采用纯度为 99.8% 的 NH_4NO_3（国药集团）配制总氮浓度为 12 mg/L 的混合溶液。9 月 1 日统一加入预配的 NH_4NO_3 溶液 2 200 mL，按加水静置 2 h 后第一次取样浓度进入试验。

（3）样本提取和分析

9 月 1 日注水 2 h 后第一次取样，试验前期（9 月 1—12 日）每天取样一次，待溶液浓度稳定后每两天取样一次，共取样 15 次（9 月 13—18 日）。用注射针筒吸取上覆水，每次取样 20 mL，同时测定上覆水的 pH、温度等，每次取样后用纯水将水位补充至初始水位。由于 NH_4^+ 离子易转化为气态 NH_3，挥发进入大气，因此氮的挥发在试验中不计入分析。上覆水的理化性质见表 11-4。

样品提取后经 0.45 μm 膜过滤后按照文献进行试验室化验分析，分析指标包括氨氮、硝酸盐氮，主要分析仪器为 Smartchem 140 全自动化学分析仪。

表 11-4　上覆水理化性质

日期	pH						水温/℃
	1 月[#]	7 月[#]	多年[#]	1 月	7 月	多年	
9 – 1	8.39	8.64	8.76	8.30	8.53	8.49	27.7
9 – 6	8.32	8.21	9.39	9.27	9.42	9.45	25.8
9 – 10	7.55	8.34	8.34	8.70	9.10	9.23	24.4
9 – 18	7.68	8.12	8.62	8.49	8.95	8.77	23.5

（4）数据分析

数据分析采用 Microsoft Excel 2012 软件对试验数据进行统计分析，差异显著性分析采用最小显著性差异（LSD）法，拟定显著性水平 $P = 0.05$。

为进一步量化分析不同运行期沟渠对氮的净化特征，研究中引入净化速率 v，计算公式如下：

$$v = (c_2 - c_1)/t \tag{11-1}$$

式中：v——净化速率，mg/（L·d）；

c_1、c_2——模拟箱水体中氮素浓度，mg/L；

t——时间间隔，d。

沟渠沉积物理化性质见表 11-5。

表 11-5　沟渠沉积物理化性质

运行期	pH	氨氮/（mg/kg）	硝酸盐氮/（mg/kg）	颗粒组成/%		
				<2.000 μm	2.00~50.00 μm	>50.00 μm
1 月[#]	7.52	0.689	0.541	17.247	73.826	8.927
1 月	8.01	0.546	0.762	15.468	74.355	10.177
7 月[#]	8.04	0.792	0.526	16.613	70.426	12.961
7 月	8.16	0.597	0.345	15.280	75.796	8.924
多年[#]	8.29	0.778	0.506	9.582	60.482	29.936
多年	8.38	0.921	0.425	7.744	60.591	31.665

11.2.2　沟渠中氨氮和硝酸盐氮的浓度变化过程分析

选取 2016 年 9 月 1—18 日时段试验资料，点绘生态沟渠和非生态沟渠水体中氨氮和硝酸盐氮的浓度曲线，见图 11-5 和图 11-6。

从图 11-5 和图 11-6 中可以看出，水体中氮素浓度变化具有以下几个特征：①不同运行期的生态沟渠和非生态沟渠对水中的氮素具有较强的净化作用，氮素浓度在试验初期快速下降，待下降至第一个浓度较低值后，趋于平缓，呈现出"快速净化，波动平衡"的特点。②与非生态沟渠中氨氮浓度快速下降至第一个浓度较低值不同，1 月龄非生态沟渠中硝酸盐氮浓度直接升高，7 月龄和多年非生态沟渠中硝酸盐氮浓度则先降后升，与 1 月龄沟渠同时达到第一次峰值，然后三者降低至第一次浓度较低值，且硝酸盐氮浓度下降至第一个浓度较低值的时间（9 月 8 日）晚于氨氮（9 月 5 日）。其原因是沟渠沉积物

是氮的容纳场所，1 月龄非生态沟渠运行期较短，没有足够的时间来富集有机质，从而限制了反硝化细菌的大量繁殖，降低了沟渠的硝化作用，同时 1 月龄非生态沟渠底泥中硝酸盐氮的含量最高（表 11-5），从而为沟渠沉积物中的氮素向上覆水中的释放提供了条件。③在试验初期，不同运行期生态沟渠中氨氮和硝酸盐氮浓度均快速下降，且分别早于非生态沟渠氨氮和硝酸盐氮浓度下降至第一个浓度较低值的时间（氨氮：9 月 4 日，硝酸盐氮：9 月 5 日）；对生态沟渠和非生态沟渠试验初期氮素浓度的下降过程进行一元线性回归分析（表 11-6），可得生态沟渠中氨氮和硝酸盐氮与非生态沟渠中氨氮的浓度曲线均与趋势线的拟合程度较好，表明线性下降的趋势，而非生态沟渠中硝酸盐氮浓度曲线与趋势线的拟合程度随着沟渠运行期的增长，相关性提高，趋势线下降得更快。④生态沟渠和非生态沟渠中硝酸盐氮"波动平衡"的浓度范围（≤2.92 mg/L）高于氨氮（≤1.58 mg/L）。⑤经显著性分析可知，不同运行期生态沟渠中氨氮和硝酸盐氮的净化过程无显著性差异，而非生态沟渠中硝酸盐氮的净化过程在试验初期（9 月 1—6 日）有显著性差异（显著性 $P = 0.01 < 0.05$）（表 11-7）。

从图 11-7 中可以看出，随着运行期的增长，沟渠中硝酸盐氮的净化过程总体上呈现拟合趋势，经显著性分析，1 月龄和 7 月龄生态沟渠和非生态沟渠中硝酸盐氮的净化过程在整个试验期均有显著性差异，多年运行期沟渠中硝酸盐氮的净化过程无显著性差异，氨氮的净化过程无显著性差异（表 11-8）。

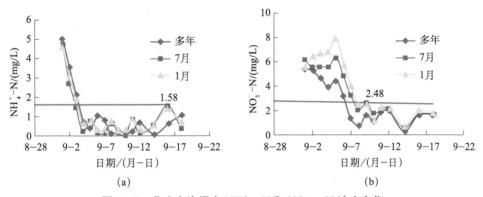

(a)　　　　　　　　　　　　(b)

图 11-5　非生态沟渠中 $NH_4^+ - N$ 和 $NO_3^- - N$ 浓度变化

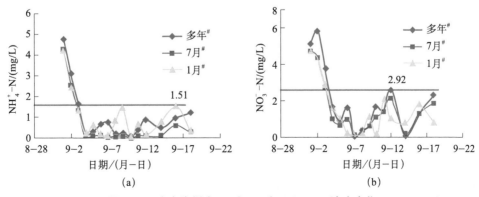

(a)　　　　　　　　　　　　(b)

图 11-6　生态沟渠中 $NH_4^+ - N$ 和 $NO_3^- - N$ 浓度变化

表 11-6　试验初期氮素浓度变化趋势的一元拟合方程

项目		运行期	公式	R^2
非生态沟渠	氨氮 （9/1—9/5）	多年	$y = -1.1888x + 50\,664$	0.970
		7月	$y = -1.0433x + 44\,463$	0.839
		1月	$y = -1.0247x + 43\,671$	0.918
	硝酸盐氮 （9/1—9/8）	多年	$y = -0.662x + 28\,216$	0.881
		7月	$y = -0.5007x + 21\,344$	0.663
		1月	$y = -0.425x + 18\,117$	0.375
生态沟渠	氨氮 （9/1—9/4）	多年	$y = -1.511x + 64\,392$	0.998
		7月	$y = -1.3855x + 59\,044$	0.994
		1月	$y = -1.3079x + 55\,741$	0.987
	硝酸盐氮 （9/1—9/5）	多年	$y = -1.4466x + 61\,652$	0.868
		7月	$y = -1.3238x + 56\,418$	0.949
		1月	$y = -1.1701x + 49\,868$	0.959

表 11-7　不同运行期沟渠显著性分析结果（一元线性分析）

项目	生态沟渠			非生态沟渠		
	时间	F	显著性	时间	F	显著性
氨氮	9/1—9/5	0.045	0.956	9/1—9/5	0.056	0.946
	9/6—9/18	3.987	0.030	9/1—9/18	0.106	0.901
	9/1—9/18	0.183	0.834	—	—	—
硝酸盐氮	9/1—9/5	0.145	0.867	9/1—9/6	11.439	0.001
	9/6—9/18	0.640	0.535	9/7—9/18	2.72	0.086
	9/1—9/18	0.292	0.748	9/1—9/18	1.509	0.233

注：运行期作为单一变量，比较 1 月龄、7 月龄和多年沟渠中氮素净化过程的差异性。

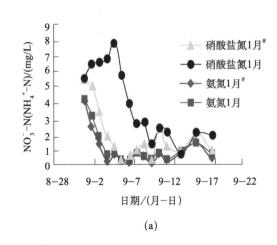

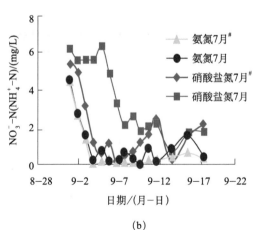

(a)　　　　　　　　　　　　　　　(b)

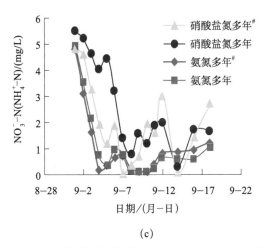

(c)

图 11-7　不同运行期排水沟渠中 $NH_4^+ - N$ 和 $NO_3^- - N$ 浓度变化

表 11-8　生态沟渠和非生态沟渠显著性分析结果（一元线性分析）

项目	1 月龄			7 月龄			多年		
	时间	F	显著性	时间	F	显著性	时间	F	显著性
氨氮	9/5—9/18	0.587	0.453	9/1—9/4	0.028	0.873	9/1—9/4	0.096	0.767
	9/1—9/18	0.281	0.60	9/5—9/18	6.390	0.020	9/5—9/18	0.187	0.67
	—	—	—	9/1—9/18	0.396	0.535	9/1—9/18	0.015	0.902
硝酸盐氮	9/1—9/6	16.080	0.002	9/1—9/6	11.389	0.007	9/1—9/4	0.885	0.374
	9/7—9/18	7.621	0.014	9/7—9/18	5.776	0.029	9/5—9/18	0.378	0.476
	9/1—9/18	8.203	0.008	9/1—9/18	6.861	0.014	9/1—9/18	0.519	0.447

注：比较 1 月龄、7 月龄和多年运行期生态沟渠和非生态沟渠中氮素净化过程的差异性。

11.2.3　沟渠中氨氮和硝酸盐氮的净化速率分析

通过式（11-1）的计算，点绘生态沟渠和非生态沟渠中氨氮和硝酸盐氮净化速率曲线，见图 11-8 ~ 图 11-10。

从图 11-8 和图 11-9 中可以看出，生态沟渠和非生态沟渠中氮素的净化过程有以下几个特征：①生态沟渠和非生态沟渠中氨氮的净化速率呈递减的趋势，逐渐趋于平缓，且氨氮的净化速率总体分布为：多年 >7 月龄 >1 月龄，说明无论有无水生植物，排水沟渠均对氨氮具有较强的净化作用，且随着运行期的增长，氨氮的净化速率有所增加，但无显著性差异（表 11-9）。②由图 11-8、图 11-9 及表 11-9 可知，生态沟渠和非生态沟渠中氨氮和硝酸盐氮的最高净化速率分别为 1.74 mg/（L·d）、1.43 mg/（L·d）、1.61 mg/（L·d）、0.67 mg/（L·d），与试验初期氮素浓度线性趋势线的最大斜率在数值（1.51、1.45、1.12、0.66）上较为接近，进一步证明了试验初期沟渠浓度呈线性下降的趋势。③生态沟渠中硝酸盐氮的净化速率先增后减，不同运行期生态沟渠中硝酸盐氮的净化速率无显著性差异,说明在试验初期,反硝化作用的强度逐渐增强,并于 9 月 4 日达到最高,随着 NO_3^- 浓度的减少,反硝化速率降低。④与生态沟渠中硝酸盐氮的净化过程不同,不同运行期非生态沟渠中硝酸盐氮的净化过程有显著性差异(9 月 2—8 日:$P = 0.001 < 0.05$;9 月 2—18 日:$P = 0.002 < 0.05$),且净化速率比较为:多年 > 7 月龄 > 1 月龄。⑤1 月龄非生态沟渠和生态沟渠中硝酸盐氮净化速率在试验初期均出现了负值,这可能是因为 1 月龄沟渠底泥中硝酸盐氮的含量高于 7 月龄和多年(表 11-8),使得在试验初期,沉积物间隙水中硝酸盐氮的含量高于上覆水中氮的含量,溶解的氮被释放到上覆水中,同时说明在试验初期 1 月龄沟渠净化速率小于硝酸盐氮向上覆水中释放的速度。⑥生态沟渠中硝酸盐氮和氨氮的净化速率均大于相同时期的非生态沟渠,表明水生植物的存在促进了沟渠对氮素的净化能力。

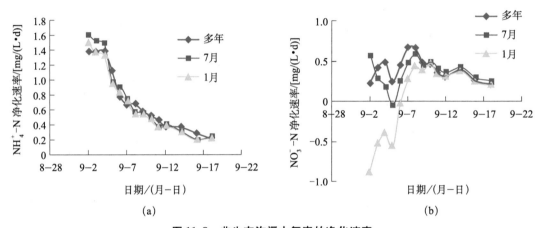

图 11-8 非生态沟渠中氮素的净化速率

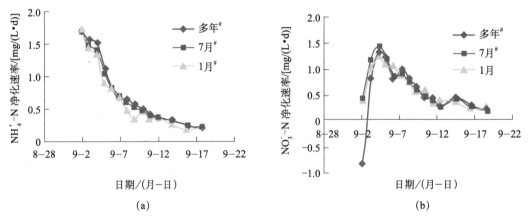

图 11-9 生态沟渠中氮素的净化速率

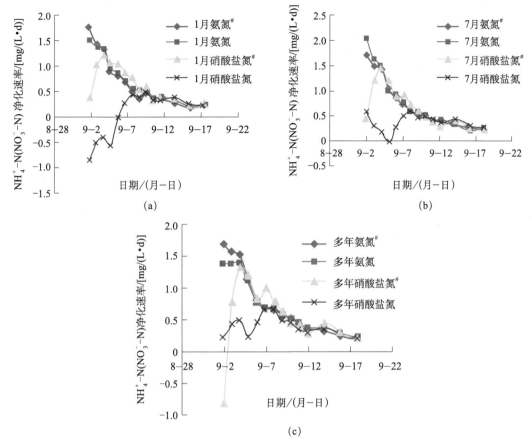

图 11-10　不同运行期排水沟渠中氮素的净化速率

表 11-9　不同运行期沟渠中氮素净化速率显著性分析结果（一元线性分析）

	生态沟渠			非生态沟渠		
	时间	F	显著性	时间	F	显著性
氨氮	9/2—9/8	0.179	0.677	9/2—9/8	0.011	0.919
	9/2—9/18	0.200	0.657	9/2—9/18	0.039	0.844
硝酸盐氮	9/2—9/8	0.447	0.512	9/2—9/8	15.114	0.001
	9/2—9/18	0.246	0.623	9/2—9/18	10.526	0.002

11.2.4　讨论

通过前文分析可以看出，不同运行期沟渠对水体中氨氮、硝酸盐氮均具有较强的净化作用。生态沟渠对氮素的拦截主要通过植物吸收、微生物硝化和反硝化作用以及底泥的吸附等过程实现。氮素是植物生长所必需的营养元素，以离子形式存在的无机态氮（氨氮和硝酸盐氮）能够被生态沟渠中的植物直接吸收利用而去除，同时植物在生长过程中不断向根部输送氧气而形成根区好氧微环境，有助于硝化细菌的生长，为硝化细菌将氨氮转化为硝酸盐氮提供条件，同时与反硝化细菌在根区以外的缺氧或厌氧条件下的反硝化作用相结合，最终将硝酸盐氮转化为气态 N_2 和 N_2O，而使得水体氮素得到去除。另外由于底泥中土壤胶体颗粒带负电荷，能更好地吸附氨氮，促进氨氮被吸附固定，因此，沟渠中 NH_4^+-N 的去除率要高于硝酸盐氮。这与试验中相同运行期排水沟渠中氨氮的净化速率高于硝酸盐氮，硝酸盐氮的平衡浓度范围（≤2.92 mg/L）在试验后期高于氨氮浓度波动平衡的浓度范围（≤1.58 mg/L）结果一致。

不同运行期非生态沟渠中氨氮和硝酸盐氮浓度表现为多年沟渠 <7 月龄沟渠 <1 月龄沟渠，氨氮的浓度变化过程无显著差异，硝酸盐氮的浓度变化在试验初期（9 月 1—6 日）有显著性差异（显著性 $P=0.001<0.05$），这与不同运行期沟渠底泥中硝化细菌和反硝化细菌的数量差异与生物特性有较大关系，随着运行期的增长非生态沟渠底泥富集了更多的机质，使得反硝化细菌的数量大量繁殖，同时非生态沟渠底泥中的缺氧环境有利于反硝化作用的发生，使得硝酸盐氮转化成气态的 N_2 和 N_2O 逸出，但抑制了硝化细菌的反硝化作用。

在试验初期，相同运行期生态沟渠中硝酸盐氮的净化速率均高于非生态沟渠，而氨氮的净化速率无显著性差异，这与张树楠等研究表明沟渠沉积物对氨氮的吸附具有"快速吸附，缓慢平衡"和对硝酸盐氮具有"快速硝化，缓慢平衡"的特点类似，说明在试验初期，沟渠沉积物的吸附在氨氮的净化过程中起主导作用，故有无水生植物对氨氮的净化速率无显著性影响；植物根系的泌氧特性，使得水生植物根际底泥氧化还原层分异，促进生物硝化和反硝化作用的发生。

11.2.5 小结

通过水桶试验模拟了不同运行期沟渠同一时期水体中氨氮、硝酸盐氮的浓度变化，并对其各自的净化速率进行了分析，主要得到以下规律：

①不同运行期排水沟渠对水体中氨氮、硝酸盐氮具有较强的净化效应，净化过程表现出"快速下降，波动平衡"的特点，氨氮浓度的下降速度快于硝酸盐氮，氨氮浓度的波动平衡范围（≤1.58 mg/L）低于硝酸盐氮浓度的波动平衡范围（≤2.92 mg/L）。

②生态沟渠和非生态沟渠中氨氮浓度的变化过程，除 7 月龄沟渠"波动平衡"阶段有显著性差异（$P=0.03<0.05$）外，其余阶段无显著性差异；1 月龄沟渠和 7 月龄沟渠中硝酸盐氮浓度的变化过程，在试验初期和"波动平衡"阶段均有显著性差异，多年沟渠的净化趋势相似，无显著性差异。

③运行期的不同对试验初始阶段排水沟渠中氨氮和硝酸盐氮的净化速率有较大的影响，初始阶段的净化速率比较为：多年 >7 月龄 >1 月龄；除不同运行期非生态沟渠中硝酸盐氮的净化速率有显著性差异外，其余阶段无显著性差异。

④本试验初步证明，在增长沟渠运行期能够提高沟渠氮素净化能力的基础上，笔者研究了不同运行期沟渠对硝酸盐氮和氨氮净化效应的差异，对进一步探究排水沟渠的发育过程和生态沟渠的合理化设计与管理具有一定的借鉴意义。但在沟渠底泥微生物方面的研究尚有欠缺，对造成不同运行期沟渠净化能力差异的原因也有待进一步深入探讨。

11.3　沟渠沉积物截留特性研究

为了对沟渠沉积物的截留机理进行深入探究，比较不同运行期沟渠沉积物截留过程的差异，试验选取黄河水利科学研究院节水与农业生态试验基地运行期分别为1月、7月，选取多年的生态沟渠和非生态排水沟渠沉积物作为试验材料，分析其对非点源溶质氮素的吸附和硝化效应，从而为深入地研究沟渠运行期对氮素的净化过程提供理论支撑。

11.3.1　材料与方法

（1）样品的采集和预处理

用底泥取样器从6个排水沟渠中分别取一定量的底泥沉积物，去除其中的根须，然后分别放到6个烧杯中备用。

（2）等温吸附试验

分别在18个150 mL的三角瓶中（每个运行期一组，每组6个）加入沟渠沉积物5 g和60 mL不同浓度的NH_4^+Cl溶液。用封口膜封住三角瓶瓶口，以防氨氮挥发。将所有样品放入医用蒸汽灭菌锅中，加热，使压力表指针到$1.2 \sim 1.4 \ kg/cm^2$，此时，温度达$120 \sim 124℃$，计时，保持30 min。取出灭菌样置于$（30 \pm 0.5）℃$恒温振荡器振荡24 h后，取出过滤，取滤液进行测量。

（3）吸附动力学试验

分别在24个150 mL的三角瓶中（每个运行期一组，每组8个）加入NH_4^+Cl溶液60 mL和沟渠沉积物5 g。用封口膜封住三角瓶瓶口后放入医用蒸汽灭菌锅中加热灭菌（流程同上），然后取出灭菌样置于$（30 \pm 0.5）℃$恒温振荡器内振荡，每隔一定时间取一瓶，过滤，取滤液进行测量。根据氮浓度随时间的变化表示沉积物吸附动力学试验。

根据式（11 - 2）计算沉积物吸附量Q。

$$Q = (c_0 - c_e)V/m \tag{11-2}$$

式中：Q——沉积物吸附量，mg/g；

$\quad\quad c_0$——NH_4Cl溶液初始浓度，mg/L；

$\quad\quad c_e$——NH_4Cl溶液稳定浓度，mg/L；

$\quad\quad V$——溶液体积，L；

$\quad\quad m$——沉积物质量，g。

（4）沟渠沉积物硝化效应试验

分别在54个100 mL的三角瓶中（分两组，每组27个，每组按照运行期分为3个小组）加入纯水20 mL和沟渠沉积物6 g。一组直接加入30 mL的NH_4^+Cl溶液（40 mg/L），另一组放入高压灭菌锅内进行灭菌，30 min后再加入同剂量相同浓度的NH_4^+Cl溶液，然后将全部三角瓶置于（30±0.5）℃恒温振荡器内振荡，每隔一定时间在每一个小组中取出一瓶，过滤，取滤液进行测量。根据式（11-3）分别计算出氨氮浓度灭菌减少量（$Q_{灭}$，mg/L）和未灭菌减少量（$Q_{未灭}$，mg/L），可得沉积物硝化量。

$$Q_{硝化} = （Q_{未灭} - Q_{灭}）\tag{11-3}$$

式中：$Q_{硝化}$——沉积物的硝化量，mg/g。

样品的前处理方法及原理详见第2章。

11.3.2　沟渠沉积物对氨氮的吸附效应

图11-11是不同运行期沟渠沉积物在氨氮起始浓度为10～500 mg/L内的等温吸附曲线。由图11-11可见，在低浓度时（10～200 mg/L）沟渠沉积物吸附量随着氨氮浓度的升高而增大，氨氮起始浓度小于100 mg/L时，随着浓度的增大，沟渠沉积物的吸附量快速上升，曲线较陡；当氨氮浓度在100～200 mg/L区间时，吸附量的上升趋势减缓；当氨氮起始浓度达到200 mg/L后，沟渠沉积物吸附曲线形成一水平线，表明沟渠沉积物吸附达到最大值，为1.2～1.4 g/kg。同时，随着沟渠运行期的增长，沟渠沉积物的吸附量增加，但由LSD法分析结果（显著性 $P=0.941>0.05$）可知，吸附量无显著性增加。

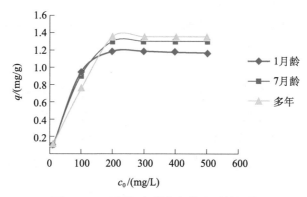

图11-11　不同运行期氨氮的吸附等温线

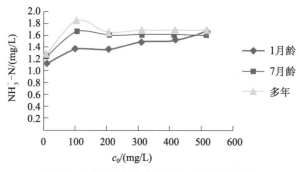

图11-12　硝酸盐氮浓度随时间变化曲线

图11-13是30℃、氨氮起始浓度为30 mg/L时溶液中氨氮浓度随时间变化的曲线。

从图 11-13 中可以看出，在试验初期（0～3.5 h）氨氮浓度迅速降低，3.5～11 h 氨氮的浓度趋于平稳。这说明试验前期沟渠因为沟渠沉积物的吸附作用，使得水中氨氮的浓度逐渐下降，随着试验时长的增加，沉积物中氨氮含量的升高以及水中氨氮浓度的降低，底泥对氨氮的吸附能力减弱，最终达到动态平衡，氨氮浓度保持稳定。1 月龄、7 月龄和多年沟渠沉积物对氨氮吸附作用的平衡浓度分别为 1.71 mg/L、2.48 mg/L 和 2.92 mg/L。从图中可知，随着沟渠运行期的增长，沟渠沉积物对氨氮的吸附能力逐渐增强，由显著性分析结果（显著性 $P = 0.02 < 0.05$）可知三者的吸附过程有显著性差异。

图 11-14 是 30℃、氨氮起始浓度为 30 mg/L 时溶液中氨氮的吸附动力学曲线。在沟渠沉积物对氨氮和硝酸盐氮吸附的初始阶段（0～3.5 h），沉积物的硝酸盐氮吸附量随时间的增加而快速上升，1 月龄、7 月龄和多年沟渠沉积物对氨氮的吸附速率分别是 0.084 g/（kg·h）、0.089 g/（kg·h）和 0.090 g/（kg·h），此后沉积物对氨氮的吸附量增加幅度下降，吸附速率降低，3.5～11 h 内氨氮吸附量增加不大，显示了沉积物"快速吸附，缓慢平衡"的特点。不同运行期排水沟渠中沉积物硝酸盐氮的吸附量最大值约为 1.6～1.7 g/kg，高于氨氮的吸附量（1.2～1.4 g/kg），这与"氨氮浓度波动平衡的浓度范围（≤2 mg/L）低于硝酸盐氮浓度的波动平衡范围（≤3 mg/L）"的结论相似。随着沟渠运行期的增长，沟渠沉积物的吸附能力增强，由显著性分析结果（显著性 $P = 0.000 < 0.05$）可知，三者的吸附过程有显著性差异。

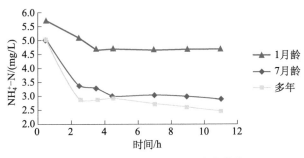

图 11-13　氨氮浓度随时间变化曲线

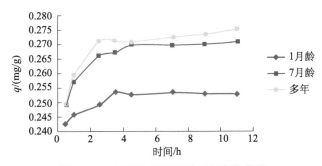

图 11-14　沉积物吸附量随时间变化曲线

11.3.3 沟渠沉积物对氨氮的硝化截留效应

图 11-15 和图 11-16 分别是 30℃、氨氮起始浓度为 24 mg/L 时不同运行期非生态沟渠和生态沟渠中氨氮浓度减少量随时间变化曲线。在沟渠沉积物对氨氮硝化的初始阶段（0~1.5 h），氨氮浓度灭菌减少量和未灭菌减少量均有较大增加，此后增加量不大，3.5~7 h 内趋于平缓，显示沟渠沉积物具有"快速硝化，缓慢平衡"的特点；不同运行期生态沟渠和非生态沟渠中氨氮减少量均随着运行期的增长而增长：1 月龄 < 7 月龄 < 多年，由显著性分析结果（显著性 $P = 0.000 < 0.05$）可知，沟渠沉积物的硝化量有显著性增加。

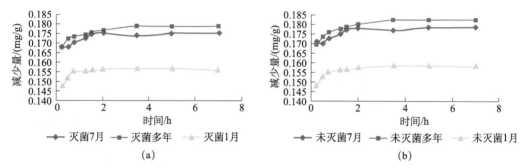

图 11-15　不同运行期非生态沟渠中氨氮浓度减少量随时间变化曲线

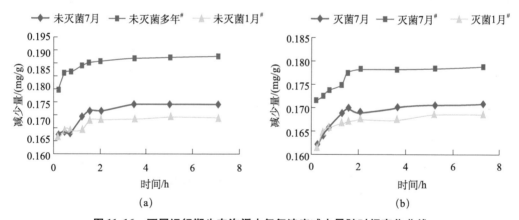

图 11-16　不同运行期生态沟渠中氨氮浓度减少量随时间变化曲线

图 11-17 和图 11-18 分别是 30℃、氨氮起始浓度为 24 mg/L 时不同运行期非生态沟渠和生态沟渠沉积物的硝化量随时间变化曲线。在试验初期（0~2 h），沉积物的硝化量随时间显著增加，此后沉积物的硝化量增加不大，4~7 h 内趋于平缓，表明沟渠沉积物硝化达到最大值；随着沟渠运行期的增长，沟渠沉积物的硝化能力表现为：多年 > 7 月龄 > 1 月龄，由显著性分析结果（显著性 $P = 0.003$、$0.000 < 0.05$）可知非生态沟渠和生态沟渠的硝化能力均有显著性增加，其中生态沟渠大于相同运行期非生态沟渠的硝化能力。

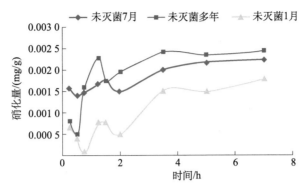

图 11-17　不同运行期非生态沟渠沉积物硝化量随时间变化曲线

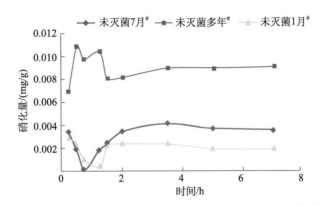

图 11-18　不同运行期生态沟渠沉积物硝化量随时间变化曲线

11.3.4　讨论

沟渠湿地是截留和转化农业非点源污染的关键场所。农田排水沟渠系统中沉积物具有巨大的比表面积，同时也是微生物生存的重要场所，通过沉积物的吸附作用和微生物的硝化与反硝化作用可有效截留沟渠排水中的非点源溶质氮素，进而减少进入外界水体中的污染物含量。底泥对水体中的氨氮具有吸附作用，对还原态氨氮的吸附能力最强，天然沟渠系统的底泥可以通过阳离子交换吸附去除溶液中的铵离子。硝化作用是指土壤中的氨在硝化细菌的作用下转化成硝酸盐的过程。硝化作用与土壤铵态氮和硝态氮的比例密切相关，并受到生物和非生物因素的调节和控制。这与吸附动力学试验和硝化试验中，不同运行期沟渠沉积物对氨氮的吸附作用和硝化截留作用有显著性差异的结论一致。

试验结果表明，不同运行期沟渠沉积物在不同的氨氮浓度条件下均能有效截留溶液中的氨氮浓度。从图 11-11 中可以看出，随着氨氮浓度的增加，沟渠沉积物的吸附容量逐渐增大，然后保持稳定。主要原因是，如果氨氮的浓度较小，以至于平衡时的吸附量小于介质饱和吸附量，所以在低浓度下去除率是上升的。当氨氮的浓度高于介质的饱和吸附量，氨氮的吸附量将保持稳定，进而沟渠沉积物的去除率也随着浓度的升高而降低。

这与张曦等关于氨氮在天然沸石上的吸附与解析的研究结论相似。

不同运行期沟渠沉积物对氮素的吸附作用和硝化作用有显著性差异，随着沟渠运行期的增长，吸附作用和硝化作用均有明显增加。这是因为沟渠湿地是农田流失的氮素营养物质的汇聚场所，随着沟渠运行期的增长，底泥中积累的营养物质逐渐增多，为硝化细菌和反硝化细菌的繁殖提供了条件。但是通过对比沟渠沉积物对氨氮的吸附量和硝化量，可知沉积物对氨氮的吸附量远大于沉积物对氨氮的硝化量，这与徐红灯等的研究结论不一致。这可能是因为硝化试验选择的温度不是该地点土壤硝化作用的最适温度，温度过高或过低对土壤硝化作用都是不利的。

11.3.5　小结

本节通过采取沟渠沉积物吸附效应试验和硝化效应试验，研究了沟渠沉积物对氮素的吸附和硝化能力，深入分析了不同运行期沟渠沉积物在沟渠中对氮素截留效应的差异。主要得到以下几个结论：

①不同运行期沟渠沉积物对氨氮的吸附过程和硝化过程均有显著性差异，且随着沟渠运行期的增长，吸附能力和硝化能力有显著增加。

②在沟渠沉积物拦截农田排水沟渠氨氮的过程中，沟渠沉积物的硝化作用较吸附作用弱，与沟渠沉积物对氨氮"快速吸附，缓慢平衡"的特点相似，沉积物也具有"快速硝化，缓慢平衡"的特点。

11.4　农田排水沟渠中氮的迁移转化规律

11.4.1　材料与方法

（1）试验布置

为了进一步探究非点源溶质氮素在农田排水沟渠底泥—植物—微生物中迁移转化的过程，于2016年2—11月在试验基地开展了水柱试验。

试验选用3个规格相同的有机玻璃柱（内径60 cm，高100 cm），下端封闭，上端敞开，玻璃柱上粘贴90 cm量程的透明尺。其中1#水柱为"水—底泥"系统，加入40 cm后的底泥，上覆水深度为50 cm，底泥取自河南省新乡市黄河水利科学研究院引黄灌溉中心试验基地（以下简称试验基地）；2#水柱为"水—底泥—植物"系统，在40 cm厚底泥的基础上移栽发育良好的芦苇1株、50 cm深的水；3#水柱为"水—灭菌底泥"系统。水柱的试验布置及取样点分布详见图11-19。水柱试验过程中上覆水深度在0.5~0.9 m变化，因为试验基地的地下水的氮含量较高，因此水柱内直接添加试验基地的地下水，试验期地下水指标含量见表11-10。同时为了防止外界天气（雨、雪等降水）以及蚊虫进入水体引入外在的氮源，将3个水柱放置在防鸟笼中，且放置在遮雨棚下。

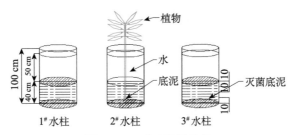

图 11-19 试验装置示意

表 11-10 地下水指标含量

日期/（月-日）	总氮/（mg/L）	硝酸盐氮/（mg/L）	氨氮/（mg/L）
4-7	18.944	17.012	0.21
4-27	18.321	16.411	0.244
5-5	21.276	18.85	0.128
8-15	16.709	14.835	0.355
11-3	15.007	13.223	0.42

（2）样品提取和分析

本试验从 2016 年 4 月 7 日开始，至 2016 年 11 月 21 日结束，试验前期水样每两天取一次，后期取样次数逐渐递减至每周取样一次，每次补水后加测一次，用注射针筒吸取 1/2 水深处上覆水，每次取样 30 mL，同时测定上覆水的 pH、温度等；底泥样品每个月取一次，分别在深 0~10 cm、10~20 cm、20~30 cm、30~40 cm 处提取，无植物样（取样点详见图 11-19）。样品的前处理方法及原理详见第 4 章。4 月 7 日沟渠底泥理化性质见表 11-11。

表 11-11 4 月 7 日沟渠底泥理化性质

项目	总氮/（mg/kg）	硝酸盐氮/（mg/kg）	氨氮/（mg/kg）
1#水柱	1.065	0.027	0.008
2#水柱	0.898	0.029	0.009
3#水柱	1.293	0.040	0.008

（3）数据分析

为了量化分析氮素的迁移转化规律，引入净化率 W，分别计算试验期内植物净化率（2#水柱相对于 1#水柱）、微生物净化率（3#水柱相对于 1#水柱），计算公式如下：

$$W = (c_1 - c_2)/c_1 \times 100\% \tag{11-4}$$

式中：W——净化率，%；

c_1、c_2——模拟箱水体中氮素浓度，mg/L。

同时为了量化分析不同深度底泥之间氮素的迁移和转化规律，引入底泥迁移率 M 做进一步分析，计算公式如下：

$$M_{5\sim10} = (c_{10\sim20} - c_{0\sim10})/c_{10\sim20} \times 100\% \tag{11-5}$$

式中：$M_{5\sim10}$——5~10 cm 的底泥迁移率，%；

$c_{0\sim10}$——0~10 cm 底泥的含氮量，g/kg；

$c_{10\sim20}$——10~20 cm 底泥的含氮量，g/kg。

11.4.2 水体中氮素的变化特征

从图 11-20 中可以得出 1#水柱（"水—底泥"系统）、2#水柱（"水—底泥—植物"系统）和 3#水柱（"水—灭菌底泥"系统）中硝酸盐氮的净化过程有如下特征：①4 月 7 日在 3 个处理中同时注入地下水后，1#、2#、3#水柱中硝酸盐氮浓度均快速上升，至 4 月 14 日达到第一次峰值，分别是 18.595 mg/L、23.092 mg/L 和 19.732 mg/L，反映了底泥中的硝酸盐氮通过间隙水向上覆水的释放过程，2#水柱中硝酸盐氮浓度最大，可能是芦苇移植过程中，芦苇根部底泥含有较多的有机物，其通过间隙水释放到上覆水中，同时刚移植的芦苇对 2#水柱的影响较小；②1#、2#、3#水柱中硝酸盐氮的含量具有相似的变化趋势，4 月 7 日注水后浓度上升，之后开始下降，4 月 19 日、5 月 5 日、5 月 26 日、6 月 12 日、6 月 21 日及 11 月 3 日再次注水后，也表现出相似的上升和下降过程；③取底泥样品的过程会对底泥造成扰动，与补水过程相似，6 月 3 日、7 月 22 日、8 月 15 日、9 月 14 日及 10 月 18 日取底泥样后水中硝酸盐氮的浓度均出现短暂的升高和下降过程；④1#、2#、3#水柱中硝酸盐氮的浓度在 4 月 14 日—7 月 1 日均程下降的状态，硝酸盐氮浓度的比较为：2#水柱（"水—底泥—植物"系统）＜1#水柱（"水—底泥"系统）＜3#水柱（"水—灭菌底泥"系统），经一元线性回归分析可知（表 11-12），"水—底泥"系统和"水—灭菌底泥"系统中硝酸盐氮浓度的下降过程呈现出较好的线性趋势，而"水—底泥—植物"系统中硝酸盐氮浓度的下降过程迅速，线性回归分析的相关性较差（表 11-12）；⑤7 月 1 日—10 月 13 日硝酸盐氮浓度保持"波动平衡"的状态，波动平衡的范围≤2.788 mg/L，平均浓度均值为 1.452 mg/L，10 月 18 日后硝酸盐氮浓度总体上呈缓慢上升的趋势，这同第 4 章的研究结论"排水沟渠对水中氨氮、硝酸盐氮具有较强的净化效应，净化过程表现出'快速下降，波动平衡'的特点"一致；⑥水柱分别在 10 月 18 日和 11 月 3 日出现两次峰值，原因可能分别是 10 月 18 日取土时，取样器漏土，使得 3 个水柱中硝酸盐氮的含量均有所上升，11 月 3 日除去补充地下水中硝酸盐氮浓度过高，底泥解吸，植物生长能力减弱，以及温度下降，微生物的活动减弱等。

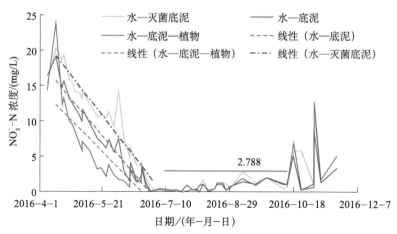

图 11-20　1~3#水柱中 $NO_3^- - N$ 浓度变化

表11-12　4月14日—7月1日1~3#水柱硝酸盐氮浓度一元线性回归方程

项目	公式	R^2
1#水柱（水—底泥）	$y = -0.2038x + 8672.5$	0.943
2#水柱（水—底泥—植物）	$y = -0.1729x + 7354.1$	0.682
3#水柱（水—灭菌底泥）	$y = -0.2215x + 9425.3$	0.924

从图11-20中可以得出1#水柱（"水—底泥"系统）、2#水柱（"水—底泥—植物"系统）和3#水柱（"水—灭菌底泥"系统）中氨氮的浓度变化过程有如下特征：①1#、2#、3#水柱中氨氮浓度与水柱中硝酸盐氮浓度变化过程相似，水柱补水和底泥取样均会使水柱中氨氮的浓度上升，4月7日—7月1日水柱中氨氮的浓度总体上呈现波动上升的趋势，7月1日—10月13日与硝酸盐氮变化过程相似，总体呈现出"波动平衡"的状态，1#、2#、3#水柱的平均浓度比较为：2#水柱（0.319 mg/L）<1#水柱（0.444 mg/L）<3#水柱（0.465 mg/L），10月18日—11月21日呈波动上升的趋势；②氨氮浓度的波动变化过程，说明了氨氮的净化过程较为复杂，除底泥、植物和微生物的作用外，离子在碱性条件下易挥发进入大气。

由LSD法分析，1#、2#、3#水柱中氨氮浓度的变化过程无显著性差异，硝酸盐氮的变化过程有显著性差异。

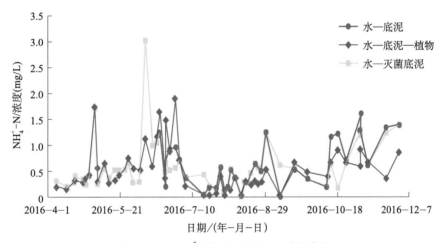

图11-21　1~3#水柱中 $NH_4^+ - N$ 浓度变化

表11-13　1~3#水柱氮素浓度变化显著性分析结果（一元线性）

项目	时间	F	显著性
硝酸盐氮	4/7—7/1	5.381	0.006
	4/7—11/21	3.116	0.047
氨氮	4/7—7/1	0.086	0.918
	4/7—11/21	0.771	0.464

11.4.3　底泥中氮素的变化特征

农田流失的土壤和自然沉淀作用形成的沟渠底泥，含有丰富的有机质，有较好的团粒结构，吸附能力强，作为沟渠湿地的基质与载体，为微生物和水生植物的生长提供了载体和营养物质。沟渠底泥对氮素的净化是沉积吸附、硝化及反硝化和植物根系吸收作用的共同结果，为了探究沟渠底泥的沉积吸附作用，排除微生物和植物的作用，选用 $3^{\#}$ 水柱（水—灭菌底泥）进行研究。

选取 2016 年 4—10 月 $3^{\#}$ 水柱的试验资料，点绘不同深度底泥中氨氮含量的变化曲线及不同深度底泥氨氮的迁移率图，见图 11-22 和图 11-23。从图中可以看出，底泥中氨氮含量具有以下变化特征：①不同深度底泥中氨氮的含量随着沟渠运行期的增长呈现递增趋势，5 月、6 月，随着暖季的到来，底泥的吸附作用增强，氨氮含量迅速增加，表明沟渠底泥对氨氮"快速吸附"的特点，8—10 月底泥中氨氮含量保持"波动平衡"的状态，表层底泥（5 ~ 15 cm）氨氮的迁移率随着季节变化较大，深层底泥氨氮的迁移率变化较小，说明表层底泥更容易受到外界因素的影响；②不同深度底泥中氨氮含量的比较为：0 ~ 10 cm 底泥氨氮含量 < 10 ~ 20 cm 底泥氨氮含量 < 20 ~ 30 cm 底泥氨氮含量 < 30 ~ 40 cm 底泥氨氮含量，随着深度的增加氨氮含量呈递增趋势，0 ~ 10 cm、10 ~ 20 cm、20 ~ 30 cm 和 30 ~ 40 cm 氨氮平均含量分别为 0.009 g/kg、0.010 g/kg、0.011 g/kg 和 0.013 g/kg，由 LSD 法分析，不同深度底泥之间氨氮的迁移率有显著性差异（显著性 = 0.000 < 0.05），表明氨氮向深层富集的趋势；③不同深度底泥中氨氮的迁移率表现不同，不同深度底泥对氨氮的迁移率比较为：15 ~ 25 cm > 5 ~ 15 cm > 25 ~ 35 cm，其迁移率均值分别为 16.2%、11.54%、10.97%，表明在"水—灭菌底泥"系统中浅层到中层底泥之间的吸附作用强于中层到深层；④试验后期不同深度底泥中氨氮的迁移率呈下降趋势，表明随着底泥中氨氮含量的升高，其迁移过程逐渐减弱，从图 11-24 中可以看出，不同深度底泥中硝酸盐氮含量的变化曲线和氨氮的变化特征相似，不同的是，20 ~ 30 cm 深度底泥中硝酸盐氮含量最高，这可能是因为底泥中硝酸盐氮含量较高，不同深度底泥中硝酸盐氮的迁移作用减弱，25 ~ 35 cm 底泥层硝酸盐氮的迁移量低于 15 ~ 25 cm 底泥层，故 20 ~ 30 cm 底泥中硝酸盐氮的含量最高。不同深度底泥中总氮含量的变化曲线随着沟渠运行期的增长呈现递增趋势，且随着深度的增加，在试验后期总氮含量增长较慢，表明沟渠沉积物中总氮含量随着底泥中含量的增加，吸附作用逐渐减弱。各层底泥中总氮的含量较硝酸盐氮和氨氮之和较高，表明沟渠沉积物中有机氮的大量存在（图 11-22 ~ 图 11-24）。

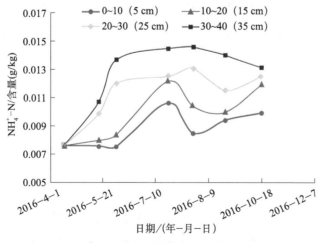

图 11-22　$3^{\#}$水柱中不同深度底泥氨氮含量变化曲线

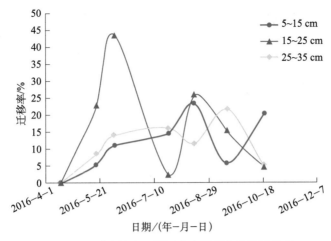

图 11-23　3#水柱中不同深度底泥氨氮含量迁移率

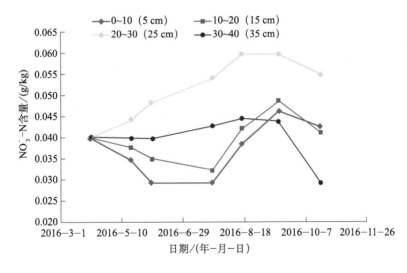

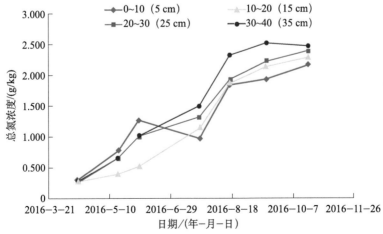

图 11-24　3#水柱中不同深度底泥硝酸盐氮和总氮含量变化曲线

11.4.4 植物在氮迁移转化过程中的作用

水生植物因其独特的生态工程使其在氮素的迁移转化过程中起着关键性作用。水生植物可以直接从水层和底泥中吸收氮、磷，并同化为自身所需要的物质（蛋白质和核酸等），更重要的是，植物根系的泌氧特性，可改变植物根系周围的微氧环境，从而影响污染物的转化过程和去除速率。

如图 11-19 所示，2#水柱和 1#水柱的区别在于有无水生植物，当其他试验条件相同时，2#水柱和 1#水柱中氮素浓度的差异可以视为植物在氮迁移转化过程中的作用。因为氨氮在水中的浓度除受到植物吸收、底泥吸附和生物分解的作用外，在碱性条件下易转化为氨气挥发，因此选用 1#、2#水柱中硝酸盐氮作为研究对象，根据式（11-4）计算植物的净化率 W（2#水柱相对于 1#水柱），并点绘植物净化率曲线图（图 11-25）。

从图 11-25 中可以看出植物在氮迁移转化过程中的作用具有以下几个特征：①在试验初期（4—6 月），随着植物根系的快速生长，植物对硝酸盐氮净化率呈现递增趋势，在 10 月之前，植物的净化率总体上大于零，10 月植物的净化率小于或等于零，10 月之后植物的净化率均小于零，李强坤等也对此做过相同研究，结论基本相似。主要原因是：①植物生长能力的减弱以及部分枝叶的枯败而造成的内源污染；②植物净化率曲线在试验中期出现剧烈的振动，除水柱补水和底泥取样过程操作不当造成的干扰外，可能是因为夏季气温过高，抑制了植物的生长和微生物的活动，使得植物对硝酸盐氮的净化率随着外界因素出现较大波动；③由一元线性回归分析，得到植物净化率曲线的拟合曲线如图 11-25 所示，可知植物的净化率总体上呈非线性下降趋势，试验期内，植物的净化率均值 13.92%，表明水生植物的存在对水体中氮素的净化过程有促进作用。

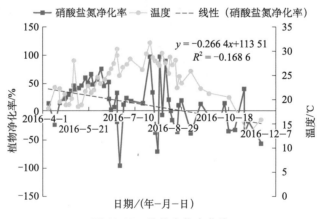

图 11-25 植物净化率曲线

11.4.5 微生物在氮迁移转化过程中的作用

沟渠降解污染物的主要机制是微生物对营养物质的分解和转化，通常占到总氮去除率的 80% 以上。大量的好氧、厌氧、兼性微生物生长在沟渠底泥基质中。植物光合作用产生的一部分氧气可以通过水生植物发达的根系网络传送到植物根部，进而扩散到周围沉淀物中，形成局部的好氧环境，为好氧细菌的生长及硝化作用的发生创造了条件。硝化是氨氮通过硝化细菌、亚硝化菌氧化成硝酸盐的过程。在好氧条件下，氨氮首先被亚硝化菌氧化为亚硝酸根，进而被硝化菌氧化为硝酸根。

与根区局部好氧环境相反，根部周围形成了厌氧环境，发育着大量厌氧微生物，如硝酸盐还原细菌和发酵细菌，这些细菌可进行反硝化作用。反硝化作用是氮去除的主要方式，在硝酸盐存在的厌氧条件下，反硝化细菌首先将硝酸盐还原成 N_2O，随后还原成 N_2。硝酸盐最终被反硝化细菌还原为 N_2 进入大气中，意味着硝酸盐真正地从湿地中去除。反硝化作用是沟渠系统能永久去除氮污染的唯一自然过程，也是氨氮去除的主要途径。沟渠生态系统这种好氧和厌氧交替的环境条件使硝化和反硝化作用可以交替进行，为沟渠中有机氮转化成气态氮脱离沟渠系统创造了条件。

如图 11-19 所示，1#水柱和 3#水柱的区别在于沟渠底泥是否经过灭菌，当其他试验条件相同时，1#水柱和 3#水柱中氮素浓度的差异可以视为微生物在氮迁移转化过程中的作用。因为硝酸盐氮既是硝化作用的生成物，又是反硝化作用的反应物，硝酸盐氮浓度的变化可以较好地反映微生物的作用。因此选用 1#、3#水柱中硝酸盐氮为研究对象，根据式(11-14)计算微生物的净化率 W（1#水柱相对于 3#水柱），并点绘微生物净化率曲线图（图 11-26）。

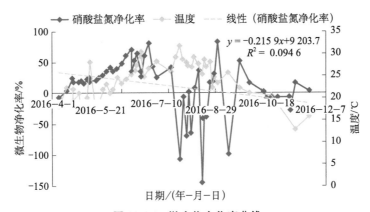

图 11-26　微生物净化率曲线

从图 11-26 中可以看出，微生物在氮迁移转化过程中的作用具有以下几个特征：①微生物的净化率曲线与植物的净化率曲线具有相似的变化趋势，4—7 月微生物因为气温的升高，微生物活动逐渐增强，净化率曲线呈递增趋势；10 月之后，微生物的净化率基本上小于或等于零，表现出与植物净化率相同的规律，这与温度的降低、微生物的活动减弱以及底泥的解吸有关。②7—9 月微生物的净化率曲线呈现剧烈的波动，原因可能是补充地下水的过程中引入的微生物逐渐繁殖，削弱了 1#水柱和 3#水柱的区别，以及生化作用受到外界因素的影响较大，例如，在较高水温的情况下，生化作用会受到抑制，待底泥间隙水中积累的硝酸盐氮含量超过底泥的吸附能后，将会释放到上覆水中，造成二次污染，使得微生物的净化率降低。③由一元线性回归分析，得到微生物净化率曲线的拟合曲线如图 11-26 所示，可知植物的净化率总体上呈非线性下降趋势，随着沟渠运行期的增长，试验期内，植物的净化率均值为 19.92%，表明微生物的存在对水体中氮素的净化过程具有促进作用。

11.4.6　讨论

通过前文分析可以看出，"水—底泥"系统、"水—底泥—植物"系统、"水—灭菌底泥"系统均对水体中氮素均具有较强的净化作用。在对氮素的拦截过程中，底泥吸附、植物吸收、微生物硝化和反硝化等过程起到不同的作用。

在"水—底泥—植物"系统拦截氮素的过程中，氮素去除率出现的阶段性差异与植物和微生物的生长代谢活动同样有较大的相关性。从 4 月开始，温度回升，芦苇逐渐生长茂盛，吸收氮素量较大，同时适宜的温度有利于微生物硝化和反硝化反应的进行，有利于去除沟渠中的氮素，植物和微生物的净化率逐渐提高。在 6—8 月，随着模拟试验区气温的升高，植物和微生物的净化率呈振荡趋势，这是因为植物和微生物的生长受外界因素的影响较大。温度的升高一方面使植物的生长受到一定的抑制，另一方面水温升高时微生物的硝化和反硝化作用也会受到一定程度的抑制，使得氮素的去除率较低，而在适宜的温度时，氮素的去除率快速升高。10 月，植物和底泥的净化率接近或等于零，10 月之后，植物和微生物净化率总体小于零，除了底泥的解吸及水生植物的根系及部分枝叶不断退化凋落被微生物分解，使部分有机氮的形式再次释放到水中，造成二次污染外，温度降低起到显著性作用。这与张树兰等的研究结论"温度对土壤硝化作用有明显影响，20℃下土壤的硝化作用受到一定的抑制，硝化率降低，30℃土壤硝化作用的硝化率最高；40℃下土壤硝化作用非常微弱"相似。但在本试验处理中，硝酸盐氮的净化作用的最适温度为 22℃，低于土壤硝化作用的最适温度，可能是因为湿地中硝化作用的最适温度低于土壤，这进一步验证了第 4 章硝化试验中 30℃下沟渠沉积物硝化量低于沉积物吸附量的原因，同时也说明不同性质、不同地区土壤硝化作用的最适温度不同。

沟渠底泥是氮的重要容纳场所，通过沉积和吸附作用可有效降低上覆水中的氮素，但也通过间隙水与上覆水进行交换。当间隙水中氮的含量超过上覆水中氮含量时，溶解的氮能被释放到上覆水中。总体来看，随着深度的增加，沟渠沉积物的吸附量增加，在对氮素的吸附量上呈现中间高、两端低的纵向分布。这与李峰等的土柱试验结论："总氮在土壤各层中都有增加，但是表层土壤中增加最多"不一致，这可能是因为在试验初期"水—灭菌土"系统中缺少活跃在中浅层底泥中植物和微生物的作用，使得不同深度层底泥中氮素的迁移主要受到沉积和吸附作用的影响，不断向深层底泥中迁移。

11.4.7　小结

本节通过水柱试验模拟了"水—底泥"系统、"水—底泥—植物"系统、"水—灭菌底泥"系统，分析了排水沟渠系统中氮的迁移转化规律，以及水、底泥、植物和微生物在氮素净化过程中的作用，得到如下结论：

①总体来看，3 个系统中氨氮和硝酸盐氮的浓度均随时间呈递减变化，氮素去除效果

的比较表现为："水—底泥—植物"系统＞"水—底泥"系统＞"水—灭菌底泥"系统。

②沟渠底泥对氨氮具有较强的富集作用，并且随着时间和深度的增加呈递增趋势。吸附作用主要表现于中上层底泥，且浅层底泥的迁移率易受到外界因素的影响，不同深度沟渠底泥的迁移率呈中间高、两端低，随着底泥中氮素含量的增加，不同深度底泥之间的迁移作用减弱。

③水生植物对水体中氮素的净化过程有一定的促进作用。通过 1# 水柱和 2# 水柱进行的植物净化率计算，说明水生植物的快速生长阶段，能够有效地促进氮素的净化，同时植物的枯败现象也会导致内源污染。植物的净化率容易受到水温的影响，适宜的温度能起到促进作用，温度过高或者过低均不利于植物的净化作用。

④微生物通过硝化和反硝化作用对水体中氮素的净化过程具有促进作用。通过 1# 水柱和 3# 水柱进行的微生物净化率计算，说明在适宜的温度下，微生物能够有效地促进氮素的转化，温度过高和过低都会抑制微生物的生长，进而抑制硝化和反硝化作用。

11.5　本章小结

本章通过对不同运行期沟渠在同一时期水体中氮素浓度的持续监测以及沟渠底泥的吸附和硝化试验，分析了农田排水沟渠中氮的迁移转化规律，探究了沟渠运行期对排水沟渠中氮素截留效应的影响。主要工作可总结如下：

①不同运行期排水沟渠对水中氨氮、硝酸盐氮具有较强的净化效应，净化过程表现出"快速下降，波动平衡"的特点，氨氮浓度的下降速度快于硝酸盐氮，氨氮浓度的波动平衡范围（≤1.58 mg/L）低于硝酸盐氮浓度的波动平衡范围（≤2.92 mg/L）；生态沟渠和非生态沟渠中氨氮浓度的变化过程，除 7 月龄沟渠"波动平衡"阶段有显著性差异（$P = 0.03 < 0.05$）外，其余阶段无显著性差异；1 月龄沟渠和 7 月龄沟渠中硝酸盐氮浓度的变化过程，在试验初期和"波动平衡"阶段均有显著性差异，多年沟渠的净化趋势相似，无显著性差异；运行期的不同对试验初始阶段排水沟渠中氨氮和硝酸盐氮的净化速率有较大的影响，初始阶段的净化速率比较为：多年＞7 月龄＞1 月龄；除不同运行期非生态沟渠中硝酸盐氮的净化速率有显著性差异外，其余阶段无显著性差异。

②不同运行期沟渠沉积物对氨氮的吸附和硝化过程均有显著性差异，且随着沟渠运行期的增长，吸附能力和硝化能力有显著增加。在沟渠沉积物拦截农田排水沟渠氨氮的过程中，沟渠沉积物的硝化作用较吸附作用弱，与沟渠沉积物对氨氮"快速吸附，缓慢平衡"的特点相似，沉积物也具有"快速硝化，缓慢平衡"的特点。

③总体来看，氮素的去除效果的比较表现为："水—底泥—植物"系统＞"水—底泥"系统＞"水—灭菌底泥"系统。沟渠底泥对氨氮具有较强的富集作用，并且随着时间和深度呈递增趋势，水生植物和微生物在适宜的温度下均能有效地促进氮素的净化，温度过高和过低则会抑制植物和微生物对氮素的净化，同时植物的枯败现象也会导致内源污染。

第 12 章 干涸沟渠排水初期氮素的转化研究

12.1 室内静态模拟试验方案设置

人工开挖的农田排水沟渠以防涝除渍为主兼具灌溉作用，其主要目的是保证作物的正常生长。而作物的生长，人的生产活动，都是随着作物的生长周期具有一定的周期性，再加上气候的季节性变化，农田排水沟渠就周期性地出现排水期和非排水期。在非排水期时，部分沟渠及沟渠滩地会处于干涸状态，即这部分沟渠底泥及植物会暴露于空气中，而在排水期时又处于淹没状态，农田排水沟渠这种周期性的淹没和非淹没状态对农田排水中的农业非点源污染是否有影响，有怎样的影响，目前还没有研究，为了弥补这一空白，研究者通过设置室内试验模拟不同基质底泥、不同排水量和不同排水浓度条件下重新排水初期农田排水中氮素的转化过程，做一初步探索。试验由以下两部分组成：

（1）试验分三组进行，采用 6 L 的塑料桶，其规格上口直径 203 cm，底部直径 170 cm，高度 265 cm，每组 3 个。1#组采用野外运行多年沟渠底泥，取自河南省新乡市人民胜利渠的支渠清水渠的下游渠段。清水渠渠首位于河南省新乡市原阳县，渠段流经原阳县和获嘉县，最终汇入人民胜利渠总干渠。清水渠的主要作用是接纳渠道两侧的农田排水。近年来，由于农田化肥以及农药不合理的施用，导致清水渠流入大量非点源污染物。从清水渠取回来后，挑出其中的植物残留物和垃圾，并搅拌均匀后，暴晒两天。

2#、3#试验用底泥取自基地长期裸露的土壤，挑选出粗颗粒和杂物，拌和均匀后采用四分法进行称量装填。为了凸显出其释放过程，1#、3#组加入纯水，2#组加入基地灌溉用地下井水，水面高度 20 cm。取样时现场测量水温、pH 和电导率。

试验全部放置室内，为期 15 d，2016 年 8 月 11 日加水后，2 h 后第一次取样，到 8 月 26 日结束。具体布置情况见表 12-1。

表 12-1 试验桶详细布置

编号	底泥来源	用水种类	底泥重/kg	含水率/%	加水重	水面高度/kg
1#	清水渠	纯水	3.6	45.8	2.3	20
2#	基地	灌溉井水	3.0	风干	4.3	20
3#	基地	纯水	3.0	风干	4.3	20

为了维持三组底泥高度基本一致，所以 1#组底泥干重量较大。

1#组底泥间隙水、井水和纯水的初始氨氮、硝酸盐氮含量见表 12-2。底泥初始理化性质见表12-3。

表12-2　水中氨氮、硝酸盐氮初始含量

名称	间隙水/（mg/L）	井水/（mg/L）	纯水/（mg/L）
氨氮	0.326	0.220	0
硝酸盐氮	0.847	13.857	0

表12-3　底泥初始理化性质

编号	pH	氨氮/（g/kg）	硝酸盐氮/（g/kg）	颗粒组成/%		
				<2.000/μm	2.00~50.00/μm	>50.00/μm
1#	8.33	0.037	0.010	8.652	60.393	30.955
2#、3#	7.74	0.013	0.011	17.120	74.079	8.801

（2）根据以上室内试验结果可以看出，不同基质底泥、不同排水条件下，干涸沟渠重新排水初期水体中氨氮、硝酸盐氮的变化是不同的。在实际中，农田排水沟渠在排水过程中，农田排水是随着灌溉、施肥、降雨等变化的，即农田排水的农业非点源污染物浓度和排水量均是变化的，为了进一步探索干涸沟渠重新排水时，在不同排水浓度、不同排水量条件下，对水体中氮素变化的影响，设置室内模拟试验，进行加密测量，模拟干涸状态沟渠重新排水初期，在不同排水浓度及不同排水量条件下水体中氮素的转化过程。

试验分三组进行，分别模拟高浓度、中浓度和低浓度，每一浓度下根据不同排水量设置两个不同水位。试验采用6个60 L塑料桶，每组2个。试验用底泥全部一样，取自基地，自然风干，挑选出粗颗粒和杂物，拌和均匀后采用四分法进行称量装填。水样采用纯水加入化学药品配制。取样时现场测水温、pH和电导率。

试验过程中6个塑料桶统一放置在试验室内，底泥取自基地风干状底泥，挑选杂物和粗颗粒后采用四分法统一装填。试验开始时，参照李强坤在青铜峡灌区所得作物生长期旱田农沟污染物浓度统计特征值（总氮浓度范围为3.896~13.063 mg/L），模拟农田排水浓度情况，采用纯度为99.8%的硝酸铵（NH₄NO₃）（国药集团）用纯水配制的含氮浓度分别为28 mg/L、18 mg/L、8 mg/L的混合溶液，设置两个不同的排水量，以水位高度表示。其具体布置情况见表12-4。2016年9月18日统一加入预配的硝酸铵溶液。水样在试验开始后2.5 h开始取样，之后逐渐增加取样间隔时间。

表12-4　试验布置情况

编号	浓度/（mg/L）	底泥厚/cm	底泥重/kg	排水量/cm	上覆水重量/kg
AL	28	12	12	16	24
AH	28	12	12	35	47
BL	18	12	12	16	24
BH	18	12	12	35	47
CL	8	12	12	16	24
CH	8	12	12	35	47

12.2 干涸沟渠排水初期氮素的转化过程

农田排水沟渠，其主要功能是排除过余水量，降涝除渍，满足周期性的排水需求，改善作物的生长环境。但是根据作物生长习性不同以及水文气象等条件变化，在作物生长期间田间又会蓄水，保证作物生长所需水量。所以，农田排水沟渠在非排水期，其水量较少，部分渠岸滩地和农田排水沟渠中的各级农沟和部分支沟，都将处于干涸状态，而其在重新过水时，不同的基质底泥、不同的排水浓度和不同的排水量条件对水体中氮素的转化产生影响。本节通过设置室内试验进行对比分析，探索其基本规律。

12.2.1 不同基质底泥条件下干涸沟渠氮素的转化过程

（1）不同基质底泥沟渠水体中氨氮、硝酸盐氮的转化过程

图 12-1 为 1#组野外沟渠底泥模拟沟渠干涸后重新排水，水体中氨氮浓度随时间变化。因为模拟用水使用的是纯水，所以水中氨氮浓度完全是由底泥释放而来。从图 12-1 中可以看出，在试验期内，除因为底泥中的不均匀性导致的浓度出现微小差别外，氨氮浓度变化可以分成两个区间：第一区间为 2 ~ 180 h（第 8 d），氨氮含量在 2 h 初次测量时即达到 0.2 mg/L 左右，随后逐渐下降，在 86 h（第 4 d）出现转折，逐渐上升，在第 8 d 达到最高点；第二区间为第 8 ~ 14 d，第 8 ~ 11 d 逐渐降低，随后又逐渐上升，在第 14 d 达到最高点。

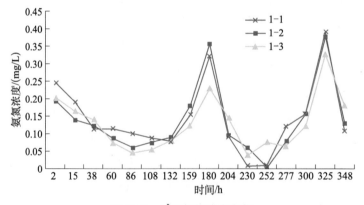

图 12-1 1#组氨氮浓度变化

图 12-2 为 3#组风干状态底泥模拟沟渠重新排水，水体中氨氮浓度变化过程。从图 12-2 中可以看出，3 个试验样氨氮浓度变化趋势基本一致，分为两段，为 2 h ~ 8 d，氨氮浓度是波动上升的，在第 8 d 达到试验期间最高值，随后开始波动下降。

图 12-3 分别是 1#组、3#组其 3 个试验样取均值的氨氮浓度变化过程。从图 12-3 中可以看出，1#组野外沟渠底泥其初始 2 h 的释放量是大于 3#组基地底泥的，而从第 2 ~ 13 d 1#组氨氮浓度均是低于 3#组的，而第 14 d、第 15 d 氨氮浓度又是高于 3#组的。

对 1#组和 3#组在试验期间氨氮浓度均值进行显著性分析，$P = 0.01 < 0.05$，有显著性差异。分析其原因主要是因为，1#组底泥和间隙水中含氨氮浓度较高，且底泥虽然取回后

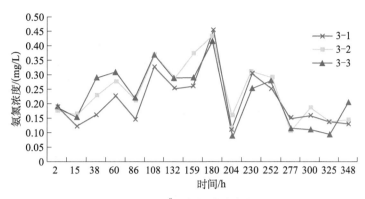

图 12-2　3# 组氨氮浓度变化

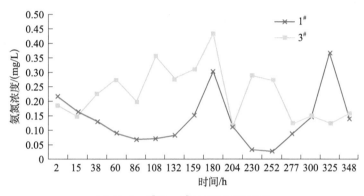

图 12-3　1# 组、3# 组氨氮浓度变化

暴晒两天，但是其含水率还相当高，间隙水和底泥中的氨氮平衡并没有被打破，在加水后其向水体中快速释放而使 1# 组初始氨氮浓度高于 3# 组，而随后 1# 组氨氮浓度出现上升、下降波动，主要是因为 1# 组底泥在加水后，其底泥重新产生对氨氮的吸附与解吸、微生物的氨化和硝化而使氨氮浓度尽快地达到平衡，而 3# 组底泥因为处于风干状态，加水后，底泥中的可溶态氨氮逐渐随着时间溶于水中，而底泥的团粒结构又会对水中氨氮产生吸附，这两种作用随着时间外部环境的改变而同时进行，所以出现了波动性的上升和下降。以上结果说明，农田排水沟渠干涸程度越大，在重新排水初期其氨氮浓度变化越剧烈，向水体中释放的最大氨氮浓度也越大。

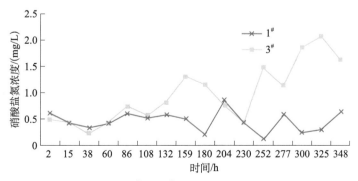

图 12-4　1# 组、3# 组硝酸盐氮变化过程

图 12-4 中分别为 1#组和 3#组水中硝酸盐氮浓度取均值后其浓度变化过程，对两组数据进行显著性分析，显示 $P = 0.002 < 0.05$，有显著性差异。从图 12-4 中可以看出，2 h 初始浓度也是 1#组大于 3#组，且其硝酸盐氮浓度在 7 d 前变化均不是很剧烈，而 7 d 后变化则差异比较大，1#组虽然变化波动大，但是其始终是围绕初始浓度在波动，而 3#组则逐渐波动着上升，分析其原因主要是因为暴晒等扰动增加底泥中的含氧量，而随着时间的推移，含氧量逐渐减少，微生物的活动受到限制而相互竞争，1#组底泥中含水，微生物结构并没有受到太大的破坏，而 3#组底泥是风干土，长期暴露在空气中底泥中微生物以好氧微生物居多，在微生物活性增强的条件下，硝化反应更多。这说明，农田排水沟渠干涸时间越长，底泥中微生物种群受影响越大，在排水初期，水体中的硝酸盐氮浓度会短时间内快速上升。

（2）相同基质底泥沟渠水体中氨氮、硝酸盐氮的转化过程

图 12-5 为 2#组、3#组氨氮和硝酸盐氮浓度取均值后的变化结果，两组为风干底泥。对两组数据进行显著性分析，发现 $P = 0.43 > 0.05$，说明所用地下井水中所含氨氮浓度对水体中氨氮浓度的变化没有太大影响。

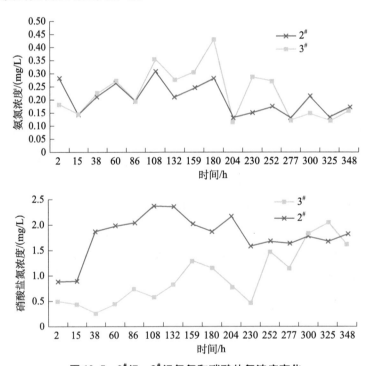

图 12-5　2#组、3#组氨氮和硝酸盐氮浓度变化

图 12-5 中分别为 2#组、3#组氨氮和硝酸盐氮浓度取均值后浓度变化过程。对两组数据进行显著性分析，发现 $P = 0.000 < 0.05$，差异显著。从图 12-5 中可以看出，硝酸盐氮浓度在试验期内总体上都是增大的，2#组水体中硝酸盐氮浓度是远高于 3#组的，2#组硝酸盐氮在试验期内含量先增大后减小，3#组则波动着增大。分析其原因可能是硝酸盐氮浓度高而对沟渠中微生物活性产生影响。

12.2.2　不同浓度和不同排水量条件下干涸沟渠氮素的转化过程

（1）相同浓度和不同排水量条件下氨氮的转化过程

图 12-6～图 12-8 分别是相同浓度水在不同排水量条件下的氨氮浓度变化过程，从图中可以看出，氨氮浓度在试验期总体上是下降的，是水体净化的过程。高、中浓度水在不同排水量条件下，氨氮浓度随时间的变化趋势是完全一致的，且均是高排水量的氨氮浓度比低排水量条件下的浓度高。而低浓度在不同排水量条件下氨氮浓度随时间则表现出了很大的差异性，虽然大体上也是高排水量条件下水中氨氮浓度高，但是在一些个别的时间点上，也出现了低排水量浓度高的现象。在初次取样测量时氨氮浓度在不同排水量条件下的差值是随着浓度的降低而增大的：高浓度条件下，高排水量初次测量氨氮浓度为 17.022 mg/L，低排水量氨氮浓度为 15.364 mg/L，其差值为 1.658 mg/L；中浓度条件下，其高、低排水量的氨氮浓度差值为 2.238 mg/L；低浓度条件下，其差值为 3.423 mg/L。高浓度和中浓度在不同排水量条件下，氨氮浓度在随时间变化过程中出现了两个峰值区和一个最低值：第一个峰值区均在 23～38 h，在 23 h 时开始上升，在 35 h 开始下降，在 38 h 时结束，其峰值点随排水量不同而出现的时间和浓度不同；第二个峰值区在 70～142 h，其峰值点随排水量不同而浓度不同，但其出现的时间均相同，在 82 h。峰值区后，其浓度缓慢变化，在 244 h 时，其浓度达到最低值。

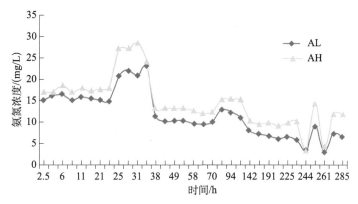

图 12-6　高浓度水在不同排水量条件下氨氮的转化过程

从图 12-6 中可以看出，高排水量条件下，其峰值点出现在 31 h，浓度为 28.612 mg/L，比低排水量提前 4 h，低排水量在 35 h 出现峰值（浓度 23.027 mg/L）。第二个峰值区，高排水量条件下，其峰值为 15.321 mg/L，低排水量条件下为 13.004 mg/L。峰值区后，其浓度缓慢变化，在 244 h 时，高排水量的水中氨氮其浓度达到最低值 3.256 mg/L，而低排水量最低值出现在 261 h，为 2.907 mg/L。

在图 12-7 中，高排水量条件下，第一峰值点出现在 25 h，为 14.51 mg/L，低排水量条件下，峰值出现延迟，在 27 h 出现，为 12.697 mg/L；第二峰值均出现时间同步，在 82 h，浓度分别为 9.162 mg/L 和 7.269 mg/L。其后，在 244 h，出现低值，分别为 1.608 mg/L 和 0.1 mg/L。

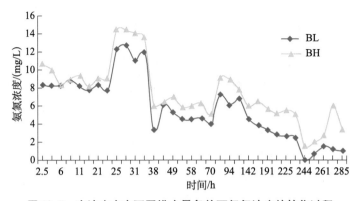

图 12-7 中浓度水在不同排水量条件下氨氮浓度的转化过程

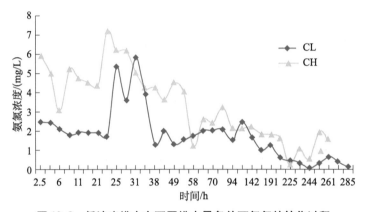

图 12-8 低浓度排水在不同排水量条件下氨氮的转化过程

从图 12-8 中可以看出，低浓度排水时，高低排水量条件下，其净化和释放很剧烈。高排水量在 23 h 达到峰值（7.217 mg/L），随后波动下降，在 225 h 达到最低值 0.312 mg/L；低排水量在 31 h 达到峰值（5.886 mg/L），经过 7 h，其浓度降低到 1.33 mg/L，随后缓慢变化，在 244 h 出现最低值（0.118 mg/L）。

（2）相同浓度不同排水量条件下硝酸盐氮的转化过程

图 12-9 和图 12-10 分别是相同浓度水在不同排水量条件下硝酸盐氮的转化过程。整体来看，从试验开始到试验结束，水中硝酸盐氮浓度是以缓慢的形式逐渐升高的。

从图 12-9 中可以看出，在 23~38 h，高、中浓度硝酸盐氮浓度均出现了峰值区，对高浓度高排水量条件下，其峰值相对于高浓度低排水量、中浓度高低排水量条件下硝酸盐氮浓度峰值提前了 8 h，在 27 h 达到峰值 16.653 mg/L，而高浓度低排水量、中浓度高低排水量条件下硝酸盐氮浓度峰值在 35 h 出现，其分别为 12.235 mg/L、8.058 mg/L 和 8.018 mg/L。在 38 h 前，高浓度条件下，大排水量变化比较剧烈，而中浓度、高低排水量条件下，其变化基本一致；在 38 h 后，高浓度低排水量条件下，硝酸盐氮浓度整体上比高浓度高排水量条件下低，而高浓度低排水量硝酸盐氮浓度变化波动较大，中浓度则相反，在 38 h 后，中浓度低排水量条件下，硝酸盐氮浓度整体上比中浓度高排水量条件下高，且反应变化波动较大。

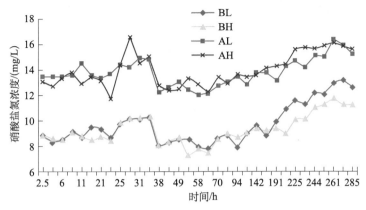

图 12-9　高、中浓度水在不同排水量条件下硝酸盐氮转化过程

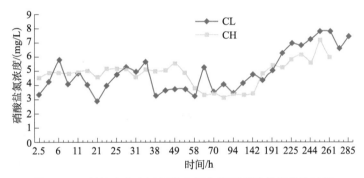

图 12-10　低浓度水在不同排水量条件下硝酸盐氮转化过程

对于低浓度条件下，从图 12-10 可以看出，在 58 h 之前，高排水量条件下，硝酸盐氮浓度比低排水量高，低排水量条件下硝酸盐氮浓度变化波动大，在 58 h 之后，低浓度低排水量条件下硝酸盐氮浓度稍高于低浓度高排水量。

（3）相同排水量不同浓度条件下氨氮的转化过程

图 12-11 是相同排水量不同浓度条件下水中氨氮浓度的变化过程。图 12-11（a）为低排水量时不同浓度条件下氨氮的变化过程，图 12-11（b）为高排水量时不同浓度条件下氨氮的变化过程。从图中可以看出，无论是高排水量还是低排水量，其氨氮浓度在整个试验期间，总体上是下降的，即氨氮浓度变化体现的是水体净化的过程。

对比图 12-11 中两图可以发现，低排水量时不同浓度条件下氨氮浓度的变化趋势非常一致，其峰值区间时间上完全一致，而高排水量条件下，其不同浓度间则有一定的差别。在低排水量不同浓度条件下，氨氮浓度变化均有两个峰值区，一个最低值。第一个峰值区出现在 23～38 h，第二个峰值区出现在 70～142 h。但是其峰值浓度，峰值出现的时间则有前有后：低排水量高浓度条件下，其第一个峰值出现在 35 h 时，为 23.027 mg/L，第二个峰值出现在 82 h，为 13.004 mg/L，其最低值出现在 261 h，为 2.907 mg/L；低排水量中浓度条件下，其第一峰值出现在 27 h，为 12.697 mg/L，第二峰值出现在 82 h，为 7.269 mg/L，其最低值出现在 244 h，为 0.1 mg/L；低排水量低浓度条件下，其第一峰值

出现在 31 h，为 5.886 mg/L，第二峰值出现在 118 h，为 2.533 mg/L，其最低值出现在
244 h，为 0.118 mg/L。而最低值点在低排水量中、低浓度条件下，其出现比低排水量高
浓度条件下早，说明在低排水量条件下，氨氮浓度低，则其净化过程历时短。

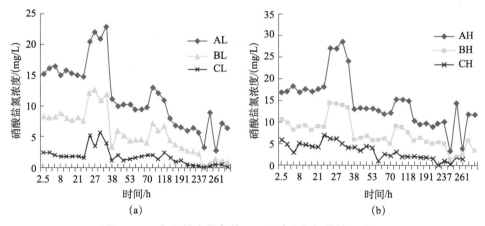

图 12-11　相同排水量条件下不同浓度氨氮的转化过程

在高排水量不同浓度条件下氨氮浓度变化过程中，高、中浓度均出现了两个峰值区
和一个最低点且其时间与低排水量高、中浓度完全一致，而低浓度则只有一个峰值点和
一个最低点，且其出现的时间均随浓度不同而不同。高排水量高、中浓度条件下，第一
峰值区出现在 23~38 h，第二个峰值区出现在 70~142 h。在高排水量高浓度条件下，其
峰值出现在 31 h，为 28.612 mg/L，第二峰值出现在 82 h，为 15.321 mg/L，最低值出现
在 244 h，为 2.156 mg/L；在中浓度条件下，其第一峰值出现在 25 h，为 14.51 mg/L，第
二峰值出现在 82 h，为 9.612 mg/L，最低值出现在 244 h，为 1.608 mg/L；低浓度条件
下，其峰值点出现在 23 h，为 7.217 mg/L，最低值出现在 225 h，为 0.312 mg/L。从不同
排水量时同一浓度条件下其最低值点出现的时间来看，高排水量高、低浓度条件下，其
最低值点出现时间均早于低排水量高、低浓度，而中浓度其最低值出现时间则无变化，
说明氨氮浓度在同一水平上，以中浓度值为界限，低于或高于中浓度时，排水量越高，
其净化越快，所用时间越短。

（4）相同排水量不同浓度条件下硝酸盐氮的转化过程

图 12-12 是相同排水量不同浓度条件下水中硝酸盐氮浓度的变化过程。图 12-12（a）
为低排水量时不同浓度条件下硝酸盐氮的变化过程，图 12-12（b）为高排水量时不同条
件下硝酸盐氮的变化过程。从图中可以看出，无论排水量高低，在试验期间，水中硝酸
盐氮浓度是升高的，即整个试验期间，水体中硝酸盐氮浓度体现的是内源释放的过程。

对比图 12-12 中两图可以看出，在高低排水量时，其硝酸盐氮浓度的变化可以由
38 h 时为区分，分成前后两段。在 38 h 之前，低排水量时，高、中浓度条件下，其硝酸
盐氮浓度波动缓慢升高，其趋势基本一致，高浓度条件下，在 31 h 达到此区间的最高值
14.919 mg/L，低浓度条件下在 35 h 达到该区间最高值 10.202 mg/L，而低浓度则波动幅
度较大，且其在 6 h 即达到该时段内的最高值 5.831 mg/L；而高排水量时，则是高、中浓

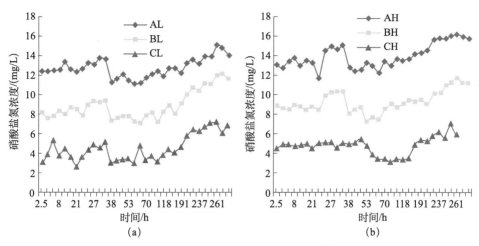

图 12-12　相同排水量不同浓度硝酸盐氮的转化过程

度条件下，硝酸盐氮浓度变化趋势基本一致，而高浓度条件下波动幅度偏大，其均在 35 h 达到其在该区间的最高浓度分别为：高浓度条件下为 15.046 mg/L，中浓度条件下为 10.281 mg/L，而低浓度条件下，硝酸盐氮浓度波动幅度很小，其峰值点出现在 45 h，为 5.555 mg/L。

12.3　本章小结

本章主要通过室内模拟试验，模拟干涸沟渠在重新过水初期，在不同基质底泥、不同水及不同浓度排水和不同排水量条件下，水体中氨氮、硝酸盐氮的变化过程，分析农田干涸的排水沟渠在重新排水初期，对水体中氨氮、硝酸盐氮浓度变化的影响，探索其规律。其主要结果如下：

①干涸状态农田排水沟渠，不同基质底泥不同的干涸状态下，干涸程度越严重，沟渠在排水初期，农田排水中氨氮、硝酸盐氮变化越剧烈，最大浓度值相对越高。

②同样干涸状态下的农田排水沟渠，相同的排水浓度下，排水量越小，氨氮净化率越高；在相同的排水量条件下，农田排水中氨氮浓度越低，净化率越高。

③干涸农田排水沟渠重新排水初期，不管水体中硝酸盐氮浓度高低，在初期水体中硝酸盐氮浓度均是上升的。

第四篇　农业非点源污染数学模型计算方法

第13章　沟渠除氮的生态动力学模拟

生态动力学模型是以"箱式"模型理论为基础,将人工湿地系统中各种生物、物理、化学降解去除途径划分成许多个独立的"箱子"和反应过程,针对每个降解去除途径和反应过程分别进行深入细致的研究,分析它们互相之间的协调拮抗作用和控制影响因素,对每个"箱子"及反应过程进行定义,确定其具体的质量平衡方程、反应公式(一般为动力学方程)和相关动力学参数,并通过试验测定、文献查找、模型自拟合等方法获得各种相关生态动力学参数,然后运用各种建模软件(Model Maker、Stella、Matlab、有限元程序等)对概念模型进行实现,并以人工湿地系统的运行数据对各个参数和过程定义进行分析、演算、校验和修正,最终得到一个统一完整的生态动力学模型。

根据上述分析,针对试验区尝试建立一个生态动力学模型,以考察沟渠水体、底泥和水生植物中氮素的迁移转化规律。主要内容是对沟渠单元做质量平衡分析,识别氮素的源与汇,确定沟渠除氮的有效途径,在生态系统的层面上更好地理解沟渠湿地的整个运行过程。

13.1　概念模型

选择有机氮(Org – N)、氨氮(NH_4^+ – N)和硝态氮(NO_3^- – N)作为生态动力学模型的状态变量,其存在形式分为水中有机氮、氨氮和硝态氮,基质中的氮和植物中的氮。考虑到氮转化过程主要包括氨化、硝化、反硝化、植物吸收、微生物同化、沉淀和再生、植物腐败等,以及水中悬浮的生物量、底泥和植物根部附着生物量及基质作用。沟渠除氮生态动力学概念模型见图13-1。

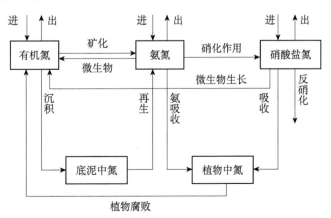

图13-1　沟渠除氮生态动力学模型的概念结构

13.2 质量平衡方程

农田排水沟渠系统质量平衡总表达式可以表示为：

$$Q_i c_i + V \sum_{k=1}^{n} (R_c) k = Q_0 c_0 + V \frac{dc_0}{dt} \tag{13-1}$$

式中：Q_i、Q_0——进水、出水流量，m^3/d；

$\quad\quad c_i$、c_0——进水、出水浓度，mg/L；

$\quad\quad V$——模拟沟渠总体积，m^3；

$\quad\quad R_c$——体积反应速率，$g/(m^3 \cdot d)$；

$\quad\quad k$——反应数，量纲一。

针对农田排水沟渠系统内氮素的不同存在形式，式（13-1）中的 $\sum\limits_{k=1}^{n} (R_c) k$ 代表了各氮素形态的相互转化过程。在利用模型软件实现生态动力学模型时，物质流均是以质量来实现的，而不是像衰减方程和一级动力学模型中以浓度来实现，对于本章选定的水中有机氮、氨氮和硝态氮的物质平衡可分别表示为：

有机氮（Org – N）：

$$\frac{d\,出水有机氮}{dt} = \frac{d\,进水有机氮}{dt} + \frac{d\,微生物吸收氨}{dt} + \frac{d\,微生物吸收硝酸盐}{dt} +$$

$$\frac{d\,植物腐败}{dt} - \frac{d\,有机氮矿化}{dt} - \frac{d\,有机氮沉积}{dt} \tag{13-2}$$

氨氮（$NH_4^+ - N$）：

$$\frac{d\,出水氨氮}{dt} = \frac{d\,进水氨氮}{dt} - \frac{d\,微生物吸收氨}{dt} - \frac{d\,氨氮的硝化}{dt} -$$

$$\frac{d\,植物吸收氨氮}{dt} + \frac{d\,有机氮矿化}{dt} + \frac{d\,再生氨氮}{dt} \tag{13-3}$$

硝酸盐氮（$NO_3^- - N$）：

$$\frac{d\,出水硝酸盐氮}{dt} = \frac{d\,进水硝酸盐氮}{dt} + \frac{d\,氨氮的硝化}{dt} - \frac{d\,反硝化作用}{dt} -$$

$$\frac{d\,微生物吸收硝酸盐}{dt} - \frac{d\,植物吸收硝酸盐}{dt} \tag{13-4}$$

对式（13-2）~式（13-4）中各个模块细化如下：

（1）进出水模块

$$\frac{d\,进水有机氮（氨氮/硝酸盐氮）}{dt} = 进水流量 \times 进水有机氮（氨氮/硝酸盐氮）浓度 \times dt$$

$$\tag{13-5}$$

$$\frac{d\,出水有机氮（氨氮/硝酸盐氮）}{dt} = 出水流量 \times 出水有机氮（氨氮/硝酸盐氮）浓度 \times dt$$

$$\tag{13-6}$$

（2）底泥作用模块

$$\frac{d\text{ 有机氮沉积}}{dt} = R_s \times V \qquad (13-7)$$

$$\frac{d\text{ 再生氨氮}}{dt} = R_r \times V \qquad (13-8)$$

式中：R_s、R_r——有机氮沉淀到基质中的速率和氨的再生速率，$g/(m^3 \cdot d)$；

　　　V——试验沟渠体积，m^3。

模型忽略植物对沉淀速率的影响，并假定底泥（砾石）形状为球形，有机氮沉淀速率 R_s 服从一级动力学方程。同时，由于沉淀作用，氮在底泥中积累，最终转化为氨，假定再生速率 R_r 也服从一级动力学方程。

（3）植物作用模块

$$\frac{d\text{ 植物腐败}}{dt} = R_d \times V \qquad (13-9)$$

$$\frac{d\text{ 植物吸收氨氮}}{dt} = R_{M_1} \times V \qquad (13-10)$$

$$\frac{d\text{ 植物吸收硝酸盐}}{dt} = R_{M_2} \times V \qquad (13-11)$$

式中：R_d、R_{M_1}、R_{M_2}——植物腐败速率、植物氨吸收速率、植物硝酸盐吸收速率，$g/(m^3 \cdot d)$。

假定 R_d、R_{M_1}、R_{M_2} 均服从一级动力学方程，计算方法详见后文。

（4）微生物作用模块

$$\frac{d\text{ 微生物吸收的氨}}{dt} = R_{P_1} \times V \qquad (13-12)$$

$$\frac{d\text{ 微生物吸收的硝酸盐}}{dt} = R_{P_2} \times V \qquad (13-13)$$

$$\frac{d\text{ 有机氮矿化}}{dt} = R_m \times V \qquad (13-14)$$

式中：R_{P_1}、R_{P_2}——微生物的氨、硝酸盐吸收速率，$g/(m^3 \cdot d)$；

　　　R_m——有机氮矿化速率，$g/(m^3 \cdot d)$。

自养细菌吸收氨氮或硝态氮，但优先吸收氨氮。为了模拟微生物对氨的吸收速率，假定只要系统中存在就会被吸收，悬浮的和生物膜的微生物全部消耗完系统中的氨之后才消耗硝酸盐。吸收速率 R_{P_1}、R_{P_2} 采用了 Monod 动力学模型与生物膜模型的联合模型来确定。有机氮矿化速率 R_m 采用一级动力学进行模拟。

（5）硝化、反硝化作用模块

$$\frac{d\text{ 氨氮的硝化}}{dt} = R_n \times V \qquad (13-15)$$

$$\frac{d\text{ 反硝化作用}}{dt} = R_{dn} \times V \qquad (13-16)$$

式中：R_n、R_{dn}——硝化速率、反硝化速率，$g/(m^3 \cdot d)$。

硝化考虑了系统中悬浮生物量和生物膜生物量的活动，认为生物膜生物量为亚硝化单胞菌，附着在底泥表面和植物根区。悬浮细菌硝化用 Monod 模型来模拟，生物膜硝化使用生物膜模型。硝化速率 R_n 的计算采用了上述两种模型联合的硝化模型。R_{dn} 的计算采用了 Arrhenius 动力学模型和生物膜模型的联合模型。

13.3 模型计算方法及参数来源

在采用以上生态动力学模型时，各模块数学模型中均包含大量参数，除少数参数为实测值外，大部分还需进一步采用模型公式计算得到。各参数的资料来源及具体计算公式见表 13-1。

表 13-1 中给出了部分参数的参考值，这些参考值是通过查阅文献得来的。模型所需实测资料包括两部分：①试验区资料：试验沟渠的尺寸、底泥土壤的孔隙度、沉降粒子密度、沉降粒径、植物生长速率常数、植物生长密度；②监测资料（均为逐日资料）：试验沟渠进出水口流量，进出水口有机氮、氨氮、硝酸盐氮浓度，水流流速，水体中有机氮、氨氮、硝酸盐氮、溶解氧浓度，底泥、植物中氮含量，水温，pH。

表 13-1 除氮生态动力学模型计算公式及参数来源

模块名称	反应速率	计算依据	计算公式	参数	数据来源
进出水	—	—	—	进出水口流量/（m^3/s）	实测
				进出水口有机氮、氨氮、硝酸盐氮浓度/（g/L）	实测
底泥作用	氨氮再生速率 R_r	一级动力学模型	$R_r = R_{reg} \times N_{aggr}$	R_{reg}：氨氮再生速率常数	0.085
				N_{aggr}：底泥中氮含量/（g/m^3）	实测
	有机氮沉淀速率 R_s	一级动力学模型	$R_s = 1.3 \eta \alpha \dfrac{\mu(1-P)}{d_c}$	α：黏附系数	0.000 8 ~ 0.012
				μ：流速/（m/d）	实测
				P：土壤孔隙度/%	实测
			$\eta = \dfrac{(\rho_s - \rho) g d_p^2}{18 \mu u_0}$	d_c：取样器直径/m	实测
				ρ_s：沉降粒子密度/（kg/m^3）	实测
				ρ：水的密度/（kg/m^3）	995.69
				d_p：沉降粒径/μm	0.4 ~ 10
			$\log\left[\dfrac{\mu}{\mu_{20}}\right] = \dfrac{1.327\,2\,(20-T) - 0.001\,053\,(T-20)^2}{T+105}$	μ_{20}：20℃水的黏滞系数	1.005
植物作用	植物腐败速率 R_d	一级动力学模型	$R_d = R_{decay} \times N_{plants}$	R_{decay}：一阶衰减常数/d^{-1}	0.006
				N_{plants}：植物含氮量/（g/m^3）	实测

续表

模块名称	反应速率	计算依据	计算公式	参数	数据来源
植物作用	植物氨吸收速率 R_{M_1}	一级动力学模型	$R_{M_1} = N_{dem} \left[\dfrac{NH_3 - N}{K_m + NH_3 - N} \right] \left[\dfrac{NH_3 - N}{NH_3 - N + NO_3^- - N} \right]$ $N_{dem} = $ d 植物量的生长$/dt \times N_{plants}$ d 植物量的生长$/dt = K_G \times$ 植物量	K_m：植物吸收氨的半饱和常数	查阅文献
				$NH_4^+ - N$、$NO_3^- - N$ 水体中氨氮、硝酸盐氮浓度$/(g/m^3)$	实测
				K_G：植物生长速率常数	实测或查阅文献
				植物量$/g$	实测
	植物硝酸盐吸收速率 R_{M_2}	一级动力学模型	$R_{M_2} = N_{dem} \left[\dfrac{NO_3^- - N}{K_m + NO_3^- - N} \right] \left[\dfrac{NO_3^- - N}{NH_4^+ - N + NO_3^- - N} \right]$		
微生物作用	有机氮矿化速率 R_M	一级动力学模型	$R_M = ON \times R_{min}$	ON：有机氮浓度$/(g/m^3)$	实测
				R_{min}：有机氮矿化速率常数$/d^{-1}$	$0.0005 \sim 0.143$
	微生物氨吸收速率 R_{p_1}	Monod 动力学模型与生物膜模型的联合模型	$R_{p1} = \left[(\mu_{max,20} + rb_1 + rb_2) \times \theta^{(T-20)} \times \left(\dfrac{NH_3 - N}{K_1 + NH_3 - N} \right) \right] \times ON \times P_1$	$\mu_{max,20}$：$20℃$ 藻类和细菌的最大增长率	0.18
				θ：微生物生长温度系数	$1.08 \sim 1.10$
				K_1：植物吸收氨半饱和常数	查阅文献
				P_1：氨吸收偏好因素	查阅文献
			$rb_1 = a_{s1} \dfrac{\alpha\beta}{(\alpha + \beta)}$　$rb_2 = a_{s2} \dfrac{\alpha\beta}{(\alpha - \beta)}$	a_{s1}：基质的生物膜面积/体积$/(m^2 \times m^3)$	$5.76 \sim 20.83$
				a_{s2}：植物的生物膜面积/体积$/(m^2 \times m^3)$	$1.67 \sim 1.93$
			$\beta = \dfrac{\tanh (\phi) K_{fa} L_f}{\phi}$　$\phi = \sqrt{\left(\dfrac{K_{fa} L_f^2}{D_f} \right)}$	K_{fa}：一级反应常数$/d^{-1}$	336.6
				L_f：生物膜厚度$/(10^{-3} m)$	$1.46 \sim 1.62$
				D_f：生物膜层的扩散系数$/(m^2 \times d^1)$	5.26×10^{-5}
	微生物硝酸盐吸收速率 R_{p_2}	Monod 动力学模型与生物膜模型的联合模型	$R_{p2} = \left[(\mu_{max,20} + rb_1 + rb_2) \times \theta^{(T-20)} \times \left(\dfrac{NO_3 - N}{K_2 + NO_3 - N} \right) \right] \times ON \times P_2$	K_2：硝酸吸收半饱和常数	查阅文献
				P_2：硝酸吸收偏好因素	查阅文献

模块名称	反应速率	计算依据	计算公式	参数	数据来源
硝化、反硝化作用	硝化速率 R_n	Monod动力学模型与生物膜模型的联合模型	$R_n = \left[(\mu_n/Y_n + rb_1 + rb_2) \times \left(\dfrac{NH_4}{KN + NH_3 - N} \right) \times \left(\dfrac{DO}{KNO + DO} \right) \times C_T \times C_{PH} \times ON \right]$ 温度修正系数 $C_T = \exp \cdot \varphi (T - T_0)$ pH修正系数 $C_{pH} = \begin{cases} 1 - 0.833 (7.2 - pH), & pH < 7.2 \\ 1.0, & pH \geq 7.2 \end{cases}$	DO：溶解氧浓度/ $(g \cdot m^{-3})$	实测
				μ_n：亚硝化单胞菌最大生长率/d^{-1}	$0.33 \sim 2.21$
				Y_n：亚硝化单胞菌对氮吸收率/ (mg VSS/mg N)	$0.03 \sim 0.13$
				KN：亚硝化单胞菌氨半饱和常数	查阅文献
				KNO：亚硝化单胞菌氧半饱和常数	查阅文献
				T：实际温度/℃	实测
				T_0：参考温度/℃	15
				φ：经验常数	0.098
				pH	实测
	反硝化速率 R_{dn}	Arrhenius动力学模型和生物膜模型的联合模型	$R_{dn} = \left[(D_{r,20} + rb_1 + rb_2) \times \theta_1^{(T-20)} \right] \times NO_3$	$D_{r,20}$：20℃时反硝化速率常数/d^{-1}	$0 \sim 1.0$
				θ_1：Arrhenius模型常数	$1.02 \sim 1.09$

13.4　模型计算方法

本章所建立的生态动力学模型采用国际上较为强大的数学软件 Matlab 进行编程，将概念化的模型转化为计算机程序，通过数据模拟更为直观地分析农田排水沟渠氮迁移转化规律。模型的求解方法采用四阶龙格库塔方程（Runge-Kutta）进行求解，求解公式如下：

$$\begin{cases} y_n = y_{n-1} + \dfrac{h}{6} \left[K_1 + 2K_2 + 2K_3 + K_4 \right] \\ K_1 = f(x_{n-1}, y_{n-1}) \\ K_2 = f(x_{n-1} + \dfrac{h}{2}, y_{n-1} + \dfrac{h}{2}K_1) \\ K_3 = f(x_{n-1} + \dfrac{h}{2}, y_{n-1} + \dfrac{h}{2}K_2) \\ K_4 = f(x_{n-1} + h, y_{n-1} + hK_3) \end{cases} \quad (13\text{-}17)$$

模型中的不确定参数首先通过经验值进行模拟，进而将模拟数据与实测数据进行耦合，并率定参数，最终得到一套合理的参数取值。

农田排水沟渠氮循环生态动力学模型 Matlab 部分程序见附录。

13.5　模型率定

根据模型所需的 pH、温度、溶解氧等基本数据，输入相应的氮素状态变量数据进行计算模拟。相应的 Matlab 程序输出界面见图 13-2、图 13-3。

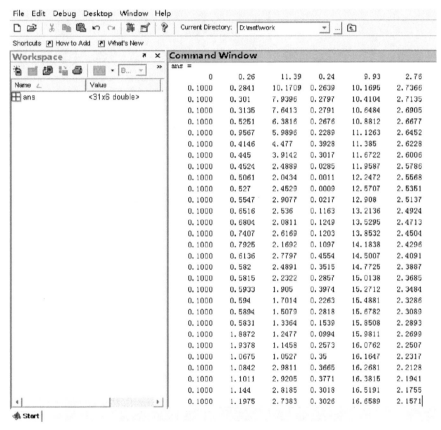

图 13-2　根据参数经验值模拟的数据

根据参数经验值模拟的沟渠出水氮素对比图以及经过模型参数率定以后的沟渠出水氮素对比图如下。

（1）根据参数经验值模拟的沟渠出水氮素对比图

从图 13-4～图 13-6 中可以看出，模拟沟渠有机氮、硝态氮、氨氮的模拟浓度值与实测浓度值拟合程度不是很理想，有机氮趋势出入甚至很大，主要是因为参数选择上有没有进行系统的率定，一些敏感参数的变化对结果会造成很大的影响。

经过对模型参数的优化分析，最终得到的部分模型参数校准值见表 13-2（模型常数在此未列出）。

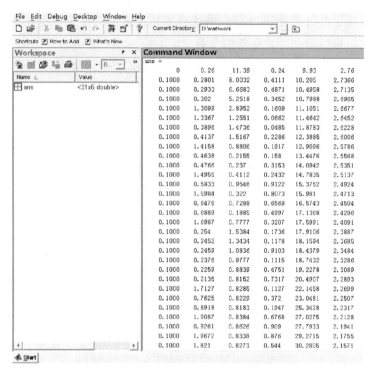

图 13-3　根据参数率定后模拟的数据

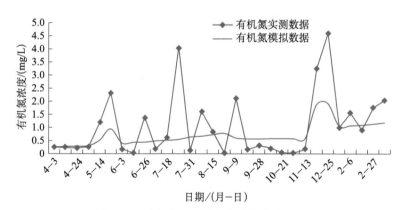

图 13-4　有机氮实测数据与模拟数据对比

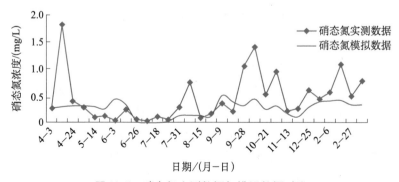

图 13-5　硝态氮实测数据与模拟数据对比

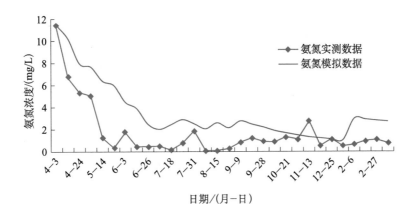

图13-6　氨氮实测数据与模拟数据对比

表13-2　模型参数校准值

参数	名称	文献范围值	校准值	来源
R_{reg}	氨氮再生速率常数	0.085	0.085	文献
α	黏附系数	0.000 8 ~ 0.012	0.000 9	文献
ρ_s	沉降粒子密度/（kg/m³）	—	2 682	实测
P	土壤孔隙度/%	—	64	实测
d_p	沉降粒径/μm	0.4 ~ 10	10	文献
μ_{20}	20℃水的黏滞系数	1.005	1.005	文献
R_{decay}	一阶衰减常数/d⁻¹	0.003 ~ 0.006	0.003	文献
K_m	植物吸收氨的半饱和常数	—	165	文献
K_n	植物吸收硝态氮半饱和常数	—	0	文献
R_{min}	有机氮矿化速率常数/d⁻¹	0.000 5 ~ 0.143	0.143	文献
μ_{max20}	20℃时细菌最大生长速率	0.14 ~ 0.18	0.14	文献
θ	微生物生长温度系数	1.08 ~ 1.10	1.08	文献
K_1	植物吸收氨的半饱和常数	—	2.0	文献
P_1	微生物吸收氨偏好因子	—	1.0	文献
a_{s1}	基质的生物膜面积/体积/（m²/m³）	5.76 ~ 20.83	7.53	文献
K_{fa}	一级反应常数/d⁻¹	336.6	336.6	文献
L_f	生物膜厚度/（10⁻³ m）	1.46 ~ 1.62	1.5	文献
D_f	生物膜层的扩散系数/（m²/d）	5.26×10^{-5}	5.26×10^{-5}	文献
a_{s2}	植物的生物膜面积/体积/（m²/m³）	1.67 ~ 1.93	1.8	文献
K_2	微生物吸收硝态氮半饱和常数	—	2.0	文献
P_2	微生物吸收硝态氮偏好因子	—	0	文献
μ_n	Nitrospmonas 最大生长速率/d⁻¹	0.33 ~ 0.21	1.00	文献
Y_n	Nitrospmonas 对氨的吸收率/（mgVSS/mgN）	0.03 ~ 0.13	0.13	文献
KN	亚硝化单细胞吸收氨半饱和常数	0.32 ~ 56	3.0	文献
KNO	亚硝化单细胞吸收氧半饱和常数	0.13 ~ 0.3	0.9	文献
T_0	参考温度/℃	—	15	文献
D_r, 20	20℃时反硝化速率常数/d⁻¹	0.004 ~ 2.75	0.12	文献
$\theta1$	Arrhenius 模型常数	1.02 ~ 1.09	1.07	文献

（2）经过模型参数率定以后的沟渠出水氮素对比图

从图13-7 ~ 图13-9 模型模拟结果可以看出，经过参数率定后的有机氮、硝态氮、氨氮模拟值与实测值趋势基本一致，模型对氨氮浓度变化的拟合效果尤为突出。但是对于硝态氮和有机氮浓度某些月份不规律的变化情况模拟依旧不理想，并且在低温月份也存在模拟效果不佳的情况。可能的原因有以下两点。

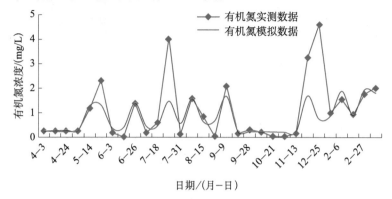

图 13-7　有机氮实测数据与模拟数据对比

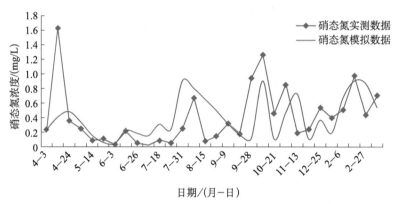

图 13-8　硝态氮实测数据与模拟数据对比

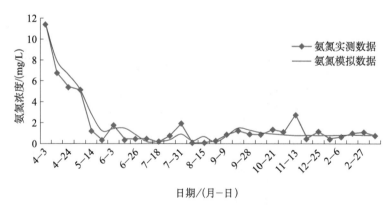

图 13-9　氨氮实测数据与模拟数据对比

一是由于基地现场不稳定因素较多，包括温度变化、水面蒸发、植物蒸散发、雨水等状况，都会对试验结果产生影响；另外，试验过程测量不精确，有误差，可能导致硝态氮实测值出现不规律的突变情况，进而模拟效果不佳。

二是一些敏感参数选择上仍旧存在率定不精确的问题，如 Nitrospmonas 最大生长速率、生物膜动力学参数的选择等。这些参数不仅单方面影响模拟的质量，相互之间也存在复杂的关系；另外，一些参数只适应于一定的前提条件下，如20℃时反硝化速率常数、20℃时细菌最大生长速率、20℃水的黏滞系数等，在实际的自然情况下显然温度的条件会有差别，这些参数选择的准确与否直接影响着模拟效果的好坏。因此，为了得到更准确的参数取值，应该进行更多的物理、化学、生物等试验，探索每个参数相互之间的机理关系，了解特定条件下微生物的性质、反应活性以及现场条件等，这样才能得到更为合理的参数取值。

为了进一步说明参数率定后模型模拟程度的好坏，对有机氮、硝态氮、氨氮的模拟值和实测值进行相关性检验。本章通过强大的统计分析软件 SPSS 对模型采取五类检验方法，包括参数检验 R^2 检验、F 检验、Pearson 相关性检验、Kendall 相关性检验、Spearman 相关性检验。具体结果见表13-3～表13-7。

（1）R^2 检验

R^2 相关性检验见表13-3。

表13-3　R^2 相关性检验

状态变量	R	R^2	调整 R^2	标准误差估计
有机氮	0.686	0.470	0.451	0.454 207 1
硝态氮	0.393	0.155	0.125	0.263 415 1
氨氮	0.964	0.929	0.927	0.698 292 0

（2）F 检验

模拟效果方差分析见表13-4。

表13-4　模拟效果方差分析

状态变量	回归平方和	残差平方和	自由度1	自由度2	回归均方差	残差均方差	F
有机氮	5.122	5.777	1	28	5.122	0.206	24.826
硝态氮	0.356	1.943	1	28	0.356	0.069	5.125
氨氮	179.240	13.653	1	28	179.240	0.488	367.588

（3）Pearson 相关性检验

Pearson 相关性（双侧）分析见表13-5。

表13-5　Pearson 相关性（双侧）分析

状态变量	实测有机氮	模拟有机氮	实测硝态氮	模拟硝态氮	实测氨氮	模拟氨氮
实测有机氮	1	0.686	—	—	—	—
模拟有机氮	0.686	1	—	—	—	—
实测硝态氮	—	—	1	0.393	—	—
模拟硝态氮	—	—	0.393	1	—	—
实测氨氮	—	—	—	—	1	0.964
模拟氨氮	—	—	—	—	0.964	1

注：有机氮、氨氮模拟值与实测值在置信度（双侧）为0.01时，相关性是显著的；硝态氮模拟值与实测值在置信度（双侧）为0.05时，相关性是显著的。

（4）Kendall 相关性检验

Kendall 相关性（双侧）分析见表13-6。

表13-6　Kendall 相关性（双侧）分析

状态变量	实测有机氮	模拟有机氮	实测硝态氮	模拟硝态氮	实测氨氮	模拟氨氮
实测有机氮	1	0.554	—	—	—	—
模拟有机氮	0.554	1	—	—	—	—
实测硝态氮	—	—	1	0.347	—	—
模拟硝态氮	—	—	0.347	1	—	—
实测氨氮	—	—	—	—	1	0.508
模拟氨氮	—	—	—	—	0.508	1

注：所有结果在置信度（双侧）为0.01时，相关性是显著的。

（5）Spearman 相关性检验

Spearman 相关性（双侧）见表13-7。

表13-7　Spearman 相关性（双侧）分析

状态变量	实测有机氮	模拟有机氮	实测硝态氮	模拟硝态氮	实测氨氮	模拟氨氮
实测有机氮	1	0.768	—	—	—	—
模拟有机氮	0.768	1	—	—	—	—
实测硝态氮	—	—	1	0.472	—	—
模拟硝态氮	—	—	0.472	1	—	—
实测氨氮	—	—	—	—	1	0.672
模拟氨氮	—	—	—	—	0.672	1

注：所有结果在置信度（双侧）为0.01时，相关性是显著的。

由表13-3～表13-7可知，总体来看，有机氮、硝态氮、氨氮的模拟效果比较理想。在 R^2 检验中，氨氮、有机氮、硝态氮分别呈现出强相关、中相关、弱相关三种情况。可能原因如下：一是有些月份实测值出现较大波动，导致模拟值不能很好地反映出系统中氮组分浓度的变化，造成硝态氮模拟相关性较差。二是由于 R^2 检验是最简单的相关性检验方法，可能会出现检验结果不合理的情况。

通过 F 检验，氨氮、有机氮、硝态氮的 F 值分别为367.588、24.826、5.125，结果均大于 $F_{0.05}(m, n-m-1)$，故全部通过显著性检验，可以认为模型模拟程度是显著的，拟合程度较高。但是硝态氮的模拟程度相对于氨氮和有机氮依旧不是很理想。

在 Pearson 相关性（双侧）分析中可以得出，氨氮的相关系数为0.964，相伴概率为0.000，表明氨氮模拟值与实测值在置信度（双侧）为0.01时，相关性是显著的。有机氮的相关系数为0.686，相伴概率为0.000，表明有机氮模拟值与实测值在置信度（双侧）为0.01时，相关性是显著的。硝态氮的相关系数为0.964，相伴概率为0.032，表明硝态氮模拟值与实测值在置信度（双侧）为0.05时，相关性是显著的。相对于氨氮和有机氮，硝态氮浓度的模拟不是很好。

基于样本信息，对样本总体分布做出假设，进行了非参数检验。通过 Kendall 相关性（双侧）检验，有机氮、氨氮、硝态氮的相关系数分别为0.554、0.508、0.347，相伴概率分别为 0.000、0.000、0.007，表明有机氮、氨氮、硝态氮模拟值与实测值在置信度（双侧）为 0.01 时，相关性是显著的，拟合程度较高。

利用秩相关原理进行 Spearman 相关性（双侧）检验，分析中可以得出，有机氮、氨氮、硝态氮的相关系数分别为 0.768、0.672、0.472，相伴概率分别为 0.000、0.000、0.008，表明有机氮、氨氮、硝态氮模拟值与实测值在置信度（双侧）为 0.01 时，相关性是显著的，拟合程度较高。

总体来看，基于试验基地现场模拟的有机氮、硝态氮、氨氮浓度变化结果较为理想，均通过了三种以上的检验方法检验，认为模型模拟程度好，曲线拟合度较高。但是可能由于现场试验不确定因素和试验测量有误差，导致硝态氮实测数据有突变，进而模型模拟程度相较于有机氮和氨氮不理想。

13.6　模型验证

上述模型是基于第 10 章基地现场试验进行模拟，率定参数后模拟结果较理想。为了更进一步地验证模型的可靠性，需要进行模型的验证。生态动力学模型中的参数均使用率定后的参数，数据采用第 5 章野外试验同一时期的监测资料，最终将长期运行数据输入模型进行合理性验证。相应的 Matlab 程序输出界面见图 13-10。

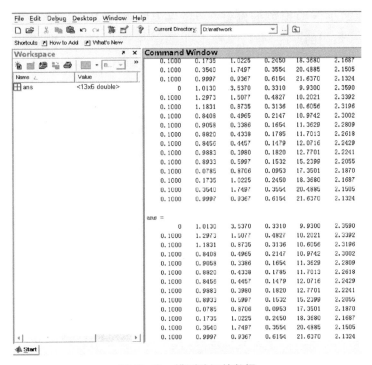

图 13-10　模型验证的数据

结果分析如下。

（1）生态动力学模型出水有机氮实测值和模拟值拟合图

由图 13-11 可知，沟渠除氮生态动力学模型对野外同时期的有机氮浓度模拟效果比较理想。在3—4月出现了骤增的突变，模拟数据拟合差，可能是因为野外环境变化比较复杂，导致实测数据出现偏差；二是基于基地条件下的模型参数应用到野外会造成误差。

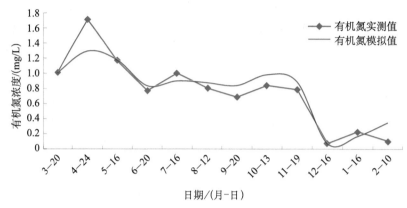

图 13-11　有机氮实测数据与模拟数据对比（模型验证）

从数据角度来看，实测有机氮浓度平均值为 0.768 mg/L，模型模拟平均值为 0.788 mg/L；实测有机氮浓度最大值出现在 4 月 24 日，其值为 1.712 mg/L，模型模拟最大值出现在 4 月 24 日，其值为 1.297 mg/L；实测有机氮浓度最小值出现在 12 月 26 日，其值为 0.077 mg/L，模型模拟最小值出现在 12 月 26 日，其值为 0.079 mg/L。而在为期一年的数据模拟验证中，实测有机氮数据与模拟数据偏差在 5% 以内的点占 25%，5% ~15% 以内的点占 33%，15% ~25% 以内的点占 34%，25% 以上的点占 8%。因此，根据曲线模拟趋势以及数据计算，可以认为模型对有机氮浓度的模拟效果较理想。

（2）生态动力学模型出水氨氮实测值和模拟值拟合图

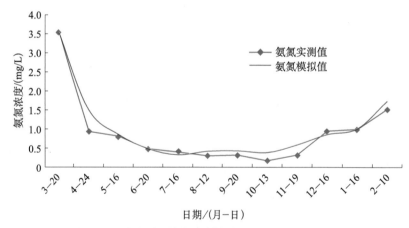

图 13-12　氨氮实测数据与模拟数据对比（模型验证）

由图 13-12 可知，沟渠除氮生态动力学模型对野外同时期的氨氮浓度模拟效果比较理想。从数据角度来看，实测氨氮浓度平均值为 0.900 mg/L，模型模拟平均值为 1.023 mg/L；实测氨氮浓度最大值出现在 3 月 20 日，其值为 3.537 mg/L，模型模拟最大值出现在 3 月 20 日，其值为 3.537 mg/L（模型输出的初值为实测初值）；实测氨氮浓度最小值出现在

10 月 13 日，其值为 0.176 mg/L，模型模拟最小值出现在 7 月 16 日，其值为 0.339 mg/L。而在为期一年的数据模拟验证中，实测氨氮数据与模拟数据偏差在 5% 以内的点占 25%，5% ~15% 以内的点占 25%，15% ~ 25% 以内的点占 8%，25% 以上的点占 42%。因此，根据曲线模拟趋势以及数据计算，可以认为模型对氨氮浓度的模拟效果较理想。

（3）生态动力学模型出水硝态氮实测值和模拟值拟合图

由图 13-13 可知，沟渠除氮生态动力学模型对野外同时期的硝态氮浓度模拟效果比较理想。在 1 月、3 月、4 月出现了骤增的突变，模拟数据拟合差，可能是因为低温环境的影响导致实测数据出现较大波动，且会对温度参数产生影响；二是基于基地条件下的模型参数应用到野外会造成误差。

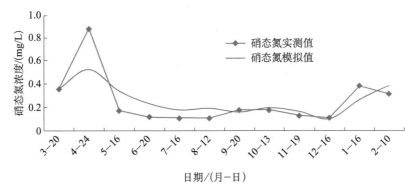

图 13-13　硝态氮实测数据与模拟数据对比（模型验证）

从数据角度来看，实测硝态氮浓度平均值为 0.232 mg/L，模型模拟平均值为 0.239 mg/L；实测硝态氮浓度最大值出现在 4 月 24 日，其值超过 0.800 mg/L，模型模拟最大值出现在 4 月 24 日，其值为 0.483 mg/L；实测硝态氮浓度最小值出现在 12 月 26 日，其值为 0.102 mg/L，模型模拟最小值出现在 12 月 26 日，其值为 0.095 mg/L。而在为期一年的数据模拟验证中，实测硝态氮数据与模拟数据偏差在 10% 以内的点占 33%，10% ~20% 以内的点占 17%，20% ~ 30% 以内的点占 8%，30% 以上的点占 42%。因此，根据曲线模拟趋势以及数据计算，可以认为模型对硝态氮浓度的模拟效果较理想。

为了进一步验证模型的合理性，利用统计分析软件 SPSS 对有机氮、硝态氮、氨氮的模拟值和实测值进行相关性检验。包括 R^2 检验、F 检验、Pearson 相关性检验、Kendall 相关性检验以及 Spearman 相关性检验。具体结果见表 13-8 ~ 表 13-12。

（1）R^2 检验

R^2 相关性检验见表 13-8。

表 13-8　R^2 相关性检验

状态变量	R	R^2	调整 R^2	标准误差估计
有机氮	0.941	0.885	0.873	0.136 444 8
硝态氮	0.847	0.718	0.690	0.061 963 8
氨氮	0.980	0.961	0.957	0.188 920 8

（2）*F* 检验

模拟效果方差分析见表13-9。

表13-9　模拟效果方差分析

状态变量	回归平方和	残差平方和	自由度1	自由度2	回归均方差	残差均方差	*F*
有机氮	1.429	0.186	1	10	1.429	0.019	76.775
硝态氮	0.098	0.038	1	10	0.098	0.004	25.481
氨氮	8.768	0.357	1	10	8.768	0.036	245.656

（3）Pearson 相关性检验

Pearson 相关性（双侧）分析见表13-10。

表13-10　Pearson 相关性（双侧）分析

状态变量	实测有机氮	模拟有机氮	实测硝态氮	模拟硝态氮	实测氨氮	模拟氨氮
实测有机氮	1	0.941	—	—	—	—
模拟有机氮	0.941	1	—	—	—	—
实测硝态氮	—	—	1	0.847	—	—
模拟硝态氮	—	—	0.847	1	—	—
实测氨氮	—	—	—	—	1	0.980
模拟氨氮	—	—	—	—	0.980	1

注：所有结果在置信度（双侧）为0.01时，相关性是显著的。

（4）Kendall 相关性检验

Kendall 相关性（双侧）分析见表13-11。

表13-11　Kendall 相关性（双侧）分析

状态变量	实测有机氮	模拟有机氮	实测硝态氮	模拟硝态氮	实测氨氮	模拟氨氮
实测有机氮	1	0.879	—	—	—	—
模拟有机氮	0.879	1	—	—	—	—
实测硝态氮	—	—	1	0.515	—	—
模拟硝态氮	—	—	0.515	1	—	—
实测氨氮	—	—	—	—	1	0.758
模拟氨氮	—	—	—	—	0.758	1

注：有机氮、氨氮模拟值与实测值在置信度（双侧）为0.01时，相关性是显著的；硝态氮模拟值与实测值在置信度（双侧）为0.05时，相关性是显著的。

（5）Spearman 相关性检验

Spearman 显著性（双侧）分析见表13-12。

表13-12　Spearman 显著性（双侧）分析

状态变量	实测有机氮	模拟有机氮	实测硝态氮	模拟硝态氮	实测氨氮	模拟氨氮
实测有机氮	1	0.972	—	—	—	—
模拟有机氮	0.972	1	—	—	—	—
实测硝态氮	—	—	1	0.713	—	—
模拟硝态氮	—	—	0.713	1	—	—
实测氨氮	—	—	—	—	1	0.881
模拟氨氮	—	—	—	—	0.881	1

注：所有结果在置信度（双侧）为0.01时，相关性是显著的。

由表 13-8 ~ 表 13-12 可知：总体来看，有机氮、硝态氮、氨氮的实测值与模拟值较为接近。在 R^2 检验中，氨氮、有机氮呈现出强相关，硝态氮呈现出中相关。原因可能是在低温季节实测值出现较大波动，导致模拟值不能很好地反映出系统中氮组分浓度的变化，造成硝态氮模拟相关性较差。

通过 F 检验，氨氮、有机氮、硝态氮的 F 值分别为 245.656、76.775、25.481，结果均大于 $F_{0.01}(m, n-m-1)$，故全部通过置信度为 0.01 的显著性检验，可以认为模型模拟程度是显著的，拟合程度较高。但是硝态氮的模拟程度相对于氨氮和有机氮依旧不是很理想。

在 Pearson 相关性（双侧）分析中可以得出，有机氮、氨氮、硝态氮的相关系数分别为 0.941、0.980、0.847，相伴概率分别为 0.000、0.000、0.001，表明有机氮、氨氮、硝态氮模拟值与实测值在置信度（双侧）为 0.01 时，相关性是显著的。

利用等级相关系数原理进行 Kendall 相关性（双侧）检验，可以得出，有机氮、氨氮、硝态氮的相关系数分别为 0.879、0.758、0.515，相伴概率分别为 0.000、0.001、0.02，表明有机氮、氨氮模拟值与实测值在置信度（双侧）为 0.01 时，相关性是显著的，拟合程度较高。硝态氮模拟值与实测值在置信度（双侧）为 0.05 时，相关性是显著的。相对于有机氮和氨氮，硝态氮拟合程度并不理想。

基于秩相关理念，Spearman 相关性（双侧）检验得出的有机氮、氨氮、硝态氮的相关系数分别为 0.972、0.881、0.713，相伴概率分别为 0.000、0.000、0.009，表明有机氮、氨氮、硝态氮模拟值与实测值在置信度（双侧）为 0.01 时，相关性是显著的，拟合程度较高。

总体来看，基于野外试验现场模拟的有机氮、硝态氮、氨氮浓度变化结果较为理想，均通过了三种以上的检验方法检验，认为模型模拟程度好，曲线拟合度较高。但是可能由于现场试验不确定因素和试验测量有误差，导致硝态氮和有机氮实测数据有突变，进而模型模拟程度相较于氨氮不理想。因此应该充分了解试验场地、装置内部相关因素的影响，进而将模型参数进一步优化，从而对农田排水沟渠生态动力学模型加以完善。综上所述，本章建立的生态动力学模型对农田排水沟渠系统氮素的迁移转化模拟效果比较有效，模型预测结果较为准确。

13.7 沟渠除氮量化分析

通过对模型中相关参数之间的机理分析，模拟计算出不同季节各个状态变量之间的质量平衡数值，并在概念模型图上加以呈现，见图 13-14 ~ 图 13-17。为了保证基质和植物中氮的截留效果，数据采用基地模拟沟渠运行 1 个月后的监测值进行计算。经过代表性分析，分别选取 5 月 14 日（春季）、7 月 18 日（夏季）、10 月 21 日（秋季）、2 月 10 日（冬季）四日的监测数据进行计算模拟。相关水质因子情况见表 13-13。

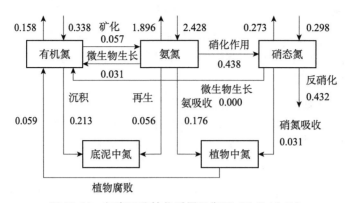

图 13-14　氮素迁移转化质量平衡图（5 月 14 日）

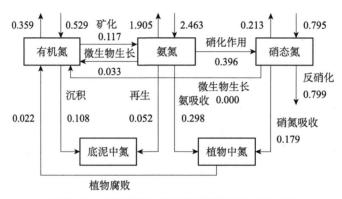

图 13-15　氮素迁移转化质量平衡图（7 月 18 日）

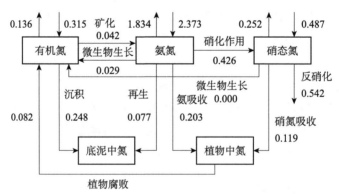

图 13-16　氮素迁移转化质量平衡图（10 月 21 日）

表 13-13　不同季节典型水质因子情况

数值	5 月 14 日（春）	7 月 18 日（夏）	10 月 21 日（秋）	2 月 10 日（冬）
进水 T	23.93	28.50	16.20	10.23
进水 pH	10.20	10.50	10.67	11.10
进水 DO	8.33	0.60	2.97	3.17

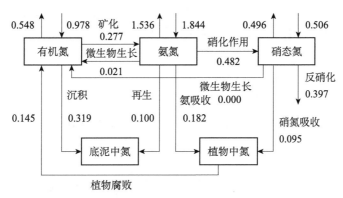

图 13-17　氮素迁移转化质量平衡图（2 月 10 日）

由氮素迁移转化质量平衡图可以分析得出，氮转化的方式主要有三类，分别为底泥中吸收氮、植物中截留氮以及最终的反硝化去除氮。

通过四季的质量平衡图对比可知，不同季节氮素在水—底泥—植物中迁移转化的量是不同的，主要原因是温度、pH、溶解氧的变化使得各个速率方程所计算的结果产生了变化。为了直观地分析变化过程，绘制了不同作用的质量通量变化图，见图 13-18 和图 13-19。

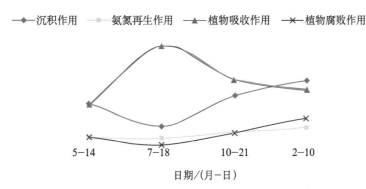

图 13-18　植物、底泥模块质量通量变化过程示意

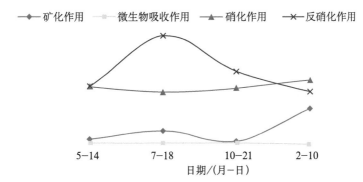

图 13-19　微生物模块质量通量变化过程示意

在三大水质因子中，由温度单方面所影响的有沉积作用、氨氮再生作用、植物腐败

作用、植物吸收作用、微生物吸收作用；由溶解氧和温度共同影响的变化过程是反硝化作用；硝化作用则是由 pH、溶解氧、温度三者共同影响；而矿化作用的变化主要是与有机氮的含量有关。

通过图 13-18 和图 13-19 可以看出，由于暖季温度及 pH 的范围适宜植物及微生物的生长，导致底泥沉积作用下降、植物和微生物吸收作用上升，随着温度的降低及 pH 过高，导致植物腐败作用开始显现，有机氮含量升高，矿化作用较为明显；并且，由于溶解氧浓度在暖季偏低，寒季偏高，直接导致硝化、反硝化作用呈现相反的趋势变化。通过夏季、冬季的质量平衡关系，对氮素去除的三大主要方式进行具体分析，得出：

(1) 在夏季质量平衡中，有 0.108 gN/$(m^3 \cdot d)$ 的有机氮颗粒通过沉淀并吸附到底泥中，但同时约 0.052 gN/$(m^3 \cdot d)$ 的有机氮颗粒又通过悬浮再生回到水中，因此，通过沉淀作用被基质去除的氮的质量通量为 0.056 gN/$(m^3 \cdot d)$。分析其主要原因，可能是由于数据采集时间处于暖季，底泥中溶解氧含量较低，导致有机氮在厌氧条件下分解。而冬季通过沉淀作用被基质去除的氮的质量通量为 0.219 gN/$(m^3 \cdot d)$，主要是因为温度降低使得植物和微生物活性下降，沉积作用开始显现。

(2) 由图 13-15 可知，植物对氨氮的吸收通量为 0.298 gN/$(m^3 \cdot d)$，对硝态氮的吸收通量为 0.179 gN/$(m^3 \cdot d)$，分析其主要原因，可能是由于植物对硝态氮的偏好系数低于氨氮，导致植物对硝态氮的吸收量少于氨氮，同时，植物腐败质量通量为 0.022 gN/$(m^3 \cdot d)$，因此，可以认为，被植物截留的氮的含量为 0.455 gN/$(m^3 \cdot d)$。同时，冬春季节植物截留氮含量约为 0.132 gN/$(m^3 \cdot d)$，主要是因为植物腐败导致有机氮升高，植物内部氮含量降低。

(3) 最后，由图 13-15 可知，有机氮经过矿化转化为氨氮的质量通量约为 0.117 gN/$(m^3 \cdot d)$，相反，微生物吸收氨氮质量通量约为 0.033 gN/$(m^3 \cdot d)$，模型不考虑微生物吸收硝态氮的量，氨氮通过硝化作用转化为硝态氮的量为 0.396 gN/$(m^3 \cdot d)$，最后，硝态氮反硝化脱氮，约 0.799 gN/$(m^3 \cdot d)$ 的硝态氮被去除。随着温度的降低，溶解氧浓度上升，导致硝化速率上升，反硝化速率下降，最终冬季约有 0.397 gN/$(m^3 \cdot d)$ 的硝态氮被去除。

根据上述分析，绘制出沟渠模拟除氮率饼状图，见图 13-20 ~ 图 13-23。由图得出，反硝化作用随季节变化较为稳定，最大去除率出现在夏季，为 61.00%，最小出现在冬季，为 53.07%，总体来看，反硝化作用起着主导作用。植物截留作用变化波动较大，夏季除氮效率明显高于其他三个季节，达到 34.73%，冬季最低，为 17.65%。底泥基质的作用季节性最为鲜明，冬季吸附作用非常明显，除氮率达到 29.28%，夏季由于植物及微生物活性较高，导致吸附作用很低，只有 4.27%。

因此，尽管反硝化除氮率随寒季到来而下降，但其依旧是除氮的最大功臣，进而说明在沟渠湿地运行中，微生物的同化和降解起到了关键作用；同时，暖季植物在脱氮系统中所起到的推动作用不容忽视，寒季由于植物腐败导致吸收率下降；最后，暖季底泥除氮效果相对不明显，主要原因可能是底泥中氮的悬浮再生作用产生的影响，寒季伴随着植物和微生物吸收效果的下降，底泥沉积吸附作用有所上升。综合四季的数据来看，沟渠湿地中反硝化作用（57.39%）＞植物作用（24.41%）＞底泥基质作用（18.20%）。

图13-20　沟渠除氮各因素作用比例（春季）

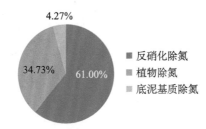

图13-21　沟渠除氮各因素作用比例（夏季）

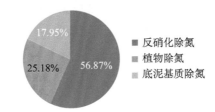

图13-22　沟渠除氮各因素作用比例（秋季）

图13-23　沟渠除氮各因素作用比例（冬季）

13.8　本章小结

①沟渠底泥系统对氮元素的净化过程是通过氨化作用、吸附作用、微生物作用进行的。氮元素的截留是吸附和硝化共同作用的结果。底泥吸附具有"快速吸附，缓慢平衡"的特点。开始时吸附作用占主导，水体中氮浓度有较大降低，底泥中氮浓度显著上升；当达到一定程度时，微生物（硝化细菌）的硝化作用逐渐明显，底泥中的氮通过硝化和反硝化交替作用彻底从沟渠系统中去除。

---

②通过动态模拟和静态模拟试验两部分，分析水生植物对农田排水沟渠水体中氮的净化作用。动态模拟试验表明，农田排水沟渠对氮有一定程度的净化效应，水生植物的存在可增强净化效应。试验运行结束后芦苇与菖蒲风干的全氮含量均有所增加，说明水生植物通过自身吸收作用截留一部分氮污染物。在静态模拟试验中，水生植物通过打破界面平衡，促进氮在界面的交换作用，从而加速污染物进入底泥速度，增强对氮的截留能力。

③基于对沟渠水体中氮的净化作用分析，建立沟渠除氮的生态动力学模型，对模型结构、计算公式、参数来源做了详细阐述。通过模型参数的率定、模型的验证以及曲线拟合度显著性检验，表明所建立的模型对沟渠湿地系统的模拟有效，模型在预测结果上面具有较好的合理性，适用于沟渠湿地的除氮研究。

④沟渠中氮转化的方式主要有三类，底泥中吸收氮、植物中截留氮以及最终的反硝化去除氮。其中，反硝化除氮通量由春到冬分别为 $0.432\ gN/(m^3 \cdot d)$、$0.799\ gN/(m^3 \cdot d)$、$0.542\ gN/(m^3 \cdot d)$、$0.397\ gN/(m^3 \cdot d)$；植物除氮通量由春到冬分别为 $0.148\ gN/(m^3 \cdot d)$、$0.455\ gN/(m^3 \cdot d)$、$0.240\ gN/(m^3 \cdot d)$、$0.132\ gN/(m^3 \cdot d)$；底泥基质除氮通量由春到冬分别为 $0.157\ gN/(m^3 \cdot d)$、$0.056\ gN/(m^3 \cdot d)$、$0.171\ gN/(m^3 \cdot d)$、$0.219\ gN/(m^3 \cdot d)$。反硝化作用、植物截留作用最大去除率的出现均在夏季，分别为61.00%、34.73%，最小出现在冬季，分别为53.07%、17.65%。底泥基质的作用冬季最为明显，除氮率达到29.28%，夏季只有4.27%。综合四季的数据，沟渠湿地中反硝化作用（57.39%）>植物作用（24.41%）>底泥基质作用（18.20%）。

第 14 章   沟渠除磷的生态动力学模型

14.1   概念模型

将总磷作为生态动力学模型的状态变量，考虑磷转化过程主要包括底泥吸附、植物吸收、微生物作用、沉淀和再生、植物腐败等。沟渠除磷生态动力学概念模型见图 14-1。

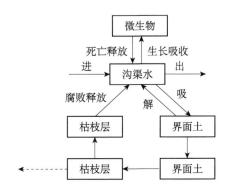

图 14-1   沟渠除磷生态动力学模型的概念结构

水中总磷的物质平衡可表示为：

$$\frac{\mathrm{d}\,出水总磷}{\mathrm{d}t} = \frac{\mathrm{d}\,进水总磷}{\mathrm{d}t} - \frac{\mathrm{d}\,底泥作用}{\mathrm{d}t} - \frac{\mathrm{d}\,微生物作用}{\mathrm{d}t} - \frac{\mathrm{d}\,植物作用}{\mathrm{d}t} \tag{14-1}$$

对式（14-1）中的各个模块细化如下所述。

（1）进出水模块

$$\frac{\mathrm{d}\,进水总磷}{\mathrm{d}t} = 进水流量 \times 进水总磷浓度 \times \mathrm{d}t \tag{14-2}$$

$$\frac{\mathrm{d}\,出水总磷}{\mathrm{d}t} = 出水流量 \times 出水总磷浓度 \times \mathrm{d}t \tag{14-3}$$

（2）底泥作用模块

$$\frac{\mathrm{d}\,底泥作用}{\mathrm{d}t} = \frac{\mathrm{d}\,吸附总磷}{\mathrm{d}t} - \frac{\mathrm{d}\,解吸总磷}{\mathrm{d}t} - \frac{\mathrm{d}\,向深层土壤渗透总磷}{\mathrm{d}t} \tag{14-4}$$

（3）微生物作用模块

$$\frac{\mathrm{d}\,微生物作用}{\mathrm{d}t} = \frac{\mathrm{d}\,微生物生长}{\mathrm{d}t} - \frac{\mathrm{d}\,微生物呼吸}{\mathrm{d}t} - \frac{\mathrm{d}\,微生物死亡}{\mathrm{d}t} \tag{14-5}$$

（4）植物作用模块

$$\frac{\mathrm{d}\text{植物作用}}{\mathrm{d}t} = \frac{\mathrm{d}\text{植物吸收总磷}}{\mathrm{d}t} - \frac{\mathrm{d}\text{植物腐败释放总磷}}{\mathrm{d}t} \tag{14-6}$$

14.2 模型计算方法及参数来源

采用以上生态动力学模型时，各模块数学模型中包含大量参数，除少数参数为实测值外，大部分还需采用模型公式计算得到。各参数资料来源及具体计算公式见表14-1。

由表14-1可知，模型所需实测资料包括两部分：①试验区资料：试验沟渠的尺寸、植物生长速率常数、植物生长密度；②监测资料（均为逐日资料）：试验沟渠进出水口流量，进出水口总磷浓度，水流流速，水体、底泥、植物中总磷浓度，水温，pH。

表 14-1　除磷生态动力学模型计算公式及参数来源

模块名称	计算公式	参数	数据来源
进出水模块	—	进出水口流量/（m³/s）	实测
		进出水口总磷浓度/（g/L）	实测
底泥作用模块	$\dfrac{\mathrm{d}\text{吸附总磷}}{\mathrm{d}t} = K_a \times c_w \times A$	K_a：界面层底泥对水体中磷的面积吸附速率/［g/（m²·d）］	文献公式
		c_w：水体中总磷浓度/（g/L）	实测
		A：试验沟渠面积/m²	实测
	$\dfrac{\mathrm{d}\text{吸附总磷}}{\mathrm{d}t} = K_d \times c_{AS} \times A$	K_d：界面层底泥对水体中磷的面积解吸速率/［g/（m²·d）］	文献公式
		c_{AS}：界面层底泥中总磷浓度/（mg/L）	实测
	$\dfrac{\mathrm{d}\text{向深层土壤渗透总磷}}{\mathrm{d}t} = K_{sp} \times A$ 磷在深层底泥中的扩散渗透速率 $K_{sp} = \begin{cases} 0.013\,2P + 0.457\,0, & \text{春季} \\ 0.069\,9P + 0.359\,3, & \text{夏季} \\ 0.011\,4P + 0.356\,4, & \text{秋季} \\ 0.010\,39P + 0.298\,1, & \text{冬季} \end{cases}$	P：进水口总磷浓度/（g/L）	实测
微生物作用模块	$\dfrac{\mathrm{d}\text{微生物作用}}{\mathrm{d}t} = K_{mg} \times c_{mp} \times A$	c_{mp}：微生物含磷浓度/（g/g）	0.8
	单位面积微生物生长速度 $K_{mg} = -\dfrac{B_{mm} \times \pi}{365} \times \sin\left(\dfrac{2\pi \times t}{365} + \dfrac{300\pi}{365}\right)$	B_{mm}：全年单位面积上微生物最大生物量/（g/m³）	实测或查阅文献
		t：试验日期	实测
植物作用模块	$\dfrac{\mathrm{d}\text{植物吸收总磷}}{\mathrm{d}t} = K_{rg} \times c_r \times A_r$	c_r：植物体内磷含量/（g/g）	实测
		A_r：植物覆盖面积/m²	实测
	单位面积上植物生长速率 $K_{rg} = K_G \times \text{植物量}$	K_G：植物生长速率常数	实测或查阅文献
		植物量/g	实测
	$\dfrac{\mathrm{d}\text{植物腐败释放总磷}}{\mathrm{d}t} = R_{decay} \times c_r$	R_{decay}：一阶衰减常数/d⁻¹	查阅文献

14.3 模型计算流程

综上所述，模型可根据图 14-2 所示进行。

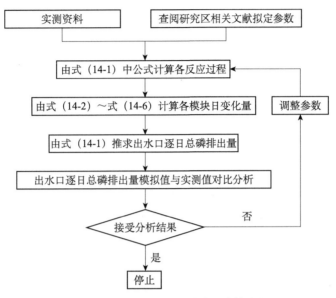

图 14-2 除磷生态动力学模型计算流程

14.4 本章小结

①沟渠底泥系统对磷元素的净化过程是通过吸附作用和微生物作用进行的。底泥吸附是沟渠去除磷的主要方式，与氮元素相同，底泥对磷的吸附也具有"快速吸附，缓慢平衡"的特点。底泥中微生物通过将有机磷和非溶解性磷转化为溶解态的无机磷，加速了植物吸收、底泥吸附、沉淀等，对水体中磷元素的净化起到了促进作用。

②通过动态模拟和静态模拟试验两部分，分析水生植物对农田排水沟渠水体中磷的净化作用。动态模拟试验表明，农田排水沟渠对磷有一定程度的净化效应，水生植物的存在可增强净化效应。试验运行结束后芦苇与菖蒲风干的总磷含量均有所增加，说明水生植物通过自身吸收作用截留一部分污染物。在静态模拟试验中，水生植物通过打破界面平衡，促进磷元素在界面的交换作用，从而加速污染物进入底泥的速度，增强对磷的截留能力。

③基于对沟渠水体中磷的净化作用分析，建立沟渠除磷的生态动力学模型，对模型结构、计算公式、参数来源做了详细阐述。所做研究可为日后研究监测项目的确定以及模型的构建、求解提供依据。

第15章　基于 OTIS 的氮滞留特征研究

15.1　OTIS 模型的原理及结构

15.1.1　OTIS 和 OTIS-P 的原理

OTIS 是一种用于描述小河流或溪流溶质迁移和转化特征的数学模型，它是基于对流-扩散方程和模型控制方程，进一步考虑暂态存储、侧向补给、一阶衰减和吸附作用等方面的影响。通过 Crank-Nicolson 有限差分方法求解方程以及描述暂态存储和吸附作用的相关方程。应用 OTIS 应用程序，连同示踪试验数据来量化影响溶质迁移的水力参数。通常，这个应用需要利用试错法调整参数值，使得模拟和观测的示踪剂浓度相匹配，也可以对受吸附过程或一阶衰减影响的非保守型溶质进行分析。OTIS-P 是将 OTIS 的数学模型框架和 STARPAC 的非线性最小二乘法（Nonlinear Least Squares，NLS）结合，提供一种自动估计模型参数的方法。此模型由 Bencala 等在 1983 年提出的模拟对流、扩散、侧向补给和暂态存储作用的 TSM 模型演变而来，最初被用在山区溪流溶质迁移规律研究中。该模型由主河道和存储区两部分控制方程耦合而成，其微分方程形式如下：

$$\frac{\partial c}{\partial t} = L(c) + \rho\hat{\lambda}(c_{\text{sed}} - K_{\text{d}}c) - \lambda c \tag{15-1}$$

$$\frac{\partial c}{\partial x} = -\frac{Q}{A} \times \frac{\partial c}{\partial x} + \frac{1}{A} \times \frac{\partial}{\partial x}\left(AD\frac{\partial c}{\partial x}\right) + \frac{q_{\text{L}}}{A}(c_{\text{L}} - c) + \alpha(c_{\text{s}} - c) \tag{15-2}$$

式中：c——河水溶质浓度，mg/L；

　　　ρ——沉积物的质量/水量，mg/L；

　　　Q——河水流量，m^3/s；

　　　A——河道断面面积，m^2；

　　　D——扩散系数，m^2/s；

　　　q_{L}——侧向补给强度，$\text{m}^3/(\text{s} \cdot \text{m})$；

　　　c_{L}——侧向补给溶质浓度，mg/L；

　　　α——主河道与暂态存储区之间的交换系数，s^{-1}；

　　　c_{s}——暂态存储区的溶质浓度，mg/L；

　　　c_{sed}——河床沉积物浓度；

　　　K_{d}——分配系数，m^3/s；

t——时间，s；

x——距离，m。

Runkel 针对 TSM 模型仅适用于保守型溶质的不足，进一步考虑了溶质一阶衰减和吸附作用，提出了可用于非保守型溶质迁移模拟的 OTIS 模型，其方程形式如下：

$$\frac{\mathrm{d}c_s}{\mathrm{d}t} = -\alpha\frac{A}{A_s}(c_s - c) \tag{15-3}$$

$$\frac{\mathrm{d}c_s}{\mathrm{d}t} = S(c_s) + \hat{\lambda}_s(\hat{c}_s - c_s) - \lambda_s c_s \tag{15-4}$$

式中　$\hat{c}_s$——存储区的背景溶质浓度，mg/L；

A_s——暂态存储区断面面积，m^2；

λ——主河道溶质一阶衰减速率系数，s^{-1}；

λ_s——暂态存储区溶质一阶衰减速率系数，s^{-1}；

$\hat{\lambda}$——主河道溶质吸附速率，s^{-1}；

$\hat{\lambda}_s$——暂态存储区溶质吸附速率，s^{-1}。

$L(c)$ 和 $S(c)$ 分别表示溶质在主河道和暂态存储区中迁移的物理过程。式（15-1）中的 c_{sed} 为溶质平衡所需的第三个浓度变量，河床沉积物浓度控制方程为

$$\frac{\mathrm{d}c_{sed}}{\mathrm{d}t} = \hat{\lambda}(K_d c - c_{sed}) \tag{15-5}$$

TSM 模型的主要假设是溶质浓度仅在纵向发生变化，之后，Runkel 又提出了其他假设，对主河道的模型假设为：①对流、扩散、侧向补给和暂态存储作用是影响溶质浓度变化的物理过程；②吸附作用和一阶衰减是影响溶质浓度变化的化学过程；③描述物理过程和化学过程的所有模型参数在空间尺度上可变；④描述对流和侧向补给的模型参数（Q、A、q_L 和 c_L）在时间尺度上可变，其余参数均在时间上连续。

暂态存储区的模型假设为：①在暂态存储区内，不考虑对流、扩散和侧向补给，暂态存储作用是唯一影响溶质浓度变化的物理过程；②吸附作用和一阶衰减为影响溶质浓度变化的化学过程；③描述暂态存储作用和化学过程的所有模型参数时空可变。

15.1.2　OTIS 和 OTIS-P 应用程序

1993 年，Runkel 开发了求解 OTIS 模型的应用程序包，后来又在 1998 年进一步提出了改进的 OTIS-P 参数自动优化包。其中，OTIS 应用程序是通过 Crank-Nicolson 差分数值算法进行模型求解，利用示踪试验中测定的溶质浓度数据，定量估算影响小河流溶质迁移转化的水力参数。该程序是应用试错法调整模型参数值，使模拟得到的溶质浓度值与观测值相匹配。但是由于试错法存在参数识别性差、其他组参数值可能会提供相同或更好的匹配等缺陷和不足，Runkel 又利用改进的反演模型 OTIS-P，将 OTIS 的数学模型框架和 STARPAC 的非线性最小二乘法结合，提供一种自动估计模型参数的方法。

应用 OTIS 程序需要具备输入/输出文件，结构示意如图 15-1 所示。输入文件包含控

制文件、参数文件、流量文件。其中，控制文件用于列明其他输入/输出文件的文件名，其文件名 control. inp 不可更改；参数文件用于设置模拟选项、上游边界条件以及在模型运行过程中的常量参数；流量文件包含模拟期间可能变化的模型参数（如 Q 和 A）。将编辑好的输入文件和应用程序放在同一目录下，点击 "OTIS. exe"，若程序成功执行，则会生成输出文件：响应文件（echo. out）和溶质输出文件（solute output file），如若考虑溶质吸附作用，将会相应生成溶质吸附输出文件（sorption output file）。

同样，应用 OTIS-P 程序也需要具备输入/输出文件。其包含 5 个输入文件，前 3 个输入文件（control、parameter 和 flow file）与 OTIS 输入文件的描述相同。第 4 个输入文件是数据文件（data file），用于提供参数估计步骤所需的观测值；最后是 STARPAC 输入文件（STARPAC input file），用于指定将由 OTIS-P 优化的参数和其他固定参数的设置。上述输入文件完成后，与应用程序放在同一根目录下，点击 "OTIS-P. exe"，若程序成功执行，则会生成响应文件、溶质输出文件，参数输出文件（parameter output file）和 STARPAC 输出文件（STARPAC output file），若考虑吸附作用，将相应生成吸附输出文件。

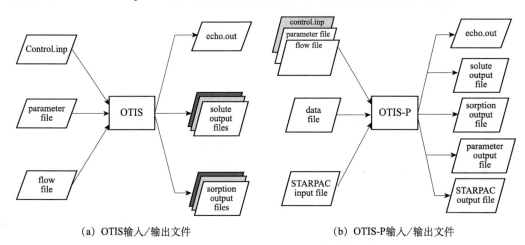

(a) OTIS输入/输出文件　　　　　　　(b) OTIS-P输入/输出文件

图 15-1　OTIS 和 OTIS-P 程序运行结构示意

15. 2　保守型示踪剂示踪试验

15. 2. 1　示踪试验方案设计

由于排水沟渠一般为长直线形，又由于试验本身的特殊需要，本章决定将所研究渠段选在野外试验区的 D_2 断面附近，主要原因是该断面附近水面较为宽阔，且沟渠断面较为整齐，水流明显，适宜观察和取样。该沟渠段整体呈 "U" 形，水面较宽，下切深度不大，水面距河岸两侧地面垂直高度差 2 ~ 3 m。该河段整体较为平直，但河床的平整度较差，部分区域存在一些深潭或大块土体，在河道水面及滨岸两侧，有大量水生植物存在。在 D_2 断面处选取一段长约 50 m 的渠段，该渠段水面宽度为 6 ~ 10 m，水深 55 ~ 70 cm，流量 Q 为 0. 04 ~ 0. 07 m^3/s。采用瞬时投加保守型示踪剂 NaCl 和 NH_4Cl 的方式，分别于 2014 年 11 月

20日、12月20日和2015年1月15日（以下简称第1、2、3次），分3次在该河段上开展现场示踪试验。其中，投加点（即O点）位于D_2断面上游约40 m处。

在投加示踪剂的同时，由于考虑到投加点O至采样点A之间的充分混合长度，以保证药品与河水之间能够均匀混合，而且每次试验所投加药品量不能影响项目后期其他取样的质量，因此根据河段水力特征，在投加点下游依次设置了A、B、C 3个采样点位，各采样点大致位置分布见图15-2。利用钢卷尺进行测量，分别测得河段OA、AB、BC的长度，其中，第1次各河段OA、AB、BC的长度分别为13.6 m、24.5 m、24.4 m；后两次各河段OA、AB、BC的长度分别为15.5 m、25.2 m、25.3 m。这里，投加点和采样点均布置在水体流动较为明显的浅滩下方约1 m处。利用河水溶解示踪剂，其中第1次试验向河水中投加的浓度均为100 g/L，第2、3次试验投加浓度为150 g/L，且两次溶液投加量相同，都约为80 L。

考虑河水流速情况，针对A、B、C分别设定不同的采样开始时刻，并采用250 mL塑料瓶进行同步采集水样，第1次试验中，各采样点的采样间隔时间均为2 min，且A点开始采集时刻大约在倒入示踪剂后18 min，各采样点开始采集时刻不同。第2、3次试验中，A采样点的间隔时间为0.5 min，B、C采样点的采样间隔时间为1 min。

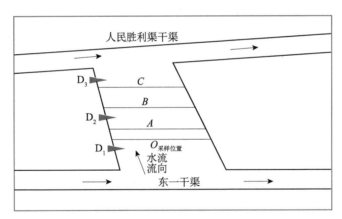

图15-2　采样点分布示意

为了获得较为完整的示踪剂浓度穿透曲线（Break Through Curve，BTC），试验过程中现场也测定了水样的电导率值作为与Cl⁻浓度对比。当水样的电导率都回到背景值水平后即停止采样，以此更加直观地展示示踪剂浓度－时间变化特征以及确定水文参数。随后将采集水样带回试验室，利用氯离子选择性电极和PXS-216F型离子活度计测定水样Cl⁻浓度。

15.2.2　试验结果及分析

（1）Cl⁻标准曲线

根据不同已知浓度的标液，计算出Cl⁻标准曲线数据，见表15-1。根据表15-1中Cl⁻标准曲线数据，绘制标准曲线，如图15-3所示。

表 15-1　Cl⁻标准曲线数据

Cl⁻浓度/（mol/L）	1×10^{-4}	1×10^{-3}	5×10^{-3}	5×10^{-2}	1×10^{-1}
电位值 E/mV	180.2	145.1	112.5	59.7	44.3

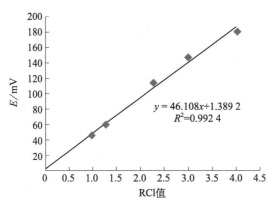

图 15-3　Cl⁻标准曲线

从图 15-3 中可以看出，电位值 E 与 Cl⁻浓度成正比，线性方程为 $y = 46.108x + 1.389\,2$，相关系数 $R^2 = 0.992\,4$，符合测试要求。

（2）浓度计算及水文参数模拟分析

通过对水样的浓度测量，可得出 3 次示踪试验的 Cl⁻浓度数据，进而可以绘制出 Cl⁻浓度—时间穿透曲线，即 BTC 曲线。通过分析可以发现，在第 1 次试验中，由于对沟渠背景信息了解不足，使得投加浓度略低，且各采样点之间距离相隔较近，导致结果较差，没有出现较好的规律性。在第 2、3 次试验中，对此问题加以改进后，情况得到明显改善，变化过程呈现出较好的规律性，即各采样点的 Cl⁻浓度和电导率先从背景水平上升至峰值，再逐渐回到背景水平。

根据示踪试验获得的 Cl⁻浓度 BTC 曲线，利用 OTIS 程序提供的试错法和 OTIS-P 程序的优化算法对水文参数 D、A、A_s 和 α 等进行率定。程序运行前，将采样点 A 作为上游边界条件，并基于示踪试验现场测量结果，对其他采样点的输入参数 D、A、A_s、α、q_L 和 c_L 等赋予一定初始值。其中，Q 利用流速-面积法计算得到，A 由实测得到，c_L 考虑取河水背景值，这里不考虑沟渠侧向补给，因此 $q_L = 0$。D、A_s 和 α 则参照相关文献资料进行初始赋值。然后，利用 OTIS 程序不断调整参数值，使得 Cl⁻浓度模拟值与观测值尽可能相匹配，在生成的响应文件中，提供各采样点所在断面的河水流量 Q 值。在此基础上，再利用 OTIS-P 自动优化程序对 D、A、A_s 和 α 进行参数优化，得到模型参数的最终优化结果和各采样断面 Cl⁻浓度的模拟曲线图。图 15-4 依次给出了 3 次示踪试验 Cl⁻观测浓度穿透曲线及模拟过程曲线。

从图 15-4 中可以看出，采样点 A、B 的 Cl⁻浓度 BTC 曲线左侧边缘陡峭，右侧相对平缓，且右侧下方存在较为明显的拖尾现象，这是暂态存储区与流动河水之间交互作用的结果。在距离投加点 O 稍远的采样点 C 处，不仅浓度曲线峰值下降明显，而且 BTC 曲

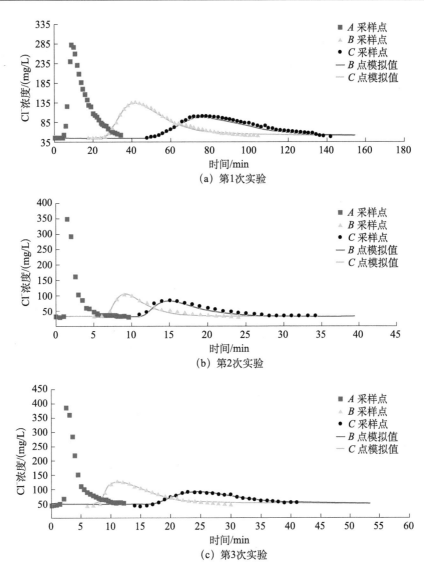

(a) 第1次实验

(b) 第2次实验

(c) 第3次实验

图 15-4　Cl⁻ 浓度实测与模拟穿透曲线

线两侧边缘的扩展也非常明显，这主要是受到对流、稀释扩散作用的结果。从 Cl⁻ 浓度模拟值与实测值拟合情况来看，采样点 B 的拟合效果相对最好，采样点 C 相对逊色一些，特别是在接近峰值的上升和下降段。总体来说，除第 1 次试验由于经验不足导致模拟结果不是太好之外，其余两次结果还较为不错。在模拟过程中，同时也得出模型的 AB 段和 BC 段的相对应的水文参数，结果见表 15-2。

表 15-2　水文参数模拟结果

时间	河段	$Q/$ (m^3/s)	$v/$ (m/s)	$D/$ (m^2/s)	A/m^2	A_s/m^2	α/s^{-1}
2014-11-20	AB	0.012	0.021	0.032	0.438	0.260	8.85×10^{-4}
	BC	0.023	0.018	0.027	1.092	0.299	1.56×10^{-3}
2014-12-20	AB	0.015	0.027	0.010	0.507	0.194	8.74×10^{-4}
	BC	0.026	0.022	0.010	0.952	0.281	2.99×10^{-3}

时间	河段	$Q/$ (m³/s)	$v/$ (m/s)	$D/$ (m²/s)	A/m^2	A_s/m^2	α/s^{-1}
2015-01-15	AB	0.014	0.026	0.061	0.516	0.221	8.34×10^{-4}
	BC	0.022	0.020	0.059	1.048	0.339	2.58×10^{-3}

从表 15-2 中可以看出，相关参数均随水文条件的变化而变化。其中，扩散系数 D 介于 $0.010 \sim 0.061$ m²/s，其中第 3 次试验 BC 河段的 D 值最大，这个结果与国外对溪流或沟渠研究结果基本处于同一数量级，如 Jin 和 Ward 在对平原溪流 Payne Creek 的研究中得到 D 为 $0.017 \sim 0.185$ m²/s；Lautz 等对半干旱河流 Red Canyon Creek 研究得到的 D 为 $0.01 \sim 0.08$ m²/s。河道断面面积 A 处于 $0.438 \sim 1.092$ m² 范围内，平均值为 0.765 m²。由于采样点基本距离并未发生变化，加上农田内并未发生明显的降雨过程，所以 3 次试验的流量 Q 并未发生明显变化。A_s 表示小河流对河水的滞留能力，主要控制着溶质早期填充暂态存储区和从暂态存储区的后期释放，所以主要影响浓度穿透曲线剖面的尾部形状。试验结果显示，该沟渠段的 A_s 介于 $0.194 \sim 0.339$ m²。由于 BC 沟段沟底起伏相对较大，导致暂态存储能力较强，所以 A_s 值相对较大。交换系数 α 表示主河道和暂态存储区的交换速率，对溶质从暂态存储区到主河道的后期释放起着部分控制作用。研究沟段 α 的数量级都处于 $10^{-4} \sim 10^{-3} s^{-1}$ 范围内，这与国外对相同尺度小河流/溪流的研究成果基本一致，如 Choi 等对多条小河流研究得到的数量级介于 $10^{-5} \sim 10^{-3} s^{-1}$；Zarnetske 等对北极冻原地带小河流研究结果得到为 $2 \times 10^{-4} \sim 7.0 \times 10^{-4} s^{-1}$，所以这说明该沟段 α 值处于正常范围内。这也在一定程度上表明 OTIS 模型用于模拟河段溶质迁移过程是可行的。一般认为，似乎沟渠尺度越小，相应的 α 值越大，这可能与沟渠拥有相对较大的面积与体积比有关。

此外，由于研究区水深较小，两侧土体与大田之间水量交换较少，所以在本试验中并未考虑侧向补给量，故将 q_L 假设为 0。从图 15-4 中可以看出，除第 1 次试验观测值波动性稍大外，其他 3 次拟合效果都较好。

（3）不同功能模块作用效果分析

研究保守型溶质在沟渠中的迁移规律时，OTIS 模型考虑了对流、扩散、侧向补给和暂态存储的作用，这些作用综合影响溶质向下游迁移。在模拟过程中，本章忽略其中一个功能模块（不考虑暂态存储作用，即令暂态存储系数 $\alpha = 0$），保持其他功能模块参数值仍为优化值，利用 OTIS 程序模拟 Cl⁻ 浓度变化过程，比较 Cl⁻ 模拟浓度穿透曲线与观测浓度值，以便揭示此功能模块对溶质迁移效果的作用。假设 Cl⁻ 在向下游迁移的过程中，不受暂态存储作用的影响，即在模拟过程中设置各个河段的 $\alpha = 0$。根据模拟得到的各采样点 Cl⁻ 浓度穿透曲线，与对应河段的实测浓度值进行比较，如图 15-5 所示。

由于模拟过程中将采样点 A 作为上游边界条件，为了更清楚地看出下游河段模拟效果差异，图 15-5 中未给出 A 采样点观测点值。从图 15-5 中可以看出，若在此过程中不考虑暂态存储作用，各河段 AB、BC 的 Cl⁻ 模拟浓度穿透曲线变化较为显著，此时穿透曲线呈对称形状，时间上会大大提前于对应河段的观测时间，而且模拟浓度值远高于观测值。因此，暂态存储作用决定了溶质模拟浓度穿透曲线的剖面形状，在溶质迁移过程中，

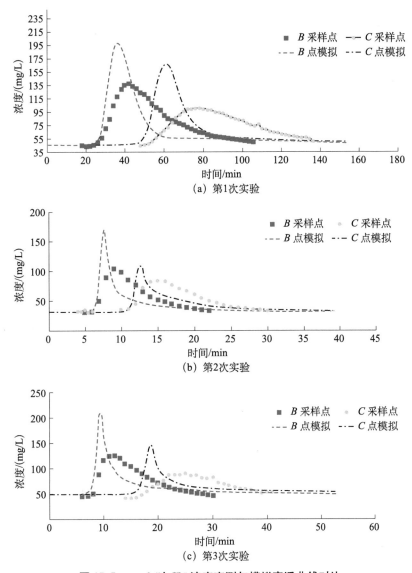

图 15-5　$\alpha = 0$ 时 Cl$^-$ 浓度实测与模拟穿透曲线对比

若忽略暂态存储作用，会使得溶质过早迁移到达下游河段，模拟溶质浓度值也会大幅上升。

15.3　暂态存储特征分析

15.3.1　暂态存储指标计算

在 OTIS 模型中，暂态存储参数 A_s 和 α 不能独立于其他因素（如河流尺度、河水流量等）单独揭示暂态存储区的重要性。因此，要根据 3 次示踪试验模拟优化得到的水文参数值，来计算暂态存储度量指标，进一步探究该沟渠段暂态存储区的基本特征。

（1）暂态存储度量指标

达姆科勒数（Damkohler Number，DaI）常用来评估模型对暂态存储过程的灵敏性和暂态存储参数 A_s 和 α 的可靠性，其表达式为

$$DaI = \frac{\alpha(1 + A/A_s)L}{v} \tag{15-6}$$

式中：L——河段长度，m；

v——河水流速，m/s。

DaI 反映了迁移作用和存储过程对溶质迁移扩散影响的均衡程度。理想情况下，DaI 处于 0.1～10，在此范围内，认为暂态存储参数的不确定性最低；在 0.1～10，认为参数值可以接受，此时在河段内主河道和暂态存储区之间有足够的溶质进行交换，以支持暂态存储参数的估值。Wagner 和 Harvey 指出当 DaI 偏离 1 时，暂态存储参数的不确定性变大。当 DaI 远小于 1 时，可能由于河水流速过快、α 和 A_s/A 过小导致的交换作用时间尺度长或河段长度过短，在试验河段内仅有少量的溶质与暂态存储区发生交换作用，这时交换作用影响微弱，对流和扩散作用主导着溶质浓度穿透曲线的形状，使得暂态存储参数的不确定性较高。当 DaI 远大于 1 时，与河水流速相比，交换速率更快些，或由于河段长度过长，在试验河段内几乎所有溶质都与暂态存储区发生交换作用，暂态存储过程与扩散作用不能区分，导致暂态存储参数很难有效识别，从而暂态存储参数的不确定性变大。

（2）水力吸附长度

河水（或溶质）在进入暂态存储区之前的平均行进长度，即水力吸附长度，表示为：

$$L_s = \frac{Q}{\alpha A} \tag{15-7}$$

式中：L_s——平均行进长度，m。

河水（或溶质）在暂态存储区内的平均停留时间，计算式为：

$$t_s = \frac{A_s}{\alpha A} \tag{15-8}$$

式中：t_s——平均停留时间，s。

每单位河段长度上通过暂态存储区的河水通量，可以表示为：

$$q_s = \alpha A \tag{15-9}$$

式中：q_s——河水交换通量，$m^3/(s \cdot m)$。

水力停留因子，考虑了河水（或溶质）在暂态存储区的停留时间以及在进入暂态存储区之前的平均行进长度所需时间，即单位河段长度上溶质在暂态存储区的停留时间，可以根据下式计算：

$$R_h = t_s/L_s = A_s/Q \tag{15-10}$$

式中：R_h——水力停留因子，s/m。

由于上述暂态存储度量指标都没能完全考虑 v、A_s 和 α 对溶质向下游迁移的共同影

响，为此 Runkel 又提出了一个包含 v、α 和 A_s 等参数的新指标，即：

$$F_{med} \cong (1 - e^{-L\alpha/v}) \frac{A_s}{A + A_s} \tag{15-11}$$

这里，F_{med} 是由于暂态存储作用产生的迁移时间中值分数，反映流速与暂态存储之间的相互作用。由于 F_{med} 的数值大小与河段长度有关，为便于不同河段之间的比较，通常取标准长度 200 m 进行计算，即 F_{med}^{200}。在试验河段内，若暂态存储作用显著影响溶质向下游迁移，则 F_{med}^{200} 较高，这表明溶质在河流迁移时间尺度长，这主要是由于暂态存储作用的结果。与之相反，若溶质向下游迁移几乎不受暂态存储作用的影响，则 F_{med}^{200} 较低。

根据表 15-2 中的水文参数值，利用式（15-6）~式（15-11），计算各项暂态存储度量指标，结果见表 15-3。不难看出，DaI 绝大部分数值处于 0.1 ~ 10 范围内，说明由 OTIS-P 程序优化得到的暂态存储参数值具有相对较好的可靠性。其中，第 2 次和第 3 次试验 BC 河段的 DaI 值偏大，意味着该河段的主河道和暂态存储区之间交换速率较快，此时示踪剂大都与暂态存储区发生了交互作用。暂态存储区与主河道过水断面积比（A_s/A）常用于比较暂态存储区的相对大小，它在数值上等于溶质在暂态存储区停留时间与主河道停留时间之比。对于理解溶质迁移和滞留规律来说，A_s/A 是一个非常重要的度量指标。经计算，研究沟渠段 A_s/A 变化范围为 0.274 ~ 0.594，平均值为 0.383。总体来说，该沟渠暂态存储区占河道比例不算太小，溶质迁移和滞留影响还是相对较为明显的。这一结果与国外同等尺度的小河流大体接近，但较冰川融雪溪流或有大量沉积物的林地小河流还是相对偏低。

表 15-3　暂态存储度量指标计算结果

时间	沟渠段	A_s/A	t_s/s	L_s/m	$q_s/$ $[m^3/(m \cdot s)]$	$R_h/(s/m)$	$F_{med}^{200}/\%$	DaI
2014-11-20	AB	0.594	670	31	3.88×10^{-4}	21.667	23.98	2.77
	BC	0.274	176	14	1.71×10^{-3}	13.021	18.90	9.83
2014-12-20	AB	0.383	438	34	4.43×10^{-4}	12.933	15.43	2.94
	BC	0.295	99	10	2.85×10^{-3}	10.807	22.06	15.08
2015-01-15	AB	0.428	514	33	4.30×10^{-4}	15.786	16.62	2.69
	BC	0.323	125	9	2.70×10^{-3}	15.409	23.51	13.35

由表 15-3 可知，该沟渠段的 t_s、L_s 的变化范围分别为 99 ~ 670 s、9 ~ 34 m。其中，第 3 次试验 BC 河段的 L_s 为最小，第 2 次试验 BC 段 t_s 最小，这与该河段 α 较大直接有关，此时由于主河道与暂态存储区的交换速率过快，使得示踪剂在进入暂态存储区前的平均行进长度和在暂态存储区内的停留时间尺度都过短。相反，对于第 1 次试验 AB 河段，由于该河段 α 过小，致使 t_s、L_s 偏大，表明溶质与暂态存储区交换作用微弱，溶质将会随着水流直接向下游传输；或少量溶质一旦进入暂态存储区，其滞留作用就会较为显著。另外，3 次试验的 q_s 平均值约为 1.42×10^{-3} m^3/(s·m)。水力停留因子 R_h 处于 10.807 ~ 21.667 s/m 范围内，平均值为 14.933 s/m，说明研究沟渠段对溶质的滞留能力

较强，这对降解溶质组分的去除是有利的。F_{med}^{200} 是一个标准化指标，反映暂态存储对溶质滞留作用的相对强弱。该沟段的 F_{med}^{200} 数值介于 15.43% ～ 23.98%，平均值为 20.08%，F_{med}^{200} 值相对较大，这可能是由于沟渠中的河床沉积物的数量和暂态存储作用较强造成的。这一结果也与国外对小河流的研究得到的结论较为接近，如 O'Connor 等对 Elder Creek 研究得到的 F_{med}^{200} 为 1% ～19%；Ensign 和 Doyle 对 Snapping Turtle Canal 和 Slocum Creek 研究得到的分别为 2.46% ～ 17.6%、13.7% ～ 27.2%。由于指标受水文条件的影响和制约，因此即便同一河段，不同水文情况下也可能有所不同。

15.3.2 讨论

由于暂态存储的时空变异性和自身复杂性，许多学者试图找到水文条件与暂态存储能力二者之间的一些相关关系，以便更好地发现其中存在的影响因素。有学者提出河水流量是影响及控制河流水文参数和暂态存储度量指标的主要因素，他们认为研究相关水文参数、暂态存储度量指标与流量之间的相关性十分必要。就 OTIS 模型的水文参数关系而言，河水流速 v 与流量 Q、断面面积 A 与流量 Q 和暂态存储区断面面积 A_s 与主河道断面面积 A 之间呈现指数函数关系，且 v 和 A 正相关于 Q，具有很强的相关性，A_s 正相关于 A。但是除此之外，A_s、D、α 与 Q 之间均无明显的相关性。

在河流溶质运移的过程中，一部分溶质（或污染物）在河床上沉积下来，并在外界扰动或河水释放扩散作用下影响河流水体水质；还有一部分溶质（或污染物）将被截留在河道两侧附近的含水层中，经由河水—地下水的交互作用而重新进入河水。河流形态、河床地貌特征等也都不同程度地影响着河水流速及污染物的时空分布状态，特别是河床上的深潭、浅滩、阶梯、碎石坝、弯道、支流等都可能增加局部水力梯度，促使河水产生水流障碍，甚至形成回水滞流区，从而有利于潜流交换的发生。在这个过程中，河水行进时间起到一个很关键的作用，也可以理解为河道对水流的滞留时间，这一点和沟渠中相似。较长的滞留时间有利于养分的滞留和降解，从而可以调控和减轻对下游水体的污染威胁，这是研究沟渠暂态存储能力的重要价值之一。因此，如何增加水在沟渠中的流动时间以及底泥层的结构形态是研究污染物滞留拦截问题的重要着力点。

一般来说，河床透水性较差的小河流，相应的暂态存储能力的作用也较差，所以 F_{med}^{200} 也不会很大。研究区所在渠道由于是天然开挖而成，并未对其进行衬砌或渠底清理，所以底泥土质较松，垂直透水性较强，导致水体垂直交换能力也较强，又由于水面及两侧缓冲带有较多水生植物存在，导致该渠段暂态存储作用较为显著。

从表 15-3 中也可以发现，一方面，一半的断面的 F_{med}^{200} 都高于 20%，这与该沟渠段暂态存储或潜流交换的作用较强有着密切关系。在一些沉积条件相对较好的小河流/溪流水体，潜流带对暂态存储的贡献往往很大。另一方面，该沟渠 3 次试验的水力吸附长度 L_s 均在 9 ～ 34 m，这也说明该渠段对溶质的滞留能力较强，所以这与其较复杂的河床形状特征及两侧大量植物的存在是密不可分的。

15.4　研究区含氮营养盐滞留特征

15.4.1　营养盐吸收过程模拟

在进行渠段的暂态存储能力分析的同时，在示踪试验中也加入了一定数量的营养盐（NH_4Cl），以便在分析示踪剂浓度变化的同时得到营养盐在沟渠中迁移转化的特征。将野外试验区所采集到的水样分为两部分，一部分用来测定其中氯离子浓度，另一部分则根据平时水样的处理方法，利用 Smartchem 140 全自动化学分析进行氨氮（$NH_4 - N$）的浓度测量，得到 3 组浓度—时间过程数据。在前面所得到的水文参数的基础上，此时假设营养盐衰减参数 $\lambda = \lambda_s = 0$，然后将 D、A、A_s 等水文参数作为确定值，结合 NH_4^+ 浓度—时间过程数据，再次利用 OTIS 相关程序软件对衰减系数 λ、λ_s 进行试错估值。最后，得到模拟浓度穿透曲线与观测值曲线，如图 15-6 所示，由模拟所确定的模型参数值，见表 15-4。

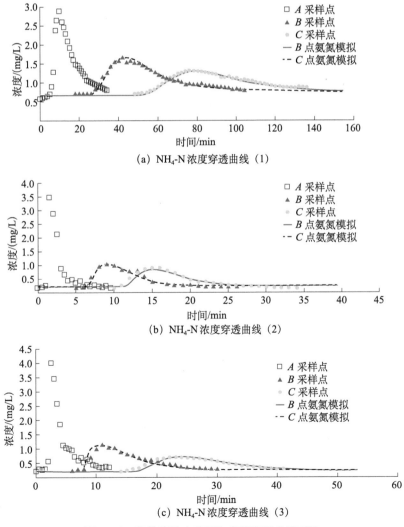

（a）NH_4-N 浓度穿透曲线（1）

（b）NH_4-N 浓度穿透曲线（2）

（c）NH_4-N 浓度穿透曲线（3）

图 15-6　营养盐浓度实测与模拟穿透曲线对比

表 15-4　OTIS 模型衰减系数估值

营养盐	时间	沟渠段	λ/s^{-1}	λ_s/s^{-1}
$NH_4^+ - N$	第 1 次	AB	4.56×10^{-5}	1.35×10^{-7}
		BC	3.72×10^{-4}	1.14×10^{-7}
	第 2 次	AB	-2.62×10^{-5}	2.58×10^{-8}
		BC	1.43×10^{-5}	3.37×10^{-7}
	第 3 次	AB	4.15×10^{-5}	1.64×10^{-8}
		BC	2.84×10^{-4}	1.12×10^{-7}

由表 15-4 可知，NH_4^+ 的主河道衰减系数 λ 处于 $10^{-5} \sim 10^{-4}$ 数量级范围内，但是第 2 次试验中 AB 河段出现了 λ 为负值的现象。这可能是由于该试验中 AB 段营养盐浓度背景值相对较高，导致在试验过程中，主河道底泥层或其他区域处于释放营养盐状态，即此时主河道是向水体中排放氨氮造成的。这个结果与国外一些学者研究的结果略有不同，McKnight 等对北极融雪冰川溪流研究发现对于 SRP，主河道的衰减系数高达 $1.4 \times 10^{-4} \sim 3.8 \times 10^{-4} \text{s}^{-1}$；Argerich 等在对山区不同底质渠道营养盐吸收特征的研究得到 NH_4^+ 和 SRP 在主河道衰减系数分别为 $3.5 \times 10^{-3} \sim 4.4 \times 10^{-3} \text{s}^{-1}$、$1.4 \times 10^{-3} \sim 2.4 \times 10^{-3} \text{s}^{-1}$。这是因为国外学者研究氮磷营养盐滞留和吸收的对象多为养分相对贫乏的冰川融雪溪流或山区、荒漠地小河流等，而试验沟渠为农田排水沟渠，其营养盐浓度背景水平相差较大。通常情况下，背景值较低的河流其吸收能力相对较强，吸收速率较快；反之，若河流背景值较高，则其有可能处于"源"的状态，向河水中释放营养盐。

同时可以发现，在该渠道内，在暂态存储区的衰减系数 λ_s 处于 $10^{-8} \sim 10^{-7}$ 数量级范围内，且下游河段 BC 较上游河段 AB 高出一个数量级。这也说明，即使在同一条沟渠内，如果水文条件发生变化，也会导致其暂态存储区对营养盐的吸收能力差异较为显著。

15.4.2　暂态存储参数指标及营养盐吸收参数计算

由于缺乏将潜流带存储与河道存储具体发生位置精确区分开来的简便、有效方法，通常都是将两者混在一起而不加区分地解析暂态存储区营养盐滞留能力。为此，Runkel 提出一种将主河道与暂态存储作用分割开来的滞留时间和养分吸收指标，即主河道平均滞留时间和暂态存储区平均滞留时间，计算公式如下：

$$t_c = (Lv + 2D)/v^2 \tag{15-12}$$

$$t_s = (A_s/A) \times [(Lv + 2D)/v^2] \tag{15-13}$$

式中：t_c——主河道平均滞留时间，s；

t_s——暂态存储区的平均滞留时间，s。

河水中溶解性营养盐微粒在被去除或在物理、生化过程转换之前，在河水中的平均行进长度，即营养盐吸收长度，计算公式如下：

$$S_w = v/k \tag{15-14}$$

式中：S_w——营养盐吸收长度；

v——河水平均流速，m/s；

k——营养盐综合衰减系数，s^{-1}。

S_w 为溶解性营养盐受到水文（对流、扩散、补给和暂态存储）和非水文（吸收速率、河道固着生物量和温度等）过程综合作用的效果。S_w 越小，表明河段对营养盐的滞留能力越强。由于 S_w 表示水文过程和非水文过程对营养盐迁移的影响，很难比较不同水文条件下的河流对营养盐的滞留能力，所以有学者尝试利用其他两个吸收参数分离生化过程的影响。其中一个参数是河水对营养盐的吸收速率，表达式为

$$V_f = k \times d \tag{15-15}$$

式中：V_f——营养盐吸收速率，m/s；

$\quad\quad d$——河水平均深度，m。

其他各参数的含义同上。V_f 描述的是营养盐向河流底部运移的垂直速度，由于 V_f 不受河流尺度的影响，常用于比较不同环境变量下河水对营养盐的吸收能力，以此描述营养螺旋的空间维度。

另外一个参数是河流底部单位面积营养盐吸收速率，它可以用营养盐吸收速率与营养盐浓度的乘积表示，即

$$U = V_f \times c \times 1\,000 \tag{15-16}$$

式中：U——单位面积营养盐吸收速率，mg/(m$^2 \cdot$s)；

$\quad\quad c$——河水中营养盐浓度，mg/L；

$\quad\quad 1\,000$——量纲换算值。

针对 c 的取值一般多采用河水营养盐背景值，有时也有取第一个采样断面营养盐平均浓度。

河水营养盐综合衰减系数 k，可根据下式计算：

$$k = \lambda + \frac{\alpha \lambda_s A_s}{\alpha A + \lambda_s A_s} \tag{15-17}$$

在每次示踪试验开始前，采集投加点和各采样点水样，测得相应的氨氮含量背景浓度，另外，在该河段上选择 3 个不同特征断面，并量测断面的水深和流速，得到示踪试验期间，平均水深约 65 cm、平均流速约为 0.021 m/s。运用式（15-12）~式（15-17），分别算得该沟渠各个参数值，并列于表中以做比较，结果见表 15-5。

表 15-5　营养盐各吸收参数值

时间	渠段	暂态存储指标			营养盐吸收参数				
		t_c	t_s	F_{med}^{200}	S_w	V_f	U	k	c_{bj}
2014-11-20	AB	1 312	779	23.98	460	2.97×10^{-5}	1.38	4.57×10^{-5}	46.56
	BC	1 522	417	18.90	48	2.31×10^{-4}	12.07	3.72×10^{-4}	52.31
	平均值	1 417	598	21.44	254	1.30×10^{-4}	6.72	2.09×10^{-4}	49.44
2014-12-20	AB	961	368	15.43	129	1.50×10^{-4}	5.36	-2.62×10^{-5}	35.62
	BC	1 191	352	22.06	-840	-1.68×10^{-5}	-0.78	1.44×10^{-5}	46.31
	平均值	1 076	360	18.75	—	—	—	-5.89×10^{-6}	40.97

时间	暂态存储指标			营养盐吸收参数				
	渠段	t_c	t_s	F_{med}^{200}	S_w	V_f	U	k	c_{bj}
2015-01-15	AB	1 150	492	16.62	1 806	1.09×10^{-5}	0.59	4.15×10^{-5}	54.28
	BC	1 560	505	23.51	-3 393	-3.83×10^{-5}	-0.21	2.84×10^{-4}	55.16
	平均值	1 355	499	20.07	—	—	—	1.63×10^{-4}	54.72

从表 15-5 中可以看出，3 次试验的 NH_4^+ 在暂态存储区的滞留时间（t_s）明显低于主河道（t_c），这与 O'Connor 等研究结果颇为相似。从对营养盐调控的角度来看，暂态存储区可能是营养盐的释放源，也可能是营养盐的汇集区，但在多数情况下暂态存储区被认为是营养盐的汇集场所。研究渠段的 t_s 相对是较大的，可在一定程度上发挥暂态存储对营养盐的截留、转化功能。河段 AB、BC 的综合衰减系数 $k - NH_4^+$ 为正值，而第 2 次试验中 AB 段出现负值，说明沟渠总体上对 NH_4^+ 处于吸收状态，出现负值的原因可能是第 2 次试验中 AB 段浓度局部过高，导致沟段处于释放状态。另外，吸收长度 $S_w - NH_4^+$ 平均值为 294 m，而第 2 次和第 3 次也出现了负值，这也说明河水中较高的营养盐背景浓度将会降低水体对营养盐的滞留能力，从而导致出现较大的吸附长度。

试验中对 NH_4^+ 的吸收速度 V_f-NH4 及吸收速率 U-NH4 平均值分别为：第 1 次试验 0.000 13、6.72，第 2～3 次均出现了负值，这说明这些水体大部分属于营养盐含量相对较高的。由于沟渠中氨氮背景浓度较高，使得河水营养盐吸收作用受到抑制，导致吸收速度 V_f 降低，但因吸收速率 U 又是一个与浓度直接相关的量，因此出现 U 明显较大的现象。

15.4.3 讨论

沟渠生态系统通过对营养盐的生物转化和直接吸收等过程，从而对陆地生态系统营养盐损失起着重要作用，而暂态存储作用是这个过程中的主要影响因素。一些模拟研究表明，暂态存储作用可以在很大程度上增大沟渠对营养盐的吸收能力。不过也有学者研究指出，随着暂态存储的增加，营养盐的吸收速度不会升高反而下降。尽管如此，更多经验研究认同暂态存储对河流营养盐吸收的影响，即营养盐吸收会随着暂态存储作用的增加而增大。

河流水体 NH_4^+ 滞留主要受生物过程（如硝化作用、植物吸收、微生物固氮等）和非生物过程（如挥发、吸附等）的共同影响。水生植物可以增加暂态存储作用，并通过吸收和微生物固氮实现的滞留、转化，而且水体藻类丰富程度越高，对营养盐的需求量也越大，从而导致河水营养盐吸收长度的下降。除生物因素外，NH_4^+ 还容易被带负电荷的黏土颗粒和有机物颗粒吸附而固定下来，易于与铝离子、铁离子、钙离子等形成化学沉淀而从水体中去除。河流中任何一种水流障碍，如浸没的植被、岩石、落叶残枝、堆积物等都可能增大河道的粗糙度和水流阻力，并在减缓河水向下游传输的同时，促进离子交换作用的发生。由于研究渠段该河段有较多藻类、浮萍以及其他水生植物的存在，因此来自水生植物的营养盐同化作用较大，这或许也是该沟渠营养盐吸收长度较低或营养盐处于吸收状态的重要原因。

15.5 本章小结

本章首先对 OTIS 模型的原理及结构进行了简要描述，然后结合研究目的，进行了示踪试验的试验方案设计。在野外试验区研究沟渠中选择一段典型的沟渠开展试验，将试验样品带回试验室进行各类营养盐浓度的测量。在此基础上，借助 OTIS 和 OTIS-P 应用程序，确定水文参数；并对 OTIS 模型中不同模块作用效果进行分析。主要得出以下结论：

①该沟渠段的 OTIS 模型水文参数 D、A、A_s、α 等均随水文条件的变化而变化，且交换系数 α 总体上处于 $10^{-4} \sim 10^{-3}$ 数量级，与国外相同尺度溪流研究成果基本一致；水力扩散系数 D 的优化结果也与国外溪流、沟渠等小尺度水体基本处于同一数量级，表明 OTIS模型在该沟渠水环境模拟方面具有一定的有效性。通过对功能模块的作用分析发现，若忽略暂态存储模块影响，则不仅导致模拟浓度值远高于观测值，也影响溶质模拟浓度穿透曲线的形状，并明显缩短了溶质迁移到达下游河段的时间。

②根据确定的水文参数值，计算暂态存储度量指标，得出不同水文条件下相应的暂态存储度量指标，结果显示，DaI 绝大部分数值处于 0.1～10 范围内，说明由 OTIS-P 程序优化得到的暂态存储参数值具有较好的可靠性。该渠段的主河道和暂态存储区之间交换速率较快，交换作用较明显。总体来说，该沟渠暂态存储区占河道比例不算太小，溶质迁移和滞留影响还是相对较为明显的。主河道与暂态存储区的交换速率过快，会使示踪剂在进入暂态存储区前的平均行进长度和在暂态存储区内的停留时间尺度都减小。水力停留因子 R_h 处于 10.807～21.667 s/m 范围内，说明研究沟渠段对溶质的滞留能力较强，不同河段水力停留因子 R_h 差别很大，表明不同河段在溶质滞留能力上会出现显著不同。F_{med}^{200} 数值介于 15.43%～23.98%，平均值为 20.08%，F_{med}^{200} 值比较适中，说明暂态存储作用对溶质的迁移影响一般显著。

③示踪试验的同时，选择 NH_4Cl 作为示踪剂，根据获得的 Cl^- 和营养盐浓度穿透曲线数据，利用 OTIS 与 OTIS-P 应用程序，计算营养盐一阶衰减系数（λ 和 λ_s），结果显示，NH_4^+ 的主河道衰减系数 λ 处于 $10^{-5} \sim 10^{-4}$ 数量级范围内，但是部分渠段出现了 λ 为负值的现象。这是由于该试验渠段营养盐浓度背景值相对较高，导致在试验过程中主河道底泥层或其他区域处于释放营养盐状态所造成的。

同时，暂态存储区的衰减系数 λ_s 处于 $10^{-8} \sim 10^{-7}$ 数量级范围内，且下游河段 BC 较上游河段 AB 高出一个数量级。这说明，即使在同一条沟渠内，如果水文条件发生变化，也会导致其暂态存储区对营养盐的吸收能力差异较为显著。在此基础上，计算暂态存储参数指标和营养盐吸收相关参数值，得出 NH_4^+ 在暂态存储区的滞留时间（t_s）明显低于主河道（t_c）。综合衰减系数 k-NH_4^+ 平均值为 $2.09 \times 10^{-4} s^{-1}$、$-5.89 \times 10^{-4} s^{-1}$、$1.63 \times 10^{-4} s^{-1}$，说明沟渠总体上对 NH_4^+ 还是处于吸收状态的；营养盐吸收长度 S_w-NH_4^+ 平均值为 294 m，而第 2~3 次也出现了负值，说明河水中较高的营养盐背景浓度将会降低水体对营养盐的滞留能力，从而导致出现较大的吸附长度。

第16章 采用主成分分析法分析沟渠中氮净化作用的影响因素

由于影响除氮效果的生境因素较多，并不是所用的因素都具有很好的除氮效应，因此，首先利用 SPSS 统计分析软件对影响氮素迁移转化的水质因子进行主成分分析，确定出较少较典型的水质因子指标，进而确定出对氮含量影响最为主要的因素。

16.1 排水沟渠水质指标主成分分析

主成分分析法（Principal Component Analysis）是利用降维的思想，前提是将信息量损失降低到最小，然后将多个因素转化为较少的综合因素，作为代表原来所有变量的总体性指标的多元统计方法。这些综合因素被称为主成分，其优点是具有更多的优越性，在研究复杂的相关性问题时既没有丢失太多原有信息，又能分析出少量重要的自变量信息，从而抓住重点，提高分析效率。进行主成分分析法的步骤主要有如下几点：第一，因子数据标准化；第二，因子之间相关性判定；第三，确定主因素个数；第四，生成主因素表达式；第五，确定主因素的范围。

本章涉及的生境因素包括温度、pH、DO、氧化还原电位（ORP）、电导率（TDS）及 COD。在 6 种因素中进行主因素的抽取，最后以含氮状态变量为目标函数，主因素为自变量进行回归分析。其中，表 16-1 分析了数据标准化后的结果；表 16-2 分析了因子之间的相关性；表 16-3 和表 16-4 分析了以研究数据为基础进行主成分分析的适应性；表 16-5、图 16-1 分析了主成分的个数；表 16-6 分析了各个变量与主成分之间的相关性，从而确定因子范围；最后由表 16-7 确定出主成分表达式。

表 16-1 变量的描述统计量

变量	均值	标准差	N
T	0	1	30
pH	0	1	30
DO	0	1	30
COD	0	1	30
ORP	0	1	30
TDS	0	1	30

表 16-1 是各个变量数据标准化之后的统计量。由于变量全部经过标准化处理，因此表 16-1 中各变量的均值为 0，标准差为 1。

表 16-2 变量相关系数矩阵

相关系数	T	pH	DO	COD	ORP	TDS
T	1.000	−0.532	0.218	−0.379	0.729	0.228
pH	−0.532	1.000	0.814	−0.210	0.440	−0.232
DO	0.218	0.814	1.000	−0.849	0.247	0.167
COD	−0.379	−0.210	−0.849	1.000	−0.232	0.604
ORP	0.729	0.440	0.247	−0.232	1.000	0.096
TDS	0.228	−0.232	0.167	0.604	0.096	1.000
Sig.（T）	—	0.001	0.124	0.019	0.000	0.112
Sig.（pH）	0.001	—	0.000	0.133	0.008	0.109
Sig.（DO）	0.124	0.000	—	0.000	0.094	0.190
Sig.（COD）	0.019	0.133	0.000	—	0.109	0.000
Sig.（ORP）	0.000	0.008	0.094	0.109	—	0.307
Sig.（TDS）	0.112	0.109	0.190	0.000	0.307	—

表 16-2 分析了各个因子之间的相关性程度。由相关系数矩阵以及相关性单侧检验可知，温度与氧化还原电位、pH 有着较好的相关性，溶解氧与 pH、COD 有着较好的相关性，电导率与 COD 有着较好的相关性，相关系数均通过了 $\alpha = 0.01$ 的显著性检验。因此，6 个变量之间包含了不少的重复信息，进行主成分分析十分必要。

表 16-3 变量抽样适当性与球面检验

统计量	统计取值
取样足够度的 KMO 度量	0.773
Bartlett 的球形度检验近似卡方	80.395
df	15
Sig.	0.000

表 16-3 中变量抽样适当性检验和球面检验是依据偏相关系数的概念，用来说明以变量相关系数矩阵为基础进行主成分分析是否具有适应性。KMO（Kaiser-Meyer-Olkin）检验统计量是用于比较不同因素之间相关系数和偏相关系数的指标。当各变量之间具有共同主成分时，则应当认为任意两变量之间的偏相关性为 0，而 KMO 取值越接近于 1，表示任意两变量之间偏相关系数越接近于 0，则以变量相关系数矩阵为基础适合进行主成分分析。表 16-3 中 KMO 统计值为 0.773，接近于 1，说明适合进行主成分分析。

Bartlett 球面检验用于检验相关阵是否为单位阵，即检验各个变量是否各自独立。在变量分析中，若拒绝原假设，则说明可以做主成分分析，若不拒绝原假设，则说明这些变量可能独立提供一些信息，不适合做主成分分析。表中球面检验值为 80.395，在自由度为 15 时的 P 值为 0，故通过显著性检验，进而拒绝原假设，认为可以做主成分分析。

表 16-4　变量之间共同度

变量	初始	提取
T	1.000	0.872
pH	1.000	0.921
DO	1.000	0.943
COD	1.000	0.817
ORP	1.000	0.861
TDS	1.000	0.836

注：提取方法为主成分分析法。

表 16-4 中第二列与第三列分别表示变量的初始共同度及提取主成分后的共同度。由于本章是采用主成分分析法提取的共同因子，故初始共同度均为 1，提取后的共同度估计值温度为 87.2%，pH 为 92.1%，DO 为 94.3%，COD 为 81.7%，ORP 为 86.1%，TDS 为 83.6%，由数据可见，6 个变量指标抽取主成分后的共同度都比较高，表示每个变量与其他变量之间的共同性较为密切，即每个变量都适合进行主成分分析。

表 16-5　变量抽取主成分结果

成分	初始特征值			提取平方和载入		
	特征值	方差/%	累积/%	特征值	方差/%	累积/%
1	2.785	46.410	46.410	2.785	46.410	46.410
2	1.384	23.062	69.471	1.384	23.062	69.471
3	1.083	18.047	87.518	1.083	18.047	87.518
4	0.363	6.057	93.575	—	—	—
5	0.274	4.568	98.143	—	—	—
6	0.111	1.857	100.000	—	—	—

注：提取方法为主成分分析法。

表 16-5 是利用主成分分析法提取出的主成分结果。在抽取主成分后初始特征值一栏中，变量特征值越大，表示该变量在解释所有变量变异性时越显重要，后两列分别为变量可以解释结构变异量的百分比和累积百分比。从理论上讲，提取主成分后，所保留的主成分个数由特征值的大小和累积百分比决定，当特征值大于 1 且累积百分比达到 85% 时，则可以保留对应的主成分。

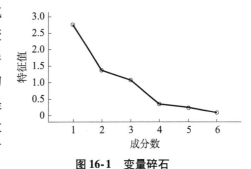

图 16-1　变量碎石

由表 16-5 可知，前 3 个成分特征值大于 1，并且累积解释变异量在第三个变量时达到了 87.518%，因此，根据"变量较少，损失较少"的原则，合理保留 3 个主成分。同时，图 16-1 的"碎石图"又称为陡坡检验，作用是检验所取主成分的个数是否合理。理论认为，保留的主成分个数便是曲线坡度突然上升的曲线段，也是变量特征值突然增加的曲线段。从图 16-1 中可以看出，保留 3 个点（主成分）是合理的。

表 16-6　变量载荷矩阵

变量	成分		
	1	2	3
T	0.797	0.035	0.578
pH	−0.832	0.394	0.271
DO	0.637	−0.717	−0.521
COD	0.544	0.516	−0.083
ORP	0.716	−0.120	0.486
TDS	0.492	0.658	−0.401

注：提取方法为主成分分析法。

表 16-7　变量系数矩阵

变量	成分		
	1	2	3
T	0.478	0.030	0.555
pH	−0.499	0.339	0.260
DO	0.382	−0.618	−0.501
COD	0.326	0.444	−0.080
ORP	0.429	−0.103	0.467
TDS	0.295	0.567	−0.385

表 16-6 和表 16-7 分别表示变量的载荷矩阵和变量系数矩阵。表 16-6 中每个变量的载荷量根据其共同度估计得来，表示其与主成分之间的相关性。表 16-7 中每个变量所对应的系数则通过变量载荷量除以对应主成分的特征值 0.5 次方得到，进而得到主成分表达式（$Z_{变量}$表示标准化的变量矩阵）：

$$F_1 = 0.478Z_T - 0.499Z_{pH} + 0.382Z_{DO} + 0.326Z_{COD} + 0.429Z_{ORP} + 0.295Z_{TDS} \quad (16-1)$$

$$F_2 = 0.03Z_T + 0.339Z_{pH} - 0.618Z_{DO} + 0.444Z_{COD} - 0.103Z_{ORP} + 0.567Z_{TDS} \quad (16-2)$$

$$F_3 = 0.555Z_T + 0.26Z_{pH} - 0.501Z_{DO} - 0.08Z_{COD} + 0.467Z_{ORP} - 0.385Z_{TDS} \quad (16-3)$$

最后，通过主成分表达式以及主成分抽取结果，计算出沟渠水质指标主成分综合模型，计算公式如下：

$$F = \frac{\lambda_1}{\lambda_1 + \lambda_2 + \lambda_3}F_1 + \frac{\lambda_2}{\lambda_1 + \lambda_2 + \lambda_3}F_2 + \frac{\lambda_3}{\lambda_1 + \lambda_2 + \lambda_3}F_3 \quad (16-4)$$

式中：λ_n——各主成分方差贡献率（见表 16-5）。

综合模型计算表达式为：

$$F = 0.376Z_T - 0.121Z_{pH} - 0.064Z_{DO} + 0.274Z_{COD} + 0.296Z_{ORP} + 0.227Z_{TDS} \quad (16-5)$$

综上所述，通过主成分分析法，将影响排水沟渠除氮机制的 6 个生境因子减缩为 3 个主成分，由于 3 个主成分能够解释将近 90% 的结构变异量，因此，3 个主成分分析较为合理。其中，主成分 1 和 pH 相关性最大，其次是温度；主成分 2 和溶解氧相关性最大，其次是电导率；主成分 3 和温度相关性最大，其次是溶解氧。故可以认为，pH、溶解氧、温度依次是影响排水沟渠除氮机制的三大主要因素。

16.2 影响因素分析

通过上述分析，确定出影响排水沟渠三大影响因子分别是 pH、溶解氧、温度。现分别根据三者的变化对模拟沟渠氮素的影响进行分析。

（1）pH

野外清水渠沟渠以及基地模拟沟渠一年的监测结果显示，pH 范围保持在 8 ~ 12，呈碱性。主要是因为水中氨氮含量较大，NH_4^+ 含量较多，易与 OH^- 反应。水中 pH 变化的主要因素主要是有机质，有机质含量高，在缺氧分解转化过程中会产生有机酸，造成 pH 下降。并且植物的光合作用和呼吸作用对水体的 pH 有很大影响，变化的程度取决于水体的缓冲能力。

根据对第 15 章模拟沟渠数据分析，绘制出不同 pH 变化下的氮素去除率，见图 16-2。

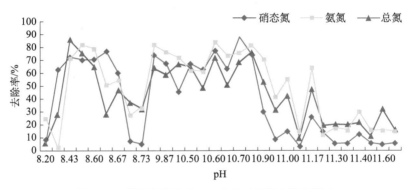

图 16-2 模拟沟渠水中 pH 变化对氮素去除的影响

由图 16-2 可知，随着 pH 的变化，氮素去除率上下波动比较大，图 16-2 中显示 pH 在两个范围时去除率较高，分别是 8.4 ~ 8.7 和 9.5 ~ 10.8，去除率均大于 50%，随着 pH 的持续升高，去除率明显下滑。而在 pH 范围在 8.7 ~ 9.0 时，去除率较低，与前后变化不符，尤其是硝态氮，出现了"突变"，原因可能是测量不准造成的误差，对整体趋势并无大的影响。总体来看，模拟沟渠 pH 范围在 8.4 ~ 10.8 时，氮素去除效果较好。

（2）溶解氧（DO）

根据第 15 章模拟沟渠数据分析，绘制出不同溶解氧变化下的氮素去除率，见图 16-3。

从图 16-3 中可以看出，随着溶解氧浓度的上升，氨氮的去除率虽有小范围的波动，但总体呈上升趋势，主要因为溶解氧处于低浓度时，氨氮硝化作用被抑制，导致去除率下降；而硝态氮则呈现出相反的变化趋势，主要因为反硝化作用需要严格的厌氧环境；总氮波动较大，但总体趋势与硝态氮类似，由此可知，反硝化在沟渠除氮中起到至关重要的作用。

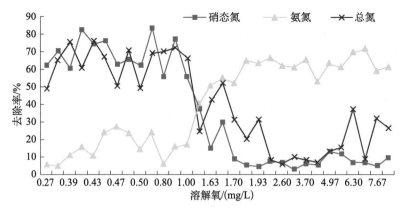

图 16-3　模拟沟渠水中溶解氧变化对氮素去除的影响

（3）温度（T）

根据对模拟沟渠数据分析，绘制出不同温度变化下的氮素去除率，见图 16-4。

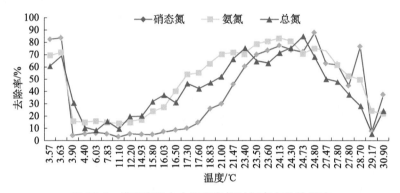

图 16-4　模拟沟渠水中温度变化对氮素去除的影响

从图 16-4 中可以看出，随着温度的升高，去除率呈现先增高后下降的趋势，并且温度在 20~27℃时去除效果较好。但在温度为 3.57℃左右的时候，出现了去除率较高的"突变"，原因可能是测量不准造成的误差，对整体趋势并无大的影响。

16.3　本章小结

通过对基地模拟沟渠水质指标进行主成分分析，确定出 pH、溶解氧、温度是影响氮素去除的三大主要因素，并通过其对模拟沟渠氮素的影响分析得出：pH 在 8.4~10.8 时，氮素去除效果较好；随着溶解氧浓度的上升，氨氮去除率上升，总氮和硝态氮去除率下降，说明反硝化在沟渠除氮过程中发挥了很大作用；随着温度的升高，氮素去除率呈现先增高后下降的趋势，并且温度在 20~27℃时去除效果较好。

第 17 章 农业非点源污染物迁移模型及其应用

17.1 农业非点源污染物迁移模型

17.1.1 模型概述

农业非点源污染物从田间产出后,需要在水动力的作用下随排水沟逐级迁移至外界水体,其起点是田间的农沟或毛沟,即末级排水沟,中间需要经过支级和干级排水沟等。

影响排污系数的因素有很多,不同级别沟渠中的情况不同,再加上禽畜养殖、生活和工业污水的排入,导致最终排污口处的污染物成分复杂,无法区分农业非点源污染物的具体比重。每个灌区的排污系数都是相互独立的,参考数据没有使用价值。因此,本研究通过排水沟渠中非点源污染物的迁移转化模型,对污染物从田间产生,排入末级排水沟整个过程进行演绎,推算农业非点源污染物排污系数,符合本地实际情况。

逐级排水沟渠中污染物的迁移过程可概化为图 17-1。

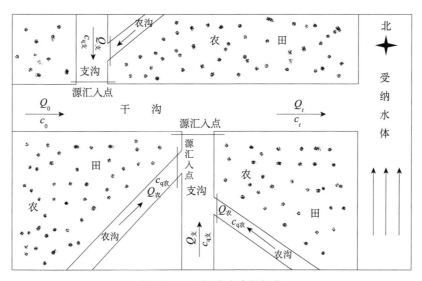

图 17-1 逐级排水沟渠概化

深度 H_1 层排水主要为农沟,H_2 深度层排水除农沟外还有支沟,H_3 深度进一步加大,其接纳排水包括农沟、支沟和干沟。切割深度的不同,使不同深度的沟渠接纳的排水来源不同(图 17-2)。

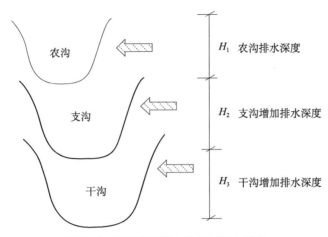

图 17-2 不同级别排水沟控制排水深度

模型中包括排水沟渠系统农田排水子模块和污染物迁移转化子模块。本研究以典型排水区为例，应用水流连续方程进行水量演进模拟农田排水子模块，应用一维非保守性污染物迁移扩散方程模拟排水沟渠系统污染物迁移转化，从最低级排水沟开始模拟，依次递进，推算至总干级排水沟的水污运移，计算出整个灌区的农业非点源污染物输出负荷，结合之前计算的田间产出负荷，可以得到排污系数。

17.1.2 水流连续方程

t 时刻通过排水沟渠断面 $A(x, t)$ 的流量设为 $Q(x, t)$（m^3/s）；A 为渠道过水断面面积（m^2）；Z 为沟渠平均水位（m）；p 为大气降水强度 $[m^3/(s \cdot m)]$；E_s 为蒸发强度 $[m^3/(s \cdot m)]$；b 为沟渠的水面宽度（m）；q 为侧向深层排水强度 $[m^3/(s \cdot m)]$；q_b 为沟渠底部渗出流量强度 $[m^3/(s \cdot m)]$。建立 x 处、t 时刻断面 $A(x, t)$ 与通过该断面流量 $Q(x, t)$ 之间的关系式，在 dt 时段进行水量平衡分析。

①上游来水增量：$Q(x,t)dt - Q(x+\Delta x,t)dt = -\frac{\partial Q}{\partial x}\big|_{(x,t)} \Delta x dx$；

②侧向深层排水强度增量：$q\big|_{(x,t)} \Delta x dt$；

③沟渠底部渗出流量强度增量：$-q_b\big|_{(x,t)} \Delta x dt$；

④大气降水强度增量：$p\big|_{(x,t)} b\Delta x dt$；

⑤蒸发强度增量：$-E\big|_{(x,t)} b\Delta x dt$。

在 dt 时段内，水体总增量为 $\left(-\frac{\partial Q}{\partial x} + q - q_b + pb - E_s b\right)\big|_{(x,t)} \Delta x dt$。

另外，由于水量增量引起过水断面面积改变 ΔA 所需要的流量为：

$$[A(x,t+dt) - A(x,t)]\Delta x = -\frac{\partial A}{\partial t}\big|_{(x,t)} \Delta x dt \qquad (17-1)$$

根据质量守恒定律，得到水流连续方程：

$$\frac{\partial A}{\partial t} + \frac{\partial Q}{\partial x} = (q - q_b) + (p - E_s)b \tag{17-2}$$

忽略底部渗出增量、降水和蒸发增量，则水流连续方程可简化为

$$\frac{\partial A}{\partial t} + \frac{\partial Q}{\partial x} = q \tag{17-3}$$

17.1.3　污染物迁移转化方程

（1）污染物迁移过程

根据 Fick 定律（第二定律）和质量守恒定律，静止水体中，dt 时段内分子扩散作用在微元体内物质质量增量应与该时段内微元体中因浓度变化引起的物质质量增量相等，即：

$$\frac{\partial c}{\partial t} = D\left(\frac{\partial^2 c}{\partial x^2} + \frac{\partial^2 c}{\partial y^2} + \frac{\partial^2 c}{\partial z^2}\right) \tag{17-4}$$

式中：D——分子扩散系数，m^2/s，影响因素有温度、压力、污染物浓度及浓度梯度等。

考虑到层流运动，式（17-4）可进一步写为

$$\frac{\partial c}{\partial t} + u_x\frac{\partial c}{\partial x} + u_y\frac{\partial c}{\partial y} + u_z\frac{\partial c}{\partial z} = D\left(\frac{\partial^2 c}{\partial x^2} + \frac{\partial^2 c}{\partial y^2} + \frac{\partial^2 c}{\partial z^2}\right) \tag{17-5}$$

水的黏滞性会导致同一断面流速分布不均，形成剪切流，污染物质除随水流向下游移动一段距离外，还将做弥散运动。增加流速场和浓度场脉动作用引起的紊动扩散项以及考虑排水沟渠两侧存在的源汇入流项 $\frac{\partial c_q}{\partial t}$，式（17-5）可以写为

$$\frac{\partial c}{\partial t} + u_x\frac{\partial c}{\partial x} + u_y\frac{\partial c}{\partial y} + u_z\frac{\partial c}{\partial z} = (D + E + K_s)\left(\frac{\partial^2 c}{\partial x^2} + \frac{\partial^2 c}{\partial y^2} + \frac{\partial^2 c}{\partial z^2}\right) + \frac{\partial c_q}{\partial t} \tag{17-6}$$

式中：E——紊动扩散系数，m^2/s；

　　　K_s——剪切弥散系数，m^2/s。

（2）污染物转化过程

除了迁移过程，污染物受诸多因素影响，其在排水沟渠中还会发生转化，这一过程主要有：水体中污染物沉降和再悬浮；渠底沉积物的截留、吸附；微生物和植物的分解、吸收、转化；渠底沉积物的释放（沉积物污染物浓度高于水中污染物浓度时，形成"内源"释放污染物，即内源污染）。实际计算中，很难检测区分以上这几种作用，将其综合作用概化为综合衰减系数，设为 K，将方程转化为：

$$\frac{\partial c}{\partial t} + u_x\frac{\partial c}{\partial x} + u_y\frac{\partial c}{\partial y} + u_z\frac{\partial c}{\partial z} = (D + E + K_s)\left(\frac{\partial^2 c}{\partial x^2} + \frac{\partial^2 c}{\partial y^2} + \frac{\partial^2 c}{\partial z^2}\right) + \frac{\partial c_q}{\partial t} - K\frac{\partial c}{\partial t} \tag{17-7}$$

式中，因为分子弥散系数 K_s 的数量级要远高于 D 和 E，即 $|K_s| > |E| > |D|$，故计算时可以忽略分子扩散系数 D 和紊动扩散系数 E。此外，主要研究的是污染物纵向迁移，忽略其他两个方向，将方程三维简化为一维：

$$(1 + K)\frac{\partial c}{\partial t} + u\frac{\partial c}{\partial x} = K_s\frac{\partial^2 c}{\partial x^2} + \frac{\partial c_q}{\partial t} \tag{17-8}$$

综合水流连续方程式（17-3）和污染物迁移转化方程（17-8），构成农业非点源污染

模型中的"汇"模块，即：

$$\begin{cases} \dfrac{\partial A}{\partial t} + \dfrac{\partial Q}{\partial x} = q \\[2mm] (1+K)\dfrac{\partial c}{\partial t} + u\dfrac{\partial c}{\partial x} = K_s\dfrac{\partial^2 c}{\partial x^2} + \dfrac{\partial c_q}{\partial t} \\[2mm] \text{初始条件：} c(x,t) = \begin{cases} c_0, (x \in G, t > 0) \\ 0, (x \in G, t > 0) \end{cases} \\[2mm] \text{边界条件：} f_1(x,t) \leqslant c(x,t) \leqslant f_2(x,t), (x \in G, t > 0) \end{cases} \tag{17-9}$$

实际计算中需要逐步确定以下参数：上、下断面流量 $Q_上$、$Q_下$、沟底高程 h、糙率 n、沟渠中水体流速 U_x、底宽 B、边坡 m、渠道比降 α、排水沟污染物初始浓度 c_0、排污量 c_q、计算区间下级排水沟排水量 q、污染物剪切流弥散系数 K_s、污染物综合衰减系数 K 等。以上参数均通过实际测量、重复试验获得。K 由各级沟渠中实测资料求得。

17.1.4 模型求解

水量计算用第一类边界条件，上边界条件为田间末级排水沟末端水量，下边界条件为各排水沟出口水位，计算模型为封闭性模型；污染物计算用第二类边界条件，以农级排水沟末端污染物浓度 $c_0(x,t)$ 为初始条件，各汇入点做内边界处理。本级沟渠起点流量、污染物浓度为计算初始条件，下级沟渠输水输污过程概化为本级排水沟渠的源汇入点，采用非耦合求解，先单独求解水流方程再求解污染物衰减方程，交替计算，推求沟渠污染物输出结果。采用四点隐式差分格式离散计算水流方程，显式差分格式计算剪切流弥散方程。要求空间步长小于相邻两汇入点间距，时间步长不得长于相邻两汇入点间的最小传播时间。水流连续方程差分示意如图 17-3 所示。

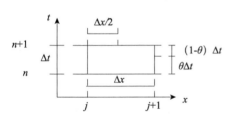

图 17-3 水流连续方程差分示意

（1）求解水流连续方程

①方程离散。用简化四点线性隐式方法对水流连续方程进行推导：

$$f(x,t) = \frac{1}{2}(f_{j+1}^n + f_j^n) \tag{17-10}$$

$$\frac{\partial f}{\partial x} \approx \theta \frac{f_{j+1}^{n+1} - f_j^{n+1}}{\Delta x} + (1-\theta)\frac{f_{j+1}^n - f_j^n}{\Delta x} \tag{17-11}$$

$$\frac{\partial f}{\partial t} \approx \frac{f_{j+1}^{n+1} - f_{j+1}^n + f_j^{n+1} - f_j^n}{2\Delta t} \tag{17-12}$$

$$\frac{\partial Z}{\partial t} = \frac{Z_{j+1}^{n+1} - Z_{j+1}^n + Z_j^{n+1} - Z_j^n}{2\Delta t}$$

$$\frac{\partial Q}{\partial x} = \theta \frac{Q_{j+1}^{n+1} - Q_j^{n+1}}{\Delta x_j} + (1-\theta)\frac{Q_{j+1}^n - Q_j^n}{\Delta x_j}$$

将以上关系代入连续方程得

$$B_{j+0.5}^n \frac{Z_{j+1}^{n+1} - Z_{j+1}^n + Z_j^{n+1} - Z_j^n}{2\Delta t} + \theta \frac{Q_{j+1}^{n+1} - Q_j^{n+1}}{\Delta x_j} + (1-\theta)\frac{Q_{j+1}^n - Q_j^n}{\Delta x_j} = q_{j+0.5} \quad (17\text{-}13)$$

$$Q_{j+1}^{n+1} - Q_j^{n+1} + C_j Z_{j+1}^{n+1} + C_j Z_{j+1}^{n+1} = D_j \quad (17\text{-}14)$$

采用同样方法对圣维南方程组的运动方程进行简化，有

$$E_j Q_j^{n+1} + G_i Q_{j+1}^{n+1} + F_j Z_{j+1}^{n+1} - F_i Z_j^{n+1} = \phi_j \quad (17\text{-}15)$$

其中：

$$C_j = \frac{B_{j+0.5}^n \Delta x_j}{2\Delta t\theta}, \quad D_j = \frac{q_{j+0.5}\Delta x_j}{\theta} - \frac{1-\theta}{\theta}(Q_{j+1}^n - Q_j^n) + C_j(Z_{j+1}^n + Z_j^n)$$

$$E_j = \frac{\Delta x_j}{2\theta\Delta t} - u_j^n + \frac{g n^2 \Delta x_j}{2\theta}\left(\frac{u}{R^{4/3}}\right)_j^n, \quad G_j = \frac{\Delta x_j}{2\theta\Delta t} + u_j^n + \frac{g n^2 \Delta x_j}{2\theta}\left(\frac{u}{R^{4/3}}\right)_{j+1}^n$$

$$F_i = (gA)_{j+0.5}^n$$

$$\phi_j = \frac{\Delta x_j}{2\theta\Delta t}(Q_j^n + Q_{j+1}^n) - \frac{1-\theta}{\theta}(u Q_{j+1}^n - u Q_j^n) - \frac{1-\theta}{\theta}(gA)_{j+0.5}^n(Z_{j+1}^n - Z_j^n)$$

C_j、D_j、E_j、G_j、F_j、ϕ_j通过初值计算求得，加上边界条件，形成闭合代数方程组：

$Q_{L_1} = f_1(Z_{L_1})$ 上边界条件：

$$-Q_{L_1} + Q_{L_1+1} + C_{L_1}Z_{L_1} + C_{L_1}Z_{L_1+1} = D_{L_1}$$

$$E_{L_1}Q_{L_1} + G_{L_1}Q_{L_1+1} - F_{L_1}Z_{L_1} + F_{L_1}Z_{L_1+1} = \phi_{L_1}$$

$$-Q_{L_1+1} + Q_{L_1+2} + C_{L_1+1}Z_{L_1+1} + C_{L_1+1}Z_{L_1+2} = D_{L_1+1}$$

$$E_{L_1+1}Q_{L_1+1} + G_{L_1+1}Q_{L_1+2} - F_{L_1+1}Z_{L_1+1} + F_{L_1+1}Z_{L_1+2} = \phi_{L_1+1}$$

$$\cdots$$

$$-Q_{L_2-1} + Q_{L_2} + C_{L_2-1}Z_{L_2-1} + C_{L_2-1}Z_{L_2} = D_{L_2-1}$$

$$E_{L_2-1}Q_{L_2-1} + G_{L_2-1}Q_{L_2} - F_{L_2-1}Z_{L_2-1} + F_{L_2-1}Z_{L_2} = \phi_{L_2-1}$$

$Q_{L_2} = f_2(Z_{L_2})$ 下边界条件：

由此可唯一求解未知量 Q_j、Z_j（$j = L_1, L_1+1, \cdots, L_2$）。

②方程求解。根据不同的边界条件，设置不同的递推关系，用追赶法求解方程组。

a. 已知水位边界条件，可设如下的追赶方程：

$$\begin{aligned}Q_j &= S_{j+1} - T_{j+1}Q_{j+1}\\Z_{j+1} &= P_{j+1} - V_{j+1}Q_{j+1}\end{aligned} \quad (j = L_1, L_1+1, \cdots, L_2-1) \quad (17\text{-}16)$$

由于 $Z_{L_1} = Z_{L_1}(t) = P_{L_1} - V_{L_1}Q_{L_1}$，所以 $P_{L_1} = Z_{L_1}(t)$，$V_{L_1} = 0$

把式（17-16）中的 Z_j 表达式代入式（17-14）和式（17-15），可得：

$$-Q_j + C_j(P_j - V_jQ_j) + Q_{j+1} + C_jZ_{j+1} = D_j$$

$$E_jQ_j - F_j(P_j - V_jQ_j) + G_jQ_{j+1} + F_jZ_{j+1} = \phi_j$$

以 Q_j 为自由变量可解得：

$$Q_j = S_{j+1} - T_{j+1}Q_{j+1}$$
$$Z_{j+1} = P_{j+1} - V_{j+1}Q_{j+1}$$

其中:

$$S_{j+1} = \frac{C_jY_2 - F_jY_1}{F_jY_3 + C_jY_4}, \quad T_{j+1} = \frac{C_jG_j - F_j}{F_jY_3 + C_jY_4}, \quad P_{j+1} = \frac{Y_1 + Y_3S_{j+1}}{C_j}, \quad V_{j+1} = \frac{1 + Y_3T_{j+1}}{C_j}$$
$$Y_1 = D_j - C_jP_j, \quad Y_2 = \phi_j + F_jP_j, \quad Y_3 = 1 + C_jV_j, \quad Y_4 = E_j + F_jV_j$$

由此递推关系可得 $Z_{L_2} = P_{L_2} - V_{L_2}Q_{L_2}$,与下边界 $Q_{L_2} = f_2(Z_{L_2})$ 联立可求得 Q_{L_2},回代可求出 Q_j、Z_j($j = L_2, L_2 - 1, \cdots, L_1$)。

b. 已知流量边界条件,可假设如下追赶关系:

$$Z_j = S_{j+1} - T_{j+1}Z_{j+1}$$
$$Q_{j+1} = P_{j+1} - V_{j+1}Z_{j+1} \qquad (j = L_1, L_1 + 1, \cdots, L_2 - 1) \tag{17-17}$$

因为 $Q_{L_1} = Q_{L_1}(t)$,所以 $P_{L_1} = Q_{L_1}(t)$,$V_{L_1} = 0$

将式(17-17)中的 Q_j 表达式代入式(17-14)和式(17-15),可得:

$$-(P_j - V_jZ_j) + C_jZ_j + Q_{j+1} + C_jZ_{j+1} = D_j$$
$$E_j(P_j - V_jZ_j) - F_jZ_j + G_jQ_{j+1} + F_jZ_{j+1} = \phi_j$$

解得式(17-17)中的追赶系数表达式:

$$S_{j+1} = \frac{G_jY_3 - Y_4}{Y_1G_j + Y_2}, \quad T_{j+1} = \frac{C_jG_j - F_j}{Y_1G_j + Y_2}, \quad P_{j+1} = Y_3 - Y_1S_{j+1}, \quad V_{j+1} = C_j - Y_1T_{j+1}$$
$$Y_1 = V_j + C_j, \quad Y_2 = F_j + E_jV_j, \quad Y_3 = D_j + P_j, \quad Y_4 = \phi_j - E_jP_j$$

可见,由上述递推关系,可依次求得 S_{j+1}、T_{j+1}、P_{j+1}、V_{j+1},最后得到:

$$Q_{L_2} = P_{L_2} - V_{L_2}Z_{L_2}$$

与下边界条件 $Q_{L_2} = f_2(Z_{L_2})$ 联立可求得 Q_{L_2},回代可求出 Q_j、Z_j($j = L_2, L_2 - 1, \cdots, L_1$)。

c. 对于水位流量关系 $Q_{L_1} = f(Z_{L_1})$,可线性化处理成 $Q_{L_1} = P_{L_1} - V_{L_1}Z_{L_1}$,同 b 处理方法:

由于 $\mathrm{d}Q_{L_1} = f'(Z_{L_1})\mathrm{d}Z_{L_1}$

$$Q_{L_1} - f(Z_{L_1}^0) = f'(Z_{L_1}^0)(Z_{L_1} - Z_{L_1}^0)$$
$$Q_{L_1} = f(Z_{L_1}^0) + f'(Z_{L_1}^0)(Z_{L_1} - Z_{L_1}^0) = f(Z_{L_1}^0) - f'(Z_{L_1}^0)Z_{L_1}^0 + f'(Z_{L_1}^0)Z_{L_1}$$

所以 $P_{L_1} = f(Z_{L_1}^0) - f'(Z_{L_1}^0)Z_{L_1}^0$,$Z_{L_1} = f'(Z_{L_1}^0)$。

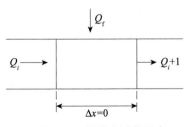

图 17-4 渠段虚拟化示意

d. 内部边界的处理。根据流量连续性和能量(动量)守恒,运用四点隐式处理内边界条件,求解计算。

对于排水沟渠集中旁侧入流,可设一虚拟渠段 $\Delta x_j = 0$(图 17-4),基本连续方程为:

$$Z_i = Z_{i+1}$$
$$Q_i + Q_f = Q_{i+1} \tag{17-18}$$

由式（17-18）可同样得出递推关系式。

当上边界为水位边界条件时：

$$Z_i = P_i - V_i Q_i$$

故 $Z_{i+1} = P_i + V_i Q_f - V_i Q_{i+1}$

$$Q_i = Q_{i+1} - Q_f$$

所以 $S_{i+1} = -Q_f$，$T_{i+1} = -1$，$P_{i+1} = P_i + V_i Q_f$，$V_{i+1} = V_i$

当上边界为流量条件时：

$$Q_i = P_i - V_i Z_i$$

$$Q_{i+1} = Q_i + Q_f = P_i - V_i Z_i + Q_f = P_i - V_i Z_{i+1} + Q_f$$

所以 $S_{i+1} = 0$，$T_{i+1} = -1$，$P_{i+1} = P_i + Q_f$，$V_{i+1} = V_i$

（2）求解污染物迁移转化方程

①网格剖分。将求解区域 G：$0 \leq x \leq l$，$0 \leq t \leq T$ 在坐标轴内分割成矩形网络，平行于 x 轴的直线可以是等距的，可设距离为 $\Delta x > 0$，有时也记为 h，称为空间步长，而垂直于 x 轴的直线则大多是不等距的，具体问题具体分析，在此为简单起见，也假定是等距的，设其距离为 $\Delta t > 0$，有时也记为 τ，称为时间步长，这样两组网格线可以写为：

$$x = x_i = i\Delta x, i = 0,1,2,\cdots,n$$

$$t = t_j = j\Delta x, j = 0,1,2,\cdots,m$$

式中，$\Delta x = h = \dfrac{l}{n}$；$\Delta t = \tau = \dfrac{T}{m}$。网格节点（$x_i, t_j$）简记为（$i, j$）。

②差分方程。记 $C(x_i, t_j) = C_i^j$，在节点（i, j）处微商和差商之间有如下关系：

$$\left(\frac{\partial c}{\partial x}\right)\bigg|_{(i,j)} = \frac{C(x_{i+1}, t_j) - C(x_{i-1}, t_j)}{2h} + o(h^2) = \frac{C_{i+1}^{(j)} - C_{i-1}^{(j)}}{2h} + o(h^2) \quad (17\text{-}19)$$

$$\left(\frac{\partial^2 c}{\partial x^2}\right)\bigg|_{(i,j)} = \frac{C(x_{i+1}, t_j) - 2C(x, t_j) + C(x_{i-1}, t_j)}{h^2} + o(h^2) = \frac{C_{i+1}^{(j)} - 2C_i^{(j)} + C_{i-1}^{(j)}}{h^2} + o(h^2)$$

$$(17\text{-}20)$$

$$\left(\frac{\partial c}{\partial t}\right)\bigg|_{(i,j)} = \frac{C(x_i, t_{j+1}) - C(x_i, t_j)}{\tau} + o(\tau) = \frac{C_i^{(j+1)} - C_i^{(j)}}{\tau} + o(\tau) \quad (17\text{-}21)$$

去掉截断误差，并代入污染物迁移方程中，得到其最终差分方程：

$$(1 + K)\frac{C_i^{j+1} - C_i^j}{\tau} = K_s \frac{C_{i+1}^j - 2C_i^j + C_{i-1}^j}{h^2} - u\frac{C_{i+1}^j - C_{i-1}^j}{2h}$$

式中，$i = 1,2,\cdots,n-1$；$j = 1,2,\cdots,m$。

另外，初始条件和边界条件的差分方程为

$$C_i^0 = C_0(x_i) \quad (i = 1,2,\cdots,n)$$

$$C_0^j = f_1(t_j) \quad (j = 1,2,\cdots,m)$$

$$C_n^j = f_2(t_j) \quad (j = 1,2,\cdots,m)$$

由初始条件和边界条件的差分方程即可依次计算各层上各节点处的浓度值。

17.1.5 综合衰减系数 K 值率定

利用两点法实测确定 K 值。其计算公式为

$$K = v/x\ln(c_{上}/c_{下})\qquad(17-22)$$

式中：$c_{上}$、$c_{下}$——河流上、下断面污染物浓度，mg/L；

v——河段平均流速，m/s；

x——河段长度，m；

K——衰减系数，1/s。

根据监测资料计算综合衰减系数变化范围见表 17-1，计算时，根据不同时段、不同沟渠，选用合适的数据。

表 17-1 各级排水沟渠污染物实测综合衰减系数　　单位：S^{-1}

污染物	支沟	干沟	总排干
总氮	$4.61\times10^{-4}\sim8.49\times10^{-4}$	$1.14\times10^{-4}\sim2.11\times10^{-4}$	$1.72\times10^{-3}\sim6.21\times10^{-3}$
总磷	$2.32\times10^{-3}\sim5.21\times10^{-3}$	$1.63\times10^{-4}\sim7.51\times10^{-4}$	$1.76\times10^{-4}\sim6.02\times10^{-4}$

17.2 模型在试验区的应用

本研究中，以河套灌区为例，对前文所建农田非点源污染模型进行示例运用。为便于计算，只有水稻为水田，其他作物均为旱田。每年 5—9 月为河套灌区作物生长期，以此作为非点源污染负荷估算的典型时段，种植面积等相关基本资料均选用 2015 年的资料。

17.2.1 排水沟渠概化

对排水沟控制区域及其系统进行概化，以方便计算，概化过程遵循以下原则：

①作物种植结构不变，排水面积不变，即保证模拟区产污负荷与排水沟实际控制区相等；

②每条农沟接纳田间排水面积按实际控制区约 6 hm² 控制，并按 100 m 等间距汇入支级排水沟；

③排水沟各级总长度不变，保证污染物在随农田排水的迁移过程中，在沟渠系统中路径长度不变。

将不规则排水沟渠概化为图 17-5。

17.2.2 初值输入

设定如下初值：

①各级排水沟中起始流量 Q_0、污染物浓度 c_0 均设定为 0，即 $Q_0(x,t)=0$，$c_0(x,t=0)(x=0,t=0)$；下级排水沟的汇入水量和污染物浓度即为上级排出水量和浓度，所

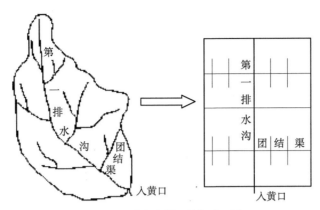

图 17-5　排水沟渠系统概化示意

推求得农业非点源污染负荷即为各支级排水沟排入污染物负荷总和。

②考虑概化区域内各农沟间距取为 100 m，而农沟中水流最大流速不大于 0.5 m/s，所以空间步长取 50 m，时间步长取 1 min，防止遗漏各农级排水沟汇入点。

③模型计算时段为 4—10 月。计算需根据实际灌溉情况，不同农沟按各自排水日期依次进入支级排水沟，支沟以 3 d 为周期，干级排水沟、排水沟依此类推。

17.2.3　污染物浓度估算

粮食的增产离不开化肥，然而化肥的不合理使用导致其大量流失，进而导致环境污染。特定的土质，不同的化肥用量决定了排水沟渠中污染物的浓度。

表 17-2 是近年来河套灌区主要作物的估算化肥用量及其折纯氮、磷量。

表 17-2　河套灌区主要作物化肥实际用量与折纯量

项目	施肥阶段	日期	化肥种类	施肥量/ (kg/hm^2)	氮折纯量/ (kg/hm^2)	磷折纯量/ (kg/hm^2)
经济作物	基肥	播种前	碳铵	750	132.75	—
			磷肥	300	—	51
	追肥	5 月 30 日	尿素	150	69	—
			磷二铵	150	25.5	71
	追肥	6 月 30 日	尿素	150	69	—
	小计			1 500	296.25	122
粮食作物	基肥	播种前	碳铵	600	106.2	—
			磷肥	150	—	25.5
	小麦追肥	3 月 20 日	尿素	150	69	—
	套种玉米	4 月 20 日	尿素	150	69	—
			磷二铵	225	38.25	105.75
	追肥	6 月 30 日	尿素	150	69	—
	追肥	—	尿素	150	69	—
	小计			1 575	420.45	131.25

17.2.4　单元负荷强度

通过模型计算不同时段各污染物负荷强度，结果见表17-3。

表17-3　不同土地利用方式下研究时段各类污染物的负荷强度　　单位：kg/hm²

污染物类别	经济作物	粮食作物
总磷	0.45	0.05
总氮	11.42	7.63
硝酸盐氮	9.96	5.05
氨氮	2.14	0.33

从表17-3中可以看出以下两个问题：

①经济作物产污高于粮食作物，这说明不同的土地利用方式也是影响农业非点源污染负荷的关键因素。通过合理改变作物种植结构，可以在一定程度上缓解农业非点源污染。

②粮食作物施肥量要高于经济作物，而导致其污染负荷低的原因还在于灌溉作用，经济作物需水量比粮食作物高，水动力从根本上决定了污染程度，所以田间水分的合理分配，也是防治农业非点源污染的关键。

17.2.5　计算结果

将以上初值输入模型，首先计算出总排干出口处逐日流量过程，与红圪卜水文站2015年逐日实测流量同时点绘于图17-6。

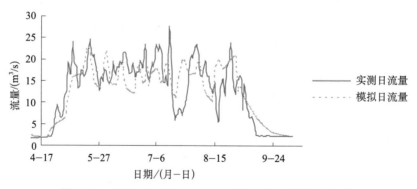

图17-6　总排干排水沟出口逐日模拟过程与实测流量对比

继续用污染物迁移模型逐级模拟排水沟渠中氮、磷浓度，得出农业非点源污染物入乌梁素海日负荷浓度（图17-7～图17-10）。

17.3　排污系数计算

根据农业非点源污染物迁移降解模型计算所得总排干出口断面处水、污过程以及计算的河套灌区总排干控制排水区田间产污过程，可计算得出排水区的排污系数。

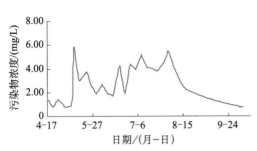

图 17-7　总排干出口逐日总氮浓度模拟过程

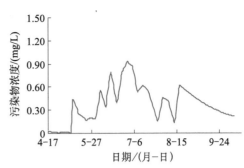

图 17-8　总排干出口逐日氨氮浓度模拟过程

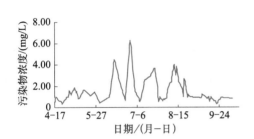

图 17-9　总排干出口逐日硝酸盐氮浓度模拟过程

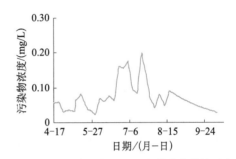

图 17-10　总排干出口逐日总磷浓度模拟过程

表 17-4　各类污染物排污系数计算结果

污染物	总氮	氨氮	硝酸盐氮	总磷
排污系数	0.73	0.79	0.59	0.62

从表 17-4 中可以看出，总氮、氨氮、硝酸盐氮和总磷的排污系数依次为 0.73、0.79、0.59 和 0.62，与之前的分析预测基本相同。氮、磷浓度沟渠中在底泥吸附、水生植物吸收等作用下降低较多，硝酸盐氮在其中降低程度最明显，最终排水沟渠排出的硝酸盐氮负荷仅占总量的 59%。

17.4　排污负荷估算

经计算，输入乌梁素海的总污染物中，河套灌区农田排水排出的总氮约占 65%；总磷约占 15%（溶解态）。可以得出结论，来自河套灌区的农田排水，其中含有的氮、磷是乌梁素海的富营养化的主要原因之一（表 17-5）。

表 17-5　污染物负荷计算结果

非点源污染物	总氮	氨氮	硝酸盐氮	总磷
农业灌溉产污负荷/（t/a）	853.20	117.17	100.97	18.31
农田排水入乌梁素海负荷/（t/a）	622.84	92.56	59.57	11.35
多年平均灌区入乌梁素海总负荷/（t/a）	958.21	—	—	74.07
所占比例/%	0.65	—	—	0.15

依据典型试验区的排水总量估算整个河套灌区的农田排水，并计算全灌区来自农田非点源的总氮负荷为 853.20 t，氨氮负荷为 117.17 t，硝酸盐负荷为 100.97 t，总磷负荷

为 18.31 t；以乌梁素海流域现有灌排水系统为基础，通过污染物降解模型得到来自农田非点源污染进入乌梁素海的总氮负荷为 622.84 t，总磷负荷为 11.35 t，分别占乌梁素海污染物入湖总量的 65% 和 15%。

17.5　结果合理性分析

首先采取 Nash-Suttcliffe 模拟效率系数评价结果合理性。

$$NSC = 1 - \frac{\sum (x_{obs} - x_{calc})^2}{\sum (x_{obs} - \bar{x}_{obs})^2} \qquad (17-23)$$

式中：x_{calc}——模型计算值；

$\quad\quad x_{obs}$——实测值；

$\quad\quad \bar{x}_{obs}$——实测值算术平均值。

当计算值等于实际值，即模拟效果最好时，NSC 值等于 1；值越接近 1，说明计算值越可信，与实测值越接近。一般认为，大于 0.75 的纳什系数可以接受，即模拟结果可以采用。

根据模型计算结果，计算总排干模拟逐日排水量 Nash-Suttcliffe 系数为 0.79。因为河套灌区总排干沟中含有大量的生活和生产等排水，污染物来源复杂，所以不能采用其污染物浓度实测值与模型模拟值相比。为保证模型的可靠性，将其应用于试验区计算纳什系数，试验区第一排水沟总氮和总磷浓度模拟逐日浓度输出过程的模拟效率系数为 0.77、0.78，氨氮、硝酸盐氮模拟效率系数为 0.75 和 0.76，均不小于 0.75，表明所建模型的模拟效果能够满足要求（图 17-11 ~ 图 17-14）。

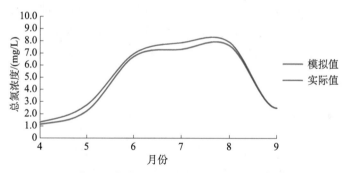

图 17-11　第一排水沟渠总氮输出浓度实际值与模拟值对比

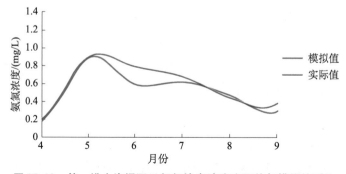

图 17-12　第一排水沟渠逐日氨氮输出浓度实际值与模拟值对比

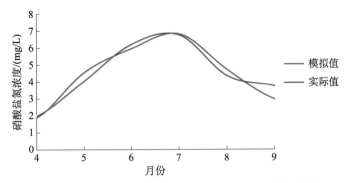

图 17-13　第一排水沟渠逐日硝酸盐氮输出浓度实际值与模拟值对比

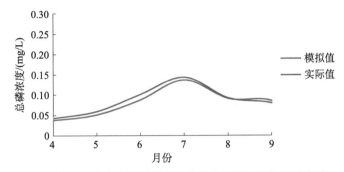

图 17-14　第一排水沟渠逐日总磷输出浓度实际值与模拟值对比

　　整体来说，模拟第一排水沟排水量过程变化与实测值基本一致，但由于实测值中还含有生活用水、工业用水等其他来水，此外模型某些敏感性较低的参数均采用了概化值，这也是试验区污染物浓度模拟值与实际值有偏差的原因。

17.6　本章小结

　　本章基于水动力学方程和污染物迁移扩散方程构建模型，将其应用于试验区，取得了理想的效果。从而应用到灌区，得出结论，农田非点源污染进入乌梁素海的总氮负荷为 622.84 t，总磷的负荷为 11.35 t，分别占乌梁素海污染物入湖总量的 65% 和 15%。

第18章 农业非点源污染负荷计算模型

查阅《宁夏统计年鉴2017》，青铜峡灌区各市、县的水稻种植面积见表18-1，合计水稻种植面积为69 084 hm²。水稻种植期间田面水和渗漏水中含有大量氮素，其中的氨氮和硝酸盐氮浓度与施肥量和灌溉量紧密相关。这些氮素会随着径流进入周围水体，对其造成污染。此外玉米和小麦等作物种植均会产生面源污染，因此计算农田非点源污染负荷极其重要，是进行合理施肥灌溉的重要前提，此次计算采用 Johnes 输出模型。

表 18-1　青铜峡灌区水稻种植面积　　　　　　　　单位：hm²

银川	永宁	贺兰	灵武	石嘴山	平罗	吴忠	青铜峡	合计
8 185	8 533	13 424	8 250	619	13 614	5 848	10 611	69 084

18.1　Johnes 输出系数模型

目前国内外关于非点源污染负荷计算学者已经研究发展出多种模型，可以对污染物的迁移过程进行有效模拟。这些模型虽然精度较高，但需要大量参数，变量关系复杂，不便于推广使用。由于条件的限制，青铜峡灌区缺乏复杂模型所需的大量数据，因此此次计算采用输出系数法进行估算。输出系数法所需的数据主要以相关部门统计资料为主，获取方便，计算简单，有较强的实用价值。

在总结前人经验的基础上，经过不断研究发展，现在广泛使用的是 Johnes 等在 20 世纪 90 年代开发的输出系数模型。在模型计算中，针对不同农作物和牲畜采用不同系数，考虑植物固氮、空气中氮的沉降等因素，提高模拟的准确性。

输出系数模型方程为：

$$L = \sum_{i=1}^{n} E_i \left[A_i(I_i) + p \right] \tag{18-1}$$

式中：L——污染物输出负荷；

E_i——第 i 类污染物的输出系数；

A_i——第 i 类土地利用类型面积或第 i 种牲畜的数量；

I_i——第 i 种污染物的输入量；

p——降雨中的污染物量。

输出系数按土地用途可以分为自然地、农用地和城镇用地三种，此次研究农业非点源污染，所以只考虑农用地，且不考虑牲畜的污染排放，主要讨论青铜峡灌区农田氮素的径流损失。虽然青铜峡灌区化肥施用量逐年升高，但农药增长缓慢，主要用于瓜果蔬菜，且由于条件限制，排除了农药对氮素流失的影响。

18.2　氮素流失负荷计算

由于数据资料等限制，此次计算主要以粮食作物为主，包括水稻、玉米和小麦，不考虑其他作物用地。根据总量平衡理论，氮素在农田的输入和输出平衡。其中，输入来源包括氮肥施用、干湿沉降和植物固氮等；输出去向则包括农作物吸收、挥发、下渗、径流。由于灌区降水量较少，所以认为径流主要由灌溉退水引起。在计算中，农田氮素输出系数主要指的是单位面积氮素损失径流部分，用下式计算：

$$a_1 + a_2 + a_3 = b_1 + b_2 + b_3 + c \qquad (18\text{-}2)$$

式中：a_1——单位面积纯氮（氮肥折纯）年输入量；

a_2——单位面积干湿沉降氮量；

a_3——单位面积固氮量；

b_1——单位面积农作物吸氮量；

b_2——单位面积氮挥发量；

b_3——单位面积氮下渗量；

c——单位面积径流损失量。

由式（18-2）可以得到氮素输出系数公式：

$$\text{EA} = c = (a_1 + a_2 + a_3) - (b_1 + b_2 + b_3) = a_1 + a_3 + e - b_1 - b_3 \qquad (18\text{-}3)$$

式中：EA——氮素输出系数；

e——沉降净值，$e = a_2 - b_2$。

（1）单位面积纯氮（氮肥折纯）年输入量

单位面积种植用地纯氮年输入量根据《宁夏统计年鉴 2017》中的银川、永宁、贺兰、灵武、石嘴山、平罗、吴忠、青铜峡地区的数据求得，计算中不考虑有机肥的施入，最终加权平均数为 215.13 kg/hm^2。

（2）单位面积干湿沉降氮量和氮挥发量

由于青铜峡灌区缺乏相关监测数据，这两个值通过相关文献查询获得。庄永涛通过研究得出，和宁夏回族自治区位于同一纬度地区的北京多年干湿沉降平均值为 12.8 kg/（$\text{hm}^2 \cdot \text{a}$）；李世清研究发现陕西关中地区农田生态系统的干湿沉降为 6.28 ~ 26.62 kg/（$\text{hm}^2 \cdot \text{a}$），平均值为（16.3±8.1）$\text{kg/}$（$\text{hm}^2 \cdot \text{a}$）。此次计算中取其平均值，为 14.55 kg/（$\text{hm}^2 \cdot \text{a}$）。根据相关数据资料估计，全球通过动物排泄、土壤氨挥发和生物质燃烧进入大气的氨氮为 54×10^6 t，其中大概 50×10^6 t 通过干湿沉降返回地面，通过闪电进入地表的氮约有 4.35×10^6 t。由此估计干湿沉降氮的年净值：

$$e = a_2 - b_2 = 14.55 \times \left[\frac{(50 + 4.35 - 54)}{(50 + 4.35)}\right] = 0.094 \ \text{kg/}(\text{hm}^2 \cdot a) \qquad (18\text{-}4)$$

（3）单位面积固氮量

土壤中的生物固氮是指一些生物固氮菌将周围的气态氮在根部固定。青铜峡灌区主要农作物为水稻、小麦和玉米，其中水稻固氮量为 10 kg/（hm²·a），小麦固氮量为 15 kg/（hm²·a），玉米固氮量为 8.1 kg/（hm²·a），根据种植面积，求得加权平均值为 11.2 kg/（hm²·a）。

（4）单位面积农作物吸收量

通过试验小区来计算作物吸氮量，其中基础地力产量（不施用化肥情况下获得的粮食产量）为 3 289 kg/（hm²·a）；籽粒含氮比（粮食作物的籽粒含氮量与籽粒的重量比值）为 0.037；茎秆/籽粒含氮比（茎叶含氮量与籽粒含氮量的比值）为 0.533。

农作物氮吸收计算公式：

$$氮吸收量 = 施肥增产量 \times 籽粒含氮比 \times (1 + 茎秆/籽粒含氮比) \tag{18-5}$$

具体见表 18-2。

表 18-2　种植用地作物吸氮量计算

粮食产量/[kg/（hm²·a）]	基础地力产量/[kg/（hm²·a）]	施肥增产量/[kg/（hm²·a）]	籽粒含氮比	茎秆/籽粒含氮比	作物吸收氮量/[kg/（hm²·a）]
6 286	3 289	2 997	0.037	0.533	170

（5）单位面积氮下渗量

本次氮下渗量根据庄永涛的研究数据表 18-3 和渗漏水中的氨氮、硝酸盐氮确定。

表 18-3　不同施氮量下渗水含氮量

施氮量/（kg/hm²）	下渗水含氮量/（mg/L）	折纯量/（kg/hm²）	占施氮量比重/%
0	2.45	9.80	—
120	4.16	16.64	13.87
240	11.59	46.36	19.32
360	17.35	69.4	19.28

施氮量按 215.13 kg/hm² 计算，下渗量约为 35.6 kg/hm²。

综上所述，青铜峡灌区输出系数的计算结果如表 18-4 所示。

表 18-4　农田种植氮的输出计算结果

氮输入量	固氮量 kg/（hm²·a）	沉降量 kg/（hm²·a）	吸收量 kg/（hm²·a）	下渗量 kg/（hm²·a）	输出系数
215.13	11.2	0.094	170	35.6	20.82

查找相关文献，平原地区输出系数一般为 10~30，所以结果比较合理。

青铜峡灌区的种植面积及田间产污负荷分别见表 18-5 和表 18-6。

表 18-5　青铜峡灌区种植面积　　　　　　单位：hm^2

银川	永宁	贺兰	灵武	石嘴山	平罗	吴忠	青铜峡	合计
44 547	42 126	54 333	32 500	29 761	57 953	27 566	35 543	324 329

表 18-6　青铜峡灌区田间氮产污负荷　　　　　　单位：t

银川	永宁	贺兰	灵武	石嘴山	平罗	吴忠	青铜峡	合计
927.47	877.06	1 131.21	676.65	619.62	1 206.58	573.92	740.01	6 752.52

18.3　本章小结

本章通过 Johnes 输出系数模型估算青铜峡灌区氮的流失量。

输出系数法所需参数主要依靠相关部门统计资料，易于获取，实用性较强。在计算中，考虑植物固氮量、空气中氮的沉降量等因素，根据输入和输出平衡原理，计算青铜峡灌区最终的农田氮素流失量为 6 752.53 t。

第 19 章　基于 SWAT 及其改进的污染负荷评价模型及其应用

19.1　试验概况

19.1.1　典型区基本情况

（1）典型区选取

本章选取青铜峡灌区第一排水沟作为典型区，其主要原因如下：

①第一排水沟区域内人口密度较大，没有工业源和城镇生活源，污染主要源于农业源污染，属于典型的人工绿洲农业源研究区。

②选择典型区的原则为流域排水控制面积一般为 20 ~ 500 km²。而第一排水沟总长度 16 km，控制面积约 266.7 km²，水量几乎全部来自农田排水与降雨径流。

③第一排水沟小流域有长期的数据资料和研究基础。

（2）典型区现状

典型区位于永宁县，属中温带干旱气候区，年平均气温约 8.7℃，平均降水量 150 ~ 230 mm，夏季降雨较多且气温较高，平均气温在 20℃以上。以粉质壤土为主要土壤，以水稻、小麦、玉米等作物种植为主，油料和蔬菜等为辅。

农业与经济运行特点：2018 年，全县农林牧渔业总产值约 32 亿元，其中：农业产值 24.36 亿元，同比增长 5.5%。五类产业占比分别为 75.7%、0.7%、17.8%、2.5%、3.3%，农业种植、畜牧业养殖结构得到优化，农业经济平稳发展。2019 年，永宁县仍将大力推行现代化农业生产体系和经营体系建设，推进农业绿色发展，推进优粮建设，为实现现代化农业奋斗。

据国家统计局永宁调查队数据反馈：2018 全年粮食作物播种面积 46.91 万亩，其中水稻、小麦种植面积各 10 余万亩，玉米 25 万亩。统计近几年永宁县种植情况如表 19-1 所示，计算得到 2018 年粮食种植结构与多年平均种植结构相同。

表 19-1　永宁县粮食作物种植情况　　　　　　　　　　　　单位：万亩

种类	2015 年	2016 年	2017 年	2018 年	多年平均
粮食	45.6	50.48	50.10	45.91	—
水稻	11.6	12.80	10.20	10.17	11.19
小麦	10.2	10.94	11.33	10.80	10.82
玉米	22.8	25.74	27.07	24.62	25.02

典型区主要粮食作物为水稻、小麦和玉米，根据农作物生长需要，水田灌溉频繁，自 4 月底、5 月初播种到 9 月中旬收获以前就要灌溉 25 次左右，总水量 1 400 ~ 2 200 mm。

旱田相对灌溉次数较少，小麦、玉米每年平均灌溉 6~8 次，总水量 500~1 000 mm。跟随作物种植开始春夏灌到作物收割结束，然后，10 月底为土壤洗盐保墒开始冬灌到 11 月 15 日左右结束。据对典型区农户走访调查，得知灌区主要使用碳铵、尿素及磷酸二铵等化肥，有机肥较少。其中碳铵含氮占 17.7%，尿素含氮占 45%，磷肥含磷量占 17%，磷酸二铵中养分含氮 14%、磷 43%。农户通常在耕种之前撒肥，而后根据作物不同生长期再追施肥料，其用量水旱田差不多。首先，耕地时施肥，然后旱田在 4 月下旬套种玉米时、水田作物在 5 月下旬返青—分蘖期及 6 月下旬再两次追施化肥。

19.1.2　试验过程与结果分析

（1）设点监测

典型区选择 2018 年春夏灌期和冬灌期为主要研究期，根据治黄工作和国家水污染治理的需求，试验检测对象主要为氮、磷污染物。农级排水沟基本呈等间距布设，分别选择 4 条排水沟作为典型沟渠，支级、干级排水沟分别选择西大沟和丰登沟，第一排水沟为总干沟。图 19-1 为典型小流域及排水沟详图。监测点位特征信息见表 19-2。

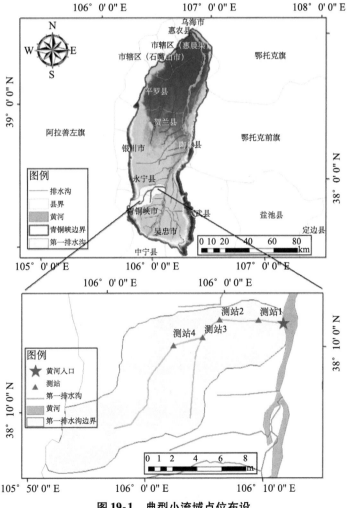

图 19-1　典型小流域点位布设

表 19-2　监测点位特征信息

编号	点位名称	经度/（°E）	纬度/（°N）	设置原因
1	测站 1	106.206 7	38.211 94	入黄口，望洪水文站
2	测站 2	106.152 2	38.221 94	丰登沟排水口
3	测站 3	106.122 5	38.206 11	西大沟排水口
4	测站 4	106.078 6	38.204 72	农沟排水口

（2）水样采集与检测

①水样采集：农沟水量用无喉量水槽测，水样用中泓一线法测。农级排水沟春夏灌水期每隔 7 日取样一次，冬灌时每隔 5 日取样一次；西大沟、丰登沟、第一排水沟每隔半个月取一次样，均为 1L，然后把水样送到试验室检测。

②水质检测：依照本书研究要求，水样检测指标包括 NH_4-N、NO_3-N、TP 和 TN。检测方法按照《水和废水监测分析方法》中相关说明进行，详见表 19-3。

表 19-3　农业面源污染检测指标和方法汇总

序号	监测指标	检测方法	方法检出限/（mg/L）
1	NH_4-N	HJ 535—2009/纳氏试剂分光光度法	0.05
2	NO_3-N	离子色谱法	—
3	TP	GB 11893—1989/钼酸铵分光光度法	0.01
4	TN	HJ 636—2012/碱性过硫酸钾消解紫外分光光度法	0.05

第一排水沟沟渠分为农沟、西大支沟、丰登干沟和第一排水沟总排干四级，根据团队监测获得 2018 年 5—8 月和 11 月各排水沟口水质水量资料，监测资料显示：水田排水量比旱田大很多，农沟中水量多为水田的排水，所以利用它的农沟口浓度的本月平均值作为农沟排水口污染物浓度，支沟和干沟分别利用月平均浓度进行研究，选取 TP 和 NO_3-N 为典型污染物，分析它们在排水沟渠中的输移变化。不同污染物在排水系统中监测情况如表 19-4 和表 19-5 所示，污染物的浓度变化特征如图 19-2 和图 19-3 所示。

表 19-4　TP 在排水系统中的监测情况　　　　单位：mg/L

时间/（年-月）	农沟排水口	支沟排水口	干沟排水口	总排干沟口
2018-5	0.07	0.10	0.10	0.12
2018-6	0.36	0.22	0.15	0.10
2018-7	0.21	0.13	0.10	0.08
2018-8	0.18	0.10	0.09	0.11
2018-11	0.12	0.09	0.15	0.14
平均浓度	0.19	0.13	0.12	0.11

TP：结合表 19-4 和图 19-2 可知，TP 在排水系统中总体呈下降趋势，且下降幅度出

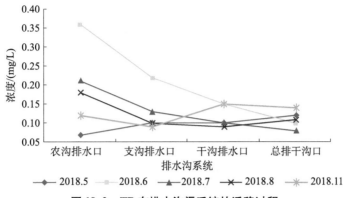

图 19-2　TP 在排水沟渠系统的迁移过程

现支沟渠道 > 干沟渠道 > 总排干沟渠道。此现象可能与不同沟渠的结构及沟渠中水流速有关，支沟沟渠沟道顺直，两边灌木数量较密，水流流动缓慢，污染物停留时间长，通过植物吸收浓度降低最快。干沟沟渠两边灌木、茅草丛生（渠两边各约 0.5 m），水流较急，污染物降解较少。总排干沟渠两边植被较少，主要是蒲草，水流较急，污染物浓度降低最少。

然而，在干沟和总排干渠道中 TP 浓度均有不同程度的上升趋势。可能是由于干沟直接接纳农沟少量排水或附近农村生活污水引起的，从图 19-2 中可看出 11 月干沟上升最为明显，可能是由于冬灌期水量较少，影响最为显著。

从浓度变化来看，6 月农沟排水沟口 TP 浓度最高，达 0.36 mg/L，其次为 7 月、8 月，这可能是受到田间施肥的影响。农沟排水沟口中平均 TP 浓度为 0.19 mg/L，支沟为 0.13 mg/L，干沟为 0.12 mg/L，总排干为 0.11 mg/L，由平均浓度也可看出 TP 浓度在排水系统中呈现下降的趋势。

表 19-5　硝酸盐氮在排水系统中的监测情况　　　　　　　　　单位：mg/L

时间/年 - 月	农沟排水口	支沟排水口	干沟排水口	总排干沟口
2018 - 5	4.12	3.09	2.63	3.28
2018 - 6	3.85	2.23	3.66	2.80
2018 - 7	5.65	1.28	1.02	0.81
2018 - 8	2.30	1.52	1.58	0.87
2018 - 11	4.48	3.49	5.37	5.24
平均浓度	4.08	2.32	2.85	2.60

$NO_3 - N$：结合表 19-5 与图 19-3 可知，$NO_3 - N$ 在排水沟渠系统中总体呈现先下降再上升再下降的趋势，其中农沟排水口出来的污染物经过西大支沟的降解，均呈现下降趋势，且下降速度最快；而丰登干沟可能接纳了含氮量较高，磷和盐分相对较少污（废）水与畜禽养殖废水，所以出现上升趋势。后由干沟口排向第一排水沟口的过程中，受迁移降解作用，再次出现下降现象。

根据趋势从时间上来说，$NO_3 - N$ 在支沟中 7 月下降最为明显，可能是受到沟渠植物

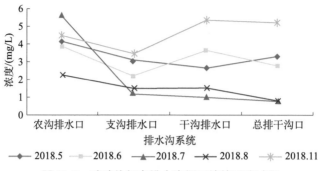

图 19-3　硝酸盐氮在排水沟渠系统的迁移过程

生长，增强降解作用的影响使得污染物被吸收利用，下降最快；8 月整体呈较稳定的下降趋势，而 11 月上升趋势最为明显，可能是由于冬季沟渠中水量较少，干级排水沟接纳农沟排水或其他污（废）水，才使得上升现象尤为突出。

从浓度变化来看，$NO_3 - N$ 在作物生长期排水中，7 月平均浓度最高，达到 5.65 mg/L，其次是 11 月，为 4.48 mg/L。而 11 月 $NO_3 - N$ 浓度一直保持较高的水平，可能是由于 11 月属于冬灌期，灌区的大引大排、洗盐保墒的灌溉特点，再加上冬灌是裸田灌溉，而且旱田后期种植作物为玉米，相对叶茎更茂密，土壤通气条件很差，待庄稼收割后，土壤裸露于空气中，含氧增多，硝化增强，使得在排水系统中 $NO_3 - N$ 浓度一直保持在较高水平。农沟排水沟口平均浓度为 4.08 mg/L，支沟为 2.32 mg/L，干沟为 2.85 mg/L，总排干沟为 2.60 mg/L，农沟浓度最高，可能是因为经过一个作物休闲期（2017 年 10 月—2018 年 4 月），硝化作用与强烈的蒸发作用导致表层土壤中 $NO_3 - N$ 聚集。平均浓度也显示出 $NO_3 - N$ 浓度在排水系统中呈先下降再上升再下降的趋势。

19.1.3　小结

本节按照典型区选择基本原则，最终确定农业源研究区——第一排水沟，选取 TP 和 $NO_3 - N$ 为典型污染物。通过对各级排水沟进行设点监测，得到 TP 和 $NO_3 - N$ 在排水沟的浓度，并分析其在排水系统中输移变化规律。结论为：TP 浓度在退水过程中呈现下降趋势，且在 6 月受田间施肥的影响，农沟排水口浓度最高，达 0.36 mg/L；在农沟排水沟口中 TP 平均浓度为 0.19 mg/L，支沟为 0.13 mg/L，干沟为 0.12 mg/L，总排干沟为 0.11 mg/L。$NO_3 - N$ 总体呈先下降再上升再下降的趋势，在干沟中浓度增高，可能是受周围农村生物污水等的影响，$NO_3 - N$ 在 7 月呈现最大值，达 5.65 mg/L；在农沟排水沟口 $NO_3 - N$ 平均浓度为 4.08 mg/L，支沟为 2.32 mg/L，干沟为 2.85 mg/L，总排干沟为 2.60 mg/L，然而受冬灌影响，11 月 $NO_3 - N$ 在各级排水沟中均保持较高水平。

19.2　基于 SWAT 的污染负荷评价模型

19.2.1　SWAT 模型的原理与改进

SWAT 模型是由美国农业研究局研发的介于概念与物理之间的模型。它能够利用

"3S"技术，模拟土地变化与管理对研究区的水量、水土流失和污染物输移等的影响。该模型已被应用到不同流域和灌区的水文、水质评价及预测分析中，且有不错的适用性。

模型主要包括水文、土壤和污染负荷三块。本研究主要采用水文过程和污染负荷模块，时间步长为月。模型基于栅格 DEM 划分成子流域，再均衡考虑坡度、土壤等的综合影响，对子流域划分成水文响应单元（HRU）。HRU 是模型中最小的计算单元，每个单元中，包含降水、入渗、蒸发、径流及河道汇流等过程。图 19-4 是人为将每一个 HRU 用单维度柱状形象表示其内部的水分交换与转移。

此土柱是单一土柱，并未和其他 HRU 发生联系，事实上，SWAT 计算时子流域间是相互传递的。

（1）水文过程模块

模型模拟的水文过程分为水循环的陆面过程和河道演算法，陆面过程模拟每个子流域中径流、泥沙、氮、磷、细菌等的内部循环与转化过程，并汇总至主河道的过程。河道演算法用来分析模拟径流、泥沙、污染物等通过河道演进并传输至流域出口的过程。水量平衡是

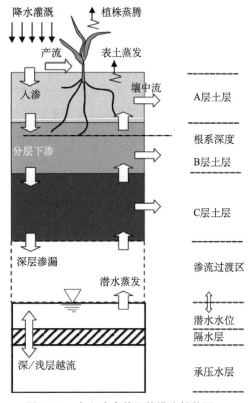

图 19-4　水文响应单元单维度柱状图

SWAT 模型的基础，模型中采用的计算公式如下：

$$SW_t = SW_0 + \sum_{i=1}^{t} (R_{day} - Q_{surf} - E_a - W_{seep} - Q_{gw}) \tag{19-1}$$

式中：SW_t——第 i d 土壤最终含水量，mm；

$\quad\quad SW_0$——第 i d 的土壤最终含水量，mm；

$\quad\quad t$——时间，d；

$\quad\quad R_{day}$——第 i d 的降水量，mm；

$\quad\quad Q_{surf}$——第 i d 的地表径流量，mm；

$\quad\quad E_a$——第 i d 的蒸发蒸腾量，mm；

$\quad\quad W_{seep}$——第 i d 土壤侧流总量，mm；

$\quad\quad Q_{gw}$——第 i d 地下水含量，mm。

①地表径流。降水径流是计算土壤侵蚀的基础，SWAT 模型采用 SCS 径流曲线法对流域地表径流进行模拟，计算公式为：

$$Q_{surf} = \frac{(R_{day} - I_a)^2}{(R_{day} - I_a + S)} \tag{19-2}$$

$$S = 25.4\left(\frac{1\ 000}{CN} - 10\right)$$

$$Q_{surf} = \frac{(R_{day} - 0.2S)^2}{(R_{day} + 0.8S)}$$

式中：Q_{surf}——地表径流量；

R_{day}——变量，由灌区监测获得；

S——参数且与下垫面有关，为计算 S 引入一个参数——径流曲线数 CN。

CN 是无量纲的表征流域特征的参数，将前期土壤湿度、类型、坡度和土地利用等因素综合起来，其值越大表明蓄水能力越弱。CN 值可针对不同类型的土壤和植被覆盖组合查表获得。

②地下水模块。SWAT 模型将地下水划分为浅层与深层承压含水层系统，前者汇入子流域内主河道或河段中补给回归流，后者汇入流域之外的河流。模型只模拟水量平衡，不考虑水位变化。子流域之间的地下水相对独立（不考虑双向汇水）。

对于稳定流状态，浅层地下水向排水沟的排泄量采用下式计算：

$$Q_{gw,i} = \frac{8\ 000K_{sat}}{L_{gw}^2}h_{twdl,i} \qquad (19\text{-}3)$$

式中：$Q_{gw,i}$——第 i d 的浅层地下水排泄量，mm；

K_{sat}——含水层渗透系数，mm/d；

L_{gw}——地下水排泄距离，m；

$h_{twdl,i}$——地下水位，m。

（2）污染负荷模块

SWAT 模型可以模拟流域不同形式氮、磷的输移与转换，包括物理、化学及生物过程，如矿化、硝化、作物吸收等，径流、入渗等。

氮素在植物和水体中以有机和无机氮形态存在。有机氮一部分分解成活性有机氮肥，另一部分矿化形成无机氮肥被植物吸收；氨氮部分升华或形成无机氮肥被植物利用，另一部分被硝化形成硝态氮；硝态氮部分形成无机氮肥，部分参与反硝化。氮素的循环过程如图 19-5 所示。

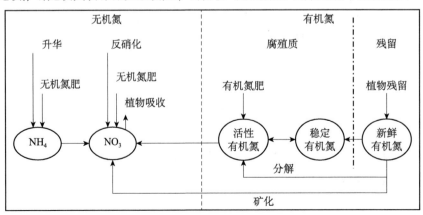

图 19-5　氮素的循环过程

磷素在植物和水体中同样是以有机磷和无机磷形态存在。有机磷一部分分解形成有机磷肥，另一部分矿化形成溶解性无机磷被植物利用，无机磷之间又相互转化，一部分形成溶解性无机磷肥被植物吸收，另一部分形成稳定无机磷。磷素的循环过程如图19-6所示。

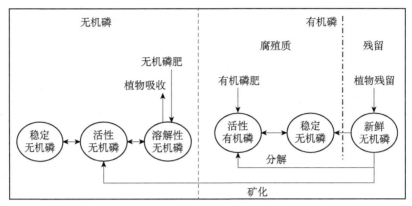

图19-6　磷素的循环过程

（3）模型的改进

青铜峡灌区受人为影响较为严重，地下水、引水灌溉等对灌区的水循环有较大影响，所以本章针对青铜峡灌区的实际情况，针对灌溉与地下水模块进行改进，对模型中其他文件的参数采用默认值。

①灌溉模块。结合农业活动规律可知，在所用模型里，通常最大的灌水量是指可使土壤接近甚至达到田间持水量所需的灌水量，这与灌区的实际灌溉情况不符，故本章将最大灌水量改成使土壤达到饱和含水量所需的灌水量。在灌区中水田种植主要为水稻，在进行水田的水文循环模拟时，可以把水田看作坑塘（水田种植中水文循环的特点如图19-7所示）。但是学习学者的研究可知，在模拟大面积水稻种植区域时这种类比方法和计算公式会存在一定的出入，不是很准确。所以这里参考Kang等研究建议，对模型进行改进，提高模拟的准确度，改进后的计算公式如下。

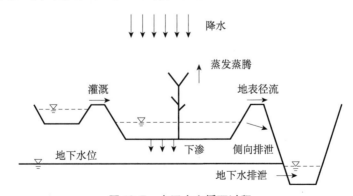

图19-7　水田水文循环过程

$$ST_i = ST_{i-1} + IR_i + RAIN_i - (DR_i + ET_i + INF_i) \tag{19-4}$$
$$DR_i = ST_i - CH_i \qquad 如果 \quad ST_i > CH_i$$
$$DR_i = 0 \qquad 如果 \quad ST_i \leqslant CH_i$$

式中：IR_i——灌溉水量，mm；

$RAIN_i$——降水量，mm；

ET_i——蒸腾蒸发量，mm；

DR_i——地表径流、侧向排泄量和地下水排泄量的总和，mm；

INF_i——下渗量，mm；

CH_i——排水沟的水深，mm。

②地下水模块。在地下水 . gw 文件中需要输入的参数有很多，如浅层含水层的初始水深（SHALLST）、深层含水层的初始水深（DEEPST）、基流因子（ALPHA_ BF）等，根据"Input/Output Documentation Version 2012"文件，此次模型模拟的浅层含水层的初始水深、深层含水层的初始水深不予修改，采用模型默认值。根据王军涛在青铜峡灌区的研究成果合理确定：渗透系数范围在 0.57～1，给水度范围在 0.14～0.32，在这里分别取 0.7、0.28。初始水位采用 2000 年的地下水位观测值，操作界面如图 19-8 所示。

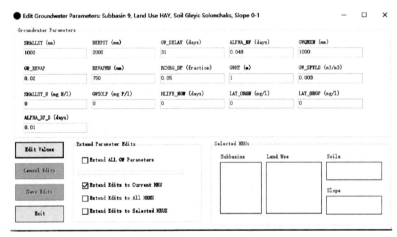

图 19-8　地下水位参数编辑界面

19.2.2　研究区数据库的构建

根据研究内容需要建立可适用于本灌区的 SWAT 模型，首先需要准备研究区的 DEM 数据、土壤数据、土地利用类型、气象数据和子流域与水中响应单元的划分，形成模型输入数据集。

（1）DEM 数据

本章中研究区的数字高程是由地理空间数据云网（http：//www. gscloud. cn/sea rch）提供的 GDEMDEM30M 分辨率数字高程数据裁剪而来，根据灌区实际渠系结构对 DEM 进行凹陷化处理，研究区域的 DEM 数据如图 19-9 所示。

（2）土壤数据

土壤的物理特性决定了土壤中水、气的运动和 HRU 的产、汇流，是建模前期处理过程的关键数据。土壤数据由参数库、类型图及索引表组成。土壤粒径级配数据对模拟结果的精度也有着重要的影响作用。SWAT 模型 FAO-90 的土壤分级采用的是 USDA 分级制，世界土壤数据库（HWSD）采用的也是 USDA 标准，故不需要对土壤粒径进行转换。

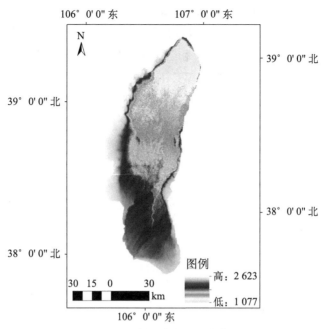

图 19-9　青铜峡灌区数字高程

①土壤类型分布图。本书选用的土壤为 HWSD 的中国土壤数据集（V1.1）。类型分布图是通过 GIS 软件利用研究区 DEM 裁剪得到的，青铜峡灌区内主要有潮土、灰钙土、灌淤土、风沙土和新积土五种土壤类型，土壤类型分布如图 19-10 所示。

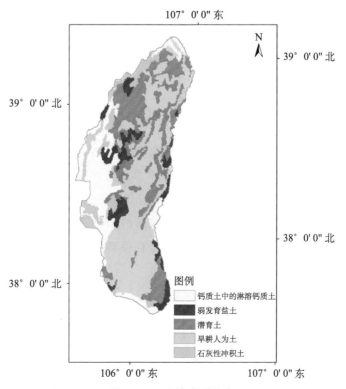

图 19-10　土壤类型分布

②土壤属性数据库。SWAT 模型中土壤数据较多，本章采用魏怀斌等提出的方法构建研究区域的土壤数据库。所需参数及其定义见数据库说明，土壤分类从 HWSD. mdb-HWSD_ DATA 表中查，土壤最大压缩量和阴离子交换孔隙度模型默认值均为 0.5，地表反射率默认为 0.01。另外三个参数 SOL_ AWC（土层可利用的有效水）、SOL_K（饱和水利传导率）和 SOL_ BD（湿密度）计算相对麻烦，需要将各种土壤含量输入 SPAW（图 19-11）中才能得到。

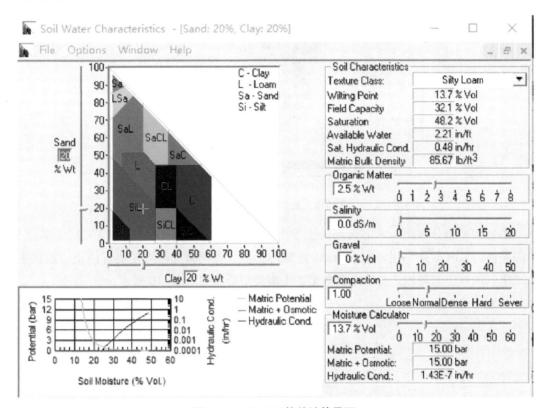

图 19-11　SPAW 软件计算界面

土壤水文学分组的确定，是由美国国家自然资源保护局来分级划分的。划分标准是：根据不同土壤特性，将降水量和土层覆盖度差不多的且产流相当的土壤划分为一组，水文组不同分类的定义及 USDA 土壤调查土壤水文组分级标准见规范。

土壤可侵蚀因子：反映土壤对外力侵蚀和破坏的敏感性。结合 HWSD 中青铜峡灌区土壤的有机质和土壤颗粒等各种理化性质与学者在模型改进中研究得到的 K 值估算法进行计算。计算过程如下：

$$K_{\text{USLE}} = f_{\text{csand}} \times f_{\text{cl-sl}} \times f_{\text{orgc}} \times f_{\text{hisand}}$$

$$f_{\text{csand}} = 0.2 + 0.3 \times \exp\left[-0.025\,6 \times m_s\left(1 - \frac{m_{\text{silt}}}{100}\right)\right] \tag{19-5}$$

$$f_{\text{cl-sl}} = \left(\frac{m_{\text{silt}}}{m_c + m_{\text{silt}}}\right)^{0.3}$$

$$f_{\text{orgc}} = 1 - \frac{0.25 \times \rho_{\text{orgc}}}{\rho_{\text{orgc}} + \exp[3.72 - 2.95 \times \rho_{\text{orgc}}]}$$

$$f_{\text{hisand}} = 1 - \frac{0.7 \times \left(1 - \dfrac{m_s}{100}\right)}{\left(1 - \dfrac{m_s}{100}\right) + \exp\left[-5.51 + 22.9 \times \left(1 - \dfrac{m_s}{100}\right)\right]}$$

式中：f_{csand}——粗糙沙土质地土壤侵蚀因子；

$\quad\quad f_{\text{cl-sl}}$——黏壤土土壤侵蚀因子；

$\quad\quad f_{\text{orgc}}$——土壤有机质因子；

$\quad\quad f_{\text{hisand}}$——高沙质土壤侵蚀因子；

$\quad\quad m_s$——Sand 的质量分数；

$\quad\quad m_{\text{silt}}$——Silt 的质量分数；

$\quad\quad m_c$——Clay 的质量分数；

$\quad\quad \rho_{\text{orgc}}$——有机碳含量，%。

通过查阅土壤数据库，得到青铜峡灌区内主要土壤类型，由 SPAW 软件及上述公式计算得到每种土壤的理化性质（表 19-6）。

表 19-6　土壤的理化性质　　　　　　　　　　　单位：%

土壤类型	黏粒	粉粒	砂粒	有机碳
L-CL	26	29	45	0.58
SL-SL	6	15	79	0.41
S-S	5	6	89	0.43
L-L	21	42	37	0.42
SL-L	21	50	29	1.12
L-CL	33	29	38	0.30
SL-SL	6	15	79	0.17
S-S	6	5	89	0.24
L-L	22	37	41	0.30
SL-L	21	45	34	0.82

（3）土地利用类型

土地利用影响着灌溉与降水在地面的成流过程，对模拟结果有重要影响。模型所需数据包括索引表与土地利用图。前者是 Value 值与数据库连接的纽带，后者的属性中则一定要包含每一种土地的标识符，同时要与"SWAT landcover/plant"文件中的信息相符合。

①土地利用分布图。首先利用 GIS 软件按照研究区 DEM 对全国土地利用进行裁剪，然后将其转化为 Grid 格式。模型建议土地类型不超过 10 种，故对本研究区的土地利用类型重分类，得到重分类后的类型分布如图 19-12 所示。

计算不同土地面积、比例以及相对应的 SWAT 编码，如表 19-7 所示。研究区的总土地面积为 $70.16 \times 10^4 \text{ hm}^2$，其中农田面积占比最大，约为 60.00%；其次是草地及稀疏草地，占比为 23.23%，具体见表 19-7 和图 19-13。

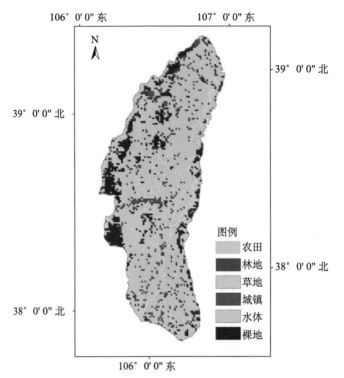

图 19-12　土地利用类型重分类分布

表 19-7　土地利用类型

名称	面积/万 hm²	所占比例/%	SWAT 编码
林地	1.48	2.11	FRST
草地	9.36	13.34	HAY
农田	42.08	59.98	AGRL
城镇	3.81	5.43	URHD
裸地	8.34	11.89	WETL
水体	5.09	7.25	WATR
总土地面积	70.16	100	—

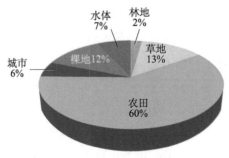

图 19-13　土地利用类型面积比例

②类型索引表建立。索引表是栅格图 Value 值与 SWAT landcover/plant 数据库的纽带。"Value"表示字段编号，"SNAME"是其在数据库中的简写。本研究区土地利用类型索引表如图 19-14 所示。

图 19-14　土地利用索引表图

（4）气象数据

气象因素对水文、作物生长和营养物质降解转化等过程具有非常重要的作用。模型需要输入降雨、辐射、湿度、气温、风速实测值及天气发生器的相关参数，由于灌区内气象站点较少，故本章采用由王浩院士团队制作的利用 SWAT 模型中大气同化驱动集（CMADSV1.1）。数据集引入大气同化系统，利用数据模式要素重算、质量控制、重采样及双线性插值等多种技术手段建立。CMADS 数据集包括每个格点的名称、经纬度、海拔、降水量、风速、相对湿度和太阳辐射等数据，且数据格式与模型输入要求一致，故此数据集可直接应用于模型中。

研究区可以选取、可包含的格点数为42 个，时间范围为 2008—2016 年，为模型建立气象站点各站点所有要素文件和索引表。格点为 152 - 184 ~ 152 - 189、153 - 184 ~ 153 - 189、154 - 184 ~ 154 - 189、155 - 184 ~ 155 - 189、156 - 184 ~ 156 - 189、157 - 184 ~ 157 - 189、158 - 184 ~ 158 -189。站点位置如图 19-15 所示，站点经纬度及高程信息如表 19-8 所示。

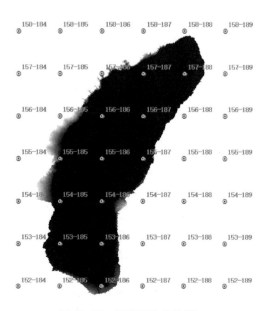

图 19-15　研究区站点位置

表19-8　站点经纬度及高程信息

ID	站点	纬度/(°N)	经度/(°E)	高程	ID	站点	纬度/(°N)	经度/(°E)	高程
60 584	152 – 184	37.781 25	105.781 25	1 277	61 787	155 – 187	38.531 25	106.531 25	1 104
60 585	152 – 185	37.781 25	106.031 25	1 649	61 788	155 – 188	38.531 25	106.781 25	1 314
60 586	152 – 186	37.781 25	106.281 25	1 188	61 789	155 – 189	38.531 25	107.031 25	1 367
60 587	152 – 187	37.781 25	106.531 25	1 336	62 184	156 – 184	38.781 25	105.781 25	1 783
60 588	152 – 188	37.781 25	106.781 25	1 351	62 185	156 – 185	38.781 25	106.031 25	2 413
60 589	152 – 189	37.781 25	107.031 25	1 448	62 186	156 – 186	38.781 25	106.281 25	1 116
60 984	153 – 184	38.031 25	105.781 25	1 337	62 187	156 – 187	38.781 25	106.531 25	1 124
60 985	153 – 185	38.031 25	106.031 25	1 122	62 188	156 – 188	38.781 25	106.781 25	1 133
60 986	153 – 186	38.031 25	106.281 25	1 127	62 189	156 – 189	38.781 25	107.031 25	1 252
60 987	153 – 187	38.031 25	106.531 25	1 328	62 584	157 – 184	39.031 25	105.781 25	1 500
60 988	153 – 188	38.031 25	106.781 25	1 392	62 585	157 – 185	39.031 25	106.031 25	2 107
60 989	153 – 189	38.031 25	107.031 25	1 445	62 586	157 – 186	39.031 25	106.281 25	1 338
61 384	154 – 184	38.281 25	105.781 25	1 721	62 587	157 – 187	39.031 25	106.531 25	1 121
61 385	154 – 185	38.281 25	106.031 25	1 122	62 588	157 – 188	39.031 25	106.781 25	1 096
61 386	154 – 186	38.281 25	106.281 25	1 122	62 589	157 – 189	39.031 25	107.031 25	1 117
61 387	154 – 187	38.281 25	106.531 25	1 223	62 984	158 – 184	39.281 25	105.781 25	1 248
61 388	154 – 188	38.281 25	106.781 25	1 345	62 985	158 – 185	39.281 25	106.031 25	1 577
61 389	154 – 189	38.281 25	107.031 25	1 438	62 986	158 – 186	39.281 25	106.281 25	1 632
61 784	155 – 184	38.531 25	105.781 25	1 677	62 987	158 – 187	39.281 25	106.531 25	1 790
61 785	155 – 185	38.531 25	106.031 25	1 181	62 988	158 – 188	39.281 25	106.781 25	1 126
61 786	155 – 186	38.531 25	106.281 25	1 128	62 989	158 – 189	39.281 25	107.031 25	1 334

（5）子流域与水文响应单元的划分

模型加载所需的土壤、土地利用、气象等数据并自动划分子流域，再根据子流域不同的地形、植被等空间差异性划分成 N 个最小区域 HRU 单元。模型默认为所有 HRU 相互没有联系，每一种 HRU 的水量平衡过程都是相同的。模型数据处理流程如图 19-16 所示。

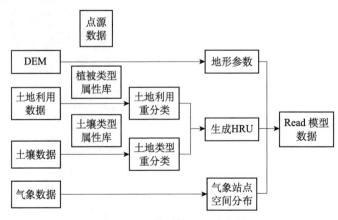

图19-16　模型数据处理流程

青铜峡灌区受人为因素影响严重，所以本章针对宁夏回族自治区引黄灌区的实际情况，将灌区实际水系与模型所需的土壤、气象等数据加载进模型，进行子流域划分。模型根据子流域不同的控制条件将青铜峡灌区划分成 53 个子流域，5 724 个 HRUs。子流域与河网分布情况如图 19-17 所示。

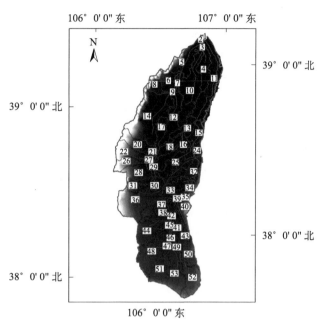

图 19-17　子流域位置与水系分布

19. 2. 3　参数敏感性分析

模型参数较多，在运行过程中需要耗费大量的时间和精力。参数的可取范围使模型的预测结果具有很大的不确定性，为了提高模拟精度，使拟合度更好，同时降低校准难度，需要寻找对模拟过程改变较大的参数进行调整，得出一系列最佳参数值，这就是敏感性分析。SWAT 模型中用于敏感性分析的参数具体见文献。

本章选择模型自带的 CUP 软件利用 SUFI-2 算法进行参数的敏感性分析，CUP 会根据参数的敏感度给它们按由强到弱进行排序，利用灌区 2008—2016 年实测资料对模型参数进行校准和验证，选出对输出结果有明显影响的参数进行校准，提高模型运行速率。SU-FI-2 算法可应用 Global 和 One-at-a-time 对参数进行敏感度分析。参数不确定性程度通过P-factor ［95% 预测不确定性内的监测数据的百分比（95PPU）］ 和 R-factor ［（95PPU）带的平均厚度除以监测数据标准偏差计算得到］ 来衡量。当得到 P-factor 接近 1、R-factor 接近 0 相对最佳值时，参数范围就是想要的。通过监测值和 "最佳" 模拟之间的纳什系数（Ens）和 R^2 进一步量化拟合度。

本章选取 14 个模型敏感性较高的参数，参数敏感性及校准结果如表 19-9 所示。

表19-9　参数敏感性分析及校准结果

参数物理意义	参数名称	参数取值范围	参数取值
径流曲线数	CN2	0～1	0.46
土壤饱和水力传导度	SOL_K	0～50	12
地下蒸发系数	GW_REVAP	0.07～0.21	0.16
浅水层的水位阈值	GWQMN	478～5 682	1 825
深蓄水层渗透系数	RCHRG_DP	0.57～1	0.7
地下排水延迟天数	GW_DELAY	1～31	5
蒸发补偿系数	ESCO	0.04～1.2	0.3
土壤有效含水率	SOL_AWC	-0.5～0.1	0.03
氮下渗系数	NPPERCO	0.03～1	0.24
反硝化系数	CDN	0～5.4	2.8
浅层地下水蒸发深度	REVAPMN	263～5 894	3 365
基流 α 系数	ALPHA_BF	0.24～1.53	0.58
河道有效水力传导系数	CH_K2	32～156	67
植物蒸腾补偿系数	EPCO	0.15～9.2	0.61

19.2.4　SWAT 模型的校准与验证

模型校准也称为模型率定，是将得到的模拟值和实测值两者进行比较，使模型的评价指标控制在允许的范围内，调整参数后模拟值更符合流域的实测值。模型验证是将流域内其他时间段的气象数据输入之前校准好的模型中，检验模型得到的径流模拟值。

氮、磷是农业生产的重要营养物，但也是农业面源污染物的主要部分，根据前人学者的研究结果表明农田污染物氮的流失以硝酸盐氮为主要形式，可能是由于土壤与硝酸盐氮离子都带负电荷，两者相互排斥，而磷则是农田相对保守的污染物，所以在田间退水和降水作用下硝酸盐氮更可能被输送至水体中。根据农作物种植生长规律，在施肥与灌溉作用下，氮素占全年流失最大的是灌溉期，这与陈岩等的研究结果"丰水期径流及污染物负荷较大"是一致的。故本章选取农田排水中的污染物以硝态氮为代表模拟污染物负荷。

（1）模型评价指标

本章对改进的模型采用国内外应用比较广泛的决定系数及效率系数进行评价。

①决定系数 R^2：

$$R^2 = \frac{\left[\sum_{i=1}^{n}(x_i-\bar{x})(y_i-\bar{y})\right]^2}{\sum_{i=1}^{n}(x_i-\bar{x})^2\sum_{i=1}^{n}(y_i-\bar{y})^2} \tag{19-6}$$

式中：x_i——第 i 个实测值；

$\bar{x}$——所有实测值的平均值；

y_i——第 i 个模拟值；

$\bar{y}$——所有模拟值的平均值；

n——实测的个数。

R^2 侧重于表示模拟值与实际值的线性关系，R^2 越接近 0，表示拟合效果越差；当 $R^2 = 1$ 时，说明模拟的模型结果和实际观测值相同；R^2 越接近 1，表示两者线性关系越强，拟合结果越满意。

②Nash-Suttcliffe 系数：

$$\text{Ens} = 1 - \frac{\sum_{i=1}^{n} (W_{o} - W_{p})^2}{\sum_{i=1}^{n} (W_{o} - \overline{W}_{p})^2} \qquad (19\text{-}7)$$

式中：Ens——Nash-Suttcliffe 系数；

W_p——模拟值；

W_o——实测值；

n——实测值的个数；

W_o——实测值的平均值。

Ens 效率系数侧重说明模拟值与实际值的接近程度，值越接近 1，表示两者的接近度越高。当 Ens = 1，表示模拟和实测值相同。当 Ens < 0，表示模型比平均观测值还小，不能应用于研究区。基于大量学者研究结果显示：若 Ens ≤ 0.5，说明模型模拟结果不乐观，需加强校准；若 Ens ≥ 0.75，说明结果非常好；当 Ens 在 0.5 ~ 0.75，说明结果较好，模型基本可以继续应用研究。R^2 越接近 1，表示模型越准确。故为尽可能减小径流和泥沙量的不确定性对氮、磷营养物模拟结果的影响，模型的基本要求为：Ens ≥ 0.5 且 $R^2 \geq 0.7$。

（2）模型校准

按照 SWAT 模型对模拟结果的要求，对参数进行分析调整，利用调整后的模型再次模拟得到研究区的农田退水的流量和 $NO_3^- - N$ 负荷随时间的变化过程。

图 19-18 为校准期（2008—2014 年）内望洪堡水文站的逐月流量模拟值与实测值对比情况。由图 19-18 可知，模拟值与实测值的变化趋势基本一致，峰值的吻合度也较高，根据评价指标显示，灌区第一排水沟逐月退水流量（m³/s）实测值与模拟值的 Ens 和 R^2 为 0.82 和 0.89，达到评价要求。

（3）模型验证

如图 19-19 和图 19-20 所示，在验证期（2015—2016 年、2008—2010 年 9 月），望洪堡水文站验证期模拟得到的逐月流量和污染负荷与实测情况，可以看出，两者的变化趋势基本相同，峰值的吻合度也较高，灌区第一排水沟逐月退水流量（m³/s）及退水期污染物负荷（kg）模拟的 Ens 和 R^2 分别为 0.80 和 0.85、0.76 和 0.83，均达到模型模拟评价要求。

由图 19-20 可以看出，污染物负荷变化过程与农业活动密切相关，5—9 月是灌区农

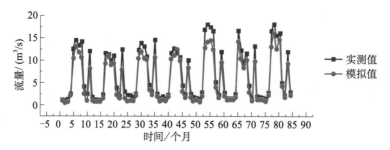

图 19-18　校准期逐月流量模拟值与实测值对比

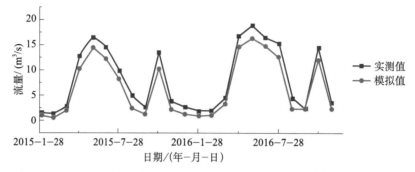

图 19-19　验证期逐月流量模拟值与实测值对比

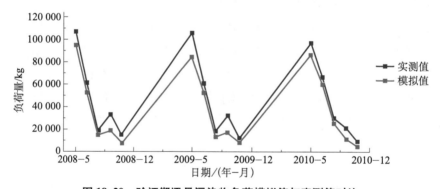

图 19-20　验证期逐月污染物负荷模拟值与实测值对比

作物的重要生长期，同时也是农田灌溉的退水期。随农业活动的开始，田间灌溉和施肥逐渐增多，排水沟中流量和硝酸盐氮负荷量也随之增加，持续到 8 月底、9 月初，随着作物进入成熟期，农作物收割，灌溉和施肥次数减少，排水沟中的排水量和污染物负荷也呈现出明显的消退过程。第一排水沟中的硝酸盐氮污染物负荷量变化与农田灌溉施肥周期具有较好的适应性，说明灌区农业面源污染的时间分布受人工干预较为严重，这一结论与其他学者的类似研究成果一致。

19.2.5　小结

本节基于 SWAT 模型并根据灌区的种植结构及灌溉特征，将模型中的最大灌水量改成可使研究区土壤达到饱和含水量所需的灌水量，并修改地下水文件中对模型敏感性较强的参数，如渗透系数等，对 SWAT 模型的灌溉模块与地下水模块进行改进，构建出适合青铜峡灌区的分布式污染负荷评价模型；利用"3S"技术将灌区 DEM、数字水系、土地利用和土壤数据进行裁剪、投影、重分类转换成模型需要的格式，建立灌区空间和属性数据库；将改进后的模型应用于灌区，利用灌区 2008—2016 年实测排水沟资料对模型进行校准和验证，采用模拟值跟实测值间的效率系数与决定系数来评价改进后的模型在本灌区的适用性。结果显示：校准验证结果均满足：$Ens \geq 0.5$ 且 $R^2 \geq 0.7$，达到模型模拟评价的基本要求，说明该模型可在本研究区进行应用，为以后的污染负荷量估算奠定了基础。

19.3 基于改进的 SWAT 模型的污染影响评价

19.3.1 产污强度及入水体系数估算与应用

为提高模型计算的准确性，本节通过改进后的模型对典型区农业面源污染物负荷进行估算，将经由第一排水沟口排入黄河的农业面源污染负荷与污染物在排水沟渠中的输移变化研究相结合，合理推算符合研究区实际情况的农业面源污染物产污负荷强度和污染物入水体系数。

（1）改进后的模型在典型区的应用

通过对改进后的模型校准、验证可知，模型在本研究区是可行的。又通过上文模型验证的研究结果可知，第一排水沟中的硝酸盐氮污染物负荷量变化与农田灌溉施肥周期具有较好的适应性，灌区农业面源污染的时间分布受人工干预较为严重，所以模型主要研究作物生长期污染物负荷过程。以下得到的青铜峡灌区 2018 年作物主要生长期污染物负荷模拟过程是基本合理的，如图 19-21 所示。

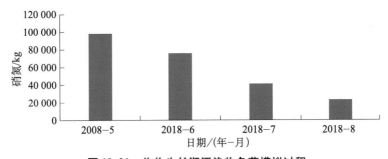

图 19-21 作物生长期污染物负荷模拟过程

根据典型区农业发展情况来看，农业生产主要是水稻、小麦和玉米，多年耕种面积变化很小，且 2018 年作物种植结构与多年均值作物种植结构吻合度较高，所以在这里根据 2018 年作物种植情况与污染物负荷量来估算污染物入水体系数。由图 19-21 可得 2018 年 5—8 月，从第一排水沟出口断面进入黄河的污染物总负荷量为 242 381 kg。根据监测和试验分析所得流量与污染物浓度计算得到 2018 年农沟污染物负荷量为 475 230 kg，第一排水沟控水面积为 2.06 万 hm^2。计算得到硝酸盐氮的产污负荷强度为 11.76 kg/hm^2，硝酸盐氮污染物入水体系数为 0.51。此研究有相应的水质监测数据和相关研究成果做对比，故该模型在本研究区的应用较为合理、研究结果可信。

（2）不同生态单元产污强度与入水体负荷估算

根据典型区所在永宁县 2018 年作物种植情况，结合第一排水沟计算得到的硝酸盐氮产污强度与入水体系数及借鉴李强坤等对青铜峡灌区水旱田产污占田间产污负荷的研究成果来估算永宁县水旱田作物的产污负荷及入水体负荷量（表 19-10），种植结构及负荷占比如图 19-22 所示。

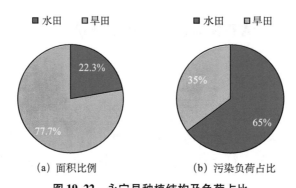

图 19-22　永宁县种植结构及负荷占比

表 19-10　永宁县水旱田作物的产污负荷及入水体负荷量

类别	水田	旱田	总量
面积/万亩	10.17	35.42	45.59
污染负荷占比/%	65	35	100
硝酸盐氮产物负荷/kg	239 176.7	128 787.5	367 964.2
入水体负荷/kg	121 980.1	65 681.6	187 661.7
产污负荷强度/（kg/hm²）	35.28	5.45	—

从图 19-22 中可以清晰地看到永宁县水旱田种植情况及产污负荷比例，面积比例图中显示水田面积约占总面积的 22.3%，旱田占 77.7%，但是在污染负荷占比图中，水田产物负荷占总污染负荷的 65%。结合对农户的调查和上述结果的分析可知，永宁县总的种植面积为 46.91 万亩，硝酸盐氮产物负荷为 367 964.2 kg，入水体负荷为 187 661.7 kg。其中水田面积只占旱田面积的 28.7%，且单位面积水、旱田化肥施用量基本相当，但是水田硝酸盐氮负荷量近乎是旱田负荷量的 1.86 倍。水田产污负荷强度是 35.28 kg/hm²，旱田是 5.45 kg/hm²，可能是由于水田作物生长需要的灌溉次数频繁且灌溉量较大，导致水田污染负荷较大，说明不同生态单元的产污强度差异很大，可结合地区污染及粮食特点选择产污较小的种植结构进行耕作。

19.3.2　灌区产污与入水体负荷估算

随着灌区灌溉面积及用水量的增加，污染也逐渐凸显。灌区退水量通常占引水量的 43% ~64%，是干流河段面源污染的主要来源，为掌握宁夏段面源污染对黄河干流的影响。本章选取改进的 SWAT 模型对青铜峡灌区河段对水环境的负荷贡献及影响强度作为研究对象，在第一排水沟设点监测试验与改进模型的基础上，根据宁夏回族自治区统计局统计年鉴获得研究区各市、县作物种植结构（各市、县水旱田种植面积）如表 19-11和图 19-23 所示。

表 19-11　2018 年青铜峡灌区各市、县作物种植面积　　　　单位：hm²

类别	石嘴山市	惠农县	平罗县	银川市	永宁县
水田	250	515	17 785	9 846	6 800
旱田	2 288	10 619	36 318	12 289	24 028
合计	2 538	11 134	54 103	22 135	30 828
类别	贺兰县	灵武市	青铜峡市	吴忠市	总计
水田	13 295	9 795	10 631	6 036	74 953
旱田	11 697	10 917	11 662	27 979	147 797
合计	24 992	20 712	22 293	34 015	222 750

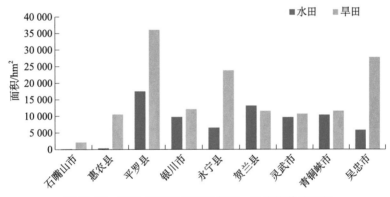

图 19-23　2018 年青铜峡灌区各市、县作物种植面积

由表 19-11 可知，不同市、县作物种植面积总计约 22.3 万 hm²，其中水田种植面积为约 7.5 万 hm²，约占总种植面积的 33.65%，旱田约为 14.8 万 hm²，约占总面积的 66.35%，其中平罗县种植面积最大，约 5.4 万 hm²，其次为吴忠市与永宁县，分别约 3.1 万 hm² 和 3.1 万 hm²。由图 19-23 可知，2018 年青铜峡灌区各个市、县水旱田种植情况，总体来看各市、县旱田种植都比水田多。其中只有银川市、贺兰县、灵武市和青铜峡市水旱田比例相差不大，剩余其他几个市、县旱田面积均远高于水田种植面积。

根据表 19-11 青铜峡灌区各市、县水旱田种植面积，本章采用典型区第一排水沟硝酸盐氮产污负荷强度、硝酸盐氮污染物入水体系数和不同生态单元产污强度作为青铜峡灌区农业污染产污强度和排污系数，可计算得出青铜峡灌区 2018 年 5—8 月农业面源污染物产污及入水体负荷，见表 19-12、图 19-24 和图 19-25。

表 19-12　2018 年 5—8 月农业面源污染物产污及入水体负荷　　　单位：t

类别		石嘴山市	惠农县	平罗县	银川县	永宁县
硝酸盐氮产污负荷	水田	19.40	85.11	413.56	169.20	235.65
	旱田	10.45	45.83	222.69	91.11	126.89
	合计	29.85	130.94	636.25	260.31	362.54
硝酸盐氮入水负荷	水田	9.89	43.41	210.92	86.29	120.18
	旱田	5.33	23.37	113.57	46.46	64.71
	合计	15.22	66.78	324.49	132.76	184.89
类别		贺兰县	灵武县	青铜峡市	吴忠市	总计
硝酸盐氮产污负荷	水田	191.04	158.32	170.41	260.01	1 702.70
	旱田	102.87	85.25	91.76	140.01	916.84
	合计	293.91	243.57	262.17	400.02	2 619.54
硝酸盐氮入水负荷	水田	97.43	80.74	86.91	132.61	868.38
	旱田	52.46	43.48	46.80	71.40	467.59
	合计	149.89	124.22	133.70	204.01	1 335.97

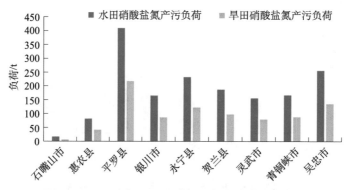

图 19-24　2018 年 5—8 月农业面源污染物产污负荷

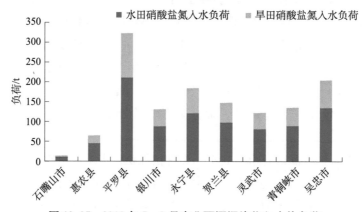

图 19-25　2018 年 5—8 月农业面源污染物入水体负荷

表 19-12 显示，青铜峡灌区 2018 年 5—8 月农业面源污染物入水体负荷总量为 1 335.97 t，其中水田入水体负荷量为 868.38 t，旱田入水体负荷量为 467.59 t，产污及入水体负荷最大的为平罗县。从图 19-24 中可以看出各个市、县水旱田产污负荷量情况，各地区水田产污负荷均高于旱田，其中以平罗县、吴忠市和永宁县水田、旱田产污负荷量最大，平罗县为 413.56 t、222.69 t，吴忠市为 260.01 t、140.01 t，永宁县为 235.65 t、126.89 t。石嘴山市水旱田产污量最少。从图 19-25 中可以看出各市、县水旱田入水体负荷量情况，其中，平罗县的入水体负荷量最大，达 324.49 t，其次是吴忠市和永宁县分别为 204.01 t 和 184.89 t，其中银川市、灵武市、贺兰县和青铜峡市入水体量相差不大，石嘴山市的污染物入水体量最少。

19.4　本章小结

本章以青铜峡灌区第一排水沟为典型区，基于野外调查、定位监测和室内分析的基础上，结合"3S"技术，开展对我国干旱半干旱地区的大型灌区农业面源污染的研究。根据研究区特点，建立农业面源污染负荷模型，并通过实测资料对模型进行校准与验证，探讨了改进后的模型在本研究区的适用性，开展了田间退水中污染物的迁移变化过程和灌区污染控制探讨。主要结论如下：

①根据试验得到典型区第一排水沟 TP 和 NO_3-N 污染物浓度，分析其在排水系统中的输移变化。其结论为：TP 浓度在退水过程中呈下降趋势，且在 6 月受田间施肥的影响农沟排水口浓度最高，达 0.36 mg/L；在农沟排水沟口中 TP 平均浓度为 0.19 mg/L，支沟为 0.13 mg/L，干沟为 0.12 mg/L，总排干沟为 0.11 mg/L。NO_3-N 总体呈先下降再上升再下降的趋势，在干沟中浓度增高，可能是受周围农村生活污水等的影响；NO_3-N 在 7 月呈现最大值，达 5.65 mg/L；在农沟排水沟口 NO_3-N 平均浓度为 4.08 mg/L，支沟为 2.32 mg/L，干沟为 2.85 mg/L，总排干沟为 2.60 mg/L，受冬灌影响，11 月 NO_3-N 在各级排水沟中均保持较高水平。

②基于"3S"技术，建立了灌区的 DEM、数字水系、土地利用等空间及属性数据库，并结合灌区种植及灌溉特征，对 SWAT 模型进行改进，构建适合灌区的面源污染负荷估算模型。利用 2008—2016 年第一排水沟监测资料对模型进行校准和验证，采用模拟值跟实测值的效率系数与决定系数评价模型在本灌区的适用性，校准验证结果均满足：Ens ≥ 0.5 且 R^2 ≥ 0.7，达到模型模拟评价的基本要求，说明该模型可在研究区进行应用。

③应用所建模型估算得典型区 2018 年污染物负荷，并结合典型区农田种植情况计算得到 NO_3-N 的单元产污负荷强度为 11.76 kg/hm²，NO_3-N 污染物入水体系数为 0.51；再根据永宁县水旱田种植面积计算得到不同生态单元产污强度，其中水田产污负荷强度是 35.28 kg/hm²，旱田是 5.45 kg/hm²；最后应用研究成果结合灌区各市、县水旱田种植面积，计算得出青铜峡灌区 2018 年 5—8 月总产污及入水体负荷分别为 2 619.54 t 和 1 335.97 t。

第 20 章　水环境容量定量计算与动态分析模型

20.1　研究区段概况及研究方法

20.1.1　黄河宁夏段概况

（1）自然环境

①地理位置。宁夏地处我国西北地区，位于黄河上游下段，黄河干流在宁夏境内流经中卫市、吴忠市、银川市和石嘴山市4个地级市，以及青铜峡市1个县级市，入境处是宁夏中卫市南长滩，途经卫宁灌区、青铜峡水库，出境处是石嘴山市头道坎下的麻黄沟。

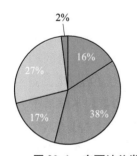

图 20-1　宁夏地貌类型比例

②地形地貌。宁夏全境海拔1 000 m以上，整体呈现南高北低的趋势，下降形状呈现阶梯状。南部地区海拔可高达4 000 m，北部地区海拔最低为1 000 m，中部平原海拔区通常位于1 300~1 500 m。全区地貌主要由丘陵、台地、山地、平原和沙漠组成（图20-1）。

③植被类型。宁夏主要植被类型是草原，其面积占到土地利用的44.14%（表20-1）。2017年，宁夏全区的耕地面积为129.32万hm²，约占总土地面积的27.34%，其中青铜峡灌区耕地面积高达54.24%。

表 20-1　宁夏地区土地利用方式状况

土地利用方式	占地面积/万hm²	全区土地占比/%
耕地	129.32	27.34
园地	5.00	1.06
林地	76.73	16.22
草地	208.8	44.14
交通运输用地	8.23	1.74
城镇村及工矿用地	27.4	5.79
水域及水利设施用地	17.55	3.71
全区地区	473.05	100

注：本表数据来源于宁夏回族自治区国土资源厅。

④气候条件。宁夏全区处于我国季风气候区，全年气候较干燥，降水量较少，雨水

的蒸发量较大,阳光充足,气候灾害较多。全区基本特点是春季气温上升较快,夏季的酷暑时期较短,秋季气温下降较早,冬季的寒冷时期较漫长。

⑤水系概况。宁夏境内河长 397 km,占黄河全长 (5 464 km) 的 7%,其中青铜峡灌区内流程 275 km。黄河多年 (2010—2017 年) 平均 262.77 亿 m^3 水量入宁夏境内,多年平均 226.24 万 m^3 水量出宁夏入境内蒙古。

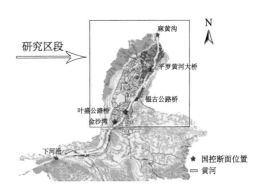

黄河宁夏段有清水河、苦水河等一级支流,境内共有 6 个分布较为均匀的国家控制监测断面 (图 20-2),分析水质监测数据可较好地代表黄河宁夏段水质变化特点,各监测断面水质考核目标见表 20-2。

图 20-2　研究区段水质监测断面状况

表 20-2　黄河干流宁夏段各监测断面水质考核目标

断面名称	断面功能	考核目标
下河沿	甘肃—宁夏省界	Ⅱ
金沙湾	中卫—吴忠市界	Ⅱ
叶盛公路桥	吴忠—银川市界	Ⅱ
银古公路桥	控制黄河宁东能源化工基地段水质	Ⅱ
平罗黄河大桥	银川—石嘴山市界	Ⅲ
麻黄沟	宁夏—内蒙古省界	Ⅲ

(2) 污染源类型

①工业污染源。2017 年宁夏全区排放 10 891.7×10^4 t 的工业废水,其中氨氮排放量 1 000 t,化学需氧量排放量 1.2×10^4 t,主要经由间接排入黄河的 20 余家污水处理厂或天然水沟进行排放。

②城镇生活污染源。2017 年宁夏全区排放 19 826.5×10^4 t 的城镇生活污水,其中氨氮排放量 5 000 t,化学需氧量排放量 4.3×10^4 t,均通过支流排放口或入黄污水处理厂等直接排入黄河水体。

③农业污染源。农业非点源主要包括畜禽养殖业、水产养殖业和耕地种植业。2017 年宁夏全区农业排放的化学需氧量高达 4.6×10^4 t,主要通过 13 条重度污染的农田排水沟排入黄河干流及清水河等一级支流排放口或降雨径流作用。2017 年宁夏全区牛、猪、羊存栏数分别约为 118 万头、81 万头和 507 万只,其当年出栏数分别为 71 万头、114 万头和 560 万只。

黄河干流宁夏段的农业非点源污染主要源于青铜峡灌区,灌区农田退水沟入黄口从东到西依次为清水河和苦水河,主要退水沟为罗家河等 (图 20-3)。

(3) 社会经济

经济稳步发展的动力是水资源,资源的合理利用可创造最大化的经济效益,但是经

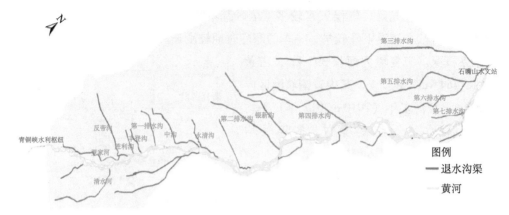

图 20-3　黄河干流青铜峡—石嘴山段主要入河沟渠概况

济发展的同时也会对水环境造成污染。2017 年宁夏全区人口 682 万人，其中约 45% 是农村人口。初步核算，2017 年年末以黄河宁夏段为主要经济发展引水源支撑的全区生产总值达到了 3 453.93 亿元，其中总产值的 7.3% 是农业生产贡献的。

宁夏农业经济结构以种植业为主，2017 年全区粮食总产量达到了 370.05 万 t，人均占有量达到了 1.69 t，全区农业发展迅速，形成了枸杞、清真牛羊肉、葡萄酒酿造等特色优势产业带。此外，2017 年全年实现农业增长 4.4%，农民人均纯收入增长 9% 以上，为宁夏全区经济社会发展提供了有力支撑。

20.1.2　黄河宁夏段农业污染源区概况

（1）地理位置

青铜峡灌区位于宁夏北部，南起青铜峡水利枢纽，北至石嘴山，东至鄂尔多斯台地西缘，西抵贺兰山，位于北纬 37°74′～39°25′，东经 105°85′～106°90′，为宁夏地势最低之处。由于黄河河道的自然分界，青铜峡灌区又划分为河东灌区和河西灌区。灌区从南至北跨 8 个县、市，总土地面积 70.14 万 hm²，其中灌溉面积 33.45 万 hm²，约占总土地面积的 48%，并且约 90% 是自流灌溉面积。

（2）地形地貌

灌区位于宁夏银川平原，其中包括黄河冲积平原和贺兰山山前洪积倾斜平原。前者地形较平坦，地势由西南向东北方向倾斜，坡降约为 1/4 000；后者呈南宽北窄的长条形状，从山洪沟口向外部扩散主要分为三个地带，即坎坷不平、砾石密布、草木稀少的扇顶区，沙砾混杂、荒漠草原、坡度为 3° 左右的中部区，以及地形较平坦、沙砾质土、大多为林田的前缘区。

（3）气候条件

灌区地处内陆干旱半干旱地区，位于我国季风气候区的西边界，冬季较寒冷且时间较长，主要是受到内蒙古高压的影响，为寒冷气流南下之要冲，夏季处在东南季风西行的末梢，形成较典型的大陆性季风气候。基本特点是：春暖快、夏热短、秋凉早、冬寒长；干旱少雨，日照充足，蒸发强烈，风大沙多等。多年平均降水量 180～220 mm，且降水量分配很不均匀，约占全年降水量 70% 的集中降雨时间段位于 5—9 月（表 20-3）。

表 20-3　灌区主要年份气象资料

年份	降水量/mm	无霜期/d	初霜日（日/月）	年份	降水量/mm	无霜期/d	初霜日（日/月）
1990	252.8	161	13/10	2008	189.1	168	10/10
1995	203.7	142	24/9	2009	181.5	196	17/10
2000	110.0	181	15/10	2010	168.9	196	26/10
2001	202.1	165	4/10	2011	188.7	236	14/10
2002	259.3	169	5/10	2012	295.1	190	17/10
2003	203.0	197	14/10	2013	148.3	189	16/10
2004	122.3	150	1/10	2014	196.1	227	3/11
2005	83.4	207	8/10	2015	195.5	200	29/10
2006	168.4	192	8/10	2016	241.9	216	29/10
2007	207.9	193	14/10	2017	205.3	218	30/10

注：本表数据来源于自治区气象局。

（4）引排水工程

青铜峡灌区从西向东主要有西干渠、唐徕渠、大清渠等 10 条干渠。河西灌区取黄河水流量最大为 450 m³/s，取水点位于青铜峡水电站 1# 机组和 9# 机组；河东灌区取黄河水最大流量为 115 m³/s，取水点位于 8# 机组。

灌区排水主要以沟道排水为主，骨干排水沟道共有 20 余条，灌区自流灌溉系统由干、支、斗、农四级或干、支、农三级渠系构成。青铜峡灌区主要排水沟道技术指标见表 20-4。

表 20-4　灌区主要排水沟技术指标

灌区	排水沟名称	排水面积/万亩	排水能力/（m³/s）	长度/km	流经地
河东灌区	苦水河	12.54	70	770	利通区、灵武
	清水河	10.2	45	27	利通区、灵武
	南大沟	10.3	16	23	青铜峡、利通区
河西灌区	第一排水沟	26.4	35	69.6	青铜峡、永宁
	第二排水沟	30	18	40	永宁、银川郊区、贺兰
	第三排水沟	146	31	88	贺兰、平罗
	三二支沟	43.5	10.2	39.2	贺兰、平罗
	第四排水沟	43.8	15	43.4	银川郊区、平罗
	第五排水沟	89	57	87	贺兰、平罗、惠农
	第六排水沟	5.8	7	18.9	平罗、惠农
	丰登沟	6.3	7	15.8	青铜峡、永宁
	罗家河	3.1	8	29.6	利通区、青铜峡
	银新干沟	62.74	45	33.8	银川郊区、贺兰
	四二干沟	60	25	42.8	银川郊区、贺兰
	永二干沟	4.8	25	24.5	永宁、银川郊区
	永清沟	14	14	27	永宁、银川郊区

（5）灌区特点

灌区是我国古老的灌区之一，现已经成为"世界灌溉工程遗产"，优越的地理位置和便利的引水条件是青铜峡灌区的主要特点。受当地独特的自然条件，灌区取水源主要是过境黄河水，灌溉方式大多采用"大引大排"的模式，灌溉特点是灌溉时间较集中，引水历时较长，退水较分散。此外，农业水利工程配套设施老化等外部因素，导致灌溉所用水资源利用效率较低。

20.1.3 研究方法

（1）数据资料获取

本节中的基础数据资料包括水文气象资料、研究区域社会经济状况、污染源概况和图形资料。黄河入出境宁夏研究区段日均流量、研究区域降水量和蒸发量、区域平均温度和风速，以及黄河干流宁夏段水质资料等水文气象数据通过宁蒙水文局、地方水文站或查阅《宁夏水资源公报》（宁夏水文信息网）、《水资源公报》（黄河网）等途径获得；污染源概况、社会经济状况等基础资料查阅《宁夏统计年鉴2017》（宁夏回族自治区统计局）中各行业生产总值和《宁夏环境状况公报》（宁夏回族自治区环境保护厅），以及黄河流域相关文献等途径获得；区域图形资料由黄河水利科学研究院提供。

（2）水质现状分析

水质现状评价的目的是探明当前水体环境质量现状的时空变化特征，分析引起这种水环境质量时空变化的原因，找出河流的主要污染问题。水质评价方法通常选择单因子水质评价法、污染指数法、模糊数学评价法以及人工神经网络评价法，上述水质评价方法优缺点比较见表20-5。

表20-5 常用水质评价方法的优缺点比较

评价方法	优点	缺点
单因子水质评价法	可较好地表现评价因子的水质类别、功能区目标值、水质数据等重要信息	不能反映水体的综合水质级别
污染指数法	计算原理较简单	没有完善的统一分级标准
模糊数学评价法	选用隶属函数合理体现水体污染程度不确定的特点	计算过程较烦琐
人工神经网络评价法	可较好地表现评价因子和水质类别间复杂的非线性关系	评价结果准确性不高

黄河水利委员会在黄河干流宁夏段，自上而下地布置了下河沿等6个测污控制断面（图20-2），其中麻黄沟为出境水质控制断面。林涛等的研究表明单因子水质标识的综合水质标识指数法更加适合黄河宁夏段水环境评价，本节选取化学需氧量、氨氮、总磷、总氮和高锰酸盐指数为污染评价因子，依据上述五个断面监测资料分析黄河干流宁夏段2017年水质变化情况。

（3）非点源污染负荷估算

石嘴山断面上游流域内污染物既有点源污染物也有非点源污染物，基于现阶段农业非点源污染具有单元特征突出、周期性明显等特点，本研究选用平均浓度法原理，负荷计算时段为年，以降雨径流特征以及灌区内灌溉制度等为依据，划分为灌溉期和非灌期，估算黄河干流宁夏段现有水质资料的污染物年负荷。

（4）水环境容量的计算

水环境容量的定量计算和动态分析流程为：在确定水质目标和水体各功能区划的基础上，根据河段的水文、水质数据和水力参数等选择合适的模型，基于此，结合水质模型计算该河段各污染物水环境容量。

黄河从中卫县南长滩进入宁夏平原，属宽浅的平原型河道，大部分时期（每年12月至翌年4月上旬）河宽为200~300 m，银川市段宽为400~700 m，但水深在1 m以下，并且假定理想状况下污染物在河段横断面上是均匀稳定混合的，基于此，选择一维水质模型计算黄河干流宁夏段各污染物水环境容量。

20.2　水质现状评价

本研究水质数据是2017年黄河干流监测断面所得，污染评价因子是化学需氧量、氨氮、总氮、高锰酸盐指数和总磷，评价方法是单因子水质标识法的综合水质标识指数法，水质评价目的是确定河流污染特征和动态性水环境容量目标污染物。

20.2.1　水质标识指数法

（1）水质评价标准

水质评价标准的依据是《地表水环境质量标准》（GB 3838—2002），结合研究区断面水质功能，由20.1.1节中的表20-2可划分为青铜峡水利枢纽—银古公路桥断面采用《地表水环境质量标准》（GB 3838—2002）Ⅱ类水标准，银古公路桥断面—石嘴山断面采用《地表水环境质量标准》（GB 3838—2002）Ⅲ类水标准（表20-6）。

表 20-6　水质指标地表水环境质量标准值　　　　　　　　　　　单位：mg/L

水质指标		Ⅰ类	Ⅱ类	Ⅲ类	Ⅳ类	Ⅴ类
化学需氧量	≤	15	15	20	30	40
氨氮	≤	0.15	0.5	1	1.5	2
总磷 （湖、库，以P计）	≤	0.02 （0.01）	0.1 （0.025）	0.2 （0.05）	0.3 （0.1）	0.4 （0.2）
总氮（湖、库，以N计）	≤	0.2	0.5	1	1.5	2
高锰酸盐指数	≤	2	4	6	10	15

（2）单因子水质标识指数

单因子水质标识指数（P）可表示为：

$$P = X_1 X_2 X_3 \tag{20-1}$$

式中：X_1——水质指标所在的水质类别；

X_2——可由公式基于四舍五入的原则计算，表示该污染物监测数据位于水质类别变化范围的某个部位；

X_3——可根据判断确定，表示该污染物对水体的污染程度。

当水体水质监测数据未超过 V 类水限值时，通过与地表水环境标准的比较可确定 X_1 值，见表20-7。

表 20-7 *P* 值中 X_1 项分布

X_1	1	2	3	4	5
水质所属类别	I 类	II 类	III 类	IV 类	V 类

由于 COD、NH_3-N、TP 等污染物均为递增性指标，监测数据随水质类别数的增大而增加，X_2 可通过取整函数确定，即

$$X_2 = \text{INT}\left(\frac{p_m - p_{mk\text{下}}}{p_{mk\text{上}} - p_{mk\text{下}}} \times 10\right) \tag{20-2}$$

式中：p_m——参与水质评价的第 m 项污染物的实测数据；

$p_{mk\text{上}}$、$p_{mk\text{下}}$——该研究对象在第 k 类水之间评价因子浓度的上限值和下限值，$p_{mk\text{下}} < p_m < p_{mk\text{上}}$，$k$ 即为 X_1。

当水体污染物实测浓度数据位于 V 类水之上时，可用 $5+n$ 来代表 X_1，n 代表评价因子浓度数据大于 V 类水浓度上限值的污染倍数。X_2 用 $0 \sim 9$ 表示，可表示为：

$$X_2 = \text{INT}\left(\frac{p_m - np_{ms\text{上}}}{p_{ms\text{上}}} \times 10\right) \tag{20-3}$$

式中：$p_{ms\text{上}}$——第 m 项水质评价因子的 V 类水上限值。

X_3 要根据判断得出，其中 f 为水环境功能区类别，即：

如果水质类别达到功能区要求，则 $X_3 = 0$

如果水质类别未达到功能区要求且 $X_2 \neq 0$，则 $X_3 = X_1 - f$

如果水质类别未达到功能区要求且 $X_2 = 0$，则 $X_3 = X_1 - f - 1$

计算单因子水质标识指数可按以下流程，如图20-4所示。

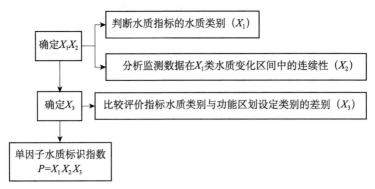

图 20-4 单因子水质标识指数计算流程

（3）综合水质标识指数

综合水质指数（I_{wq}）可表示为：

$$I_{wq} = X_1 X_2 X_3 \tag{20-4}$$

式中，X_1、X_2 可根据各评价因子的 P 值计算得出，即：

$$X_1 X_2 = \frac{1}{n} \sum (P_1 + P_2 + \cdots + P_n) \tag{20-5}$$

式中：n——参与综合水质评价的单因子的个数；

P_1、$P_2 \cdots P_n$ ——相应单因子水质标识指数中的 $X_1 X_2$。

X_3 ——参与综合水质评价中未达到水质功能区标准的单因子水质指标个数。

①水质级别判定。综合水质级别以及污染程度可通过 I_{wq} 的整数位和小数点后第一位判定，即 $X_1 X_2$，见表 20-8 和表 20-9。

表 20-8　基于综合水质标识指数法的综合水质级别判定

判断依据	水体综合水质的级别
$1.0 \leqslant X_1 X_2 \leqslant 2.0$	Ⅰ 类
$2.0 < X_1 X_2 \leqslant 3.0$	Ⅱ 类
$3.0 < X_1 X_2 \leqslant 4.0$	Ⅲ 类
$4.0 < X_1 X_2 \leqslant 5.0$	Ⅳ 类
$5.0 < X_1 X_2 \leqslant 6.0$	Ⅴ 类
$6.0 < X_1 X_2 \leqslant 7.0$	劣 Ⅴ 类，但不黑臭
$X_1 X_2 > 7.0$	劣 Ⅴ 类，并黑臭

表 20-9　水质定性评价标准

评价标准		定性评价结论
X_2 不为 0	X_2 为 0	
$f - X_1 \geqslant 1$	$f - X_1 - 1 \geqslant 1$	优
$X_1 = f$	$X_1 - 1 = f$	良好
$X_1 - f = 1$	$X_1 - f - 1 = 1$	轻度污染
$X_1 - f = 2$	$X_1 - f - 1 = 2$	中度污染
$X_1 - f \geqslant 3$	$X_1 - f - 1 \geqslant 3$	重度污染

②综合水质标识指数各种形式的解释。

a. 总体的综合水质为 Ⅰ ~ Ⅴ 类水，如 $I_{wq} = 4.82$；

b. 总体的综合水质劣于 Ⅴ 类水，如 $I_{wq} = 8.73$。

上述情况解释见图 20-5。

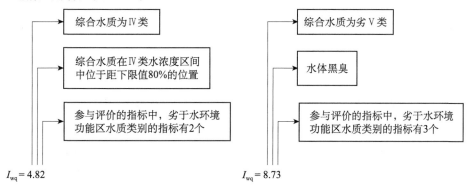

图 20-5　综合水质标识指数的解释

20.2.2 单因子水质评价

（1）水质评价指标的单因子标识指数

将 2017 年黄河干流宁夏段青铜峡水利枢纽至石嘴山水文站间的监测断面逐月水质监测数据，计算各单项水质评价因子。由式（20-4）计算得化学需氧量、氨氮和总磷水质标识指数中 X_3 值均为 0 可知，该段河流这些污染物质水质浓度符合该河段水体功能区的水质要求。高锰酸盐指数和总氮是导致河流水质超标的主要污染因子，其中总氮处于稳定的高水平污染状态。

整体上，各个单因子从空间角度评价，按照黄河流向，氨氮和总氮下游断面水质标识指数大于上游断面数值，下游河流水质污染较上游严重，污染呈上升趋势，由此说明黄河干流在青铜峡—石嘴山段期间接受了大量含氮污染物（图 20-7 和图 20-8）；从时间顺序评价，基本上各断面的水质指数随时间呈现动态性变化特征，1—3 月和 12 月由于黄河上游来水较少等原因处于较高的污染水平，5—8 月和 11 月处于次高峰值位置主要是由于农业灌溉退水等原因导致此时间段水体污染较严重。

各个单因子水质标识指数分析如下所述。

①2017 年研究区段各个监测断面的 COD 单因子水质标识指数 P 值变化见图 20-6。监测期间黄河干流宁夏段所有月份的 COD 的 P 值稳定在 1.40～2.00，黄河干流宁夏段综合水质标准是 Ⅱ 类水质，其中 2017 年全年 COD 水质浓度均满足 Ⅱ 类水标准，COD 水质较优，但是浓度值接近标准上限值；空间上，金沙湾断面到石嘴山断面没有明显的变化。

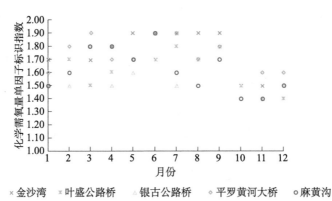

图 20-6　2017 年各个监测断面 COD 的 P 值变化

②2017 年研究区段各个监测断面的 $NH_3 - N$ 单因子水质标识指数 P 值变化见图 20-7。2017 全年各监测断面 $NH_3 - N$ 基本稳定控制在 Ⅱ～Ⅲ 类水标准范围，P 值范围位于 2.00～3.00，部分断面变化幅度较大，2 月平罗黄河大桥断面氨氮浓度较高。

③2017 年研究区段各个监测断面的 TN 单因子水质标识指数 P 值变化见图 20-8。TN处于稳定的高水平污染状态，P 值范围在 5.33～7.64。空间上，沿着河流流向，按照黄河流向，下游断面水质标识指数大于上游断面数值，下游河流水质污染较上游严重，污染呈上升趋势，由此说明黄河干流在青铜峡—石嘴山段期间接受了大量含氮污染物，且部分断面变化幅度较大，4 月麻黄沟断面总氮污染浓度较高；时间上，污染最严重时间为

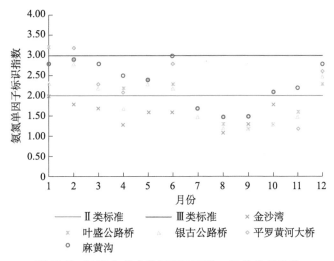

图 20-7　2017 年各个监测断面 NH_3-N 的 P 值变化

1—3 月和 12 月，其次是 4—5 月。

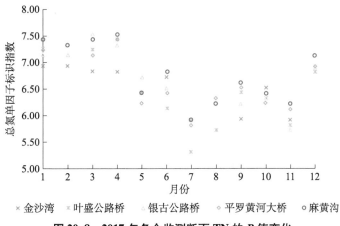

图 20-8　2017 年各个监测断面 TN 的 P 值变化

④2017 年研究区段各个监测断面的 TP 单因子水质标识指数 P 值变化见图 20-9。2017 全年各监测断面 TP 基本稳定控制在 Ⅱ~Ⅲ类水标准范围，P 值范围位于 2.50~3.50。空间上，金沙湾断面达到水功能区要求，而叶盛公路桥断面部分月份处于轻度污染，平罗黄河大桥断面整体上污染最重，其中 8 月平罗黄河大桥断面总磷浓度处于较高水平；时间上，1—3 月和 12 月由于黄河上游来水较少等原因处于较高的污染水平。5—8 月和 11 月处于次高峰值位置主要是由于农业灌溉退水等原因导致此时间段水体污染较严重。

⑤2017 年研究区段各个监测的断面高锰酸盐指数单因子水质标识指数 P 值变化见图 20-10。高锰酸盐指数 P 值位于 3.00~4.00，水质污染处于轻度污染状态，从上游到下游，各个断面之间 P 值无明显变化。

（2）主要污染物总氮的时空变化特征

黄河干流宁夏段的主要污染因子是总氮和高锰酸盐指数，其中总氮处于稳定的高水

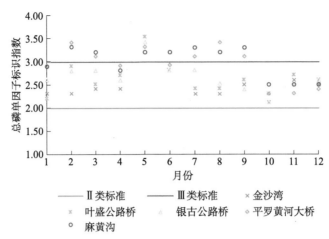

图 20-9 2017 年各个监测断面 TP 的 *P* 值变化

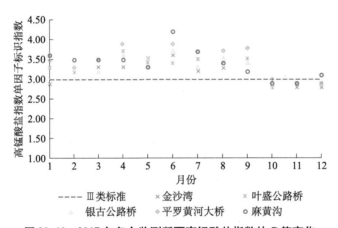

图 20-10 2017 年各个监测断面高锰酸盐指数的 *P* 值变化

平污染状态,需要进一步分析监测期间的时空变化特征。2017 年 5 个断面的总氮浓度的年际变化见图 20-11,图中包含各个监测断面总氮浓度值变化和水质标准的差异。

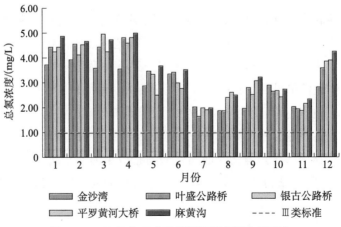

图 20-11 2017 年 5 个监测断面总氮的年际变化

总氮的时间变化比空间变化更明显，主要是当地人民的生活活动以及农业生产活动导致的。空间上，即使在考虑河流水体自净能力的前提下，金沙湾—叶盛公路桥是一个污染浓度增加的过程，是因为金山湾—叶盛公路桥区间是青铜峡银南灌区和河东灌区排水集中区域，田间流失的氮、磷等农业非点源污染物直接进入河道；叶盛公路桥—麻黄沟出境断面，相对排水口较少，在水体自净作用下，氨氮浓度开始减少，但是平罗黄河大桥一直处于较高的污染水平，主要是由于近年来石嘴山市经济快速发展，水环境受工业和农业污染严重，其中来自工业园区的工业废水以及第三、第五排水沟的农田退水未达到国家的排放标准入黄。

时间上，12 月和第二年的 1—3 月人们为了迎接春节的到来，会大量宰杀畜禽，且外出打工人员以及在城镇居住人员也会聚集于农村，但由此产生的生活污水和畜禽屠杀场的废水却没有经过任何污水处理设施直接排入河流中，在微生物作用下以硝态氮、亚硝态氮、氨氮等形式存在于水体中，使水体总氮浓度大幅增加，此外黄河上游来水较少，水体温度也较低，从而自净能力较弱，在此期间水质状况最差。而 5—6 月和 10—11 月是农田的灌溉期，农民会从黄河引水至田中，灌溉水经退水渠道回至黄河中，其中多数排水沟水质为 V 类，甚至为劣 V 类，所以此期间大量的总氮污染物进入水体中，从而使得水体中总氮浓度骤然增加。

20.2.3　黄河干流宁夏段综合水质评价

根据 2017 年各个监测断面的化学需氧量、氨氮、总氮、高锰酸盐指数和总磷的年平均 P 值由式（20-6）可计算出 I_{wq}，基于此计算值的整数位以及小数点后的第一位数值（表 20-8 和表 20-9）则可确定该段河流综合水质类别以及科学的定性评价。黄河干流宁夏段 2017 年综合水质类别判定见表 20-10。

表 20-10　2017 年黄河干流宁夏段综合水质标识指数及水质评定

监测断面	单因子水质标识指数					综合水质标识指数	目标水质	水质级别	定性评价
	COD	NH_3-N	TN	高锰酸盐指数	TP				
金沙湾	1.70	1.60	6.14	3.21	2.50	2.92	II	II	良好
叶盛公路桥	1.60	2.10	6.54	3.31	2.60	3.22	II	III	轻度污染
银古公路桥	1.60	1.90	6.64	3.31	2.70	3.22	II	III	轻度污染
平罗黄河大桥	1.70	2.20	6.73	3.50	2.90	3.41	III	III	良好
麻黄沟	1.60	2.40	6.53	3.40	2.90	3.41	III	III	良好

由表 20-10 可知，2017 年黄河干流宁夏段除叶盛公路桥和银古公路桥未达到水功能区水质目标之外，其余断面水质浓度均达到了保护区的水质要求，但是金沙湾断面水质在接近 II 类标准（$2.0<X_1X_2\leqslant3.0$）的上限位置。

该河段 2017 全年整体水质类别为 III 类，劣于保护区一个级别，水质为轻度污染；由综合水质标识数值的小数点后第二位可知，金沙湾断面、叶盛公路桥断面和银古公路桥断面评价因子超标个数为 2 个，超标污染物分别为总氮和高锰酸盐指数，而平罗黄河大桥断面和麻黄沟断面的超标评价因子是总氮污染物。

从空间角度评价，按照黄河流向，下游断面综合水质标识指数大于上游断面数值，下游河流水质污染较上游严重，污染呈上升趋势，尤其是麻黄沟断面污染最重，由此说明黄河干流在青铜峡—石嘴山段期间接受了大量污染物。

20.2.4　小结

本节结合 2017 年每个月的水质监测数据，基于单因子水质标识的综合水质标识法对黄河干流宁夏段水质现状进行综合评价。综合水质标识指数法可定量分析、比较河流不同断面的数值，也可比较河流水质同一类别间的污染程度，其数值可较好地表现水质评价指标的类别、水质数据和功能区类别值等重要原始信息。水质评价结果如下：

①黄河干流宁夏段常见污染物为化学需氧量、氨氮、总磷，主要污染物是总氮和高锰酸盐指数，呈现常态化污染，其中总氮处于稳定的高水平污染状态。该段河流各个监测断面中化学需氧量一般可满足Ⅱ类水标准，氨氮基本稳定控制在Ⅱ～Ⅲ类水标准范围，总氮超过Ⅴ类水标准，总磷基本稳定控制在Ⅱ～Ⅲ类水标准范围，高锰酸盐指数控制在Ⅲ类水标准范围。

②2017 年黄河干流宁夏段综合水质类别为Ⅲ类，劣于保护区一个级别，水质为轻度污染。5 个监测断面中除叶盛公路桥和银古公路桥低于水功能区水质目标一个级别外，其余断面水质浓度均达到了保护区的水质要求，需要控制外源污染，尤其是农业非点源污染。这两个监测断面处于青铜峡灌区，农田面积较大，过度使用的农药、化肥随着地表径流或者农田灌溉排水最终进入黄河干流。此外，也要严格控制沿线排污企业的污染物排放，需从源头上减少污染物的入河量。

③2017 年各监测断面的总氮浓度年际变化规律相似，总氮浓度数值在 1—3 月、5—6 月和 10 月时间段内位于较高的污染水平，总氮浓度数值时间变化比较明显，且主要由人为活动等导致。

20.3　水环境容量定量计算与动态分析

本节分析河流降雨径流特征，基于平均浓度法，计算石嘴山断面不同代表年非点源污染物负荷值，探明非点源污染对该段河流的污染贡献；以河流尾部断面控制达标的原则，选用控制断面达标法的一维水质模型计算逐月的水环境容量，并分析其动态变化特征。

20.3.1　黄河干流宁夏段出境断面径流特征

过流断面径流量是影响河流污染物水环境容量的重要因素，在全面分析河流水环境容量变化的前提下，首先进行河流降雨径流变化的分析，本节采用流量历时曲线来描述河流的降雨径流特征。依据河流水文水质的实际情况，流量历时曲线可划分为 3 个不同流量历时时段，即 0 ~ 30% 的高流量区、30% ~ 70% 的中流量区和 70% ~ 100% 的低流量区。

根据黄河干流宁夏段石嘴山断面已降序排列的逐日流量数据进行流量频率处理，可得研究期间黄河干流宁夏段的流量历时曲线（图 20-12），该段河流的径流分布特点为：研究区段河流流量剧烈变化的高流量区的流量频率大多位于 0 ~ 30%，河流流量频率在 70% ~ 100% 的低流量区大多无明显变化，只有在河流流量频率接近 100% 区域流量的变化速度加快，其余流量频率内，河流流量变化较缓慢。

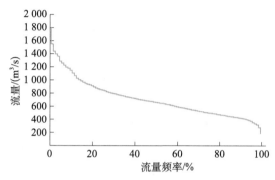

图 20-12　2013—2017 年石嘴山断面流量历时曲线

河流石嘴山断面的月均流量频率分布见图 20-13。研究区域多年月均流量频率分布特征：7—10 月主要位于高流量区，且多年月均流量值的峰值出现在 9 月，一般在 2 月时流量最低。

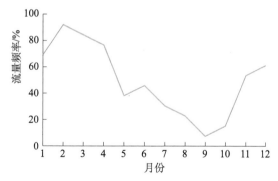

图 20-13　2013—2017 年石嘴山断面多年月均流量频率分布

20.3.2　黄河干流宁夏段非点源污染负荷特征

黄河干流宁夏段河流流动较缓慢，多年平均携带 3.94 kg/m³ 沙量流经研究区段，而对于河流携带较少泥沙时，估算河流污染物负荷量可只考虑溶解态污染物。

（1）河流污染负荷估算方法

河流断面排入的污染物质年内数量是恒定的，该污染物既来自点源也来自非点源。

因此，估算河流污染年负荷时需要依据主观判断或经验方法来考虑点源与非点源的关系。

本次研究点源与非点源径流分割根源是宁夏引黄灌区的灌溉制度，在农业灌溉期间会产生大量的农业非点源污染，其所携带的污染物随地表径流和退水沟直接排入黄河水体。

宁夏灌溉制度为：生育灌溉期（4月下旬—9月中旬）、停灌期（9月下旬—10月中旬）、冬灌期（10月下旬—11月中旬）。参考宁夏灌溉制度、有关文献以及灌区降水量、平均月引退水量示意图（图20-14），可划分为灌溉期（5—8月和10月）和非灌溉期（9月、11至翌年4月）两个阶段。

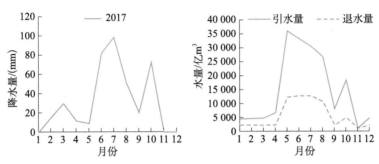

图20-14 灌区降水量、月均引退黄河水量变化

与径流分割法相结合，则河流水体污染物年负荷可划分为灌溉期和非灌溉期，即：

$$W_T = W_G + W_F = \bar{C}_G \bar{W}_G + \bar{C}_F \bar{W}_F \tag{20-6}$$

式中：W_T——河流中污染物年负荷量；

$\quad\quad W_G$——研究区段灌溉期间水体污染物总负荷量；

$\quad\quad W_F$——研究区段非灌溉期间水体污染物总负荷量；

$\quad\quad \bar{C}_G$——研究区段灌溉期间水体污染物的平均浓度值；

$\quad\quad \bar{C}_F$——研究区段非灌溉期间水体污染物的平均浓度值；

$\quad\quad \bar{W}_G$——研究区段灌溉期间流经河流断面的平均径流量；

$\quad\quad \bar{W}_F$——研究区段非灌溉期间流经河流断面的平均径流量。

则非点源污染负荷为灌溉期水体污染的总负荷减去非灌溉期水体污染的总负荷，即

$$M = W_{NSP} = W_G - \alpha W_F = \bar{C}_G \bar{W}_G - \alpha \bar{C}_F \bar{W}_F \tag{20-7}$$

式中：α——灌溉期间的时间值与非灌溉期间的时间值的比值，本研究中 α 取值为 0.71；

$\quad\quad$其他符号意义同上。

（2）不同频率年出境断面污染负荷特征

选用石嘴山水文站提供的1990—2016年共27年实测水文资料对石嘴山断面进行不同频率年的负荷估算，分析上游不同来水量的情况下非点源污染对水质的影响，可分别得到丰水年（$P=25\%$）、平水年（$P=50\%$）、枯水年（$P=75\%$）三种代表年下石嘴山断面灌溉期、非灌溉期的径流量，见表20-11。

表 20-11　石嘴山断面不同代表年的径流量

代表年	年值径流量/10^8 m³	灌溉期径流量/10^8 m³	非灌溉期径流量/10^8 m³	灌溉期径流量占全年比例/%
25%	356.39	183.13	173.26	51.4
50%	224.75	91.51	133.24	40.72
75%	162.93	77.13	85.8	47.34

同时利用 2017 年石嘴山断面水质监测资料，采用平均浓度法可得石嘴山断面不同代表年的污染负荷，见表 20-12。

表 20-12　石嘴山断面不同代表年的污染负荷估算

代表年	项目	NH_3-N	TP
25%	灌溉期/t	5 493.90	2 014.43
	非灌溉期/t	3 291.94	987.58
	总计/t	8 785.84	3 002.01
	灌溉期占年负荷比例/%	62.53	67.10
	非点源污染负荷/t	3 156.62	1 313.25
	非点源占年负荷比例/%	35.93	43.75
50%	灌溉期/t	2 745.30	1 006.61
	非灌溉期/t	2 531.56	759.47
	总计/t	5 276.86	1 766.08
	灌溉期占年负荷比例/%	52.03	57.00
	非点源污染负荷/t	947.89	467.39
	非点源占年负荷比例/%	17.96	26.46
75%	灌溉期/t	2 313.90	848.43
	非灌溉期/t	1 630.20	489.06
	总计/t	3 944.10	1 337.49
	灌溉期占年负荷比例/%	58.67	63.43
	非点源污染负荷/t	1 156.46	501.20
	非点源占年负荷比例/%	29.32	37.47

石嘴山断面污染负荷主要是灌溉期污染负荷，不同代表年下氮、磷污染物灌溉期污染负荷占年负荷比例见图 20-15。对于上游来水较多的丰水年，河流中灌溉期氨氮和总磷污染负荷急剧增加的原因是灌溉期降水量约占全年降水总量的 80%，随地表径流产生的非点源污染较多，且灌溉期的农田退水经排水沟直接排入黄河干流宁夏段。即使是降雨径流不足的枯水年中，灌溉期氨氮和总磷污染负荷占年负荷比例仍在 50% 以上。

来自非点源污染的氨氮和总磷污染负荷占年负荷比例见图 20-16，图中表明，非点源污染对于黄河干流宁夏段污染年负荷所占比重较大，即使是来水量较少的枯水年（$P=75\%$）情况下，农业非点源污染所占比例达到30%～40%，平水年（$P=50\%$）的农业非点源污染所占比重较少，为15%～25%，在丰水年（$P=25\%$）所占比重最为突出，高达35%～45%。因此，由农田灌溉引起的农业非点源污染对黄河干流宁夏段水质有很大的影响。

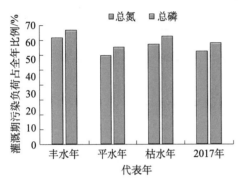

图20-15　灌溉期间污染负荷占年负荷比例

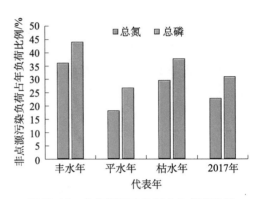

图20-16　非点源污染负荷占年负荷比例

20.3.3　动态性水环境容量的目标污染物确定

高锰酸盐指数的含义是以高锰酸钾为氧化剂，氧化有机物和无机还原性物质时所需要的氧化剂的量，一般情况下化学需氧量可以推断生化需氧量和高锰酸盐指数的取值范围，因此不宜作为动态性水环境容量目标污染物，可作为常规监测因子。

总氮和氨氮可表示水体受营养物质污染的程度，其中，总氮主要包括氨氮、硝酸盐氮和亚硝酸盐氮，而人类排放污染物和农业非点源污染主要是以氨氮的形式排向外界水体，因此动态性水环境容量中分析氨氮的必要性远超过总氮。

化学需氧量可较好地评估水体所需要氧化的还原性物质的量，可表示河流所受有机污染物污染的程度。此外，超标的化学需氧量可对河流水生生物产生毒害作用，如致突变等作用，从而对人体危害较大。水质评价结果表明，干流水体虽然未超标，但是浓度值接近标准上限值，因此作为动态性水环境容量目标污染物。

总磷是衡量水体富营养化最直观的水质指标，过量的磷可造成水体富营养化。沿岸养殖场对磷摄入量不足或者过量都将影响畜禽健康，且城镇生活污水和农田退水径流都会产生大量磷酸盐。此外，水质评价结果表明干流具有较小的超标倍数，因此作为动态性水环境容量目标污染物。

20.3.4　水质模型构建和模型参数确定

水环境容量根据降解机理的不同可以分为稀释容量和自净容量两部分。稀释容量是指污水与天然水体混合过程中，通过物理稀释作用达到水质目标时所能容纳的污染物的量，反映天然水体对污染物有一定的稀释能力；自净容量是指水体通过物理化学作用、生物作用等对污染物所具有的降解能力。它们是相互独立而又分别计算的物理量，故在推求水环境容量时将两者相加即可。且相关研究结果表明不均匀系数对水环境容量计算具有较大影响，其与河流宽度、河流流量和河流宽深比有很大关系，本研究取值 0.4。

（1）水质模型构建

①稀释容量。功能区段污染物排入河流是均匀混合的，则依据节点物质平衡原理可得混合浓度为：

$$c = \frac{q_w c_w + Q_0 c_0}{q_w + Q_0} \tag{20-8}$$

式中：c——研究区段不同功能区的混合之后的水体污染物浓度值，mg/L；

q_w、Q_0——污染物流入水体功能区段间的流量和河流上游区段的过水流量，m^3/s；

c_w、c_0——功能区段排入污染物的浓度和河流背景浓度，mg/L。

令功能区段污染物混合浓度 c 为该河段的水质标准 c_S，则稀释容量为：

$$W_{稀释} = 31.536[c_S(Q_0 + q_w) - Q_0 c_0] \tag{20-9}$$

②自净容量。本研究选用一维纵向离散方程描述污染物在河流中的迁移转化过程，即：

$$\frac{\partial c}{\partial t} + \frac{u \partial c}{\partial x} = \frac{D \partial^2}{\partial x^2} - kc \tag{20-10}$$

式中：u——河流过流断面的平均流速，m/s；

x——污染物起始断面到终止断面间沿河流方向流程的距离，km；

D——河流纵向扩散的系数；

C——河流起始断面的水体污染物浓度，mg/L；

k——水体污染物降解系数，d^{-1}。

式（20-10）的解析解为：

$$c(t) = c \times \exp(-kx/u) \tag{20-11}$$

本次研究选用功能段段尾达标法，则自净容量：

$$W_{自净} = 31.536 c_S (e^{\frac{kx}{86.4u}} - 1)(Q_0 + q_w) \tag{20-12}$$

式（20-12）中符号意义同上。

③水环境总容量。功能段的环境容量为：

$$W = W_{稀释} + W_{自净} = 31.536[c_S \times e^{\frac{kx}{86.4u}}(Q_0 + q_w) - Q_0 c_0] \tag{20-13}$$

式中：W——控制单元的环境容量，t/a。

（2）模型参数确定

①设计流量。相关研究表明，水环境容量年内呈动态性变化的原因是河流流量、水体水温的不同。如果仅计算最不利条件下的水环境容量，势必会造成丰水期、平水期水环境容量的浪费，而且由于北方季风气候的因素，如果选择 90% 保证率或近 10 年最枯月流量，使得设计流量为 0，则水环境容量计算值可能为非正数，依此计算值控制污染排放总量则会削弱河流沿线社会经济与河流可持续发展。

因此，本研究采用近 15 年（2003—2017 年）各月最枯流量作为水环境容量的设计流量（表 20-13）。

表 20-13　2003—2017 年黄河干流宁夏段月最枯流量

月份	1	2	3	4	5	6
各月最枯流量/（m³/s）	355	395	320	420	393	280
月份	7	8	9	10	11	12
各月最枯流量/（m³/s）	475	485	737	840	522	499

②计算单元划分。计算单元划分基本目的是满足功能区段达标的要求，主要包括河流混合区域的控制达标法以及河流断面控制达标法。混合区控制法划分计算单元的基本原则是重点排污口的位置，依据控制排污口区域水质浓度的变化特征，求出污染混合区的长宽度，从而在河流污染混合区域末端水质达标处反推入河流污染物的最大允许排污量；河流控制断面达标法是指针对研究区段的国控或省控监测断面水质浓度是否达标的问题，沿河流流向布设均匀分布的监测断面，可在各监测断面处水质达标的情况下监测河流允许排放的最大污染物量。

黄河干流宁夏段目标水质为《地表水环境质量标准》（GB 3838—2002）Ⅱ类水体，本研究选用断面控制法依据国控监测断面水质目标进行动态性水环境容量计算。黄河干流宁夏段沿线工业较发达，虽说并没有直接排污口入黄河的企业单位，但都是在直流及其退水沟上有排放口，从而间接地排入黄河，共是 21 个入黄排水沟和 1 个支流汇入口（图 20-17）。水环境容量计算要素中要对排污口进行概化，本研究将排放量较大的排污口直接作为一个排污口进行计算，对于排放量较小但是分布较集中的排污口简化为一个重点排污口进行计算。简化后的排污口共计 15 个（表 20-14）。

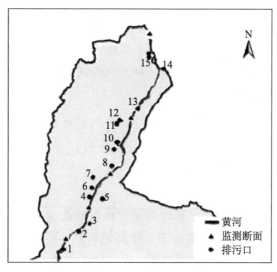

图 20-17　宁夏入黄河排污口的概化图

简化计算方法如下：

$$X = \frac{Q_1 c_1 X_1 + Q_2 c_2 X_2 + \cdots + Q_n c_n X_n}{Q_1 c_1 + Q_2 c_2 + \cdots + Q_n c_n} \tag{20-14}$$

式中：X ——概化后的排污口到控制断面的距离，m；

　　　Q_n ——位于第 n 个排污口处的排放流量，m^3/s；

　　　X_n ——位于第 n 个排污口到相应控制断面的距离，m；

　　　c_n ——位于第 n 个排污口的排放污染物的浓度，mg/L。

表 20-14　黄河干流宁夏段水环境容量计算单元划分

排污口	排污口性质	控制断面	计算单元	
			起始点	终止点
排污口 1	直流汇入	金沙湾	青铜峡水利枢纽	金沙湾
排污口 2 ~ 3	排水沟	叶盛公路桥	金山湾	叶盛公路桥
排污口 4 ~ 7	排水沟	银古公路桥	叶盛公路桥	银古公路桥
排污口 8 ~ 12	排水沟	平罗黄河大桥	银古公路桥	平罗黄河大桥
排污口 13 ~ 16	排水沟	麻黄沟	平罗黄河大桥	石嘴山

其余各参数选择如下：

a. 计算河段背景浓度。河段污染物背景浓度的取值对水环境容量的计算有很大的影响，本书参考相关研究文献，采用化学需氧量背景浓度为 10.10 mg/L，氨氮背景浓度为 0.31 mg/L，总磷背景浓度为 0.06 mg/L。

b. 控制断面目标浓度。已知该河段整体水质功能类别是Ⅱ类，故本书采用《地表水环境质量标准》（GB 3838—2002）Ⅱ类水质浓度限值作为河段目标浓度，从而能进行水环境容量的计算。

c. 断面平均流速。河流控制断面有详细的实测流量、流速资料或者河流控制断面缺乏资料时，两者均可根据公式计算得出，据此计算的水环境容量随月份不同而不同，呈现动态变化过程，在保证水质的前提下，可以合理利用黄河干流宁夏段的水环境容量。

在本研究中，设计流量所对应的流速是依据统计水文年鉴中的实测流量、流速资料，绘制流量—流速关系曲线得到的，即：

$$\mu = \alpha Q^{\beta} \tag{20-15}$$

式中：α、β ——可用回归方法对实测数据进行分析确定；

　　　Q ——河流设计流量，m^3/s。

表 20-15　黄河干流宁夏段水文参数

设计流量/（m^3/s）	流速/（m/s）	设计流量/（m^3/s）	流速/（m/s）
355	0.95	475	1.45
395	1.05	485	1.45

续表

设计流量/（m³/s）	流速/（m/s）	设计流量/（m³/s）	流速/（m/s）
320	0.65	737	2.50
420	0.15	840	2.77
393	1.05	522	1.64
280	0.40	499	1.62

d. 污染物降解系数。水环境容量计算的一项重要参数是污染物降解系数，可用实测资料反推求取，即：

$$k = u/x \ln(c_{上}/c_{下}) \tag{20-16}$$

式中：$c_{上}$、$c_{下}$——河流上、下断面某类污染物浓度，mg/L；

其余符号意义同上。

根据青铜峡—石嘴山段各控污断面氮磷浓度实测资料进行推算，逐月计算结果见表 20-16。

表 20-16 青铜峡—石嘴山段污染物降解系数 K 年内变化

月份	1	2	3	4	5	6
COD/d^{-1}	0.001 045	0.000 349	0.000 098	0.000 089	0.000 649	0.000 243
NH$_3$-N/d^{-1}	0.003 718	0.004 342	0.004 368	0.006 020	0.004 211	0.005 757
TP/d^{-1}	0.002 662	0.001 837	0.002 954	0.001 664	0.006 514	0.001 331
月份	7	8	9	10	11	12
COD/d^{-1}	0.000 346	0.000 733	0.001 105	0.000 506	0.000 767	0.000 732
NH$_3$-N/d^{-1}	0.001 484	0.004 113	0.001 837	0.001 270	0.002 984	0.001 764
TP/d^{-1}	0.003 869	0.003 606	0.002 539	0.002 088	0.000 694	0.001 074

③模型参数率定。运用式（20-7）、式（20-9）和式（20-10），采用 2017 年研究区段整治河道考核断面水质资料数据，以月为步长模拟沿程污染物浓度变化情况，对模型进行率定（图 20-18）。

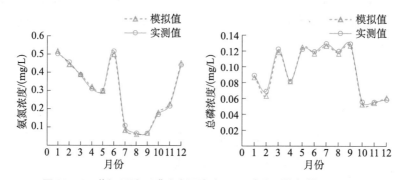

图 20-18 黄河干流石嘴山断面氨氮、总磷实测值与模拟值对比

模拟结果显示，以月为步长模拟沿程污染物浓度变化情况，模拟值与实测值较吻合，水质模拟结果与实测数据平均误差均小于 5%，由此可知模型参数选择较合适。

20.3.5　逐月水环境容量计算结果分析

对于非点源污染的河流，沿河汇入的径流既是河流流量的增加水源，也是河流的重要污染源。本书将直接与黄河干流水体相接触的排水沟作为黄河水体外界排入的"点源"污染。运用式（20-14）计算水体水环境容量，其计算结果见表20-17。

表 20-17　黄河干流青铜峡—石嘴山段水环境容量计算结果

月份	COD/t	NH$_3$-N/t	TP/t	月份	COD/t	NH$_3$-N/t	TP/t
1	25 263.60	1 370.21	329.50	8	34 779.59	1 809.24	375.41
2	27 390.65	1 501.66	364.65	9	39 812.22	2 049.43	444.59
3	23 634.16	1 388.12	303.96	10	29 998.37	1 671.89	405.39
4	31 952.84	1 677.18	407.66	11	35 428.04	1 654.14	387.42
5	25 552.07	1 379.69	295.94	12	22 647.81	1 330.46	282.78
6	25 680.43	1 222.58	258.87	年环境容量	354 651.45	18 813.96	4 213.97
7	32 511.67	1 759.36	357.80				

黄河干流宁夏段化学需氧量、氨氮和总磷环境容量计算结果见表20-17，由表可知，各污染物的年环境容量分别为 354 651.45 t/a、18 813.96 t/a 和 4 213.97 t/a，总体上化学需氧量的逐月水环境容量较富足，但是氨氮和总磷的逐月水环境容量某些月份已接近负荷阈值，其中氨氮和总磷水环境容量的最大值和最小值的比值分别为 1.84 和 1.72，说明这一河段氨氮水环境容量的波动幅度比总磷大；各污染物的逐月水环境容量有大体相似的变化趋势，且随水体水温、河流流量等呈现动态性变化特征。

各个污染物水环境容量的动态性分析如下：

COD 水环境容量呈现动态性变化的原因（图 20-19）：COD 与河流水体其他污染物之间不发生某些作用，而 COD 水环境容量呈现动态性变化特征的主要影响因素是研究区段河流的背景浓度，以及随着河流水体水温而变化的衰减系数。

由于黄河干流宁夏段 5—6 月和 10—11 月的农田灌溉退水大量的排入，

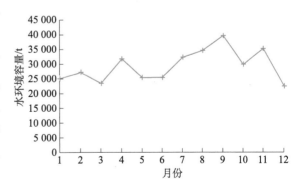

图 20-19　研究区段 COD 动态性水环境容量

使得 COD 浓度积聚增加，加之黄河丰水期的到来，上游来水量增加、水温上升，使得其降解系数变大，从而使得水环境容量呈现动态性波动。而在 1—3 月和 12 月黄河断面会出现短时的零流动状态，水体的降解系数也是随着水温而变化的，并且此时期水体污染物主要是依靠本底浓度的贡献，所以说不会出现负动态性的水环境容量。

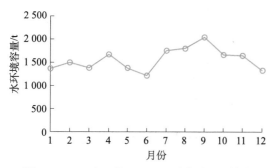

图20-20 研究区段 NH_3-N 动态性水环境容量

NH_3-N 水环境容量呈现动态性变化的原因（图20-20）：黄河干流宁夏段氨氮春灌期的5—6月和冬灌期的10—11月时间段出现负动态性的水环境容量，整体上动态性水环境容量较可观，对水体影响较小。然而在1—3月和12月，水体出现结冰现象，水体复氧能力大大降低，DO含量相对降低，氨氮的本底浓度比灌溉期高，但是冬季植物及藻类活跃性极差，所以氨氮动态性水环境容量不同于灌溉期，虽说容量较小，但也不会出现负动态性水环境容量。氨氮动态性水环境容量在非灌溉期的变化幅度极小，虽然水体出现冰冻现象影响了植物的光合作用，但植物在冬季几乎无生长，所以不会引起水体富营养化。

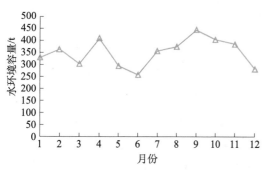

图20-21 研究区段 TP 动态性水环境容量

TP水环境容量呈现动态性变化的原因（图20-21）：TP在水体中的主要水质过程是首先沉降于底泥中，再悬浮于水中经植物或者细菌吸收，BOD也可释放部分磷元素，最后经自身衰减。水体中TP动态性水环境容量的贡献是自身的衰减，5—6月是农田磷径流的高峰时期，在此期间TP的水质过程受到了破坏，所以其水环境容量会出现一定的波动。

在非灌溉期，较少的含磷污染物进入河流水体，但水体为了维持需磷物质的需要，底泥会迅速释放大量的悬浮性磷来保持水体平衡。TP的综合降解速率与灌溉期的差异较小，但由于黄河来水量较少，1—3月TP动态性水环境容量出现一年中的最小值。而在灌溉期虽受生活污水和有机磷农药等有机污染，但是水体在可承受污染范围内，暂时也不会出现水体富营养化。

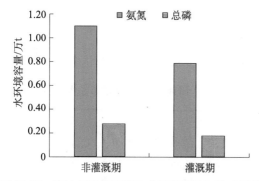

图20-22 研究区段灌溉期和非灌溉期的环境容量值

灌溉期氨氮和总磷的环境容量均低于非灌溉期（图20-22）。因为灌溉期间集中于水温最高时期，微生物新陈代谢最旺盛，生化反应速率最快，从而最大限度地降解水中污染物。且灌溉期间大多处于丰水期，黄河来水量较大。再加上非灌溉期的1—2月和12月黄河干流宁夏段水体温度较低，水体出现冰冻现象，黄河会出现暂时的零流动现象，所以理论上灌溉期水环境容量要高于非灌溉期水环境容量。

此次研究结果水环境容量却与此相反，是由于灌溉期间沿岸农业用水量较大，农业用水和生活用水存在冲突，农业用水会从引水渠中大量抽取黄河水，黄河河道生态流量得不到满足，且农田灌溉排水中的污染物随农田退水沟直接排入黄河干流水体，增大了河流污染负荷，进一步减少了河流水环境容量，所以灌溉期的水环境容量低于非灌溉期的水环境容量，故要削减灌溉期间污染物入河总量。

20.3.6　小结

本节选用近10年断面径流数据分析黄河出境断面降雨径流特征，结合平均浓度法估算氮、磷污染物年负荷量，可探明农业非点源污染对河流污染的贡献，以及选用一维水质模型计算河流水环境容量并分析其动态变化特征。主要结论如下：

①黄河干流宁夏段青铜峡—石嘴山间，灌溉期间污染负荷是河流污染年负荷的主要组成部分，即使是降雨和上游来水较少的枯水年，灌溉期污染负荷占河流年负荷的50%以上，尤其是在丰水年占比加更显著；在青铜峡—石嘴山间黄河干流接纳了大量富含氮、磷类污染物，使得灌溉期污染负荷骤然增加，因此，农业非点源污染在河流污染中贡献较大。

②黄河干流宁夏段氨氮和总磷环境容量的计算结果表明各污染物的逐月环境容量有大体相似的变化趋势，且随水体水温，河流流量等呈现动态性变化特征，各污染物的环境容量分别为354 651.45 t/a 、18 813.96 t/a 和4 213.97 t/a。总体上化学需氧量的水环境容量较富足，但是氨氮和总磷的水环境容量某些月已接近负荷阈值，且理论上灌溉期处于温度较高时段，污染物降解速率加快，氨氮和总磷水环境容量应高于非灌溉期，但由于农田灌溉引水减少了河道径流，减少了水体纳污能力，再由于农田退水影响，大量的非点源污染物直接进入黄河干流水体，增大了污染负荷，进一步减少了水体环境容量，需要着重削减灌溉期间（5—6月）污染物入河量。且从黄河干流青铜峡—石嘴山河段氮、磷污染物输移扩散特征也可以得到，农业非点源污染对该河段氮、磷污染具有较大的贡献。

20.4　污染物总量控制

基于河流水体的水质目标和河流的水环境容量，可对污染物进行总量控制，可使得水资源合理利用于发展当地的工农业，以及保证人民的正常生活，这对于水环境保护与社会经济发展都具有重要的社会意义（表20-18～表20-20）。

进行污染物削减的原则是基于水体环境容量，通过削减经排水沟渠等直接或者间接排放的生活污染以及工农业污染，已达到河流水功能区规划的目的，其中进行削减的对策可分为工业的达标排放、生活污水处理厂的提标改造以及农业污染的源头治理等。

表 20-18　黄河干流宁夏段 COD 总量控制结果

月份	水环境容量/t	现状入河量/t	削减量/t	达标削减率/%	月份	水环境容量/t	现状入河量/t	削减量/t	达标削减率/%
1	25 263.60	12 423.54	0	0	7	32 511.67	27 492.49	0	0
2	27 390.65	18 432.89	0	0	8	34 779.59	27 690.82	0	0
3	23 634.16	14 356.51	0	0	9	39 812.22	21 887.71	0	0
4	31 952.84	22 457.39	0	0	10	29 998.37	17 429.69	0	0
5	25 552.07	23 229.37	0	0	11	35 428.04	12 799.33	0	0
6	25 680.43	21 774.22	0	0	12	22 647.81	15 448.11	0	0

表 20-19　黄河干流宁夏段 NH_3-N 总量控制结果

月份	水环境容量/t	现状入河量/t	削减量/t	达标削减率/%	月份	水环境容量/t	现状入河量/t	削减量/t	达标削减率/%
1	1 370.21	1 680.00	309.79	18.44	7	1 759.36	1 811.53	52.17	2.88
2	1 501.66	1 944.90	443.24	22.79	8	1 809.24	1 918.40	109.16	5.69
3	1 388.12	1 933.85	545.73	28.22	9	2 049.43	2 208.91	159.48	7.22
4	1 677.18	2 026.07	348.89	17.22	10	1 671.89	1 964.16	292.27	14.88
5	1 379.69	1 703.11	323.42	18.99	11	1 654.14	1 695.51	41.37	2.44
6	1 222.58	1 267.97	45.39	3.58	12	1 330.46	1 485.55	155.09	10.44

表 20-20　黄河干流宁夏段 TP 总量控制结果

月份	水环境容量/t	现状入河量/t	削减量/t	达标削减率/%	月份	水环境容量/t	现状入河量/t	削减量/t	达标削减率/%
1	329.50	376.31	46.81	12.44	7	357.80	364.66	6.86	1.88
2	364.65	426.54	61.89	14.51	8	375.41	392.85	17.44	4.44
3	303.96	344.98	41.02	11.89	9	444.59	474.63	30.04	6.33
4	407.66	440.57	32.91	7.47	10	405.39	438.50	33.11	7.55
5	295.94	322.83	26.89	8.33	11	387.42	394.84	7.42	1.88
6	258.87	268.48	9.61	3.58	12	282.78	307.34	24.56	7.99

20.5　本章小结

　　本研究是以我国西部地区典型的农业面源污染水系黄河干流宁夏段为研究对象,通过基础数据收集和查阅相关参考文献,结合宁夏当地气候、水文等数据,在评价河流水环境质量的基础上,利用河流与水质监测数据,采用平均浓度原理估算黄河干流宁夏段污染物年负荷,选用一维水质模型计算河流水环境容量并分析其动态变化特征,依此提出相应的控制措施,既可实现流域生态良性循环的基础,也可为未来黄河流域水污染控制与水资源保护规划研究提供一定的科学依据。本章的主要结论如下：

①水环境质量评价可准确反映当前水体质量和河流污染状况，可揭示河流水体质量变化规律，找出河流的主要污染物。本章基于单因子水质标识的综合水质标识法进行了水体现状评价，研究结果表明黄河干流宁夏段常见污染物为化学需氧量、氨氮和总磷，主要污染物是总氮和高锰酸盐指数，呈现常态化污染，其中总氮处于稳定的高水平污染状态，且污染主要受到人民生活和农业活动的影响。各个监测断面综合水质可满足该河段水功能区要求，整体上从上游到下游逐渐变差，时间变化比空间变化更明显，具有典型的非点源污染影响的水质变化特征。

②非点源污染因其分布较分散、监测难度大、产生过程较复杂等特性，使得其污染治理难度较大，而治理与控制非点源污染的关键步骤是将其污染过程和控制目标定量化，因此本章基于平均浓度法计算出黄河干流宁夏段污染物年负荷，将点源污染与非点源污染进行了有效分割，研究结果表明，灌溉期（5—8月和11月）氮、磷污染负荷占年负荷的比例位于50%～60%，农业非点源氮、磷污染负荷占年负荷的比例位于20%～30%，由此说明，农业非点源污染对该河段氮、磷污染有较大影响，其影响主要体现在农田灌溉排水中的农业非点源污染物直接排入黄河干流，增大了河流污染负荷。

③水环境容量的大小和河流水体水质目标、水体流量、研究区段的功能区划分以及排污口的位置与方式等因素有关。本章基于一维水质模型计算出黄河干流宁夏段化学需氧量、氨氮和总磷的环境容量，计算结果表明各污染物的逐月环境容量有大体相似的变化趋势，且随水体水温、河流的综合降解系数、河流流量等呈现动态性变化特征，而水体流量的影响比河流水质过程中的河流污染物综合降解系数的影响大。此外，本章基于灌溉期和非灌溉期水环境容量的计算结果表明，该河段氨氮的环境容量波动幅度比总磷大，且灌溉期氨、氮和总磷的环境容量均低于非灌溉期，进一步说明农业非点源污染对该河段氮、磷污染负荷贡献较大，即农田灌溉引水减少了河道径流和河道自净能力，而农田灌溉排水增大了河流污染负荷，进一步减少了河流环境容量。

④黄河是宁夏全区唯一的地表水水源，若过度使用且未做好污染防控措施，则未来宁夏水资源将开采的仅为浅层地下水和非常规水源。而宁夏全区土地类型大部分是山丘区，且浅层地下水源位于此区域，所以未来开采工程量较大。非常规水源则是雨水、再生水等，开采的潜力是极小的。因此，需要从根本上解决未来水资源问题，本章根据黄河干流宁夏段的水环境容量计算结果和河流污染特征，提出了削减该河段陆域污染物入河的控制方案，可为黄河流域水资源规划和水环境保护提供一定的科学指导，应严格控制灌溉面积的增长速度，着力做好农业和工业的节水工程，具体措施是结合农业灌区的具体特点，应大力开展节水灌溉工程、充分发挥排水沟渠湿地拦截功能、协调好农户—农村社区—地方政府之间的利益关系。

第 21 章　试验数据误差分析

根据《水和废水监测分析方法（第四版）》，国家现行总氮和总磷的检测标准方法为《水质总氮的测定　碱性过硫酸钾消解紫外分光光度法》（HJ 636—2012）和《水质总磷的测定　钼酸铵分光光度法》（GB 11893—89），检出限分别为 0.05 mg/L 和 0.01 mg/L。上述两种方法步骤都可归结为消解和显色两个步骤，影响消解和显色必然导致试验误差。总氮测定过程中，消解时过硫酸钾纯度不够容易出现空白值偏高和 $A_{275\,nm}$ 值干扰大的问题，消解后溶液中出现的絮状沉淀会干扰显色，导致总氮含量低于"三氮"；总磷测定过程中，在碱性环境下消解会使过硫酸钾有更好的氧化效果，显色反应时又必须保证合适的酸度，硫代硫酸钠、酒石酸等遮蔽剂可有效降低其他离子的显色干扰。依据试验原理，对上述及其他各种问题进行归纳，提出可能的解决办法，以提高测试水平。

21.1　总氮试验影响因素及解决办法

21.1.1　试验用水

目前大多数试验室使用的是去离子水，作为试验溶剂，其对试验是否有干扰性有必要进行讨论。碱性过硫酸钾消解紫外分光光度法要求使用无氨水，但在实际操作过程中，无氨水的制备比较复杂，一般方法是每升蒸馏水中滴加 0.1 mL 的浓硫酸，重蒸馏后弃去前 100 mL 初馏液和后 100 mL 尾馏液，取中间的无氨水于具塞玻璃瓶中备用。目前试验室纯水机制出的去离子水已达到试验纯度要求，完全可以替代无氨水，省去了制备的烦琐过程，大大提高了试验效率。李秋波对新制备的去离子水与无氨水进行了总氮空白试验，结果见表 21-1。

表 21-1　新制备去离子水和无氨水总氮试验结果对比

试验用水	空白校正吸光度值 (A_b)		总氮标准样品测定结果/（mg/L）保证值范围（1.52±0.10）mg/L	
新制备去离子水	0.014	0.016	1.49	1.50
传统方法制备无氨水	0.013	0.018	1.47	1.46

从表 21-1 中的结果可以看出，新制备的去离子水和无氨水一样，均满足空白值小于 0.03 的要求，所以，用去离子水代替无氨水不影响空白吸光值和样品测定值的准确性。在试验室条件允许的情况下，用纯水机制备去离子水可以在保证试验精度的同时提高试验效率。

21.1.2　过硫酸钾的纯度与制备

过硫酸钾的质量与纯度是决定总氮浓度测量准确性的重要因素之一，然而国产过硫酸钾质量参差不齐，多数伴有硫酸铵的副产物，纯度难以保证。试剂中的氮含量一般会超标，所以未经提纯的过硫酸钾试剂一般不能直接使用。即使是同一厂家，生产的不同批次药品含氮量差别也会很大，孙秀芬等选用三个不同厂家的六个不同批号的过硫酸钾进行空白值试验，结果见表21-2。

表21-2　三个厂家六种不同批号的过硫酸钾总氮试验空白值

国内厂一试验次数	1	2	3	4	5	6
220 nm 吸光度	0.482	0.486	0.493	0.487	0.472	0.496
275 nm 吸光度	0.008	0.009	0.009	0.008	0.007	0.009
$A_{220}-2A_{275}$空白值	0.466	0.468	0.475	0.471	0.458	0.478
国内厂二试验次数	1	2	3	4	5	6
220 nm 吸光度	0.454	0.458	0.457	0.453	0.459	0.449
275 nm 吸光度	0.006	0.006	0.006	0.007	0.006	0.006
$A_{220}-2A_{275}$空白值	0.442	0.446	0.445	0.439	0.447	0.437
国外厂一试验次数	1	2	3	4	5	6
220 nm 吸光度	0.034	0.036	0.039	0.037	0.041	0.038
275 nm 吸光度	0.006	0.006	0.006	0.006	0.006	0.006
$A_{220}-2A_{275}$空白值	0.022	0.024	0.025	0.025	0.029	0.026

空白值偏高，当样品中总氮含量过小时，结果会出现负值。从表21-2中可以看出国内两个厂均不满足分析方法对空白吸光度小于0.030的要求，只有国外厂一可以直接使用，节省提纯过程，提高效率。考虑国外生产的过硫酸钾价格昂贵，试验成本较高，可以考虑对纯度未达到要求的过硫酸钾进行提纯操作，所以，有必要对过硫酸钾的提纯进行进一步探讨。

（1）过硫酸钾的提纯

不符合要求的过硫酸钾，可以通过提纯或者重结晶的方法消除杂质氮。一般提纯的方法是用无氨水，或者是去离子水，溶解过硫酸钾，水浴加热到50~60℃，在无氨环境下冷却至0℃左右，过滤，将重结晶的过硫酸钾干燥备用。也可通过对过硫酸钾溶液中通氩气去除氨离子来降低空白值。周惜时等对国药集团生产碱性过硫酸钾（分析纯）进行了反复提纯试验，结果如表21-3所示。

表21-3　碱性过硫酸钾溶液对总氮测定的空白吸光值的影响

过硫酸钾	A_1	A_2	A_3	A_4	A_5	A 平均	C_V/%
未提纯	0.584	0.573	0.574	0.571	0.580	0.576	0.484
一次重结晶	0.075	0.077	0.079	0.083	0.081	0.079	0.283
二次重结晶	0.031	0.030	0.035	0.038	0.041	0.035	0.415
三次重结晶	0.016	0.017	0.016	0.015	0.018	0.016	0.120

可以看出，重结晶对空白吸光值有着明显的降低作用，重结晶次数越多，吸光度空白值就越低。从离差系数 C_v 来看，反复提纯后，同一药品下的若干小份空白吸光值差异减小、更加接近平均值，药品局部纯度不够导致的试验偶然性误差大大降低。一般来说，两次以上的重结晶操作就可以取得很好的效果。

（2）碱性过硫酸钾溶液的制备与保存

一般来说，碱性过硫酸钾溶液的制备是将提前配制好的氢氧化钠溶液和过硫酸钾溶液混合定容。也有将过硫酸钾直接溶于氢氧化钠溶液中，60℃以下水浴充分溶解。然而需注意，此方法中，氢氧化钠溶液在刚配制好后，需要待其冷却到室温再进行溶解操作，更不能直接将氢氧化钠和过硫酸钾固体混合溶解，固体氢氧化钠颗粒溶于水时会放出大量的热，高温环境会导致过硫酸钾分解失效。同样也不能因为过硫酸钾常温下溶解缓慢就盲目加热，一般情况下采用水浴加热法，条件允许时可以使用超声辅助加速溶解。

溶液的保存时间也影响总氮的空白值。关于溶液的保存，原则上来说是现用现配，国家标准规定保存时间是 7 d，根据大量实际试验结果，溶液的存储时间最好不要超过 3 d，空白值会随着时间的延长而逐渐增大。过硫酸钾的纯度决定了溶液的保存时间，如表 21-4 显示，溶液初配空白值小于 0.02 放置 15 d，空白值仍可以小于 0.03，满足试验要求。

表 21-4　不同存放时间下碱性过硫酸钾溶液空白值比较

序号	放置时间/d	空白值 A_b	回收率/%
1	当天	0.011	99
2	5	0.014	102
3	10	0.016	101
4	15	0.018	98

（3）过硫酸钾和氢氧化钠的交互作用

氢氧化钠中含氮杂质同样会提高吸光度，不仅如此，氢氧化钠和过硫酸钾混合消解后的吸光度比两种试剂分别消解后的吸光度总和还要高，表明过硫酸钾和氢氧化钠具有较强的交互作用，同时，加入盐酸并未对混合物吸光度产生明显影响，只有两种试剂都符合总氮测试要求时空白值吸光度才能符合要求。

21.1.3　悬浮物的影响

碱性过硫酸钾消解紫外分光光度法中，水样中的悬浮物与液体一起参加消解反应，待碱性过硫酸钾氧化消解过后，溶液中会产生絮状沉淀，影响吸光度，有时还会出现总氮浓度低于"三氮"之和。有学者采取静置溶液取上清液直接测量的方法来排除悬浮物的影响，然而自然沉降只能对大颗粒沉淀有效果，对于絮状沉淀无法起到消除干扰的作用。范辉使用一次性 0.45 μm 过滤器处理消解后的水样，得到表 21-5。

表 21-5　消解水样经 0.45 μm 过滤器后的试验结果

序号	未过滤			过滤后			"三氮"浓度/（mg/L）
	A_{220}	A_{275}	总氮浓度/（mg/L）	A_{220}	A_{275}	总氮浓度/（mg/L）	
1	0.267	0.026	1.90	0.248	0.005	2.09	2.00
2	0.255	0.025	1.83	0.246	0.006	2.05	1.98
3	0.246	0.021	1.74	0.230	0.007	1.90	1.83
4	0.271	0.025	1.90	0.261	0.007	2.17	2.01
5	0.251	0.017	1.87	0.247	0.007	2.05	1.98

可以看出，过滤前溶液中总氮浓度低于"三氮"浓度，经过过滤后的水样空白值出现了很显著的下降，总氮浓度提高，超过"三氮"总和，明显提高了数据的准确性与可信度。离心法同样可以取得不错的效果。同时需要注意，过滤和离心絮状沉淀都要在消解后，因为消解前操作水样中的不溶性氮可能会随着悬浮物颗粒直接过滤掉，导致消解后溶液总氮只含可溶性氮，浓度依然偏低。

21.1.4　消煮压力的控制和时间的影响

消煮温度、压力不够或者时间不足，都会造成过硫酸钾消解不完全，空白值升高。试验要求消解条件为压力在 1.1 ~ 1.3 kg/cm²，相应温度为 120 ~ 124℃，消解时间为 30 min。碱性过硫酸钾在波长 220 nm 处有强烈的吸收，并随加热时间的延长而逐渐降低，有学者建议消解时间持续 50 min 以上效果最好，事实上只要压力均匀，温度满足条件，30 min 过硫酸钾就可以完全消解。

压力锅未经处理直接使用，到达 1.1 kg/cm² 后就开始计时，此时锅内压力不均匀，按 30 min 加热可能会造成局部溶液受热温度不够，过硫酸钾氧化不充分。为均匀锅内压力，一般情况下可以先等压力锅达到指定压力后打开放气阀，待气压放至零时关闭阀门重新加压，到 1.1 kg/cm² 后开始计时；或者先将放气阀打开加热，待排气口有大量蒸汽时再关闭阀门开始加压。

21.1.5　NH₃逸出问题

导致总氮浓度低于"三氮"的不仅仅是上述氧化不完全、悬浮物干扰等原因。高压锅高温消煮样品后，在碱性环境下，NH_3 – N 极易转化为气态 NH_3 扩散在比色管中，如果不采取相应措施，则测出的总氮只包含硝酸盐氮、亚硝基氮以及少量的氨氮，浓度比实际值偏低。当水样中氨氮含量较高时，总氮浓度甚至会低于氨氮。解决办法是在消煮 30 min 放气后趁热将水样摇匀，使逸出的 NH_3 重新溶于溶液中被热过硫酸钾氧化。吕小洁等提出了套管法过硫酸钾氧化，即在盛有样品的比色管中放一个装碱性过硫酸钾的小试管，小试管高度要高于比色管液面，盖上比色管后进行液体混合消解，这样可以防止 NH_3 和样品的逸出。

21.1.6 其他影响因素

试验器皿和环境的污染，波长定位偏差都会造成结果误差。试验中所用的玻璃仪器，使用前要经过酸处理，测量仪器所用比色杯和样品盛放盒也要用盐酸或无水乙醇处理，压力锅使用前后要用蒸馏水清洗干净。试验环境要求无氨，所以不能在分析硝酸盐氮、氨氮等氮类试验室中做总氮分析。

此外，我国水资源中总氮含量一般大于 1 mg/L，因此，以 1～10 mg/L 浓度为标准曲线横坐标范围可以减少高空白值影响，提高测试精度。

21.2 总磷试验影响因素及解决办法

21.2.1 水样 pH 调节的问题

水样理想条件下是取完立即进行试验，不能立即试验需要用硫酸调节到 pH 小于 1 的环境下保存。关于这一问题，有学者强调必须严格将 pH 调至中性，采取了一系列复杂精密的操作。《水和废水检测分析方法》中提到如采样用水、用酸固定，则用过硫酸钾消解前将水样调至中性。事实上，过硫酸钾在碱性条件下氧化效果更好，原因可以由其与水发生的反应解释：

$$K_2S_2O_8 + H_2O \longrightarrow 2KHKO_4 + \frac{1}{2}O_2 \tag{21-1}$$

反应生成的 $KHSO_4$ 在水中电离出大量的 H^+，如果在碱性环境下，OH^- 会中和 H^+ 生成水，使过硫酸钾与水的反应正向进行，促进氧化效果。至于试验要求水样消解前需要中性环境，是因为显色反应需要酸性环境，否则消解后反应生成的 H^+ 被 OH^- 中和，显色效果将会大大降低。酸性条件下，酒石酸锑钾作为催化剂，正磷酸盐与钼酸铵会发生化学反应生成磷钼杂多酸，在抗坏血酸的催化下，分解成磷钼蓝这种蓝色络合物，反应如下：

$$H_2PO_4^- + 12NH_4MoO_4 + 24H^+ \xrightarrow{KSOC_4H_4O_6} [H_2PMo_{12}O_{40}]^- + 21NH_4^+ + 12H_2O \tag{21-2}$$

$$[H_2PMo_{12}O_{40}]^- \xrightarrow{C_6H_8O_6} H_3PO_4 \cdot 10MoO_3 \cdot Mo_2O_5 \tag{21-3}$$

从以上反应可以看出，过硫酸钾在碱性条件下氧化效果更好，而显色反应必须在酸性条件下，但这两个反应操作并不是同时进行的，氧化消解先于显色反应，即先有磷被过硫酸钾氧化为正磷酸盐，再有磷酸盐发生显色反应。可以在用酸固化的水样中直接加入配好的碱性过硫酸钾溶液，经测定溶液 pH 为 9～10，消解后 pH 为 8～9，调节酸度后进行显色反应，这样既免去了烦琐的中和过程，也提高了反应效率。查林就用碱性过硫酸钾消解法连续测定了水样中的总氮和总磷，提高了试验效率。梁巧玲等也在水样总磷消解前加入氢氧化钠，并证明该方法有较低的检出限、较高的精密度和较高的准确度。

21.2.2 显色剂的酸度与还原剂的浓度

上面已经讲到了显色反应需要在适当的酸性条件下进行，那么就要明确需要多少浓度的酸，同时需要多少浓度的还原剂。通过对同一浓度下的正磷酸盐采用不同浓度的显色剂和还原剂测定吸光度，结果如表 21-6 所示。

表 21-6 显色剂酸度和还原剂浓度对吸光度值的影响

硫酸浓度/（mol/L）	0.5	0.5	0.8	0.8	1.0	1.0
抗坏酸浓度/%	1	2	1	2	1	2
吸光度平均值	0.353	0.358	0.357	0.366	0.358	0.360

表 21-6 中的数据说明，显色剂酸度和还原剂浓度不同的确会对吸光度产生影响。就表 21-6 浓度范围而言，在 0.8 mol/L 的硫酸浓度酸性条件下，用 2% 浓度的还原剂可以达到吸光度最大值。

21.2.3 显色干扰

水样中的砷、硅、铌、钽、锆、钛都会和钼酸铵发生与磷类似的反应生成杂多酸，干扰显色效果。砷作为与磷同样的第五主族元素，有着与磷相似的化学性质，当砷含量大于 2.0 mg/L 时需要用硫代硫酸钠作为掩蔽剂消除砷的干扰。发现五价态砷起主要干扰作用，三价态次之，有机砷几乎不产生影响，不同浓度的砷所需硫代硫酸钠的量也不同。加入酒石酸可与钼酸铵反应，避免钼酸铵与砷、硅反应，而磷钼酸铵较难溶解，所以对其影响很小。加氟化物来规避钽、铌、锆、钛的影响；加入抗坏血酸抑制铁离子对钼蓝的褪色作用。

21.2.4 显色温度和时间

浓度和温度越高，分子间的碰撞就越剧烈，增加了有效碰撞概率，因此反应时间短，即显色时间短。试验结果表明，温度为 25℃ 时，显色时间 5 min 即可达到吸光度最大值。室温在 15℃ 以下时可以适当水浴加热，加快显色时间。显色后，尽快测定吸光度，室温为 15℃ 时显色持续时间为 30 min 左右，室温为 30℃ 时显色持续时间为 20 min 左右，所以要严格控制比色时间（表 21-7）。

表 21-7 显色温度为 25℃ 时显色时间与吸光度的关系

显色时间/min	吸光度（磷含量 10μg）	吸光度（磷含量 16μg）
3	0.245	0.403
4	0.281	0.451
5	0.301	0.486
6	0.303	0.489
7	0.303	0.487

标线线性相关度随温度降低而降低。所以总磷显色时一定要考虑温度的影响，把握

不同温度下显色达到吸光度最大值所需时间。

21.2.5 其他因素

标液的制备同样重要，它直接决定了总磷浓度的工作曲线准确性。试验中，总磷需要磷酸二氢钾制备，称量药品时需精确到小数点后四位，即使有电光分析天平也难免出现误差，如果条件允许，可以直接购买已配制好的溶液，按相应浓度稀释，以提高试验效率。国标中提到工作曲线必须与样品同步消解，但样品消解的目的就是把水样中的磷全部转化为磷酸盐，而标样正是由磷酸盐（磷酸二氢钾）直接制备的，所以没有必要对标液进行消解，许多试验已证明了这一点，以表 21-8 为例。

表 21-8　工作曲线消解与未消解的比较

序号	标液浓度/（mg/L）	消解吸光度值	未消解吸光度值
1	0.00	0.005	0.003
2	0.02	0.015	0.013
3	0.04	0.023	0.022
4	0.12	0.066	0.065
5	0.20	0.105	0.103
6	0.32	0.168	0.166

为提高试验精度，可将 50 mL 比色管改为 25 mL，即将试验量程减为原来的一半，也可以取得很好的效果。消解液用量对总磷测定同样有影响，一般来说 25 mL 水样加入过硫酸钾在 4 mL 是最适合的。此外，其他药品的制备与保存也要注意，如抗坏血酸易被氧化，一定要现用现配，钼酸铵在冰箱中冷藏可以保存较长时间，但注意取用时要等到室温并充分摇匀。样品消解完要自然冷却，防止强制冷却造成比色管压力不均导致样品外溢。

21.3　本章小结

本章对过硫酸钾法测定水样中总氮、总磷含量试验中可能出现的误差问题进行了讨论，改善方法总结如下：

①总氮测量中过硫酸钾纯度影响吸光度空白值，需采取重结晶操作；消解后注意趁热摇匀溶液，防止有 NH_3 逸出，同时溶液要进行过滤，避免悬浮物干扰显色。

②总磷测量中保持显色剂合适的酸度可以提高显色效果，根据水质情况加入合适的遮蔽剂和补偿剂，同时需注意不同显色温度下对应的时间。

③消解时压力锅内压力不均匀会导致氧化不完全，可在消解计时前预热压力锅，在压力锅上升一定压力后开阀放气后重新加压开始计时。

第五篇　农业非点源污染主要防控措施研究

第22章 水污染综合治理防控措施

22.1 农业面源污染防治措施

面源污染已经成为我国农村的主要污染源，农业面源污染易造成水体的富营养化，降低环境质量，现已成为构成水质环境恶化的一大威胁。如何有效地减少由排水沟渠进入上级河道或其他较大水体中的污染物浓度是减少河流污染负荷、减轻湖泊富营养化危害、改善河流湖泊水质，从而减少农业非点源污染所造成的危害的关键环节。农业非点源污染具有随机性、广泛性的特点，因此对农业非点源污染的控制比较困难。国内外关于农业非点源污染的控制和管理开始于 20 世纪 70 年代后期，经过大量的机理和模型的研究，提出了相应的控制措施，主要可以概括为源头控制、中间调控、末端治理三个方面。在过去单项技术突破的基础上，对面源污染实行系统控制，实施面源污染的"源头减量（Reduce）—前置阻断（Retain）—循环利用（Reuse）—生态修复（Restore）"的"4R"技术体系，从而达到全类型、全过程、全流域（区域）的控制，是我国农业面源污染治理的发展方向。在 20 世纪 90 年代后期农业非点源污染的控制有了较大的发展，并以美国的最佳管理措施（Best Management Practices，BMPs）最具代表性。

目前所提出的减少非点源污染的措施中，大体上分为两种：一方面是从"源"进行控制，即减少化肥在田间的使用量或合理改变种植结构等；另一方面则集中在"汇"环节的控制上。田间所堆积的各类污染物在降雨径流、田间径流等水体运动的综合推动下，进入田间的大量的排水沟渠。经过排水沟渠的净化和吸收，再向其他水体中排放，在这一过程中，排水沟渠的作用显得尤为重要。如果污染物浓度在经由排水沟过滤和吸附转化后能够得到极大降低，那么就可以减少对其他河道的危害，起到很好地控制非点源污染的作用。

借鉴 BMPs 在国外的运用情况，结合本书对农田排水沟渠氮迁移转化机理的研究，为改善沟渠滞留能力、提高沟渠暂态存储能力，以减少沟渠水体污染物含量，本章从不同的方面对农业非点源污染的控制措施进行探讨。

22.1.1 最佳管理措施

（1）最佳管理措施（BMPs）介绍

最佳管理措施即通过采用各种预防手段，包括清洁生产和提供水污染养分设施等方式，保护水环境。其被美国国家环保局定义为"任何能够减少或预防水资源污染的方法、措施或操作程序，包括工程、非工程措施的操作与维护程序"。

最佳管理措施包含工程与非工程性措施，其核心是防止和削减非点源污染负荷，保护土壤资源、改善水质，维持、促进养分的最大利用和最少损失，其重点在污染源的管理，而非污染物的处理。

最佳管理措施的内容主要包括传统工程措施和生物工程措施。传统工程措施中，主要有修建沉砂池、渗滤池、集水设施等；生物工程措施以广泛应用人工湿地和植被过滤带为主。

（2）BMPs 的主要内容

①传统工程措施。传统工程措施主要有修建沉砂池、渗滤池和集水设施等。滞留式 BMPs 主要指储水池等，包括干式池、湿式池等。渗透式 BMPs 有渗透沟等，适合土壤渗透性较好且地下水位相对较低的地区选用，对溶解性和颗粒性污染物具有良好的去除效果。

②生物工程措施。生物工程措施以人工湿地（Constructed Wetlands）和植被过滤带（Vegetated Filter Strip）应用最广。人工湿地是 20 世纪 70 年代发展起来的一种污水处理新技术，是一种由人工建造监督控制的，包括草、林、水、泥和其他水生物的模仿自然的生态系统，在我国已有较多的研究。通过对湿地自然生态系统中的物理、化学及生物作用的优化组合进行污染物的降解和转化。植被缓冲带是指利用永久性植被拦截污染物或有害物的条带状土地，包括缓冲湿地、缓冲林带、缓冲草地等。它是过滤净化地表径流中营养物、沉积物、重金属和农药等农业非点源污染的一种有效系统，一般设在庄稼地或者养殖场的下部，成为控制农业非点源污染的重要措施。植被缓冲区有较好的环境效益和经济效益，主要体现在减少农田土壤的流失，增加地表径流的入渗，净化农田排水径流中的污染物，促进生物多样化。水陆交错带位于水生生态系统和陆生生态系统之间，具有独特的物理、化学、生态特性，农田排水沟渠的干湿交替变化就具有这种性质。

③管理措施。管理措施主要通过增加作物对化肥、农药和牲畜废弃物的利用率，降低污染物流向地表和地下水体的程度，进而降低污染环境的风险。管理措施能够促使生产者考虑经济与环境因素，在生产过程中降低污染，在源头对农业非点源污染进行控制。管理措施包括综合肥力管理、景观管理、农田耕作灌溉制度、有害生物综合治理等。

植物生长所需的养分来自土壤，而综合肥力管理的目的是使土壤养分的供给与植物需求达到最大限度的平衡。耕作管理包括耕作方法、灌溉制度、种植结构、农艺节水等方面，通过保护土壤表面提高作物对营养物质和化学物质的利用率，减少向水体的输入。景观管理是合理调节区域内景观单元的比例和空间结构，提高养分的循环以及降低养分的输出。湿地景观及缓冲带景观都是景观管理的生物措施，灌区通常以农业景观最为常见，通过对不同净化能力的植物在空间上进行优化组合，促进整个农田系统的养分吸收，降低农业非点源污染的输出。

（3）BMPs 的应用

从 20 世纪 70 年代起，BMPs 管理方式在英、美等国开始实行，有效控制了非点源污染物氮、磷对水生环境的危害，美国作为最早实行 BMPs 管理方式的国家，取得了显著的效果。美国在密西西比河三角洲治理评价工程中，采取了一系列保护性的 BMPs，之后该流域的沉积物负荷减少 70%～97%，同时氮、磷等的复合也明显减少。

我国在农业非点源污染的控制方面起步相对较晚，但在 GIS 技术模拟和技术措施等方面也有一定进展。蒋鸿坤认为，BMPs 在我国的应用应遵循以下几个步骤：

①数据处理、分析影响因子。收集农业非点源污染资料，如地形地质、水文气象、土壤种类、土地利用、河流水系等，对影响因子进行分析，得到结果作为制订 BMPs 的主要依据。

②评估修正。制订措施时，需对研究区水质的影响因子进行分析，有根据性地合理制订 BMPs。BMPs 随着各种因素的变化，始终在评估、修正、改变。

22.1.2　主要控制措施

（1）工程措施

①发展节水灌溉工程。渠系分布不合理、渠道分级不明显、渠系布设存在交叉等不合理的工程措施都会降低水资源的利用。调整不合理的灌排工程布局，采取综合措施调控地下水位，实现灌区水的动态平衡；调整种植结构，推行高效的灌溉制度；加大非工程措施的实施力度，从管理上挖掘节水潜能，提高水资源的利用效率。

a. 针对不同沟段，选择适合其拦截吸附的渠道形态。在长期的沟渠对水体的滞留效果中，延长农田中的排水在沟渠中的滞留时间可以提高沟渠与水中污染物的相互反应的时间，进而达到更好地降低其中污染物浓度的效果。改变沟渠的地形和地貌是一种很好的延长滞留时间的方法。小河流暂态存储区主要包括两个组成部分，即河底潜流带和河道水面两侧的缓流水体。其中，潜流带连接着陆地、地表和地下，是河流连续性的重要组成部分，并在溪流有机物的分解和水质净化过程中发挥着重要作用。溪流形态和地貌特征，特别是河床地貌和透水性影响着潜流带的空间尺度和分布特征。丁贵珍等通过巢湖十五里河源头段暂态储存特征分析发现，十五里河源头河段具有典型的渠道化特征，虽然对提高城市防洪安全具有积极意义，但对河水溶质的截留、净化却可能产生一定的负面效应。这是因为，经固化和取直的沟渠化溪流显著改变了小河流自然的弯曲形态和水文、水生态特性，降低了水流速度分布和基质环境的多样性，从而减弱了暂态存储作用和河水溶质的滞留能力，增大了溶质负荷向河流下游传输的可能性。就研究区排水沟渠而言，可以考虑将平直渠道重新恢复为弯曲形态，或者采用弯直结合的方式，例如在沟渠滞留能力较强的沟段采用长直型渠道，在滞留能力较差的渠段，可以将其修成弯曲型渠道，这样结合起来，可以更好地改变水流流速，进而延长滞留时间，提高滞留效率。

b. 改变渠底地貌，增大交换反应面积。在排水沟渠中，我们可以发现渠底经常会有一些深潭和大块土体的存在，这些区域都可以通过增大暂态存储区面积来提高渠道的暂态存储能力，进而提高沟渠对污染物的净化能力。李如忠等通过对合肥城郊典型源头溪流不同渠道形态的氮磷滞留特征进行探究，结果发现深潭的 A_s 值较纵向尺度稍大的曲折沟渠更大，但其交换系数 α 值却较曲折沟渠小 1 个数量级，而且深潭和曲折沟渠的 A_s 和 α 值随水文条件变化均不显著。这说明深潭形状的渠底地貌，在一定程度上可以增大暂态存储区的面积比例，因此可以通过适当在暂态存储区面积较小的沟渠段，开挖一些深潭，或者在流速较大的沟段放置一些土体，减小河道的流速，从而对水流进行一定程度的拦截。

c. 改变沟渠断面的形状。在水力学中，为了防止渗漏对坝基的影响，我们通常通过建造防渗帷幕来延长渗径，进而减小渗流比降。同样地，在沟渠中，延长水流在沟渠中的流动时间最好的方式就是通过在断面设置各种不同的拦截方式，来对水流进行阻挡，达到更好的拦截效果。杨继伟等通过在巢湖流域的二十埠河某一农田源头溪流段，采用恒定连续投加示踪剂的方式，开展野外示踪试验。通过对不同情景下暂态存储参数和营养螺旋指标模拟结果的比较，解析丁坝型挡板对溪流暂态存储和氮磷滞留能力的调控效果。布置示意见图 22-1。结果表明，丁坝型挡板使溪流交换系数 α 显著增大，其中间距为 2.5 m 的 α 值较无挡板情景高出 132.36%，1.5 m 和 3.0 m 间距则分别高出 825.37% 和 641.29%；相对于无挡板情景，设置挡板的溪流交换长度 L_s 明显下降，水力持留因子 R_h、行进时间中值 F_{med}^{200} 及过水断面面积和暂态存储区断面面积的比值 A_s/A 等出现不同程度的增大；设置挡板的氮磷吸收长度 S_w 较无挡板情景显著下降，吸收速度 V_f 则有不同程度的提高。这表明丁坝型挡板对农田溪流暂态存储和氮磷滞留能力具有很好的调控效果。

图 22-1 丁坝型挡板布置示意

关于改变渠道断面特征的方式，不止丁坝这一种形式，例如可以在沟渠中部放置若干相聚一定距离的植物网箱，网箱采取可渗流形式，在其中填充较多相对吸附性较强的水生植物，这样也可以实现对水流的拦截分流，更好地让水流与土体之间发生交换作用，减少营养盐吸收长度，更好地实现消除污染物的目标。

d. 优化沟渠内部植物种植结构，提高吸附能力。除对沟渠形态的改造外，在沟渠两侧种植植物和构建沟渠边林地缓冲带，也可以较为有效地增强暂态存储作用和为生物降解污染物提供必要的碳源。尽管在目前排水沟渠的修复措施中，针对沟渠外部形态的改造一直都被广泛采用，但能够协同考虑沟渠各方面功能（如营养物循环、有机物降解等）的修复措施则还较为少见。

在所有控制和修复富营养化水体的生态工程（人工湿地、植物缓冲带、生态浮床等）中水生植物是不可缺少的一部分。水生植物修复受污染水体，是利用水生植物生长过程对氮、磷等营养物质的吸收而减少水体中这类污染物质，与此同时还可以分解、净化水体中的其他有毒有害物质。何娜等对大藻、凤眼莲、慈菇、菖蒲、香蒲和水葱这六种水生植物去除氮、磷的效果进行了试验研究，结果表明，所选植物都能较好地吸收水中的营养物质，对氨氮和硝态氮的去除率分别为93.71%～97.32%和76.69%～92.47%，对TP的去除率为76.69%～92.47%，其中菖蒲对氨氮的去除效果最好，慈菇对硝酸盐氮的去除率最高，香蒲对TP的去除率最高。六种水生植物的氮、磷吸收贡献率分别占水质氮、磷去除率的11.71%～54.57%和17.61%～64.56%。试验表明，不同种类水生植物对不同污染物的去除能力存在较大差异，因此，在实际应用时可针对污染物的种类来选择水生植物，也可考虑对水生植物之间进行搭配组合用以修复污染水体。

水生植物不但可以促进氮的截留沉淀，也通过自身吸收作用净化一部分污染物，但植物吸收只是一个短暂的储存氮、磷的过程，当植物死亡以后，部分氮、磷污染物将重新释放出来，造成二次污染。通过植物收割可以将氮、磷污染物从沟渠系统中去除。因此在植物生长的过程中还应注意防止对水体造成二次污染。

e. 改变沟渠底泥层结构，构建生态型河床。当前，针对排水沟渠的生态功能的研究大多是从改变沟渠的外部结构或特征的角度来分析，对沟渠底部底泥层的结构及成分分析的研究较少。主要是由于沟渠在开挖后，较难改变其底部土质的理化特性所导致的。生态型河床是近年来研究较多的一种减少河流污染的措施。天然河床或人工合成接触材料（如塑料和纤维等）具有较大的比表面积，生物容易在其表面聚集生长而形成生物膜，可以吸附降解水体污染物质，增强微生物对氮的硝化和反硝化作用，因此可以尝试将这些材料布置在河床中，创造适宜生物膜生长的介质来强化水体的自净能力。侯俊等通过对比分析卵砾石生态河床河段和自然河床河段中的生源要素变化规律和水生生物生长状况，发现卵砾石生态河床河段对污染物质的截留效果明显好于自然河床河段，对氨氮和总磷的截留率可分别达到37%和25%，卵砾石生态河床的构建可显著提高河道的自净能力；卵砾石生态河床河段水生植被的生长密度和覆盖率均达到良好的水平，卵砾石生态河床为水生植物、底栖动物和附着生物等水生生物提供了适宜的栖息环境，对河流生态系统的健康起到了较好的改善作用。罗朝辉等将多孔质生态河床技术引入生态型灌区受损水体修复中。在冬季低温条件下，通过室内试验，延续了前期研究，采用仿生植物填料丝改良了块石多孔质生态河床，并与碎石多孔质生态河床对比，分析了两种河床模型对污染水体的净化效果。结果表明，采用仿生植物填料丝改良的块石多孔质生态河床是修复受损水体较为理想的方法，它可以有效地降低由于水力条件的改变对河床的扰动，减轻由于底质污染物向上覆水体的再释放而导致的二次污染程度，还有利于增加河床的比表面积，增加微生物的数量和种类，提高河流的自净能力。

②实行控制性排水措施。水分是污染物运移的主要动力，控制排水能够减少污染物向外界水体的扩散。20世纪80年代末，国外就对控制性排水减少农田氮元素排放及节约农业灌溉用水进行相关研究。根据水生植物的承受能力，在排水通道的出口灯处设置溢流堰等控制性建筑物，合理地抬高排水出口处的水位，减少排放到下游水体的水量，可以有效地减轻农业非点源污染，根据第4章的研究，高水位更有利于农田排水沟渠对氮元素的截留去除。

控制排水时，排水沟内水位较高，使得深层排水速度变慢，引起该层水体中的污染物不能够及时向下淋洗或排出。排水量的减少能够引起灌溉水量的下降，在保持灌溉定额不变的情况下，减少灌溉次数能够有效地节省水资源，减少对周围水体的污染。杨丽丽等控制水盐的分析结果显示：控制排水后试验区依然能够满足水盐平衡；田世英等研究表明：银南灌区采取控制排水后，浅层土壤并未出现显著的积盐现象，尽管存在深层土壤的盐分微量增加的情况，但是这并不影响作物的正常生长；刘建刚等通过对自由排水和控制排水进行模拟计算的对比，发现在水稻生长期间进行控制排水，能够减少地下排水量46.8%，减少田间氮元素流失52.7%，这说明控制排水具有很好的节水减污效果。因此，在农田中，可以通过合理的控制性措施进行控制排水，在减少污染物排放的同时，利用农田沟渠对污染物进行净化。

③充分发挥沟渠湿地拦截功能，建设生态型沟渠工程。农田排水沟渠作为农田灌溉或者降雨径流退水的主要输送通道，同时也是农田排水沟渠非点源污染物迁移的通道。在水动力作用下，农田土壤中的营养物质、有机质等污染物随着水流进入沟渠，在沟渠中不断沉积，为水生植物的生长及微生物的繁殖提供充足的营养，构成了农田排水沟渠独特的生态结构。排水沟渠内生长的水生植物进行着周期性的生长变化；沟渠底泥随水位的上升和下降进行周期性的干湿交替变化；底泥丰富的营养物质为水生植物提供着营养，并为微生物提供良好的生存环境，农田排水沟渠"水—底泥—植物—微生物"的这种独特的生态系统表明农田排水沟渠具有人工湿地的生态功效。

生态拦截型沟渠是指根据生态工程学原理，在农田排水沟渠的岸壁及沟渠内种植氮磷高效富集植物，或者在沟渠末端串联出一个小型的湿地，形成生态型沟渠系统，增加排水沟渠对氮、磷等污染物的截留去除作用。生态型拦截沟渠系统通过工程措施和植物措施，达到减缓水流速度、延长水力停留时间的目的，进而促进农田排水沟渠对污染物的截留去除作用。传统型排水沟渠容易产生水土流失等问题；混凝土沟渠能够解决水土流失的问题，但是仅可以起到输水排水的作用，对排水中的污染物不能起到截留去除的作用；然而生态型沟渠不仅能够起到灌排的作用，还能够有效拦截农田排水中的污染物，减少对水体环境的污染，同时，在排水沟渠中种植合适的经济作物，不仅能够形成良好的生态景观，还能够产生一定的经济效益。李松敏等在通过一种静态和动态试验模拟生态沟渠，试验主要研究不同水位、不同流量及不同浓度氮、磷对生态沟渠脱氮除磷的影响。试验表明生态沟渠对污染物的拦截效果更好。并且该试验研究已应用于实际示范工程中，在示范工程中将自然排水沟进行改造，研究不同降雨过程中改造后的生态沟渠对总氮、总磷的平均去除率达到31.4%和40.8%。杨林章等在太湖流域进行的生态拦截型沟渠的试验表明，生态拦截型沟渠通过相应的工程措施和种植植物，对沟壁、水体以及沟渠沉积物的立体式拦截作用实现了对农田排水污染物氮、磷的控制，对农田排水中氮、磷的平均去除率可以达到48.36%、40.53%。戴璐莹等在苕溪流域开展的污染控制研究结果表明，等高线带状种植措施对氨氮、总磷等污染物的整体削减效果显著，其中氨氮、总磷浓度分别下降了27.2%、25.3%；陈英等在太湖流域进行了不同植物对水体的净化效果研究，研究结果表明水芹＋灯芯草＋菖蒲和再力花＋芦苇＋黄花水龙两种组合对水体的净化效果较好，总氮、总磷的去除率均不低于65%。

④设置农田系统植被缓冲带。在径流进入水体之前，带状植被能够滞缓径流，从而使得非点源污染物能够被有效地拦截、截留，具有良好的减污效果。在1997年，由美国农业部国家自然资源保护局（NRCS）向公众推荐此项技术，并得到广泛的应用。

植被缓冲带净化污染物机理可概括为以下三点：第一，通过减缓地表径流速度，使颗粒态污染物可以更好地被过滤、拦截；第二，对于溶解态污染物，利用植被的吸收和土壤的吸附作用来降低其排出量；第三，促进氮的反硝化。缓冲带的功能效益在很大程度上取决于污染物的运输机制，然而又受地形地质、水文气象、植物类型等综合性影响，另外，缓冲带的形状轮廓等又是农业非点源污染控制的主要影响因素。目前水体缓冲林带和缓冲草地带运用较多。前者主要防止水体富营养化及水质恶化，后者主要减少表面径流对地表的侵蚀，保护水土。

当前运用比较多的缓冲带类型有水体缓冲林带和缓冲草地带。前者在河湖、溪流和沟谷沿岸建立各类林带或灌木林带，防止引起水体富营养化和水质恶化的污染物进入河道水体。后者是指汇流区和流经地区种植的条带状草地，目的是拦截水中的部分泥沙、悬移质等，减少表面径流对地表的冲蚀，减弱侵蚀，保持水土，减少水体污染。

大量研究已经证实，缓冲带确实可以减少水中所含的氮、磷和有机污染物以及泥沙。法国的一项植被缓冲带试验表明，在植被缓冲带的有效利用下，莠去津的代谢产物降低44%～100%，可溶性磷降低22%～89%，氮降低47%～100%。

综上所述，以农田引排水沟渠为基础，首先完善农田防护林带，在保护沟渠植被的同时，还要在农田周边种植灌木，此外还应设置缓冲林草带，用各种生态措施来降低非点源污染物的迁移和扩散。

（2）非工程措施

①合理施肥。化肥被称为"粮食的粮食"，对粮食生产的贡献率达到40%左右，与此同时，田间施用的化肥是农业非点源污染的主要因素。目前，我国大量地使用化肥农药造成的农业非点源污染对水环境已经造成严重的危害。而在研究非点源污染物氮、磷在排水过程中迁移转化机理的同时，有效地控制污染源，也能够降低非点源污染物的扩散。化肥作为农业非点源污染物主要的源头，如果能够有效地进行控制，必然事半功倍。在追求经济产量而盲目施肥的同时，养分超过植物需要就会造成大量流失，随着径流进入水体，造成水环境污染。有研究表明，化肥种类的选择、化肥的使用量以及使用方式和时间都会对非点源污染造成很大的影响。研究发现，农田中肥料的大量投入及施肥的不合理，是造成非点源溶质氮、磷流失，造成水环境污染的重要因素。司友斌的研究显示，农田每增加 $1~kg/hm^2$ 的氮素，就会造成 $0.56～0.721~kg/hm^2$ 的氮元素流失。根据实际情况，可以利用科技手段进行因地制宜的合理性施肥。如推广使用测土施肥技术、增加农家肥的使用量、进行施肥时间的控制等。

a. 推广使用测土施肥技术。测土施肥是现代农业中极为重要的农业管理内容，也是联合国在全世界推行的先进农业技术。测土施肥是把土壤测试和田间试验相结合，再根据农作物的生长需肥规律、土壤供应肥料能力以及肥料自身的效应等，在合理使用有机肥的同时，提出适合研究区的肥料使用方法、数量以及施肥时间等措施。目的就是调节和解决农作物需肥与土壤供肥的矛盾，根据不同作物的需求，有针对性地补充农作物所需营养，在满足作物生长需要的同时，减少施肥量，提高肥料利用率，节约资源和劳动力。

b. 合理搭配使用，增加农家有机肥的施用量。应用比较广的是氮磷钾肥混施，这样既可以降低因渗漏而导致的营养元素损失，还可以有效降低其淋失。作为一种控制非点源排放的方法，膜控制释放技术（MCR）目前已在生产中得以应用。MCR 技术包括两项内容：第一，支持快速释放制订区域内化肥和农药的规定剂量；第二，控制扩散速度，逐渐缓慢释放有效成分。MCR 技术起步晚，发展快，应用于化肥的方式有无机物包膜、聚合物包膜、肥料包肥料；应用于农药的方式有塑料层压、微胶囊、吸收混合、高分子载体、种子包衣等。

另外，施用农家肥有两大益处：一是施用农家肥可以改善土壤环境，提高土壤的长久肥力，同时因长期施用化肥、农药导致的土壤板结问题也可以得到缓解，土壤得到疏松，促进土壤中有益微生物的繁殖。农家肥的养分在土壤中是缓慢释放的，有利于作物吸收和减少肥料养分的损失。二是收集施用农家肥的投入少。施用了农家肥，减少了化肥的施用量，减少了农户的经济支出，减轻农户的负担，同时对农家肥的利用又可减少农家肥对环境的污染，也起到了减少农业非点源污染的作用。

c. 改进施肥方式，施肥注意季节性。不同的施肥方式以及不同的施肥时间导致作物对养分吸收有差异，从而导致养分不同程度的流失，同时造成农业非点源污染。

研究表明基肥的施用对污染负荷影响较小，而追肥则影响较大。灌区传统的施肥方式则是重追肥、轻基肥，导致肥料损失严重，效率降低。此外为了防止化肥挥发，可以推进深耕技术。农作物施肥的深耕技术有多种，可以耕前撒肥，耕后作基肥，播种或者生长期间开沟条施等，因此在施肥方式上，推荐实行化肥深施。这样既可以减少灌溉和降水影响，也能促进植物的根系吸收。同时要注意不同的时段需要不同的施肥方式，需要考虑到降雨时间强度以及土壤吸附能力，施肥期选择应避免大雨。此外，还应考虑农作物对养分的吸收利用率，农作物最容易发生营养流失的时候是在其吸收养分淡季。为了避免养分过度流失，农作物养分需求决定了化肥的使用量。

②改进耕作方式。对不同的农作物采用不同的耕作方法，通过合理轮作的种植制度，实现可持续发展。河套灌区农业种植以稻旱轮作为主，传统实行两年旱一年稻的轮作方式。由于不能严格实行稻旱轮作，有的农田连续多年种植水稻或者旱作作物，引起地下水位下降，土壤中盐分析出，土壤透水性和养分均衡均遭到破坏，对作物生长造成不利影响。土壤性质的改变和作物的单一性导致施入田间的肥料不能充分吸收，大量养分随灌溉退水流失，土壤富集盐分，在洗盐过程中，大量盐分被淋溶作用带入农田退水，对水体造成污染。建议灌区实行合理的轮作制度，充分利用农作物对不同养分的吸收能力，将土壤中残留的肥料成分含量降解到最低。

③畜禽粪便管理。畜禽粪便、用于养殖的秸秆的废弃物，以及农村散养户污水直接外排于排水沟，耕地不断减少、养殖规模扩大导致土壤中矿物质的总负荷远超植物的吸收能力，并影响地表水和地下水质。

政府在此管理措施的推行中起着重要作用，畜禽养殖需被适当控制和合理引导，同时要配套经济实用、可行性高的畜禽污染控制工程。

④农业综合病虫害治理。为保护农产品，农药施用逐年增多。以含有机氯的农药为例，由于其衰减期较长，难以分解，在农田土壤中长期积累，一部分通过地表水进入河流，另一部分则随水渗入地下造成地下水污染。

由于农民认识不足，技术水平低下，使用的农药大多是高毒、高残留，破坏环境的程度就更为明显。建议对农户大力宣传综合病虫害治理的措施，加强技术指导，使农户科学合理地施用农药，既能减少农户经济支出，也能减轻农药等对环境的污染。

⑤建立完善管理政策体系，增强创新发展。农业发展结构布局不合理在很大程度上导致了农业非点源污染，虽然农业、农村环境保护工作早已被列入区域经济、社会发展的总体规划，但规划还需要有针对性，因地制宜。政府相关部门加强指导，深化农业农村改革，健全农业社会化服务体系和标准化农民制度；推进减肥料、减农药和除草剂措施；积极推动有机肥的使用，按照方案的任务要求和各乡镇粮食规模种植情况；推广秸秆还田作业；增加对施有机肥、回收薄膜及农机购置的补贴等措施。灵活运用经济杠杆，加强宏观调控，制定相应的经济政策，奖惩结合，既要征收环境消费税，又要鼓励纳税人减少损害环境的活动。如奥地利和比利时已征收化肥税，而丹麦在此基础上还对出售杀虫剂征收20%的农药税。在防止非点源污染的目标下，必须采取一定的强制措施，这样才能更好地落实相应的防止措施。

22.2　点源污染综合治理

对于城中村和城乡接合部的合流制排水系统可实施雨污分流改造，对较难改造的工程，可采取截流、调蓄和治理的措施。

对于新建或者扩建的项目应提高装备水平和环保设施进行控制，严格控制污染物的排放量，严禁工业废水通过沟渠进行不达标或者超量排放。

对于河流周边零散户的生活污水进行集中处理工作，严禁生活垃圾和工业垃圾输送至沟渠。

22.3　水质改善及保护对策

22.3.1　增强治理设施建设资金投入，严格落实主体责任

加强工业园区污水处理厂、城镇污水处理厂等设施建设，因此当地政府需要相当量的资金投入。河道的治理也需要各排污企业做出资金贡献，且项目建设过程中需政府部

门严格落实主体责任，及时指导督促工作进度，提高办事效率。

22.3.2 规范沿河生态景观建设

结合城市发展布局规划、产业布局规划和生态规划等，在标准化堤防管理范围内，对水生态景观进行统一规划，建设以植树绿化为主的绿色生态长廊，以展现地域特色为基础的景观城市河段，从而改善两岸生态环境，提升河段综合治理水平。

22.3.3 调整全区经济产业结构

历史实践结果表明，河流区域工农业经济发展和环境保护的主要制约因素是区域经济发展结构性污染，所以经济结构合理布局至关重要。因此，在确保全区产业经济稳步发展的同时，应该着重限制低水平行业的扩张与发展，与此同时，应该大力发展低污染、低能耗的产业。生态环境厅可实施以河流水环境容量为基础的监测评价方案，对各企业公布的污染物排放量提前做好评估，依此确定排放物的允许排放量。

22.3.4 加强河段信息化管理

政府应严格落实河长制制度，强化监管能力，如可秘密排查潜在污染源等方法。此外，还需要加强工程维护与管理的信息化建设工作，充分利用大数据等先进技术，构建多智能化的自动水质监测系统，可有效进行水质的长期监测，这对于衡量整体排水具有较好的警示作用，最终可确保水质的达标。

22.4 本章小结

水污染治理与保护的根本途径是污染源头的控制。本章通过介绍 BMPs 的概念以及国内外的实际应用，基于河流水体水质控制的目标和该段河流的水环境容量，探讨了污染综合治理的防控措施，BMPs 只是一种因地制宜的措施，而非具体量化的手段，其制订和执行需要得到生产者和社会的认可，需要在实践中不断完善。在探讨过程中给出了水污染综合治理的几点建议：

①发展节水灌溉工程，并且制订相应的控制排水措施。

②建设生态型沟渠，发挥生态沟渠的拦截作用。

③合理设置植被缓冲带，结合农田排水沟渠、水塘等，形成小型的人工湿地系统，增加农田排水沟渠对氮、磷的截留、去除作用。

④采取合理施肥、制订轮作植物制度的措施，并且制定相关法律政策，在源头上控制水污染。

附　录

排水沟渠生态动力学模型部分（四阶龙格库塔模块）代码：

M 文件：

```
% 主程序
function shuchu = RK4（a，b，h，N，c1，c2，c3，c4，c5）
global Nyouji Nan Nxiao Nzhiwu Ndini g1 g2 g3 g4 g5 g6 g7 g8 g9 g10 j1 j2 j3 j4 j5 j6 j7 j8
j9 j10 o1 o2 o3 o4 o5 o6 o7 o8 o9 o10 p1 p2 q1 q2 q3 q4 q5 q6 i
G（1）= c1；
J（1）= c2；
O（1）= c3；
Q（1）= c4；
P（1）= c5；
for i = 1:N
c（1）= a；
c（i + 1）= a + h；
Nyouji i = ［数据］；
Nan i = ［数据］；
Nxiao i = ［数据］；
DO = ［数据］；
T = ［数据］；
pH = ［数据］；
% 四阶龙格库塔模块
Nyouji = G（i）；
Nan = J（i）；
Nxiao = O（i）；
Nzhiwu = Q（i）；
Ndini = P（i）；
k1 = f1［c（i），G（i）］；
k2 = f1c（i）+ h/2，G（i）+ k1 × h/2）；
k3 = f1（c（i）+ h/2，G（i）+ k2 × h/2）；
```

```
k4 = f1[c(i) + h,G(i) + k3 × h];
G(i + 1) = G(i) + h × (k1 + 2 × k2 + 2 × k3 + k4)/6;
Nyouji = G(i + 1);
k1 = f2[c(i),J(i)];
k2 = f2[c(i) + h/2,J(i) + k1 × h/2];
k3 = f2[c(i) + h/2,J(i) + k2 × h/2];
k4 = f2[c(i) + h,J(i) + k3 × h];
J(i + 1) = J(i) + h × (k1 + 2 × k2 + 2 × k3 + k4)/6;
Nan = J(i + 1);
k1 = f3[c(i),O(i)];
k2 = f3[c(i) + h/2,O(i) + k1 × h/2];
k3 = f3[c(i) + h/2,O(i) + k2 × h/2];
k4 = f3[c(i) + h,O(i) + k3 × h];
O(i + 1) = O(i) + h × (k1 + 2 × k2 + 2 × k3 + k4)/6;
Nxiao = O(i + 1);
k1 = f4[c(i),Q(i)];
k2 = f4[c(i) + h/2,Q(i) + k1 × h/2];
k3 = f4[c(i) + h/2,Q(i) + k2 × h/2];
k4 = f4[c(i) + h,Q(i) + k3 × h];
Q(i + 1) = Q(i) + h × (k1 + 2 × k2 + 2 × k3 + k4)/6;
Nzhiwu = Q(i + 1);
k1 = f5[c(i),P(i));
k2 = f5[c(i) + h/2,P(i) + k1 × h/2];
k3 = f5[c(i) + h/2,P(i) + k2 × h/2];
k4 = f5[c(i) + h,P(i) + k3 × h];
P(i + 1) = P(i) + h × (k1 + 2 × k2 + 2 × k3 + k4)/6;
Ndini = P(i + 1);
end
shuchu = [c',G',J',O',Q',P']
```

参考文献

［1］ 白江涛. SWAT 模型在宝鸡峡灌区的改进的及应用［D］. 西安：陕西师范大学，2012.

［2］ 白晓燕，位帅，时序，等. 基于 HSPF 模型的东江流域降水对非点源污染的影响分析［J］. 灌溉排水学报，2018，37（7）：112－119.

［3］ 包存宽，张敏，尚金城. 流域水污染物排放总量控制研究［J］. 地理科学，2000（2）：61－64.

［4］ 鲍琨，逢勇，孙瀚. 基于控制断面水质达标的水环境容量计算方法研究——以殷村港为例［J］. 资源科学，2011，33（2）：249－252.

［5］ 蔡明，李怀恩，刘晓军. 非点源污染负荷估算方法研究［J］. 人民黄河，2007（7）：36－37，39.

［6］ 蔡明，牛卫华，李文英. 流域污染负荷分割研究［J］. 人民黄河，2006（7）：24－26，80.

［7］ 仓衡谨，许炼峰，李志安，等. 农业非点源污染控制中的最佳管理措施及其发展趋势［J］. 生态科学，2005，24（2）：173－177.

［8］ 曹向东，王宝贞，蓝云兰，等. 强化塘——人工湿地复合生态塘系统中氮和磷的去除规律［J］. 环境科学研究，2000，13（2）：15－19.

［9］ 种云霄，胡洪营，钱易. 大型水生植物在水污染治理中的应用研究进展［J］. 环境污染治理技术与设备，2003，4（2）：36－40.

［10］ 常舰. 基于 SWAT 模型的最佳管理措施（BMPs）应用研究［D］. 杭州：浙江大学，2017.

［11］ 陈成龙. 三峡库区小流域氮磷流失规律与模型模拟研究［D］. 重庆：西南大学，2017.

［12］ 陈海生，崔绍荣. 泰国的农业非点源污染［J］. 世界农业，2003（4）：46－47.

［13］ 陈海生，王光华，宋仿根，等. 生态沟渠对农业面源污染物的截留效应研究［J］. 江西农业学报，2010，22（7）：121－124.

［14］ 陈海生. 农田沟渠湿地耐寒植物水芹（Oenanthe javanica）降污研究［J］. 安徽农学通报，2012，18（11）：117－118.

［15］ 陈利顶，傅伯杰. 农田生态系统管理与非点源污染控制［J］. 环境科学，2000，

2：98-100.

[16] 陈曼雨，崔远来，郑世宗，等．基于 SWAT 模型的农业面源污染尺度效应研究 [J]．中国农村水利水电，2016（9）：187-191，196.

[17] 陈培帅．重庆主城区两江水环境容量研究 [D]．重庆：重庆交通大学，2013.

[18] 陈文英，毛致伟，沈万斌，等．农业非点源污染环境影响及防治 [J]．北方环境，2005（2）：43-45.

[19] 陈锡文．中国粮食政策调整方向 [J]．中国经济报告，2015（12）：19-21.

[20] 陈霞．人民胜利渠灌区多水源灌溉应对干旱分析 [D]．北京：中国农业科学院，2013.

[21] 陈效民，吴华山，孙静红．太湖地区农田土壤中铵态氮和硝态氮的时空变异 [J]．环境科学，2006，27（6）：1217-1222.

[22] 陈欣，郭新波．采用 AGNPS 模型预测小流域磷素流失的分析 [J]．农业工程学报，2000（5）：44-47.

[23] 陈兴伟，刘梅冰．感潮河道水环境容量理论及计算的若干问题 [J]．福建师范大学学报（自然科学版），2006（2）：104-108.

[24] 陈岩，赵翠平，郜志云，等．基于 SWAT 模型的滹沱河流域氨氮污染负荷结构 [J]．环境污染与防治，2016，38（4）：91-94.

[25] 陈英，邱学林，吴钰明．太湖流域农田生态沟渠塘不同水生植物组合净化氮磷效果研究 [J]．江苏农业科学，2015，43（12）：367-369.

[26] 陈勇，冯永忠，杨改河．农业非点源污染研究进展 [J]．西北农林科技大学学报（自然科学版）．2010（8）：173-181.

[27] 程序，张艳．国外农业面源污染治理经验及启示 [J]．世界农业，2018（11）：22-27，270-271.

[28] 崔键，马友华，赵艳萍，等．农业面源污染的特性及防治对策 [J]．中国农学通报，2006，22（1）：335-340.

[29] 崔理华．污水垂直流人工湿地处理系统技术的研究进展 [A]．中国生态学学会．生态学的新纪元——可持续发展的理论与实践 [C]．中国生态学学会，2000：3.

[30] 代俊峰，崔远来．基于 SWAT 的灌区分布式水文模型——I．模型构建的原理与方法 [J]．水利学报，2009，40（2）：145-152.

[31] 代俊峰，全秋慧，方荣杰．漓江流域上游非点源污染负荷估算 [J]．水利水电科技进展，2017，37（5）：57-63.

[32] 戴露莹．基于 SWAT 模型的典型小流域非点源污染控制研究 [D]．杭州：浙江大学，2012.

[33] 丁贵珍．基于 OTIS 模型的巢湖十五里河源头段氮磷迁移转化规律及模拟 [D].

合肥：合肥工业大学，2014.

[34] 丁疆华，舒强. 人工湿地在处理污水中的应用 [J]. 农业环境保护，2000，19 (5)：320-322.

[35] 董超，王晖. 面源氮磷流失生态拦截工程设计及应用成效 [J]. 现代农业科技，2018 (4)：158-159.

[36] 董飞，彭文启，刘晓波，等. 河流流域水环境容量计算研究 [J]. 水利水电技术，2012，43 (12)：9-14.

[37] 董伟新. 滇池流域非点源污染防控管理调查与研究 [D]. 昆明：昆明理工大学，2013.

[38] 杜东明，夏厚禹，陈怡兵，等. 测土配方施肥对玉米养分吸收量的影响 [J]. 吉林农业，2018 (22)：48.

[39] 杜钦，王金叶，李海防. 不同坡度下植物散流-过滤带对地表股流氮磷的消除效果 [J]. 生态学杂志，2016，35 (1)：212-217.

[40] 杜晓明，洛俊峰，祖玉伟，等. 测土配方施肥技术在吉林省作物种植中的应用现状 [J]. 吉林农业，2019 (5)：74.

[41] 杜伊. 利益相关者对于面源污染管理措施接受度及影响因素分析 [A]. 中国环境科学学会. 2017中国环境科学学会科学与技术年会论文集（第三卷）[C]. 中国环境科学学会，2017：8.

[42] 段亮，段增强，常江. 地表管理与施肥方式对太湖流域旱地氮素流失的影响 [J]. 农业环境科学学报，2007 (3)：813-818.

[43] 段晓男，王晓科，欧阳志云，等. 内蒙古河套灌区农田生产和乌梁素海湿地保护综合模型分析 [J]. 资源科学，2008，30 (4)：628-633.

[44] 段志勇，施汉昌，黄霞，等. 人工湿地控制滇池面源水污染适用性研究 [J]. 环境工程，2002 (6)：5，64-66.

[45] 樊琨，马孝义，李忠娟，等. SWAT模型参数校准方法对比研究 [J]. 中国农村水利水电，2015 (4)：77-81.

[46] 范辉. 过硫酸钾消解紫外分光光度法测定总氮准确度的提高方法 [J]. 广西科学院学报，2011，27 (2)：90-92.

[47] 范丽丽，沈珍瑶，刘瑞民，等. 基于SWAT模型的大宁河流域非点源污染空间特性研究 [J]. 水土保持通报，2008 (4)：133-137.

[48] 方运霆，莫江明，Per Gundersen，等. 森林土壤氮素转换及其对氮沉降的响应 [J]. 生态学报，2004，24 (7)：1523-1531.

[49] 费良军，脱云飞，穆红文. 膜孔肥液自由入渗土壤铵态氮运移和分布特性试验研究 [J]. 干旱地区农业研究，2008，26 (3)：193-197.

[50] 冯立忠. 黄河呼和浩特段动态性水环境容量研究及风险评价 [D]. 呼和浩特：

内蒙古农业大学，2016.

[51] 冯利忠，裴国霞，吕欣格，等."引黄入呼"取水口动态性水环境容量计算 [J].
环境科学学报，2016，36（10）：3848 – 3855.

[52] 付海曼，贾黎明. 土壤对氮、磷吸附/解吸附特性研究进展 [J]. 中国农学通
报，2009，25（21）：198 – 203.

[53] 付晓玫. 欧盟、美国及日本化肥减量的法律法规与政策及其适用性分析 [J].
世界农业，2017（10）：80 – 86.

[54] 付意成，徐文新，付敏. 我国水环境容量现状研究 [J]. 中国水利，2010
（1）：26 – 31.

[55] 甘小泽. 农业面源污染的立体化削减 [J]. 农业环境与发展，2005（5）：38 – 41.

[56] 高懋芳，邱建军，刘三超，等. 基于文献计量的农业面源污染研究发展态势分
析 [J]. 中国农业科学，2014，47（6）：1140 – 1150.

[57] 高拯民. 城市污水土地处理设计利用手册 [S]. 北京：中国标准出版社，
1991：25 – 48.

[58] 葛怀凤，秦大庸，周祖昊，等. 基于污染迁移变化过程的海河干流天津段污染
关键源区及污染类别分析 [J]. 水利学报，2011，42（1）：61 – 67.

[59] 耿润哲，梁璇静，殷培红，等. 面源污染最佳管理措施多目标协同优化配置研
究进展 [J]. 生态学报，2019（8）：1 – 8.

[60] 耿润哲，王晓燕，庞树江，等. 潮河流域非点源污染控制关键因子识别及分区
[J]. 中国环境科学，2016，36（4）：1258 – 1267.

[61] 巩琳琳，黄强，薛小杰，等. 基于生态保护目标的乌梁素海生态需水研究
[J]. 水力发电学报，2012，31（6）：83 – 88.

[62] 估算非点源污染负荷的平均浓度发及其应用 [J]. 环境科学学报，2000，20
（4）：397 – 400.

[63] 郭鸿鹏，朱静雅，杨印生，等. 农业非点源污染防治技术的研究现状及进展
[J]. 农业工程学报，2008，24（4）：290 – 295.

[64] 郭亮华，何彤慧，程志，等. 沟渠湿地生态环境效应研究进展综述 [J]. 水资
源研究，2011，32（1）：24 – 27.

[65] 国家环境保护总局. 水和废水监测分析方法（第四版）[M]. 北京：中国环境
科学出版社，2002.

[66] 韩雪征. 沟渠湿地对农业面源污染的生态修复研究 [D]. 邯郸：河北工程大
学，2009.

[67] 韩宇平，阮本清，蒋任飞，等. 黄河宁夏段水环境容量计算与分析 [J]. 黄河
水利职业技术学院学报，2006（3）：1 – 3，38.

[68] 何军，崔远来，吕露，等. 沟塘及塘堰湿地系统对稻田氮磷污染的去除试验 [J].

农业环境科学学报，2011，30（9）：1872－1879.

[69] 何军，崔远来，王建鹏，等. 不同尺度稻田氮磷排放规律试验 [J]. 农业工程学报，2010，26（10）：56－62.

[70] 何明珠，夏体渊，李立池，等. 滇池流域农田生态沟渠杂草氮磷富集效应的研究 [J]. 华东师范大学学报（自然科学版），2012，4：157－163.

[71] 何娜，孙占祥，等. 不同水生植物去除水体氮磷的效果 [J]. 环境工程学报，2013，7（4）.

[72] 何萍，王家骥. 非点源（NPS）污染控制与管理研究的现状、困境与挑战 [J]. 农业环境保护，1999（5）：234－237，240.

[73] 何元庆，魏建兵，胡远安，等. 珠三角典型稻田生态沟渠人工湿地的非点源污染削减功能 [J]. 生态学杂志，2012，31（2）：394－398.

[74] 贺新春，邵东国，刘武艺，等. 农田排水资源化利用的研究进展与展望 [J]. 农业工程学报，2006（3）：176－179.

[75] 侯俊，王超，王沛芳，等. 卵砾石生态河床对河流水质净化和生态修复的效果 [J]. 水利水电科技进展，2012，32（6）.

[76] 侯凯，杨咪，钱会，等. 黄河宁夏段氨氮、总磷及化学需氧量环境背景值研究 [J]. 灌溉排水学报，2017，36（8）：65－71.

[77] 胡宏祥，洪田求，马友华. 农业非点源污染及其防治策略研究 [J]. 中国农学通报，2005，21（4），315－347.

[78] 胡开明，逄勇，王华，等. 大型浅水湖泊水环境容量计算研究 [J]. 水力发电学报，2011，30（4）：135－141.

[79] 胡文慧，李光永，孟国霞，等. 基于 SWAT 模型的汾河灌区非点源污染负荷评估 [J]. 水利学报，2013，44（11）：1309－1316.

[80] 胡亚伟. 农业非点源污染物在排水沟渠中的迁移研究 [D]. 西安：西安建筑科技大学，2012.

[81] 胡宜刚，吴攀，赵洋，等. 宁蒙引黄灌区农田排水沟渠水质特征 [J]. 生态学杂志，2013，32（7）：1730－1738.

[82] 胡颖. 河流和沟渠对氮磷的自然净化效果的试验研究 [D]. 南京：河海大学，2005.

[83] 胡祉冰，逄勇，宋为威，等. 灰色系统动态模型群 GM（1，1）在秦淮河水质预测中的应用 [J]. 四川环境，2019，38（1）：116－119.

[84] 环境保护部环境规划院. 全国水环境容量核定技术指南 [R]. 北京：环境保护部环境规划院，2003.

[85] 黄爱民. 引黄对灌区土地利用变化的影响——以人民胜利渠灌区为例 [D]. 开封：河南大学，2004.

[86] 黄河水利委员会.黄河泥沙公报 2016.郑州：水利部黄河水利委员会，2016.

[87] 黄金良，洪华生，张珞平.基于 GIS 和模型的流域非点源污染控制区划 [J].环境科学研究，2006，19（4）：119-124.

[88] 黄娟.人工湿地的氮转移规律及影响因素研究 [D].南京：东南大学，2007.

[89] 黄满湘，章申，晏维金.农田暴雨径流侵蚀泥沙对氮磷的富集机理 [J].土壤学报，2003（2）：306-310.

[90] 黄沈发，唐浩，吴健.美国农业面源污染控制最佳管理措施（BMPs）概述 [J].上海交通大学学报（农业科学版），2007（14）：105-109.

[91] 黄仲冬.基于 SWAT 模型的灌区农田退水氮磷污染模拟及调控研究 [D].北京：中国农业科学院，2011.

[92] 贾海峰，张岩松，何苗.北京水系多藻类生态动力学模型 [J].清华大学学报（自然科学版），2009，49（12）：1992-1996.

[93] 贾小强，米晓辉，孙宪斌.沟渠湿地对农业面源污染物的净化作用研究 [J].科技创新与生产力，2010（6）：54-56.

[94] 姜翠玲，崔广柏，范晓秋，等.沟渠湿地对农业非点源污染物的净化能力研究 [J].环境科学，2004，25（2）：125-128.

[95] 姜翠玲，崔广柏.湿地对农业非点源污染的去除效应 [J].农业环境保护，2002，21（5）：471-473.

[96] 姜翠玲，范晓秋，章亦兵.农田沟渠挺水植物对 N、P 的吸收及二次污染防治 [J].中国环境科学，2004，24（6）：702-706.

[97] 姜翠玲，章亦兵，范晓秋，等.沟渠湿地水体和底泥中有机质时空分布规律研究 [J].河海大学学报，2004，32（6）：618-621.

[98] 姜翠玲.沟渠湿地对农业非点源污染物的截留和去除效应 [D].南京：河海大学，2004.

[99] 姜欣，许士国，练建军，等.北方河流动态水环境容量分析与计算 [J].生态与农村环境学报，2013，29（4）：409-414.

[100] 蒋鸿昆，高海鹰，张奇.农业面源污染最佳管理措施（BMPs）在我国的应用 [J].农业环境与发展，2006（4）.

[101] 蒋茂贵，方芳，望志方.MCR 技术在农业面源污染防治中的应用 [J].环境科学与技术，2001（增刊）：4-5.

[102] 金栋梁.水文要素与高程的关系 [J].地理研究，1987，6（2）：40-47.

[103] 金可礼，陈俊，龚利民.最佳管理措施及其在非点源污染控制中的应用 [J].水资源与水工程学报，2007（1）：37-40.

[104] 金鑫，农业非点源污染模型研究进展及发展方向 [J].山西水利科技，2005，2（1）：15-17.

[105] 靖元孝，李晓菊，杨丹菁，等．红树植物人工湿地对生活污水的净化效果［J］．生态学报，2007（6）：2365‐2374．

[106] 孔莉莉，张展羽，夏继红．灌区非点源氮在排水沟渠中的归趋机理及控制问题［J］．中国农村水利水电，2009（7）：48‐51．

[107] 李定强，王继增．广东省东江流域典型小流域非点源污染物流失规律研究［J］．土壤侵蚀与水土保持学报，1998，4（3）：12‐18．

[108] 李峰，喻龙，郝彦菊．滨海湿地土壤对氮、磷污染吸附净化作用的研究［J］．齐鲁渔业，2008，25（7）：44‐46．

[109] 李恒鹏，杨桂山，黄文钰，等．不同尺度流域地表径流氮、磷浓度比较［J］．湖泊科学，2006（4）：377‐386．

[110] 李虎．小清河流域农田非点源氮污染定量评价研究［D］．北京：中国农业科学院，2009．

[111] 李怀恩，蔡明．非点源营养负荷——泥沙关系的建立及其应用［J］．地理科学，2003，23（4）：460‐463．

[112] 李怀恩．估算非点源污染负荷的平均浓度法及其应用［J］．环境科学学报，2000，20（4）：397‐400．

[113] 李继忠．安定区实施梯田工程建设的成效与做法［J］．甘肃农业，2017（Z1）：115‐116，123．

[114] 李君，徐俊红，曹永梅．河流水质数学模型的研究进展及发展趋势［J］．科技经济市场，2007（9）：35‐36．

[115] 李科德，胡正嘉．芦苇床系统净化污水的机理［J］．中国环境科学，1995，15（2）：140‐144．

[116] 李克先．径流资料匮乏区域中小河流纳污能力计算耦合模型［J］．水文，2007（4）：35‐37．

[117] 李丽华，李强坤．农业非点源污染研究进展和趋势［J］．农业资源与环境学报，2014，31（1）：13‐22．

[118] 李岷．宁夏青铜峡灌区地下水资源评价与地下水位调控研究［D］．西安：理工大学，2003．

[119] 李敏，韦鹤平，王光谦，等．长江口、杭州湾水域沉积物对磷吸附行为的研究［J］．海洋学报，2004，26（1）：132‐136．

[120] 李倩楠，张静，宫辉力．基于SWAT模型多站点不确定性评价方法的比较［J］．人民黄河，2017，39（1）：24‐29．

[121] 李强坤，陈伟伟，孙娟，等．青铜峡灌区氮磷运移特征试验研究［J］．环境科学，2010，31（9）：2048‐2055．

[122] 李强坤，胡亚伟，李怀恩．农业非点源污染物在排水沟渠中的模拟与应用［J］．环境科学，2011，32（5）：1273‐1278．

［123］李强坤，胡亚伟，孙娟，等．不同水肥条件下农业非点源田间产污强度［J］．农业工程学报，2011，27（2）：96－102.

［124］李强坤，胡亚伟，孙娟．灌区农业非点源污染估算方法及应用．中国云南昆明：20074.

［125］李强坤，胡亚伟，孙娟．农业非点源污染物在排水沟渠中的迁移转化研究进展［J］．中国生态农业学报，2010（1）：210－214.

［126］李强坤，李怀恩，胡亚伟，等．基于单元分析的青铜峡灌区农业非点源污染估算［J］．生态与农村环境学报，2007（4）：33－36.

［127］李强坤，李怀恩，胡亚伟，等．农业非点源污染田间模型及其应用［J］．环境科学，2009，30（12）：3509－3513.

［128］李强坤，李怀恩，胡亚伟，等．青铜峡灌区氮素流失试验研究［J］．农业环境科学学报，2008（2）：683－686.

［129］李强坤，李怀恩，孙娟，等．基于单元分析的河套灌区农业非点源污染负荷估算［J］．生态与农村环境学报，2007，23（4）：15－18.

［130］李强坤，李怀恩．农业非点源污染数学模型及控制措施研究——以河套灌区为例［M］．北京：中国环境科学出版社，2010.

［131］李强坤，李怀恩．农业非点源污染数学模型及控制措施研究——以青铜峡灌区为例［M］．北京：中国环境科学出版社，2010.

［132］李强坤，宋常吉，胡亚伟，等．模拟农田排水沟渠非点源溶质氮的迁移试验研［J］．环境科学，2016，37（2）：520－526.

［133］李强坤．青铜峡灌区农业非点源污染负荷及控制措施研究［D］．西安：西安理工大学，2010.

［134］李秋波．紫外法测定水质中总氮的影响因素研究［J］．中国环境管理干部学院学报，2013，23（3）：65－68，76.

［135］李如忠，丁贵珍，等．巢湖十五里河源头段暂态储存特征分析［J］．水利学报，2014，45（6）.

［136］李如忠，董玉红，钱靖，等．合肥地区不同类型源头溪流暂态存储能力及氮磷滞留特征［J］．环境科学学报，2015，35（1）.

［137］李如忠，洪天求．盲数理论在湖泊水环境容量计算中的应用［J］．水利学报，2005，36（7）：765－771.

［138］李如忠，汪家权，王超，等．不确定性信息下的河流纳污能力计算初探［J］．水科学进展，2003（4）：359－363.

［139］李如忠，杨继伟，董玉红，等．丁坝型挡板调控农田溪流暂态氮磷滞留能力的模拟研究［J］．水利学报，2015，46（1）：25－33.

［140］李如忠，杨继伟，钱靖，等．合肥城郊典型源头溪流不同渠道形态的氮磷滞留特征［J］．环境科学，2014，35（9）.

［141］ 李世清, 李生秀. 陕西关中湿沉降输入农田生态系统中的氮素 ［J］. 农业环境保护, 1999 (3)：2-6.

［142］ 李霞, 陶梅, 肖波, 等. 免耕和草篱措施对径流中典型农业面源污染物的去除效果 ［J］. 水土保持学报, 2011, 25 (6)：221-224.

［143］ 李晓霞, 白洋. 浅谈河套灌区农田氮磷流失量及对乌梁素海输入量的估算 ［J］. 内蒙古环境科学, 2009, 21 (3)：44-49.

［144］ 李兴, 句芒芒, 王勇. 内蒙古乌梁素海入湖水质超标风险率分析 ［J］. 农业环境科学学报, 2011, 30 (8)：1638-1644.

［145］ 李兴, 句芒芒. 乌梁素海污染负荷动态变化分析 ［J］. 人民黄河, 2011, 33 (8)：83-85.

［146］ 李兴, 杨乔媚, 勾芒芒. 内蒙古乌梁素海水质时空分布特征 ［J］. 生态环境学报, 2011, 20 (8-9)：1301-1306.

［147］ 李振炜, 于兴修, 等. 农业非点源污染关键源区识别方法研究进展 ［J］. 生态学杂志, 2011 (12)：2907-2914.

［148］ 梁博, 王晓燕, 曹利平. 最大日负荷总量计划在非点源污染控制管理中的应用 ［J］. 水资源保护, 2004, 70 (4)：37-41.

［149］ 梁巧玲, 吴银笑, 吴卓智. 碱性过硫酸钾氧化-钼酸铵分光光度法测定水中的总磷及其不确定度的评定 ［J］. 环境科学与管理, 2010, 35 (9)：148-151.

［150］ 梁笑琼, 李怀正, 程云. 沟渠在控制农业面源污染中的作用 ［J］. 水土保持应用技术, 2011, 6：21-24.

［151］ 廖谦, 沈珍瑶. 农业非点源污染模拟不确定性研究进展 ［J］. 生态学杂志, 2011, 30 (7)：1542-1550.

［152］ 林涛, 徐盼盼, 钱会, 等. 黄河宁夏段水质评价及其污染源分析 ［J］. 环境化学, 2017, 36 (6)：1388-1396.

［153］ 林文娇. 晋江东溪流域农业非点源污染模拟分析 ［D］. 福州：福建师范大学, 2007.

［154］ 蔺照兰, 王汝南, 王春梅. 基于基尼系数的乌梁素海流域污染负荷分配 ［J］. 环境污染与防治, 2011, 33 (9)：19-24.

［155］ 凌文翠, 范玉梅, 孙长虹, 等. 非点源污染最佳管理措施之研究热点综述 ［J］. 环境污染与防治, 2019 (3)：362-366.

［156］ 凌祯, 杨具瑞, 于国荣, 等. 不同植物与水力负荷对人工湿地脱氮除磷的影响 ［J］. 中国环境科学, 2011 (11)：1815-1820.

［157］ 刘博, 徐宗学. 基于 SWAT 模型的北京沙河水库流域非点源污染模拟 ［J］. 农业工程学报, 2011, 27 (5)：52-61.

［158］ 刘枫, 王华东, 刘培桐. 流域非点源污染的量化识别方法及其在于桥水库流域的应用 ［J］. 地理学报, 1988 (4)：329-340.

[159] 刘海军, 吴利斌, 尚士友. 基于 3S 技术的乌梁素海湿地生态系统动态监测 [J]. 内蒙古科技与经济, 2010, 6.

[160] 刘纪辉, 赖格英. 农业非点源污染研究进展 [J]. 水资源与水工程学报, 2007, 18 (1): 29-32.

[161] 刘洁, 陈晓宏, 周纯, 等. 非点源污染在东江河流水环境中的贡献比例估算 [J]. 中国人口·资源与环境, 2014, 24 (S3): 79-82.

[162] 刘礼祥, 刘真, 章北平, 等. 人工湿地在非点源污染控制中的应用 [J]. 华中科技大学学报 (城市科学版), 2004 (1): 40-43.

[163] 刘丽, 张仁慧, 柴瑜. 西安市农业非点源污染控制 [J]. 干旱地区农业研究, 2005, 23 (3): 209-212.

[164] 刘宁, 张霞, 祝雪萍, 等. 基于 SWAT 模型和 SUFI-2 算法的碧流河流域径流模拟 [J]. 水力发电, 2019, 45 (3): 18-22, 89.

[165] 刘青松. 农村环境保护 [M]. 北京: 中国环境科学出版社, 2003.

[166] 刘慎坦, 王国芳, 谢祥峰, 等. 不同基质对人工湿地脱氮效果和硝化及反硝化细菌分布的影响 [J]. 东南大学学报 (自然科学版), 2011 (2): 400-405.

[167] 刘婷, 刘浩, 尹飞. 农业面源污染研究进展综述 [J]. 科学技术创新, 2017 (36): 6-7.

[168] 刘伟, 陈振楼, 等. 小城镇河流底泥沉积物上覆水磷迁移循环特征 [J]. 农业环境科学学报, 2001, 23 (4): 727-730.

[169] 刘晓娜, 丁爱中, 程莉蓉, 等. 潜流人工湿地除氮的生态动力学模拟 [J]. 农业环境科学学报, 2011, 30 (1): 166-170.

[170] 刘义, 陈劲松, 刘庆, 等. 土壤硝化和反硝化作用及影响因素研究进展 [J]. 四川林业科技, 2006, 27 (2): 36-41.

[171] 刘玉生, 唐宗武, 韩梅, 等. 滇池富营养化生态动力学模型及其应用 [J]. 环境科学研究, 1991, 4 (6): 1-8.

[172] 刘兆德, 虞孝感. 长江流域相对资源承载力与可持续发展研究 [J]. 长江流域资源与环境, 2002 (1): 10-15.

[173] 刘哲. 福建第二水源山仔水库的农业非点源污染负荷研究 [D]. 福州: 福建师范大学, 2006.

[174] 刘振英, 李亚成, 李俊峰, 等. 乌梁素海流域农田面源污染研究 [J]. 农业环境科学学报, 2007, 26 (1), 41-44.

[175] 刘之杰, 路竟华, 等. 非点源污染的类型、特征、来源及控制技术 [J]. 安徽农学通报, 2009, 15 (5): 98-101.

[176] 刘庄, 晁建颖, 张丽, 等. 中国非点源污染负荷计算研究现状与存在问题 [J]. 水科学进展, 2015, 26 (3): 432-442.

[177] 陆方祥. 农业面源污染防控措施探讨 [J]. 现代农业科技, 2019 (4): 156-157.

［178］陆海明，孙金华，邹鹰，等．农田排水沟渠的环境效应与生态功能综述［J］．水科学进展，2010，21（5）：719－725．

［179］吕小洁，任国茹．关于水体总氮分析方法改良的两种办法［J］．杂粮作物，2005，25（3）：209－210．

［180］罗朝辉，王超，等．灌区多孔质生态河床的改良及净污效果试验研究［J］．三峡大学学报（自然科学版），2008，30（1）．

［181］罗良国，陈崇娟，赵天成，等．植物修复农田退水氮、磷污染研究进展［J］．农业资源与环境学报，2016，33（1）：1－9．

［182］罗强，李畅游，黄健，等．基于ArcGIS的乌梁素海水质及富营养化评价［J］．人民黄河，2012，34（7）：53－55．

［183］马冬梅，马军，李兴．内蒙古乌梁素海引排水量动态分析［J］．内蒙古水利，2012，1．

［184］马永生，张淑英，邓兰萍，等．氮、磷在农田沟渠湿地系统中的迁移转化机理及其模型研究进展［J］．甘肃科技，2005，21（2）．

［185］马永生，张淑英，邓兰萍．氮、磷在农田沟渠湿地系统中的迁移转化机理及其模型研究进展［J］．甘肃科技，2005，2（21）．

［186］马玉兰，冯静．测土配方施肥技术在宁夏农业生产中的应用及成效［J］．宁夏农林科技，2008（6）：49－50，101．

［187］马玉珍，史清亮．山西省玉米根际固氮特性研究［J］．土壤肥料，1994（1）：43－45．

［188］孟冲．基于水环境纳污能力的流域污染物总量控制研究［D］．北京：华北电力大学（北京），2018．

［189］孟凡德，耿润哲，欧洋，等．最佳管理措施评估方法研究进展［J］．生态学报，2013，33（5）：1357－1366．

［190］孟现勇，师春香，刘时银，等．CMADS数据集及其在流域水文模型中的驱动作用——以黑河流域为例［J］．人民珠江，2016，37（7）：1－19．

［191］孟现勇，王浩，雷晓辉，等．基于CMDAS驱动SWAT模式的精博河流域水文相关分量模拟、验证及分析［J］．生态学报，2017，37（21）：7114－7127．

［192］闵继胜，孔祥智，等．我国农业面源污染问题的研究进展［J］．华中农业大学学报，2016（2）：59－63．

［193］缪绅裕，陈桂珠．人工湿地中的磷在模拟秋茄湿地系统中的分配与循环［J］．生态学报，1999，19（2）：236－241．

［194］倪九派，傅涛，卢玉东，等．缓冲带在农业非点源污染防治中的应用［J］．环境污染与防治，2008，24（40）：229－231．

［195］宁远，沈承珠，等．河流保护与管理［M］．北京：中国科学技术出版社，1997．

[196] 欧阳威，刘迎春，冷思文，等．近三十年非点源污染研究发展趋势分析 [J]．农业环境科学学报，2018，37（10）：2234-2241.

[197] 潘德成，赵术伟．恢复湿地可降低农业排水中氮、磷浓度 [J]．水土保持科技情报，2001（5）：10-11，16.

[198] 彭朝英．人工湿地处理污水的研究 [J]．重庆环境科学，2000，22（6）：40-42.

[199] 彭世彰，高焕芝，张正良．灌区沟塘湿地对稻田排水中氮磷的原位削减效果及机理研究 [J]．水利学报，2010（4）：406-411.

[200] 彭世彰，张正良，罗玉峰，等．灌排调控的稻田排水中氮素浓度变化规律 [J]．农业工程学报，2009，25（9）：21-26.

[201] 祁俊生．农业面源污染综合防治技术 [M]．重庆：西南交通大学出版社，2009.

[202] 乔华平．浅谈黄河宁夏段水环境治理的工作思路与对策 [J]．资源节约与环保，2017（11）：69，72.

[203] 全为民，严力蛟．农业面源污染对水体富营养化的影响及其防治措施 [J]．生态学报，2002，22（3）：291-299.

[204] 任婷玉，梁中耀，刘永，等．基于贝叶斯优化的三维水动力-水质模型参数估值方法 [J]．环境科学学报，1-9 [2019-04-03].

[205] 任学荣，周怀东，李卫东，等．黄河宁夏段氨氮污染状态分析 [J]．中国水利，2006（5）：40-43.

[206] 荣琨，陈兴伟，林文娇．晋江西溪流域非点源污染的 SWAT 模型模拟 [J]．亚热带资源与环境学报，2008，3（4）：37-43.

[207] 尚德功，左奎孟，马喜东．人民胜利渠城市供水污染状况及防治对策 [J]．人民黄河，2007，29（10）.

[208] 尚三林．人民胜利渠引黄 60 年回顾 [J]．人民黄河，2011，5（3）：80-82.

[209] 申玉熙，王维岗．新疆农业面源污染与控制 [J]．新疆农业科技，2006，（6）：34-35.

[210] 沈淞涛．安昌河流域绵阳市涪城区段水污染物总量控制研究 [D]．成都：西南交通大学，2005.

[211] 盛盈盈．基于 SWAT 模型的梅江流域农业非点源污染时空分布特征分析 [D]．南昌：江西师范大学，2015.

[212] 史伟达，崔远来，王建鹏，等．不同施肥制度下水稻灌区非点源污染排放的数值模拟 [J]．灌溉排水学报，2011，30（2）：23-26.

[213] 史奕，黄国宏．土壤中反硝化酶活性变化与 N_2O 排放的关系 [J]．应用生态学报，1999，10（3）：329-331.

[214] 史云鹏，周琪．人工湿地污染物去除动力学模型研究进展 [J]．工业用水与废

水, 2002, 33 (6): 12-15.

[215] 司友斌, 王慎强, 陈怀满, 等. 农田氮磷流失与水体富营养化 [J]. 土壤, 2000, (4): 188-193.

[216] 宋林旭, 刘德富, 肖尚斌, 等. 基于 SWAT 模型的三峡库区香溪河非点源氮磷负荷模拟 [J]. 环境科学学报, 2013, 33 (1): 267-275.

[217] 宋志文, 毕学军, 曹军. 人工湿地及其在我国小城市污水处理中的应用 [J]. 生态学杂志, 2003, 22 (3): 74-78.

[218] 苏欣, 李强坤, 常布辉, 等. SWAT 模型在青铜峡灌区的应用研究 [J]. 节水灌溉, 2018 (6): 86-90, 96.

[219] 苏欣, 李强坤, 王军涛, 等. 水肥耦合条件下小麦田根系层土壤总磷迁移特征 [J]. 节水灌溉, 2017 (4): 19-23.

[220] 孙国红, 沈跃, 徐应明, 等. 基于多元统计分析的黄河水质评价方法 [J]. 农业环境科学学报, 2011, 30 (6): 1193-1199.

[221] 孙贺阳. 基于 SWAT 模型塔布河流域水文模拟与预测 [D]. 内蒙古: 内蒙古大学, 2018.

[222] 孙庆艳. 华北土石山区典型流域森林植被水文生态过程响应研究 [D]. 北京: 北京林业大学, 2008.

[223] 孙伟. 基于 SWAT 模型石羊河流域径流模拟研究 [D]. 兰州: 兰州理工大学, 2013.

[224] 孙秀芬, 高峰, 刘烨华, 等. 浅谈水质总氮测定中不同过硫酸钾对空白值影响 [J]. 化工管理, 2013 (4): 142.

[225] 唐献力, 郭宗楼. 水环境容量价值及其影响因素研究 [J]. 农机化研究, 2006 (10): 45-48.

[226] 田世英, 罗纨, 贾忠华, 等. 控制排水对宁夏银南灌区水稻田盐分动态变化的影响 [J]. 水利学报, 2006, 37 (11): 1309-1314.

[227] 涂安国, 尹炜. 多水塘系统调控农业非点源污染研究综述 [J]. 人民长江, 2009, 40 (21): 71-73.

[228] 涂宏志, 侯鹰, 陈卫平. 基于 Ann AGNPS 模型的苇子沟流域非点源污染模拟研究 [J]. 农业环境科学学报, 2017, 36 (7): 1345-1352.

[229] 万超, 张思聪. 基于 GIS 的潘家口水库面源污染负荷计算 [J]. 水力发电学报, 2003 (2): 62-68.

[230] 王定勇, 石孝均, 毛知耘. 长期水旱轮作条件下紫色土养分供应能力的研究 [J]. 植物营养与肥料学报, 2004 (2): 120-126.

[231] 王静, 郭熙盛, 王允青. 自然降雨条件下秸秆还田对巢湖流域旱地氮磷流失的影响 [J]. 中国生态农业学报, 2010, 18 (3): 492-495.

[232] 王平, 周少奇. 人工湿地研究进展及应用 [J]. 生态科学, 2005 (3):

278 - 281.

[233] 王少丽，王兴奎，许迪. 农业非点源污染预测模型研究进展 [J]. 农业工程学报，2007（5）：265 - 271.

[234] 王素娜. 曹娥江支流水质评价与河流水系环境容量分析 [D]. 杭州：浙江大学，2005.

[235] 王宪恩，蔡飞飞，王庚哲，等. 东辽河上下游非点源污染特征对比分析 [J]. 科学技术与工程，2014，14（17）：129 - 133.

[236] 王晓，郝芳华，张敬. 丹江口水库流域非点源污染的最佳管理措施优选 [J]. 中国环境科学，2013（7）：1335 - 1343.

[237] 王晓燕，高焕文，李洪文，等. 保护性耕作对农田地表径流与土壤水蚀影响的试验研究 [J]. 农业工程学报，2000（3）：66 - 69.

[238] 王晓玉，罗志华，刘鸿雁. 钼酸铵分光光度法测定总磷影响因素的探讨 [J]. 黑龙江环境通报，2010，34（4）：41 - 43.

[239] 王昕皓. 非点源污染负荷计算的单元坡面模型法 [J]. 中国环境科学，1985，5（5）：62 - 67.

[240] 王岩，王建国，李伟，等. 三种类型农田排水沟渠氮磷拦截效果比较 [J]. 土壤，2009，41（6）：902 - 906.

[241] 王岩，王建国，李伟，等. 生态沟渠对农田排水中氮磷的去除机理初探 [J]. 生态与农村环境学报，2010，26（6）：586 - 590.

[242] 王莹，彭世彰，焦健，等. 不同水肥条件下水稻全生育期稻田氮素浓度变化规律 [J]. 节水灌溉，2009（9）：12 - 16.

[243] 王知博. 应用 SWAT 模型探究平原流域氮磷流失规律及控制方法 [D]. 杭州：浙江大学，2016.

[244] 王宗明，张柏，宋开山，等. 农业非点源污染国内外研究进展 [J]. 中国农学通报，2007（9）：468 - 472.

[245] 魏怀斌，张占庞，杨金鹏. SWAT 模型土壤数据库建立方法 [J]. 水利水电技术，2007，38（6）：15 - 18.

[246] 闻岳. 水平潜流人工湿地净化受污染水体研究 [D]. 上海：同济大学，2007.

[247] 吴军，崔远来，赵树君，等. 沟塘湿地对农田面源污染的降解试验 [J]. 水电能源科学，2012，30（10）：107 - 109，149.

[248] 吴晓磊. 人工湿地废水处理机理 [J]. 环境科学，2002，16（3）：83 - 86.

[249] 吴亚非，李科. 基于 SPSS 的主成分分析法在评价体系中的应用 [J]. 当代经济，2009，3：166 - 168.

[250] 吴莹，张经，左道季. 营养盐（氮、磷）在湿地中的迁移和循环 [J]. 科学视野，2004，3（28）：69 - 71.

[251] 吴永红，胡正义，杨林章. 农业面源污染控制工程的"减源 - 拦截 - 修复"

（3R）理论与实践［J］. 农业工程学报，2011，27（5）：1-6.

［252］夏军，左其亭. 国际水文科学研究的新进展［J］. 地球科学进展，2006（3）：256-261.

［253］夏青，庄大帮，廖庆宜，等. 计算非点源污染负荷的流域模型［J］. 中国环境科学，1985，5（4）：23-30.

［254］邢伟. 淮河流域国家水土保持重点工程对小流域坡地的土壤侵蚀防控效果［D］. 泰安：山东农业大学，2016.

［255］熊立华，郭生练. 分布式流域水文模型［M］. 北京：中国水利水电出版社，2004.

［256］修海峰. 水平潜流人工湿地氮循环微生物效应及生态模型研究［D］. 呼和浩特：内蒙古农业大学，2011.

［257］徐贵泉，褚君达，吴祖扬，等. 感潮湖网水环境容量数值计算［J］. 环境科学学报，2000，20（3）：263-268.

［258］徐红灯，席北斗，王京刚，等. 水生植物对农田排水沟渠中氮、磷的截留效应［J］. 环境科学研究，2007，20（2）：84-88.

［259］徐红灯，席北斗，翟丽华. 沟渠沉积物对农田排水中氨氮的截留效应研究［J］. 农业环境科学学报，2007，26（5）：1924-1928.

［260］徐红灯. 农田排水沟渠对流失氮、磷的截留和去除效应［D］. 北京：北京化工大学，2007.

［261］徐家良，范笑仙. 制度变迁与政府管制限度——对排污许可证制度演变过程的分析［J］. 上海社会科学院学术季刊，2002，20（1）：13-20.

［262］徐谦. 我国化肥和农业非点源污染情况综述［J］. 农村生态环境，1996，12（2）：39-43.

［263］徐胜光，黄必志，刘立光，等. 地表覆盖及等高线种植玉米对坡地红壤水热生态效应研究［J］. 云南农业大学学报，2002（3）：220-224.

［264］徐永健，焦念志，等. 水体及沉积物中微生物的分离、检测与鉴定［J］. 微生物学通报，2004，31（3）：151-155.

［265］徐祖信. 我国河流单因子水质标识指数评价方法研究［J］. 同济大学学报（自然科学版），2005（3）：321-325.

［266］薛亦峰，王晓燕. HSPF模型及其在非点源污染研究中的应用［J］. 首都师范大学学报（自然科学版），2009，30（3）：61-65.

［267］焉莉，高强，张志丹，等. 自然降雨条件下减肥和资源再利用对东北黑土玉米地氮磷流失的影响［J］. 水土保持学报，2014，28（4）：1-6，103.

［268］闫莉，黄锦辉，张建军，等. 宁夏农灌退水对黄河水质的影响研究［J］. 人民黄河，2007（3）：35-36.

［269］晏维金，尹澄清，孙濮，等. 磷氮在水田湿地中的迁移转化及径流流失过程

[J]. 应用生态学报, 1999, 10 (3): 312 - 316.

[270] 杨爱玲, 朱颜明. 地表水环境非点源污染研究 [J]. 环境科学进展, 1998, 7 (5): 60 - 67.

[271] 杨宝林, 崔远来, 赵树君, 等. 南方低山丘陵区稻田氮磷排放的尺度效应 [J]. 中国农村水利水电, 2014 (7): 85 - 88.

[272] 杨嫦景, 邱传明. 蔬菜化肥农药减施增效技术集成与应用 [J]. 农业研究与应用, 2017 (1): 54 - 56.

[273] 杨敦, 徐丽花, 周琪. 潜流式人工湿地在暴雨径流污染控制中应用 [J]. 农业环境保护, 2002, 21 (4): 334 - 336.

[274] 杨国录, 陆晶, 骆文广, 等. 水环境容量研究共识问题探讨 [J]. 华北水利水电大学学报 (自然科学版), 2018, 39 (4): 1 - 6.

[275] 杨丽慧. 青铜峡灌区农业节水的农田水土环境响应研究 [D]. 北京: 中国水利水电科学研究院, 2016.

[276] 杨丽丽. 银南灌区控制排水后水盐平衡分析 [J]. 人民黄河, 2006, 28 (7): 40 - 44.

[277] 杨林章, 冯彦房, 施卫明, 等. 我国农业面源污染治理技术研究进展 [J]. 中国生态农业学报, 2013, 21 (1): 96 - 101.

[278] 杨林章, 周小平, 王建国, 等. 用于农田非点源污染控制的生态拦截型沟渠系统及其效果 [J]. 生态学杂志, 2005, 24 (11): 1371 - 1374.

[279] 杨淑静. 宁夏灌区农业氮磷流失污染负荷估算研究 [D]. 北京: 中国农业科学院, 2009.

[280] 姚枝良. 潜流人工湿地氮循环生态动力学模型研究 [J]. 环境科学与管理, 2008, 33 (4): 34 - 38.

[281] 依热下提·卡米力. 潘家口水库流域土地利用变化的水文响应模拟 [D]. 天津: 天津大学, 2014.

[282] 易军. 宁夏引黄灌区稻田氮素迁移特征研究 [D]. 北京: 中国农业科学院, 2011.

[283] 易志刚. 农业面源污染及其防治对策研究 [J]. 安徽农业科学, 2007, 35 (24): 7589 - 7590.

[284] 殷福才, 张之源. 巢湖富营养化研究进展 [J]. 湖泊科学, 2003, 15 (4): 377 - 384.

[285] 殷欢庆, 王贻森, 等. 河南省人民胜利渠灌区水资源现状及合理利用 [J]. 河南水利与南水北调, 2013 (23).

[286] 殷小锋, 胡正义, 周立祥, 等. 滇池北岸城郊农田生态沟渠构建及净化效果研究 [J]. 安徽农业科学, 2008, 36 (22): 9676 - 9679, 9689.

[287] 尹才. 基于 SWAT 和信息熵的非点源污染最佳管理措施的研究 [D]. 上海:

华东师范大学，2016.

[288] 尹澄清. 内陆水-陆地交错带的生态功能及其保护与开发前景 [J]. 生态学报，1995，15（3）：331-335.

[289] 尹军，崔玉波. 人工湿地污水处理技术 [M]. 北京：化学工业出版社，2006.

[290] 于会彬，席北斗，郭旭晶，等. 降水对农田排水沟渠中氮磷流失的影响 [J]. 环境科学研究，2009，22（4）.

[291] 于江华，徐礼强，高永霞，等. 面源污染管理中不同类型工程设施的性能比较 [J]. 环境工程学报，2015，9（8）：3692-3700.

[292] 于雷，吴舜泽，范丽丽，等. 河流水环境容量的一维计算方法 [J]. 水资源保护，2008，24（1）：39-41.

[293] 于涛，陈静生. 农业发展对黄河水质和氮污染的影响——以宁夏灌区为例 [J]. 干旱区资源与环境，2004（5）：1-7.

[294] 余红兵，肖润林，杨知建，等. 五种水生植物生物量及其对生态沟渠氮、磷吸收效果的研究 [J]. 核农学报，2012，26（5）：798-802.

[295] 余红兵. 生态沟渠水生植物对农区氮磷面源污染的拦截效应研究 [D]. 长沙：湖南农业大学，2012.

[296] 俞慎，李振高. 稻田生态系统生物硝化、反硝化作用与氮素损失 [J]. 应用生态学报，1999，10（5）：630-634.

[297] 袁可能. 植物营养元素的土壤化学 [M]. 北京：科学出版社，1983.

[298] 袁新民，杨学云，同延安，等. 不同施氮量对土壤 $NO_3^- - N$ 累积的影响 [J]. 干旱地区农业研究，2001，19（1）：8-13.

[299] 云飞，李燕，杨建宁，等. 黄河宁夏段 COD 及氨氮污染动态分布模拟探讨 [J]. 宁夏大学学报（自然科学版），2005（3）：283-286.

[300] 翟丽华，刘鸿亮，席北斗，等. 沟渠系统氮、磷输出特征研究 [J]. 环境科学研究，2008（2）：35-39.

[301] 翟丽华，刘鸿亮，席北斗，等. 农业源头沟渠沉积物氮磷吸附特性研究 [J]. 农业环境科学学报，2008（4）：1359-1363.

[302] 翟丽华，刘鸿亮. 杭嘉湖流域某源头沟渠沉积物氮及磷的吸附 [J]. 清华大学学报（自然科学版），2009，43（3）：373-376.

[303] 张爱平，杨世琦，易军，等. 宁夏引黄灌区水体污染现状及污染源解析 [J]. 中国生态农业学报，2010，18（6）：1295-1301.

[304] 张春玲，周晓强. 陕西省汉丹江流域水资源质量近年变化分析与保护对策研究 [J]. 陕西水利，2011（5）：21-26.

[305] 张春旸，李松敏，牛文亮，等. 生态沟渠对农田氮磷拦截效果的试验研究 [J]. 天津农学院学报，2017，24（2）：72-76.

[306] 张宏艳. 发达国家应对农业非点源污染的经济管理措施 [J]. 世界农业，2006

（5）：38－40.

[307] 张建．CREAMS 模型在计算黄土坡地径流量及侵蚀量中的应用［J］．土壤侵蚀与水土保持学报，1995（1）：54－57.

[308] 张军，周琪．表面流人工湿地磷循环生态动力学模型及实现方法［J］．四川环境，2004，23（1）：88－91.

[309] 张军．表面流人工湿地处理生活污水的除磷机理及生态模型研究［D］．上海：同济大学，2004.

[310] 张淼．于桥水库周边区域污染负荷分布特征研究［D］．天津：天津大学，2014.

[311] 张培培，李琼，阚红涛，等．基于 SWAT 模型的植草河道对非点源污染控制效果的模拟研究［J］．农业环境科学学报，2014，33（6）：1204－1209.

[312] 张强，刘巍，杨霞，等．汉江中下游流域污染负荷及水环境容量研究［J］．人民长江，2019，50（2）：79－82.

[313] 张上化，蒋轶锋，王志彬．SWAT 模型在西湖流域非点源污染的模拟研究［J］．广东化工，2018，45（15）：10－13.

[314] 张树兰，杨学云，吕殿青，等．温度、水分及不同氮源对土壤硝化作用的影响［J］．生态学报，2002，22（12）：2147－2153.

[315] 张树楠，肖润林，刘锋，等．生态沟渠对氮磷污染物的拦截效应［J］．环境科学，2015，36（12）：4516－4522.

[316] 张微微，李红，孙丹峰，等．怀柔水库上游农业氮磷污染负荷变化［J］．农业工程学报，2013，29（24）：124－131.

[317] 张维理，徐爱国，冀宏杰，等．中国农业面源污染形势估计及控制对策Ⅲ：中国农业面源污染控制中存在问题分析［J］．中国农业科学，2004，37（7）：1026－1033.

[318] 张曦，吴为中，温东辉，等．氨氮在天然沸石上的吸附及解吸［J］．环境化学，2003，22（2）：16－171.

[319] 张霞．宁蒙引黄灌区节水潜力与耗水量研究［D］．西安：西安理工大学，2007.

[320] 张学青，夏星辉，杨志峰．黄河水体氨氮超标原因探讨［J］．环境科学，2007，28（7）：1435－1441.

[321] 张燕，阎百兴，刘秀奇，等．农田排水沟渠系统对磷面源污染的控制［J］．土壤通报，2012，43（3）：745－749.

[322] 张燕．农田排水沟渠对氮磷的去除效应及管理措施［D］．长春：中国科学院东北地理与农业生态研究所，2013.

[323] 张展羽，司涵，孔莉莉．基于 SWAT 模型的小流域非点源氮磷迁移规律研究［J］．农业工程学报，2013，29（2）：93－100.

[324] 张招招，程军蕊，毕军鹏，等．甬江流域土地利用方式对面源磷污染的影响：

基于 SWAT 模型研究 [J]. 农业环境科学学报，2019 (3)：650-658.

[325] 张哲. HSPF 水文模型机理及应用研究 [D]. 石家庄：河北师范大学，2007.

[326] 章立建，朱立志. 中国农业立体污染防治对策研究 [J]. 农业经济问题，2005，(2)：4-7.

[327] 赵其国. 民以食为天，食以净为土 [J]. 土壤，2005，37 (1)：1-7.

[328] 赵燕昊，吴林根，朱晓岚，等. 浅析桐庐县农业面源污染现状及防控对策 [J]. 浙江农业科学，2018，59 (9)：1638-1640，1645.

[329] 赵永宏，邓祥征，鲁奇. 乌梁素海流域种-养系统氮素收支及其对当地环境的影响 [J]. 生态与农村环境学报，2010，26 (5)，442-447.

[330] 郑林用，张庆玉，甘炳成. 水稻和小麦根际的联合固氮作用 [J]. 西南农业学报，1999 (S1)：98-101.

[331] 中华人民共和国环境保护部，中华人民共和国国家统计局，中华人民共和国农业部. 第一次全国污染源普查公报 [G]. 2010.

[332] 查林. 用碱性过硫酸钾消解法可连续测定水样总氮和总磷 [J]. 黔西南民族师范高等专科学校学报，2006 (3)：82-84.

[333] 周刚，雷坤，富国，等. 河流水环境容量计算方法研究 [J]. 水利学报，2014，45 (2)：227-234，242.

[334] 周华，王浩. 河流综合水质模型 QUAL2K 研究综述 [J]. 水电能源科学，2010，28 (6)：12，22-24.

[335] 周俊，邓伟，刘伟龙，等. 沟渠湿地的水文和生态环境效应研究进展 [J]. 地球科学进展，2008，10 (23)：1079-1084.

[336] 周俊，朱祖. 合肥近郊旱地土壤径流养分流失途径的研究 [J]. 应用生态学报，2001，12 (3)：391-394.

[337] 周顺利，张福锁，王兴仁. 土壤硝态氮时空变异与土壤氮素表观盈亏研究 I. 冬小麦 [J]. 生态学报，2001 (11)：1782-1789.

[338] 周惜时，秦迎丰，刘丽，等. 总氮测定中过硫酸钾的影响 [J]. 污染防治技术，2010，23 (4)：110-112.

[339] 周子华，李建军. 河套灌区可持续发展与乌梁素海保护规划可行性分析 [J]. 内蒙古水利，2010，6：77-80.

[340] 朱丹丹. 大庆地区农业非点源污染负荷研究与综合评价 [D]. 哈尔滨：东北农业大学，2007.

[341] 朱彤，许振成，胡康萍，等. 人工湿地污水处理系统应用研究 [J]. 环境科学研究，1991，4 (5)：17-22.

[342] 朱万斌，王海滨，林长松，等. 中国生态农业与面源污染减排 [J]. 生态环境，2007，23 (10)：184-187.

[343] 朱萱，鲁纪行. 农田径流非点源污染特征及负荷定量化方法探究 [J]. 环境科

学, 1985, 6 (5): 6-11.

[344] 朱瑶, 梁志伟, 李伟, 等. 流域水环境污染模型及其应用研究综述 [J]. 应用生态学报, 2013, 24 (10): 3012-3018.

[345] 朱兆良, 文启孝. 中国土壤氮素 [M]. 南京: 江苏科学技术出版社, 1992.

[346] 庄咏涛. 渭河临潼断面以上流域非点源总氮负荷研究 [D]. 西安: 西安理工大学, 2002.

[347] 左德鹏, 徐宗学. 基于 SWAT 模型和 SUFI-2 算法的渭河流域月径流分布式模拟 [J]. 北京师范大学学报: 自然科学版, 2012, 48 (5): 490-496.

[348] Argerich A, Marti E, Sabater F, et al. Influence of transient storage on stream nutrient uptake based on substrata manipulation [J]. Aquatic Sciences, 2011, 73 (3): 365-376.

[349] Ayars J E, Christen E W, Hornbuckle J W, et al. Controlled drainage for improved water management in arid regions irrigated agriculture [J]. Agricultural Water management, 2006, 86 (1): 128-139.

[350] Bacca R G, Arnett R C. A limnological model for eutrophic lakes and impoundment [R]. Battele Inc, Pacific Northwest Laboratories, Richland, 1976.

[351] Bar-Yosef B, SheikhoMami M R. Distribution of water and ions in soil irrigated and fertilized from a tfiekle source [J]. SoilSci Soc Am, 1976 (40): 575-582.

[352] Beasley D B, Huggins L F, Monke E J. Answers: a model for water-shed planning [J]. Transactions of the ASABE, 1980, 23 (4): 938-944.

[353] Bencala K E, Walters R A. Simulation of solute transport in a mountain pool-and-riffle stream: a transient storage model [J]. Water Resources Research, 1983, 19 (3): 718-724.

[354] Bennett E R, Moore M M. Vegetated agricultural drainage ditches for the mitigation of pyrethroid associated runoff [J]. Environmental Toxicology and Chemistry, 2005, 24 (9): 2121-2127.

[355] Boin M, Bonaiti G, Giardini L, et al. Controlled drainage and wetlands to reduce agriculture pollution [J]. Journal of Environmental Quality, 2001, 30 (4): 1330-1340.

[356] Brady N C. Nitrogen and sulfur economy of soils [A]//BRADY N C, WEIL RR (eds.). The nature and properties of soils [C]. New Jersey: Prentice-Hall Inc, 1999.

[357] Breen P F, A mass balance method for assessing the potential of artificial wetlands for wastewater treatment [J]. Water Res, 1990, 24 (6): 689-697.

[358] Brian A Needelman, Peter Kleinman, Strock J S, et al. Improved management of agricultural drainage ditches for water quality protection: an overview [J]. Journal of Soil and Water Conservation, 2007, 4 (62): 171-179.

[359] Chang C H, Wen C G, Lee C S. Use of intercepted runoff depthfor stormwater runoff management in industrial parks in Taiwan [J]. Water Resource Management, 2008, 22 (11): 1609 - 1623.

[360] Charley R C, Hooper D G, Mclee A G. Nitrificationkinetics in activated sludge at various temperatures and dissolved oxygen concentrations [J]. Water Research, 1980, 14 (10): 1387 - 1396.

[361] Chescheir G M, Skaggs R W, Gilliam J W. Evaluation of wetland buffer areas fortreatment of pumped agricultural drainage water [J]. Transactions of the American Society of Agricultural Engineers, 1992, 35: 175 - 182.

[362] Choi J, Harvey J W, Conklin M H. Characterizing multiple timescales of stream and storage zone interaction that affect solute fate and transport in streams [J]. Water Resources Research, 2000, 36 (6): 1511 - 1518.

[363] Coban O, Kuschk P, Kappelmeyer U, et al. Nitrogen transforming community in a horizontal subsurface-flow constructed wetland [J]. Water Research, 2015, 74: 203 - 212.

[364] Dalal R C. Soil organic phosphorus [J]. Adv Agron, 1977, 29: 83 - 110.

[365] D'angelo D J, Webster J R, Gregory S V, et al. Transient storage in Appalachian Cascade mountain streams as related to hydraulic characteristics [J]. Journal of North American Benthological Society, 1993, 12 (3): 223 - 235.

[366] Daniel TC, Sharply A N, Lemunyon J L, et al. Agriculture phosphorus and eutrophication: a symposium overview [J]. J Environ Qual, 1998, 27: 251 - 257.

[367] Dechmi F, Skhiri A. Evaluation of best management practices under intensive irrigation using SWAT model [J]. Agricultural Water Management, 2013, 123: 55 - 64.

[368] DENG Yi-Xiang, ZHENG Bing-hui, FU guo, et al. Study on the total water pollution load allocation in the Changjiang (Yangtze River) Estuary and adjacent seawater area [J]. Estuarine, Coastal and Shelf Science, 2010, 86: 331 - 336.

[369] Edwin D Ongley, Zhang X L, Yu Tao. Current status ofagricultural and rural nonpoint source pollution assessment in China [J]. Environmental Pollution, 2009, 158 (5).

[370] Ensign S H, Doyle M W. In-channel transient storage and associated nutrient retention: evidence from experimental manipulations [J]. Limnology and Oceanography, 2005, 50 (6): 1740 - 1751.

[371] Feigin A, Letey J, Jarrell W M. Nitrogen utilization effigy cieney by drip irrigated celery receiving replant or water plied N fertilizer [J]. Agronomy Journal, 1982 (74): 978 - 983.

[372] Fennessy M S, Cronk J K, Mitsch W J. Macrophyte productivity and community de-

velopment in created freshwater wetlands under experimental hydrological conditions [J]. Ecological Engineering, 1994, 3 (4): 469-484.

[373] Fennessy M S, Cronk J K, Switsch W J. Microphyte productivity and community developmentin created freshwater wetlands under experimental hydrological conditions [J]. Ecological Engineering, 1994, 3 (4): 469-484.

[374] Ferrara R A, Hermann D P F. Dynamic nutrient cycle model for waste stabilisation ponds [J]. J Environ Eng Div, ASCE, 1980, 106 (1): 37-55.

[375] Ferrara R A, Hermann D P F. Dynamic nutrient cycle model for waste stabilization ponds [J]. Environmental Engineering Division, 1980, 106 (1): 37-55.

[376] Fischer G, Nachtergaele F, Prieler S, et al. Global agro-ecological zones assessment for agriculture (GAEZ 2008) [J]. Laxenburg, Austria, Rome, Italy: IIASA, FAO.

[377] Fitzhugh T W, Mackay D S. Impacts of input parameter spatial aggregation on agricultural nonpoint source pollution model [J]. Journal of Hydrology, 2000, 236 (1-2): 35-53.

[378] Frere M H, Onstad C A, Holtan H N. An agricultural chemical transport model [R]. ARS-H-3, USDA, 1975.

[379] Gassman P W, Reyes M R, Green C H, et al. Soil and water assessment tool: historical development, applications, and future research directions [J]. The Transactions of the Asabe, 2007, 50 (4): 1211-1250.

[380] Gilliam Jw S R W. Controlled agricultural drainage to maintain water quality [J]. Journal of Irrigation and Drainage Engineering, 1986, 112: 254-263.

[381] Gill S L, Spurlock F C, Goh K S, et al. Vegetated ditches as a management practice in irrigated alfalfa [J]. Environmental Monitoring and Assessment, 2008, 144 (1-3): 261-267.

[382] Gosain A K, Sandhya Rao, Srinivasan R, et al. Return-flow assessment for irrigation command in the PaHeru river basin using SWAT model [J], Hydrological Processes, 2005 (19): 673-682.

[383] Haith D A. Land use and water quality in New York River [J]. Environmental Engineering Division ASCE, 1976, 102 (1): 1-15.

[384] Hajrasuliha S, Rolston DE, Louie DT. Fate of ^{15}N fertilizer applied to trickle-irrigated grapevines [J]. American Journal of Enology & Viticulture, 1998, 49 (2): 191-195.

[385] HAN Hong-yan, LI Ke-qiang, WANG Xiu-lin, et al. Environmental capacity of nitrogen and phosphorus pollutions in Jiaozhou Bay, China: modeling and assessing [J]. Marine Pollution Bulletin, 2011, 63: 262-266.

[386] Hiley P D. The reality of sewage treatment using wetland [J]. ICWS94 Proc, 1994: 68 – 83.

[387] Jin H S, Ward G M. Hydraulic characteristics of a small coastal plain stream of the southeastern United States: effects of hydrology and season [J]. Hydrological Processes, 2005, 19 (20): 4147 – 4160.

[388] Jin L, Siegel D I, Lautz L K, et al. Transient storage and downstream solute transport in nested stream reaches affected by beaver dams [J]. Hydrological Processes, 2009, 23 (17): 2438 – 2449.

[389] Job G D, Biddlestone A J, Gray KR. Treatment of high strength agricultural and industrial effluents using reed bed treatment systems [J]. Chem Eng Res & Des, 1991, 69 (3): 187 – 189.

[390] Jorgensen S E, Nielsen S N, Jorensen L A. Handbook of ecological parameters and ecotoxicology [M]. Amsterdam: Elsevier, 1991.

[391] Jorgenson S E, Nielsen S N. Application of ecological engineering principles in agriculture [J]. Ecological Engineering, 1996, 7: 373 – 381.

[392] Jp T C S. Relationship between loading rates and pollution removal during maturation of gravel-bed constructed wetlands [J]. Journal of Environmental Quality, 1998, 27 (2): 448 – 458.

[393] Jury W A, Sposito G, White R E. A transfer function model of solute transport through soil, 1 fundamental concepts [J]. Water Resources Research, 1986, 22 (2), 243 – 247.

[394] Juwarkar A S, Oke B, Juwarkar A, et al. Domestic wastewater treatment through Constructed wetland in India [J]. Wat Sci Tech, 1995, 32 (3): 291 – 294.

[395] Kadlec R H, Knight R L, Vymazal J, et al. Constructed wetlands for pollution control: processes, performance, design and operation [M]. London, UK: IWA Publishing, 2000.

[396] Kadlec R H, Knight R L. Treatment wetlands [M]. Boca Raton FL: CRC Press, 1996.

[397] Kadlec R H. Overview: surface flow constructed wetlands [J]. Water Science and Technology, 1995, 32 (3): 1 – 12.

[398] Kang M S, Park S W, Lee J J, et al. Applying SWAT for TMDL programs to a small watershed containing rice paddy fields [J]. Agricultural Water Management, 2006, 79: 72 – 92.

[399] Kaushal S S, Groffman P M, Band L E, et al. Tracking non-point source nitrogen pollution in human-impacted watersheds [J]. Environmental Science & Technology, 2011, 45 (19): 8225 – 8232.

[400] Khan Akbar All, Yitayew Muluneh, Warriek A W. Field evaluation of Water and solute distribution from a point source [J]. Irrigation and Drainage Engineering, ASCE, J, 1996, 122 (4): 221 – 227.

[401] Kickuth R. Degradation and incorporation of nutrients from rural wastewaters by plant rhizosphere under limnic condition [G]. Utilization of Manure by Land Soreding. London: Comm. Of the Euro. Communiies, 1997.

[402] Kim C G, Kim H J, Jang C H, et al. SWAT application to the Yongdam and Bocheong watersheds in Korea for daily stream flow estimation, Second International SWAT Conference Proceeding, TWRI Technical Report 266.

[403] Knisel, Walter, G Creams. A field scale model for chemicals, runoff and erosion from agricultural management system [M]. Washington D C: Department of Agricultural, Science and Education Administration, 1980.

[404] Kraus P, Boyle D P, Base F. Comparison of different efficiency criteria for hydrological model assessment [J]. Advances in Geosciences, 2005 (5): 89 – 97.

[405] Kroger R, Holland M M. Agricultural drainage ditches mitigate phosphorus loads as a function of hydrological variability [J]. Journal of Environmental Quality, 2008, 37: 107 – 113.

[406] Kroger R, Holland M M. Hydrological variability and agricultural drainage ditch inorganic nitrogen reduction capacity [J]. Journal of Environmental Quality, 2007, 36: 1646 – 1652.

[407] Kroger R, Moore M T, Locke MA, et al. Evaluating the influence of wetland vegetation on chemical residence time in Mississippi Delta drainage ditches [J]. Agricultural Water Management, 2009, 96 (7): 1175 – 1179.

[408] Laher M, Avnimelech Y. Nitrification in drip irrigation systems [J]. Plant and Soil, 1980 (55): 35 – 42.

[409] Lahlou M, Shoemaker L, Paquette M, et al. Better assessment science integrating point and non-point sources, BASINS Version 1.0 User's Manual [R]. Washington D C: Environmental Protection Agency, Office of Water, 1996.

[410] Lam Q, Schmalz B, Fohrer N. The impact of agricultural best management practices on water quality in a North Ger-man lowland catchment [J]. Environment Monitoring and Assessment, 2011, 183: 351 – 379.

[411] Lautz L K, Siegel D I, Bauer R L. Impact of debris dams on hyporheic interaction alonga semi-arid stream [J]. Hydrological Processes, 2006, 20 (1): 183 – 196.

[412] Leonard A R, Knisel W G, Still D A. Ground water loading effects of agricultural management systems [J]. Transactions of the ASAE, 1987, 30 (5): 1403 – 1418.

[413] Leon L F, Soulis E D, Kouwen N, et al. Nonpoint source pollution distributed wa-

ter quality modeling approach [J]. Water Research, 2001, 35 (4): 997 – 1007.

[414] LI E H, LI W, WANG X L, et al. Experiment of emergent macrophytes growing in contaminated sludge: implication for sediment purification and lake restoration [J]. Ecological Engineering, 2010, 36 (4): 427 – 434.

[415] Liu F, Xiao R L, Wang Y, et al. Effect of a novel constructed drainage ditch on the phosphorus sorption capacity of ditch soils in an agricultural headwater catchment in subtropical central China [J]. Ecological Engineering, 2013 (58): 69 – 76.

[416] Liu W X. Subsurface flow constructed wetlands performance evaluation, modeling, and statistical analysis [D]. Lincoln: University of Nebraska, 2002.

[417] LI Ying-Xia, QIU Ru-Zhi, YANG Zhi-Feng, et al. Parameterdetermination to calculate water environmental capacity in Zhangweinan Canal Sub-basin in China [J]. Journal of Environmental Sciences, 2010, 22 (6): 904 – 907.

[418] Luo Z, Zhu B, Tang J, et al. Phosphorus retention capacity of agricultural headwater ditch sediments under alkaline condition in purple soils area, China [J]. Ecological Engineering, 2009, 35 (1): 57 – 64.

[419] Maehlum T, Jenssen P D, Warner W S. Cold-climate constructed wetlands [J]. Wat Sci Tech, 1995, 32 (3): 95 – 101.

[420] Mahendrappa M K, Smith R L, Christiansen A T. Nitrifying organisms affected by climatic region in western United States [J]. Soil Sci Soc Am Proc, 1966, 30: 60 – 62.

[421] Malhi S S, Mcgill W B. Nitrification in three Alberta soils: effect of temperature, moisture and substrates concentration [J]. Soil Biol Biochem, 1982, 14: 393 – 399.

[422] Malhi S S, Mcgill W B. Nitrification in three Alberta soils: effects of temperature, moisture and substrates concentration [J]. Soil Biology & Biochemistry, 1982, 14: 393 – 399.

[423] Marife D C, Rnoald R S, William L S. Spatial and seasonal variation of gross nitrogen transformations and microbial biomass in Northeastern US grassland [J]. Soil Biology & Biochemistry, 2002, 34: 445 – 457.

[424] Martin J F, Reddy K R. Interaction and spatial distribution of wetland nitrogen processes [J]. Ecological Model, 1997, 105 (1): 1 – 21.

[425] Mayo A W, Bigambo T. Nitrogen transformation in horizontal subsurface flow constructed wetlands I: model development [J]. Physics and Chemistry of the Earth, 2005, 30 (11 – 16): 658 – 667.

[426] McKnight D M, Runkel R L, Tate C M, et al. Inorganic N and P dynamics of Antarctic glacial meltwater streams as controlled by hyporheic exchange and benthic autotrophic communities [J]. Journal of the North American Benthological Society, 2004, 23 (2): 171 – 188.

[427] Melia O, Hahn C R, Chen M W, et al. Some effects of particle size in separation processes involvingcolloids [J]. Water Science and Technology, 1997, 36 (4): 119 – 126.

[428] Mersie W, Seybold C A, McNamee C, et al. Abating endosulfan from runoff using vegetative filter strips: the importance of plant species and flow rate [J]. Agriculture, Ecosystems and Environment, 2003, 97: 215 – 223.

[429] Mersie W, Seybold C A , McNamee C, et al. Abatingendosulfan from runoff using vegetative filter strips: the importance of plant species and flow rate [J]. Agriculture, Ecosystems and Environment, 2003, 97: 215 – 223.

[430] Metcalf, Eddy. University of Florida, Water Resources Engineers, Storm Water Management Model, Version I: Final Report [R]. Environment Protection Agency, Washington D C, 1971.

[431] Meuleman A F M, Beltman B. The use of vegetated ditches for water quality improvement [J]. Hydrobiologia, 1993, 253: 375.

[432] Monteith J L. Evaporation and environment. The state and movement of water in living organisms//The 19th Symposium of the Society on Experimental Biology [M]. Swansea: Cambridge University Press.

[433] Moore M. Nutrient mitigation capacity in Mississippi Delta, USA drainage ditches [J]. Environmental Pollution, 2010, 158: 175 – 184.

[434] Moore M T, Kroger R, Locke M A, et al. Nutrient mitigation capacity in Mississippi Delta, USA drainage ditches [J]. Environmental Pollution, 2010, 158 (1): 175 – 184.

[435] Moriasi D N, Arnold J G, Liew M W V, et al. Model evaluation guide-lines for systematic quantification of accuracy in watershed simulations [J]. Transactions of the Asabe, 2007, 50 (3): 885 – 900.

[436] Nash J E, Sutcliffe J V. Rever flow forecasting through conceptual-Models-PT [J]. Journal of Hydrology, 1970, 10 (3): 282 – 290.

[437] Needelman B A, Kleinman P J A, Strock J S, et al. Improved management of agricultural drainage ditches for water quality protection: an overview [J]. Journal of Soil and Water Conservation, 2007, 62 (4): 171 – 178.

[438] Neitsch S L, Arnold J G, Kiniry J R, et al. Soil and water Assessment tool, the oretical documentation: 2005 [J]. Templle: Grassland, Soil and Water Research Laboratory, Agricultural Research Service (USDA), 2005: 1 – 476.

[439] Nguyen L, Sukias J. Phosphorus fractions and retention in drainage ditch sediments receiving surface run of and subsurface drainage from agricultural catchments in the North Island, New Zealand [J]. Agriculture, Ecosystems & Environment, 2002,

92 (1): 49-69.

[440] Novotny V, Olem H. Water quality: prevention, identification, and management of diffuse pollution [J]. Van Nostrand Reinhold, New York, 1994.

[441] Novotny V. Diffuse pollution from agriculture-a worldwide outlook [J]. Water Science and Technology, 1999, 39 (3): 1-13.

[442] O'Connor B L, Hondzo M, Harvey J W. Predictive modeling of transient storage and nutrient uptake: implications for stream restoration [J]. Journal of Hydraulic Engineering, 2009, 136 (12): 1018-1032.

[443] Ouyang W, Hao F, Wang X, et al. Nonpoint source pollution responses simulation for conversion cropland to forest in mountains by SWAT in China [J]. Environmental Management, 2008, 41 (1): 79-89.

[444] Pelerjohn W T, Correl D L. Nutrient dynamics in an agricultural watershed: observations on the role of a riparian force [J]. Ecology, 1984, 65 (5): 1466-1475.

[445] Peterson B J, Wollheim W M. Control of nitrogen export from watersheds by headwater streams [J]. Science, 2001, 292 (5514): 86-90.

[446] Peterson S B, Teal J M. The role of plants in ecologically engineered wastewater treatment systems [J]. Eco Eng, 1996, (6): 137-148.

[447] Polprasert C, Agarwalla B K. A facultative pond model incorporating biofilm activity [J]. Water Environment Research, 1994, 66 (5): 725-732.

[448] Polprasert C, Khatiwada N R. An integrated kinetic model for water hyacinth ponds used for wastewater treatment [J]. Water Research, 1998, 32 (1): 179-185.

[449] Rao N S, Easton Z M, Schneiderman E M, et al. Modeling watershed-scale effectiveness of agricultural best management practices to reduce phosphorus loading [J]. Journal of Environmental Management, 2009, 90 (3): 1385-1395.

[450] Reddy K P, Kadlec R H, Flain E, et al. Phosphorus retention in streams and wetlands: a review [J]. Crit Rev Sci Tech, 1999, 29: 83-146.

[451] Reddy K R, Conner G A O, Gale P M. Phosphorus sorption capacities of wetland soilsand stream sediments impacted by dairy effluent [J]. J Environ Qual, 1998, 27: 438-447.

[452] Rittman B E, McCarty P L. Evaluation of steady state biofilm kinetics [J]. Biotechnol. Bio-eng, 1980, 22: 23-59.

[453] Roberts B J, Mulholland P J, Houser J N. Effects of upland disturbance and instream restoration on hydrodynamics and ammonium uptake inheadwater streams [J]. Journal of the North American Benthological Society, 2007, 26 (1): 38-53.

[454] Runkel R L, Chapra S C. An efficient numerical-solution of the transient storage equations for solute transport in small stream [J]. Water Resources Research, 1993,

29（1）：211 - 215.

[455] Runkel R L. One-dimensional transport with inflow and storage (OTIS)：a solute transport model for streamsand rivers：US Geological Survey Water-Resources Investigations Report 98 - 4018 [R]. 1998.

[456] Runkel R L. Simulation models for conservative and nonconservative solute transport in streams [J]. IAHS Publications-Series of Proceedings and Reports-Intern Assoc Hydrological Sciences, 1995, 226：153 - 160.

[457] Schade J D, Marti E, Welter J R, et al. Sources of nitrogen to the riparian zone of a desert stream：implications for riparian vegetation and nitrogen retention [J]. Ecosystems, 2002, 5：68 - 79.

[458] Seidel K, Happel H, Graue G. Contributions to revitalization of wasters [M]. 2nd ed. Stifung Limnologische Aebeitsgrupe, 1978：1 - 62.

[459] Shen Z Y, Liao Q, Gong Y W. An overview of research on agricultural non-point source pollution modelling in China [J]. Separation and Purification Technology, 2012, 84：104 - 111.

[460] Sherwood C, Reed Ronald W, Crites E. Natural systems for waste management and treatment [M]. New York：Mcgraw Hill Inc, 1995.

[461] Shin H K, Polprasert C. Ammonia nitrogen removal in attached growth ponds [J]. Environmental Engineering Division, 1988, 114（4）：847 - 863.

[462] Stevenson F J. Cycle of soil, carbon, nitrogen, phosphorus, sulfur and micronutrients [M]. Lewis Publishers, 1985.

[463] Strock J S, Dell C J, Schmidt J P. Managing natural processes in drainage ditches for nonpoint source nitrogen control [J]. Journal of Soil & Amp；Water Conservation, 2007.

[464] Strock J S, Dell C J, Schmidt J P. Managing natural processes in drainage ditches for nonpointsource nitrogen control [J]. Journal of Soil and Water Conservation, 2007.

[465] Sun B, Zhang L X, Yang L Z, et al. Agricultural non-point source pollution in China：causes and mitigation measures [J]. Ambio, 2012, 41（4）：370 - 379.

[466] Tanner C C, Nguyen M L, Sukias J P S. Nutrient removal by a constructed wetland treating subsurface drainage from grazed dairy pasture [J]. Agriculture, Ecosystem and Environment, 2005, 132（5）：145 - 162.

[467] Tanner C C, Sukias J PS, Upsdell M P. Substratum phosphorus accumulation during maturation of gravel-bed constructed wetlands [J]. Wat, SciTeh, 1999, 40（3）：147 - 154.

[468] Tapia-Vargas M, Tiscareno-Lopez M, et al. Tillage system effects on runoff and sediment yield in hill slopeagri culture [J]. Field Crops Research, 2000, 69：173 - 182.